电气安装工程造价

第4版

郎禄平　等编著

机 械 工 业 出 版 社

本书根据《全国统一安装工程预算定额》(2000)、《建设工程工程量清单计价规范》(GB 50500—2013)、《通用安装工程工程量计算规范》(GB 50856—2013)编写。本书主要介绍了电气安装工程施工图识图、电气安装工程量计算规则、火灾自动报警系统工程量计算规则、自动化控制仪表安装工程量计算规则、建筑智能化系统设备安装工程量计算规则、基本建设及工程造价管理、电气安装工程消耗量定额、电气安装工程计价书的编制及计价软件的操作。在内容上力求结合电气安装工程造价的特点及最新文件精神，把电气安装工程量清单计价的预算新内容、新方法、新规定等引入教材，理论联系实际，以使读者具备较强的识图能力；能正确计算工程量，正确套用定额子目和正确选取各种取费系数计取有关费用；会熟练编制电气安装工程造价计价书，为从事电气工程招投标、工程预决算以及电气工程设计和安装施工等工作打下坚实的基础。书中还介绍了电气安装工程计价软件的操作方法，每章后均附有练习思考题。书后还附有常用电气工程图例符号和电气标注符号、常用电气工程材料理论重量和常用电气工程分部分项工程项目等资料。

本书可作为高等院校电气工程及其自动化专业、楼宇电气自动化专业的教材，也可作为建筑、安装、机电、消防、监理、房地产、楼宇自控等公司从事建筑电气工程设计、安装施工、电气试调等专业工程造价技术人员的参考书。

图书在版编目（CIP）数据

电气安装工程造价/郎禄平编著. —4版. —北京：机械工业出版社，2014.8（2021.8重印）
ISBN 978-7-111-47602-3

Ⅰ.①电… Ⅱ.①郎… Ⅲ.①电气设备—建筑安装—工程造价 Ⅳ.TU723.3

中国版本图书馆CIP数据核字（2014）第180980号

机械工业出版社（北京市百万庄大街22号　邮政编码100037）
责任编辑：汤　攀　封面设计：张　静
责任校对：孙成毅　责任印制：张　博
涿州市般润文化传播有限公司印刷
2021年8月第4版第6次印刷
184mm×260mm · 21.75印张 · 538千字
标准书号：ISBN 978-7-111-47602-3
定价：49.00元

电话服务	网络服务
客服电话：010-88361066	机　工　官　网：www.cmpbook.com
010-88379833	机　工　官　博：weibo.com/cmp1952
010-68326294	金　　书　　网：www.golden-book.com
封底无防伪标均为盗版	机工教育服务网：www.cmpedu.com

前　言

根据建设部颁布的《全国统一安装工程预算定额》（2000）和《建设工程工程量清单计价规范》（GB 50500—2003），于2007年9月编写了《电气安装工程造价》一书。住房和城乡建设部总结该规范实施以来的经验，针对执行中所存在的问题，推行"政府宏观调控、企业自主报价、市场形成价格、加强市场监督"的工程量清单计价模式，进一步规范建设工程计价行为，遵循客观、公正、公平的原则，大力加强工程造价管理和建设市场秩序，于2008年7月颁布了《建设工程工程量清单计价规范》（GB 50500—2008）。为此，又先后两次对本书内容进行了修订。对建设工程工程量清单计价的基本理论、基本概念及有关术语、工程量清单的编制依据、内容、格式要求、工程量清单的计价方法等内容进行了详细论述。并理论联系实际，结合典型工程介绍了工程量清单及其工程招控制价、投标报价的格式要求与编制方法等。该书第2版、第3版分别于2009年6月、2012年9月面世，已被长安大学、西安交大、西安欧亚学院等多所高等院校的工程造价、电气工程及其自动化、楼宇智能自动化、装饰装修工程等有关专业或工程造价培训单位选作教学用书，许多建筑勘查设计院、建筑工程公司、安装工程公司、消防工程公司、楼宇智能通信工程公司、工程监理公司、工程招标投标公司及建设工程审计公司等工程技术人员选作参考用书，先后多次重印，在此向广大教学、设计施工单位和读者表示真诚谢意。

随着我国经济建设的飞速发展，不断强化建设市场管理机制和竞争机制，进一步规范和净化建设市场环境，深化建设工程造价改革，住房和城乡建设部于2012年2月1日颁布实施《中华人民共和国招标投标法实施细则》，于2012年12月25日发布《建设工程工程量清单计价规范》（GB 50500—2013），对招标人、投标人在工程计价活动中提出了遵守有关政策法规的新要求，也对从事工程造价的人员提出了更高专业知识和技能要求。《电气安装工程造价》是电气工程及其自动化专业的专业课之一，按56学时编写，经过几届师生的使用，在征求学校、设计、安装、施工和工程招投标、监理等单位意见的基础上，在内容上坚持少而精、理论联系实际和学以致用的原则，并结合《建设工程工程量清单计价规范》（GB 50500—2013）、《通用安装工程工程量计算规范》（GB 50856—2013）和国家有关政策文件规定等，又对本书进行了修订，增补了新的工程造价实例，尤其是对工程结算、不可竞争项目费用、工程差价、工程预付备料款及其起扣点和工程竣工结算等有关内容的计算作了进一步补充与完善。

《电气安装工程造价》所涉及的知识面很宽，理论性、政策性和实用性很强，而且不断推出新设备、新材料、新工艺和新的设计施工技术，知识更新速度很快。另外，根据经济建设发展和建设市场宏观调控的需要，国家、省级行政主管部门还将不断补充新定额，发布有关新的工程计价政策法规，因此要求工程造价人员要不断更新工程造价理论知识，掌握有关工程造价的方针政策和法律法规，理论联系实际，不断提高自己的综合业务素质和工程计价的编制能力。

由于本人水平有限，书中错误和不足之处在所难免，敬请广大读者批评指正。

编著者

2014 年 9 月

第1版前言

随着我国经济建设的飞速发展，城乡建设发生了巨大变化。现代化的工业厂房、宾馆饭店、大型超市、智能化住宅小区、体育馆等高层建筑和建筑群体大量涌现，带来了电气安装工程造价、电气工程设计、安装调试等方面的新课题。现在供配电及动力照明系统、建筑自动消防系统、空调制冷控制系统、电梯电气控制系统、电缆电视系统、计算机网络及综合布线系统、程控电话及计算机管理系统等均已成为现代楼宇中必要的装备。因而使电气安装工程造价的任务越来越重，技术难度越来越大。特别是我国加入世界贸易组织（WTO）以后，建筑市场进一步对外开放，工程造价管理体制已由传统的定额计价模式转为国际通行的工程量清单计价模式。建设工程采取公开招投标制度，引入建设市场竞争机制，按照项目编码统一、项目名称统一、项目特征统一、计量单位统一、工程量计算规则统一，即“五个统一”的要求，已建立起“统一计价规则、企业自主报价、市场竞争形成价格”的工程造价运行机制，施行客观、公正、公平和科学择优的原则。由此可见，对工程量清单计价编制和从事工程造价的人员提出了更高要求。

电气安装工程造价具有涉及知识面宽、政策性要求高、实践性强、适用性广，具有与建筑行业、工程招投标、工程预结算和安装施工紧密结合的性质，是企业发包或承包工程、实现科学化管理、提高经济效益和劳动生产力的重要保证。本书根据《全国统一安装工程预算定额》(2000)、建设部公告（第119号）颁布施行的《建设工程工程量清单计价规范》(GB 50500—2003)，主要介绍了电气安装工程施工图识图，电气设备安装工程、消防及安全防范设备工程、自动化控制仪表工程、建筑智能化系统设备安装工程等工程量计算规则；基本建设及其工程造价管理；电气安装工程消耗量定额的概念、性质和作用；电气安装工程量清单及计价的基本理论和方法；以及电气安装工程招投标概念、工程造价书的编制方法等。在内容上力求结合电气安装工程造价的特点及最新文件精神，把电气安装工程量清单计价的新内容、新方法、新规定、新要求等引入教材，理论联系实际，突出新颖、实用。本书还介绍了电气安装工程计价软件的操作应用方法，每章后均附有练习思考题。学习本课程应达到的基本要求是：

1. 应具有较强的电气工程施工图的识图能力，能按《建设工程工程量清单计价规范》(GB 50500—2003)、“建设工程工程量清单计价规则”的有关规定要求正确计算工程量。

2. 学习掌握电气安装工程造价的基本理论、基本方法和基本技能，正确套用定额子目和正确选取各种取费系数，计取有关费用。

3. 学习了解基本建设及其工程造价管理的概念，学习掌握工程招标、投标、评标、中标的基本概念和方法，学会熟练编制电气安装工程造价计价书，为从事电气工程招投标、工程预决算以及电气工程设计、安装施工和企业科学化管理等工作打下坚实的基础。

“电气安装工程造价”是电气工程及其自动化专业的专业课之一，本书按56学时编写，经过长安大学几届学生的教学使用，在征求设计、安装、施工和工程招投标、监理等用人单位意见的基础上，几经修订，在内容上力求简明扼要，理论联系实际。

全书共8章，其中第3章、第8章由郎娟编写，其余章节由郎禄平编写，全书由郎禄平统稿。

本书可作为建筑类高等院校电气工程及其自动化专业、楼宇电气自动化专业、工程造价专业、工程管理专业的教材，也可作为从事工程造价专业的工程技术人员或建筑设计院、建筑公司、安装公司、消防工程公司、监理公司、建筑招投标公司、房地产公司、楼宇自控等公司和基本建设单位的工程技术人员的参考用书。

电气安装工程造价所涉及的知识面很宽，理论性、政策性和实用性很强，而且不断推出新设备、新材料、新工艺和新的设计施工技术，并不断补充新定额，知识更新速度快，加之我们水平有限，书中错误或不足之处在所难免，敬请广大读者批评指正。

编著者

2007年9月于长安大学电子与控制工程学院

目　　录

第1章　电气安装工程施工图识图

1.1　电气工程施工图识图的基本知识

施工图就是安装施工时使用的工程蓝图，即安装工程施工图纸。任何一项电气安装工程，在施工前必须先绘制出施工图，经设计单位及工程设计人员和有关部门审定签字盖章后才能进行施工。

图纸是工程技术人员的工程语言。设计部门用图纸表达设计思想，生产部门用图纸指导加工与制造，施工部门则要用图纸编制施工组织计划、编制工程造价书、准备材料、组织工程施工，使用部门用图纸指导使用、维护和管理等。所以说，任何工程技术人员和管理人员如果缺乏一定的绘图和识图能力，就很难完成工程设计、施工、管理和进行科学研究等工作，更无法完成建设工程造价的计价任务和工程招标、投标工作。

1.1.1　施工图

图纸的种类很多，常见的工程图主要有两大类：机械工程图和建筑工程图。建筑工程图按专业分为土建工程图、电气工程图、采暖通风工程图、给水排水工程图等；电气施工图一般简称为“电施”，例如室内电气照明工程图就是以统一规定的图形符号辅以简单扼要的文字说明，把管线敷设方式、配电箱和灯具等电气设备的安装位置、规格、型号及其相互联系表示出来的工程蓝图。

电气工程图是表达电气工程设计人员对工程内容构思的一种文字和图纸。它是用国家统一规定的图形符号并辅以必要的文字说明，把设计人员所设计的电源及变配电装置、电气设备安装位置、配管配线方式、灯具安装种类、规格、型号、数量及其相互间的联系等表示出来的一种图纸。所谓“识图”，就是全面充分了解电气工程图上的设备名称、规格、型号和有关电气安装调试方面的技术要求以及各个组成部分是如何连接的，以便正确进行室内电气工程的安装施工。

每种图纸都有各自的特点和表达方式以及各自规定的画法和习惯画法，但也有各种图纸都应共同遵守的规定和格式。电气安装施工图的图纸必须简洁明确，符合有关施工规范规定要求，图纸的规格必须准确，平面图、系统图和详图及各有关部分图纸要相互一致，与其他工种设备之间的安装应无矛盾，以满足施工要求。图上的文字、数字、线型、尺寸、图形、符号、比例、方位、标高等必须符合标准制图要求。

室内电气照明工程图主要由电气照明线路平面布置图、电气照明系统图、施工说明和详图等组成，此外还有防雷接地平面图，主要设备材料表等。其中室内电气照明线路平面布置图是照明工程安装施工的主要图纸，而详图用来表示电气工程中的具体安装要求和做法，多选择通用图，而不另行绘制。有了电气工程图，就可以根据图纸计算出电气安装工程量，进而编制出施工预算，并计算出安装工程总造价。因此，电气安装工程造价人员必须首先学会阅读施工图，熟悉并掌握施工图所表示的全部内容，才能保质保量和不重不漏地计算出工程量，完成电气安装工程造价的编制工作。

1.1.2 电气工程施工图的构成

电气安装工程一般是指某一工程（如工厂、企业、住宅和其他设施）的供电、用电设备及其供配电线路的安装调试工程。电气工程通常包括的项目有：

（1）变配电工程　由电力变压器室、高压配电室、低压配电室等构成的变电所内电气设备安装工程（一般为35kV或10kV以下）及防雷、接地等附属配套工程。

（2）外线工程　即室外电源供电线路，包括架空电力线路和电力电缆线路。它是从变配电装置引出线至各单位项目工程电源引入线的一段线路，包括引出、引入装置、线路架设平面图及在平面图中标注输电线路的类型、规格和有关零配件等。

（3）内线工程　室内动力、照明线路及其他电气线路。即从单位工程电源引入装置开始，至各用电设备、电气线路部分。动力设备用电与照明用电由于要求不同而要求分设供电回路，即分为照明施工图和动力施工图。

（4）动力及照明工程　各种机床、起重机、风机、空调、动力配电箱、水泵等动力设备；照明灯具、电扇、开关、插座、照明配电箱等照明设备、器件等。

（5）弱电工程　电话、广播、闭路电视、建筑自动消防系统等。

（6）发电工程　自备发电站及附属设备的电气部分。

电气工程的规模大小不同，其工程图纸的种类、数量也不相同。通常电气工程图由施工设计说明、电气系统图、电气原理接线图、平面图、设备布置图、安装接线图和详图等组成。施工设计说明内容包括工程概况、工程设计主要依据和原则，工程技术数据、质量标准以及施工中应注意的问题。即主要阐述该电气工程设计的基本指导思想、依据、原则和图纸中未表明的工程特点、安装方法、工艺要求、特殊设备的使用方法及使用维护注意事项等。电气系统图是表明动力或照明的供电方式、配电回路的分布和相互联系情况的示意图。平面图是表现各种电气设备与线路平面布置的图纸，是进行安装的依据。平面图一般包括动力平面图、照明平面图、防雷接地平面图等。设备布置图是表现各种电气设备的平面与空间的位置、安装方式及其相互关系的图纸，通常由平面图、立面图、断面图、剖面图及各种构件详图等组成。安装接线图是表现某一设备内部各种电气元器件之间连线的图纸，用以指导电气工程安装接线、校对导线，它是与原理图相对应的一种图纸。详图也称为大样图，是表示电气工程中某一部分或某一部件的具体安装要求和做法的图纸。

室内电气照明线路平面布置图用来表示电源进户装置、照明配电箱、灯具、插座和开关等电气的安装位置、安装高度和型号规格，用来表示管线敷设方式、敷设路径、规格和敷设导线根数等。

室内电气照明线路平面布置图是在建筑平面图上绘制而成的，建筑平面就是一栋房屋的水平剖视图，即假设在窗户的2/3（楼梯间则是假设在上跑道的1/2处）处用一假想水平面将建筑物剖开，移去上面部分，将剩余部分从上向下做垂直投影后，在水平投影面上所得到的建筑平面俯视图。电气照明装置布置、管线走向等绘制的基本方法是：

（1）先在平面图纸上用细实线按一定缩小比例画出建筑实体（如墙、柱、门、窗、楼梯等）和室内布置的轮廓，并将比例尺M（如1:100）标注在图纸右下角的图题栏内。为了在图纸上突出电气照明装置，所以电气照明装置的“图例”一般不按比例绘制。然后按照建筑施工平面图的标注顺序，由下而上在定位轴线处纵向用大写英文字母（Ⓐ、Ⓑ、Ⓒ、…）、由左到右横向用阿拉伯数字（①、②、③…）分别进行标注。

（2）按照电气照明设备和线路的图形符号（即图例）所规定的文字标注方法，根据设计需要在平面上画出全部灯具、插座、开关、照明配电箱和线路敷设的位置，即得到电气照明平面图。常用电气照明器件、装置的图形符号及文字标注见附录 A，适用于绘制各种电气工程图。

（3）电气照明配电系统图是表示照明系统供电方式、配电回路分布及相互联系的电气工程图，室内照明配电系统图可以帮助我们了解建筑物内部电气照明配电的全貌，也是进行电气安装和调试检查的主要图纸之一。

照明供配电系统的接线方式有放射式、树干式和混合式三种，如图 1-1 所示。放射式配电系统具有供电可靠性高、线路间相互影响小的特点，适用于对供电可靠性要求高，负荷容量相对集中或单台用电设备容量较大的场所。但这种配电系统的管线用量较大，占用配电箱的出线回路数较多，增加了配管配线工程量，投资费用较大。树干式配电系统的管线用量较小，占用配电箱的出线回路数少，减少了配管配线工程量，投资费用小。但供电可靠性较低，适用于对供电可靠性要求不高的场所。而混合式配电系统是放射式与树干式配电系统的组合，具有供电可靠性较高、供电区域之间相互影响较小，配管配线工程量较少和投资费用较低的特点，在室内照明供配电工程中得到普遍的应用。

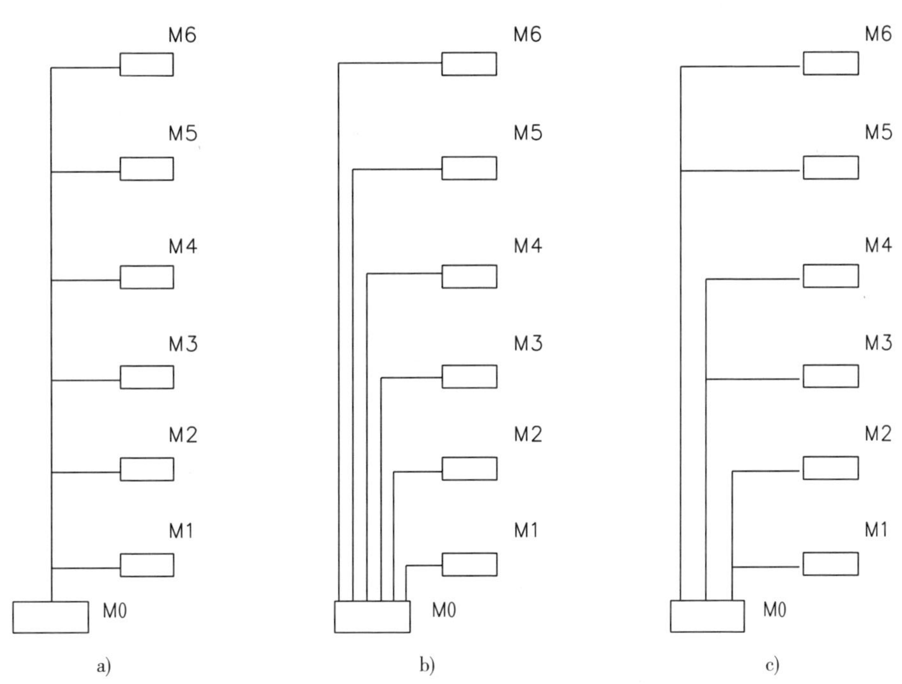

图 1-1　建筑室内照明配电系统图

a）树干式　b）放射式　c）混合式

配电系统图常以表格形式绘制，其主要内容是：

1）电源进户线、各级照明配电箱和供电回路，表示其相互连接形式。

2）配电箱型号或编号，总照明配电箱及分照明配电箱所选用计量装置、开关和熔断器等器件的型号、规格。

3）各供电回路的编号、导线型号、根数、截面面积和线管直径以及敷设导线长度等。

4）照明器具等用电设备（或供电回路）的型号、名称、计算容量和计算电流等。

各建筑工程的电气施工图及其内容都不相同，但一般都是由进户装置、配电箱、配管配线、灯具、开关、插座和其他用电装置等组成，因此，在阅读施工图时也应从这些方面入手，逐项进行。

1. 进户装置

进户装置是为了将室外电源安全可靠地引入建筑物内部所必需的设施。根据用电需要可引入单相二线制、三相三线制、三相四线制和三相五线制交流电源，进户装置又分为架空线进户装置和电力电缆进户装置，其中架空线进户装置由引下线（从室外电杆引下至进户线支架的部分线路）、进户线支架、瓷绝缘子（俗称瓷瓶）、进户线（从进户线支架经进户线保护管至配电箱的导线）、进户线保护管（一般采用焊接钢管）等组成。低压进户线的滴水弯最低点距地面不小于2.7m；当个别建筑物本身低于2.7m时，应将进户线支架抬高。进户线接头应采用“倒人字弯”做法，以防雨水流入。多股导线接线时禁止采用吊挂式接头做法。在保护接零系统中，进户线中的中性线应按有关规定在进户处进行重复接地，其接地电阻应不大于10Ω。低压进户装置的形式有一端埋设式和两端埋设式，图1-2是经常使用的一种三相四线制、两端埋设式进户线支架。电力电缆进户装置则由进户电缆保护管、进户电力电缆和电缆终端头等组成。

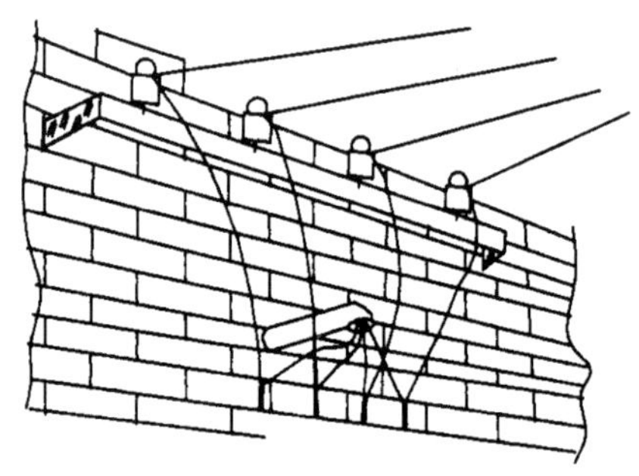

图1-2 低压进户装置安装示意图

2. 配电箱

配电箱就是在木制或铁制的箱体内将所需的电气设备、元器件通过导线连接起来，照明配电箱用于工业与民用建筑的电气照明和小容量动力系统中，可作为对电能分配、对线路及用电负荷的过载、短路保护和控制之用。应在电气平面图中的照明配电箱图形符号旁边标注其编号或型号。电源引进建筑物后进入的配电箱，通常称为总配电箱，而用来控制分支电源的配电箱，称为分配电箱。

配电箱（盘）按其用途的不同，可分为动力配电箱（盘）和照明配电箱（盘）两种，若按其制造方式划分，又有标准型配电箱和非标准型配电箱之分。标准型配电箱是由专业厂家生产的成品箱，也称作成套配电箱，施工安装企业安装时只计取安装费；非标准型配电箱是根据安装工程的需要（或无此类标准型配电箱时）由安装施工企业自行制作组装。所以，非标准型配电箱安装时除计取配电箱安装费外，还应计取配电箱、板的制作费用，箱内电气元件的主材费、安装费及盘柜配线费用等。

配电箱安装有落地式安装和壁挂式安装，壁挂式安装又有明装（装在墙表面）和暗装（嵌装在墙洞内）之分。如设计无规定时，一般配电箱（盘）暗装时，下口距离地坪1.5m；明装时，下口距地坪1.8m。明装电能表（电度表）配电盘下边缘距地坪应为1.5～1.8m。安装垂直偏差为：当箱体高度≤500mm时，偏差不应大于1.5mm；箱体高度>500mm时，偏差不应大于3mm。在240mm厚的墙壁内暗装配电箱时，其后壁需用10mm×10mm石棉板及铁丝直径为2mm、网孔为10mm的铁丝网钉牢，再用1:2水泥砂浆抹好，以防开裂。配电箱外壁与墙有接触的部分均涂防腐漆，箱内壁及盘面均刷防锈油漆两道。工程中所有低压配电盘（箱）及箱门油漆颜色除设计另有要求外，照明配电箱为“浅驼色”，动力配电箱为“灰色”，明装配电箱的箱体外部油漆颜色应与箱门一致。

照明配电箱中采用的小型塑壳式断路器型号种类繁多，国产有DZ10、DZ20、DZ47、DZ63等系列，中外合资有天津梅兰日兰公司生产的C45系列，进口产品有法国罗格朗（Legrand）生产的DX系列，奥富捷电气公司生产的PND系列，中国香港海格尔电气有限公司生产的MC系列等，均为更新换代产品，主要用于线路过载、短路保护以及在正常情况下不频繁通断照明线路，还可用于控制小容量电动机，其额定电流有6A、10A、16A、20A、32A、40A、50A、63A等数种，具有体积小、重量轻、分断能力强、安全可靠、安装方便和操作灵活等特点。

如图1-3所示为XRM1-A312M照明配电箱主接线图，表示照明配电箱为嵌墙暗装、箱内装设一个进线主开关，型号为DZ20Y-100/3300，脱扣器额定电流为63A，单相照明出线开关共12个，型号为DZ47-10/1P。

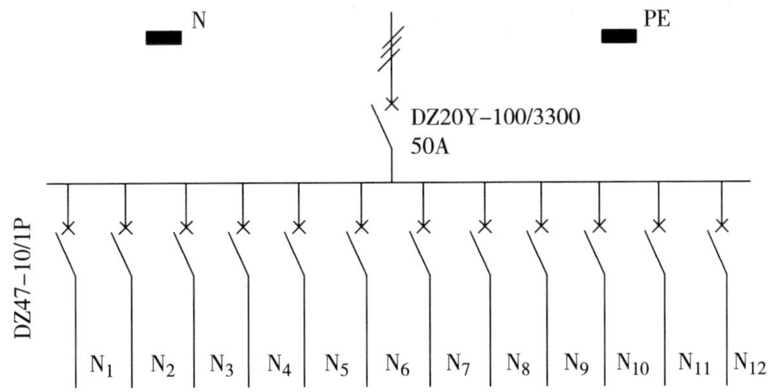

图1-3 XRM1-A312M照明配电箱主结线图

配电箱的型号很多，可根据需要查阅有关电气设计手册和产品样本，了解配电箱的主接线图及其安装尺寸等。以XX（或R）M系列照明配电箱为例，其型号含义为：

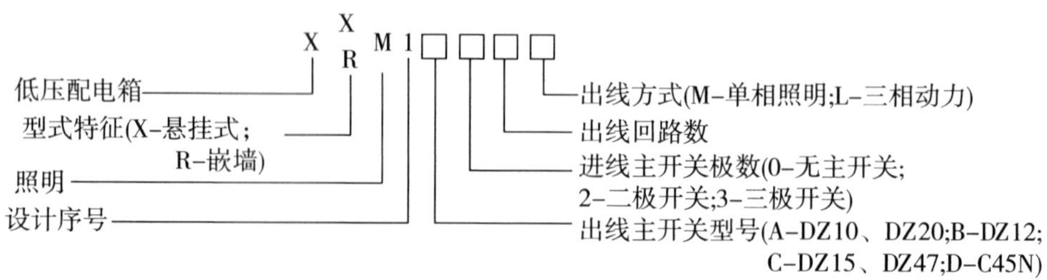

在配电箱内可装设单极、二极、三极断路器，单相、三相漏电断路器、中线端子 N、保护接地线端子 PE，适用于 500V 以下单相、三相三线及三相五线系统中非频繁操作的照明支路配电使用，也可作为控制小容量动力设备使用。目前还有一种安家系列小型断路器配电组合套装，具有经济实用、安装操作简单、外形美观和安全可靠等特点。配电箱详细内容可查阅《建筑电气安装工程图集》中有关章节。对于配电箱型号的标注方法目前还不统一，生产厂家各有自己的型号标注规定，应注意阅读配电箱产品说明书等技术资料，以便正确使用。

3. 配管配线

电源线经进户装置引入配电箱后，再从配电箱敷设若干条输出配电线路，将电能安全可靠地输送到用电负载。室内配线也称为内线工程，主要包括室内照明配线和室内动力配线，此外还有火灾自动报警、电缆电视、程控电话、PDS 综合布线等弱电系统配线工程。根据用途和安全用电的不同要求，配电线路可以采用明配线和暗配线两种方式。管线沿建筑结构表面敷设为明敷设，如管线沿墙壁、顶棚、桁架等表面敷设为明配线（或称为明敷设），在可进人的吊顶内配管也属于明敷设。管线在建筑结构内部敷设为暗敷设，如管线埋设在顶棚内、墙体内、梁内、柱内、地坪内等均为暗配线（或称为暗敷设），在不可进人的吊顶内配管也属于暗敷设。明配线常采用塑料护套线或电缆明敷设，而一般塑料绝缘导线、橡胶绝缘导线则采用穿管明配线。暗配线可将配电导线穿入电线管、焊接钢管、塑料管等敷设。随着高层建筑日益增多和人们对室内装修标准要求的提高，暗配管配线工程比例增加，施工难度加大，所以本书将着重介绍室内暗配管配线工程的基本安装方法、一般施工技术要求及其工程量计算规则等。在配电工程中，工程设计图纸确定的线管、导线类型、线路敷设方式和敷设部位等均应符合国家有关规范规定。

对于线路敷设方式及敷设部位，采用英文字母表示，见表 1-1，常用导线型号、规格见表 1-2。在施工图中，配电线路一般按以下格式标注：

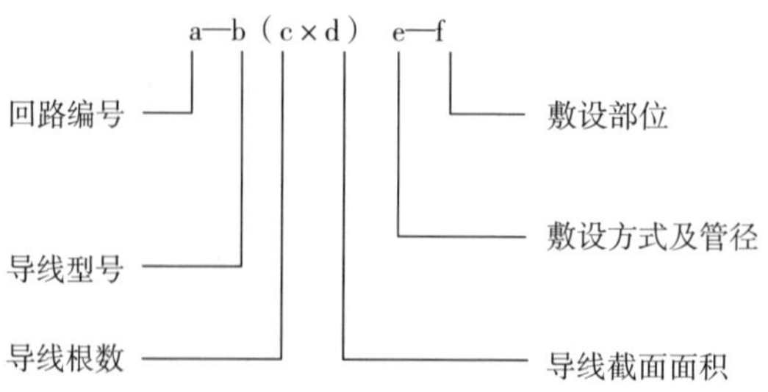

表 1-1 线路敷设方式、部位代号

<table>
<tr><th></th><th>代　　号</th><th>含　　义</th><th></th><th>代　　号</th><th>含　　义</th></tr>
<tr><td rowspan="11">敷设方式</td><td>E</td><td>明敷设</td><td rowspan="3">敷设方式</td><td>PR</td><td>用塑料线槽敷设</td></tr>
<tr><td>C</td><td>暗敷设</td><td>SR</td><td>用金属线槽敷设</td></tr>
<tr><td>SR</td><td>沿钢索敷设</td><td>PL</td><td>用瓷夹板敷设</td></tr>
<tr><td>CT</td><td>用电缆桥架（或托盘）敷设</td><td rowspan="8">敷设部位</td><td>B</td><td>沿屋架或屋架下弦敷设</td></tr>
<tr><td>K</td><td>用瓷绝缘子或瓷珠敷设</td><td>CL</td><td>沿柱敷设</td></tr>
<tr><td>PCL</td><td>用塑料卡敷设</td><td>W</td><td>沿墙敷设</td></tr>
<tr><td>SC</td><td>用水煤气管（焊接钢管）敷设</td><td>C</td><td>沿顶棚敷设</td></tr>
<tr><td>TC</td><td>用电线管敷设</td><td>F</td><td>沿地板敷设</td></tr>
<tr><td>PC</td><td>用刚性阻燃塑料管敷设</td><td>AC</td><td>在不能进人的吊顶内敷设</td></tr>
<tr><td>FPC</td><td>用半硬塑料管敷设</td><td>ACE</td><td>在能进人的吊顶内敷设</td></tr>
<tr><td>CP</td><td>用蛇皮管（金属软管）敷设</td><td></td><td></td></tr>
</table>

表 1-2 电气照明工程常用绝缘电线的型号、规格及主要用途

<table>
<tr><th>型　号</th><th>电压/V</th><th>名　　称</th><th>线芯标称截面面积/mm²</th><th>主要用途</th></tr>
<tr><td>BV
BLV</td><td rowspan="7">500</td><td>铜芯聚氯乙烯绝缘电线
铝芯聚氯乙烯绝缘电线</td><td>0.4、0.5、0.75、1.0、1.5、2.5、4、6、10、16、25、35、50、70、95、120、150、185、240</td><td rowspan="2">用于直流1000V及以下或交流500V及以下的电气线路，可以明敷设、暗敷设，护套线多用于室内明敷设</td></tr>
<tr><td>BVV
BLVV</td><td>铜芯聚氯乙烯绝缘聚氯乙烯护套线
铝芯聚氯乙烯绝缘聚氯乙烯护套线</td><td>0.75、1.0、1.5、2.5、4、6、10</td></tr>
<tr><td>BV-105
BLV-105</td><td>铜芯耐热105聚氯乙烯绝缘线
铝芯耐热105聚氯乙烯绝缘线</td><td>0.4、0.5、0.75、1.0、1.5、2.5、4、6、10、16、25、35、50、70、95、120、150、185、240</td><td>同BV型，适用于高温场所</td></tr>
<tr><td>BVR</td><td>铜芯聚氯乙烯软电线</td><td>0.75、1.0、1.5、2.5、4、6、10、16、25、35、50</td><td>同BV型，安装要求柔软时用</td></tr>
<tr><td>BX
BLX</td><td>铜芯橡胶绝缘电线
铝芯橡胶绝缘电线</td><td>0.75、1.0、1.5、2.5、4、6、10、16、25、35、50、70、95、120、150、185、240、300</td><td>电器设备、仪表、照明装置等固定敷设</td></tr>
<tr><td>BLF
BLXF</td><td>铜芯氯丁橡胶绝缘电线
铝芯氯丁橡胶绝缘电线</td><td>0.75、1.0、1.5、2.5、4、6、10、16、25、35、50、70、95</td><td>同BX型，尤其适用于户外</td></tr>
<tr><td>RFB
RFS</td><td>丁腈聚氯乙烯复合物绝缘平型软线
丁腈聚氯乙烯复合物绝缘绞型软线</td><td>0.12、0.2、0.3、0.4、0.5、0.75、1.0、1.5、2.0、2.5</td><td>作为交流250V及以下各种移动电器、无线电设备和照明灯具接线用</td></tr>
</table>

4. 灯具

灯具是照明工程中的常用电器，其作用是将电能转换为光能，不同的环境必须选择不同类型的灯具才能达到照明效果的要求。目前，常用灯具的光源种类较多，从发光原理来分，主要分为两大类：一类是利用灯丝的高热辐射产生光的电光源，称为热辐射光源，如白炽灯、溴钨灯、碘钨灯；另一类是利用气体放电产生光的电光源，称为气体放电光源，如荧光灯、高压汞灯（外镇流式荧光高压汞灯和自镇流式荧光高压汞灯）、氖气辉光灯和金属卤化物灯（钠铊铟灯和管形镝灯等），常用光源的类型及型号见表1-3。照明灯具的标注形式为：

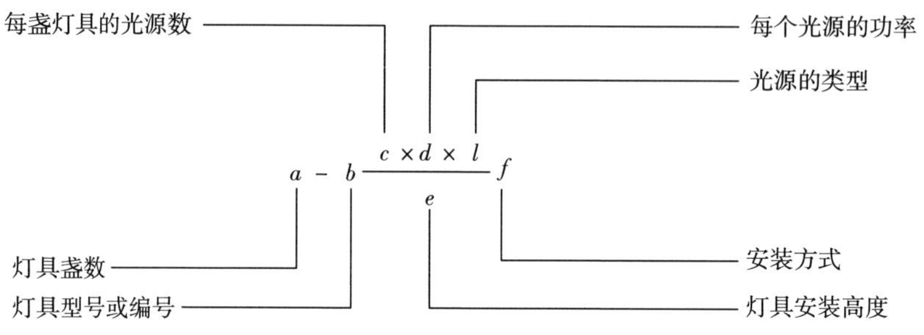

表1-3 光源的类型及型号

类型	型　号	含　义
热辐射式光源	PZ	普通照明灯泡
	JZ	局部照明灯泡
	JG	聚光灯泡
	LZG	直管形卤钨灯
	LHW	红外线卤钨灯管
	LYQ	石英玻璃泡圆柱形卤钨灯
气体放电式光源	YZ	直管形荧光灯管
	YU	U形荧光灯管
	YH	紧凑型荧光灯
	YZS	三基色荧光灯管

类型	型　号	含　义
气体放电式光源	GCY	荧光高压汞灯泡
	GYZ	自镇流式荧光高压汞灯泡
	DDG	荧光色管形镝灯
	NTY	钠铊铟灯
	YH	环形荧光灯管
	HG	高压钠灯泡
	ND	低压钠灯泡
	NHO、ND1、ND、WN	氖气辉光灯泡

在照明灯具的标注形式中，灯具的安装方式用表1-4中的英文字母表示，而安装高度是指从室内地坪到灯具灯泡中心的垂直距离。例如，5-YZ40 $\dfrac{2\times40}{2.5}$Ch，表示5盏YZ40 2×40型荧光灯，每盏灯具中装设2只功率为40W的灯管，灯具的安装高度为2.5m，灯具采用链吊安装方式。如果灯具为吸顶安装，安装高度可用“－”符号表示。在同一房间内的多盏相同型号、相同安装方式和相同安装高度的灯具，可以一次性标注，如“5”则表示某房间内共安装5盏相同型号、相同规格和相同安装方式的灯具。

表 1-4　灯具安装方式代号

代　号	含　义	代　号	含　义
CP	吊线式	WR	墙壁内安装
Ch	链吊式	T	台上安装
P	管吊式	SP	支架上安装
S	吸顶或直附式	W	壁装式
R	嵌入式	CL	柱上安装
CR	顶棚内（嵌入可进入人的顶棚）	HM	座装

（1）白炽灯　白炽灯的发光是由于电流通过灯丝至白炽化而发光，当温度达到500℃左右时，发出红光，随着温度不断增加，发出的光由红色变成橙黄色，最后发出白色光。为了提高灯丝温度，防止钨丝氧化燃烧，提高发光效率和使用寿命，一般将灯泡内抽成真空，并充以惰性气体。白炽灯的结构简单、使用方便、价格便宜，常应用于室内外场合的照明光源，但应注意将开关接入电源相线，经过开关后再连接到被控制灯具的一接线端，灯具的另一端直接与中线连接，以保证用电安全，如图 1-4 所示。

（2）卤钨灯　在钨丝管中加入一定的卤元素（如溴、碘等）而成的照明灯称为卤钨灯，如常用的有碘钨灯、溴钨灯。例如碘钨灯是利用灯管中的高温，使碘与从灯丝蒸发出来的钨化合生成碘化钨，并在灯管内扩散，在灯丝周围形成一层钨蒸气云，从而抑制了钨的蒸发，并防止灯泡发黑，提高了发光效率。这种灯适用于照度要求较高，安装高度较高的室内、外大面积场所的照明，其电气接线与白炽灯相同。应注意使用时灯管要水平装设，倾斜度不得超过4°，灯管更不能垂直安装使用，否则会缩短灯管使用寿命，正确使用时其寿命比白炽灯要长2～3倍。

（3）荧光灯　由灯管、镇流器、辉光启动器等组成。在灯管的两端各装设一个电极，管内充有低压汞蒸气及少量氩气，灯管内壁涂有一层荧光粉。当灯管两个电极通电后对灯丝加热，达到一定温度后将溢出电子而形成电子云，在电场作用下，高速电子轰击汞电子，使其电离而产生紫外线。紫外线发射到管壁上的荧光物质，便发出可见光。为了提高功率因数，可采取分散功率因数补偿法，即在每盏荧光灯并联功率因数补偿电容器（图 1-5 为荧光灯接线图），也可采用集中功率因数补偿法，即在变配电所（室）通过电容器功率因数补偿柜作集中补偿。

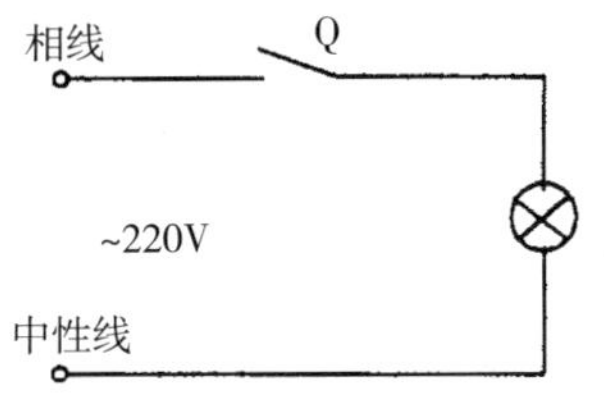

图 1-4　白炽灯接线图

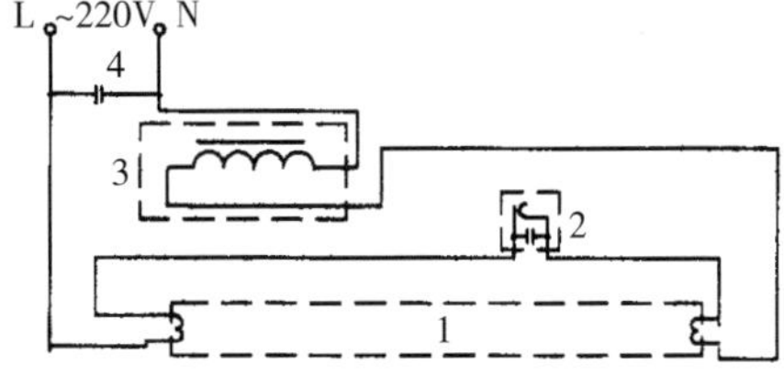

图 1-5　荧光灯接线图

1—灯管　2—辉光启动器　3—镇流器　4—电容器

荧光灯是高光效、长寿命的电光源，在建筑工程上广泛采用。长期以来使用的电感式镇流器由于功率因数低，有噪声、冲击电流大、没有过电压保护功能、自身重量大等缺点，同时对荧光灯管的使用寿命也有较大影响。近年来我国自行研制生产的建筑工程高效节能型荧光灯具（JY 型）系列产品与其配套的高可靠性、高功率因数组合型交流电子镇流器（SGZH 型）系列产品，是国家重点推广使用的节能产品，这种交流电子镇流器以其明显的技术性能优势将替代电感型镇流器。SGZH 型电子镇流器具有高功率因数（$\cos\varphi \geqslant 0.95$ 以上）、低谐波分量（其谐波滤波电路可基本消除对电网的干扰）、预热起动（镇流器电路具有预热功能，使灯管预热起动。由于启辉时灯丝已得到充分预热，故电子镇流器连续通断 18×10^4 次以上时，荧光灯管两端也无异常现象，从而大大延长了灯管的使用寿命）、导通状态保护（具有过压保护功能，当外加电压超过 300V 时，可自动切断电源，使灯管不受损坏）、节电（电子镇流器功耗非常小，比一般电感式镇流器节能 25%，可使线路功率损耗降低 15% ~ 20% 左右）、无噪声和频闪现象（电子镇流器使荧光灯工作频率提高到 25kHz 左右，消除了荧光灯的频闪效应，提高了照明质量）、起动电压低（国家标准要求在 198 ~ 242V 范围内正常起动，电子镇流器的工作频高，因而可保证荧光灯在电源电压 160 ~ 250V 范围内正常起动，超过国家有关标准要求，故在电压偏低的地区更为适用。在 −20 ~ +25℃，相对湿度小于 85% 的环境下，均能正常工作，适用于高寒、高温、高湿度地区）、自身重量轻等优点。经国家电光源质量监督检测中心检测，各项性能技术指标均优于 IEC928、IEC929 标准要求，符合我国行业标准规定，延长了荧光灯的使用寿命，并有较高的使用可靠性。高效节能型荧光灯灯具标注符号及其配套使用的电子镇流器标识分别按以下形式标注：

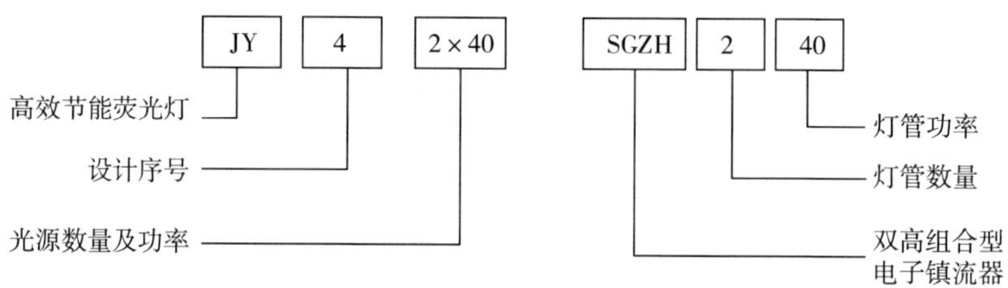

(4) 高压汞灯　高压汞灯与荧光灯发光原理相同，只是高压汞灯灯泡内部压力比荧灯管内的压力要高得多，是利用汞蒸气在被电压击穿放电时产生的高气压（101.3 ~ 506.6kPa）来获得高发光效率的一种光源。高压汞灯有带镇流器起动和不带镇流器起动（自镇流）两种，带镇流器起动的高压汞灯的电气接线如图 1-6 所示。

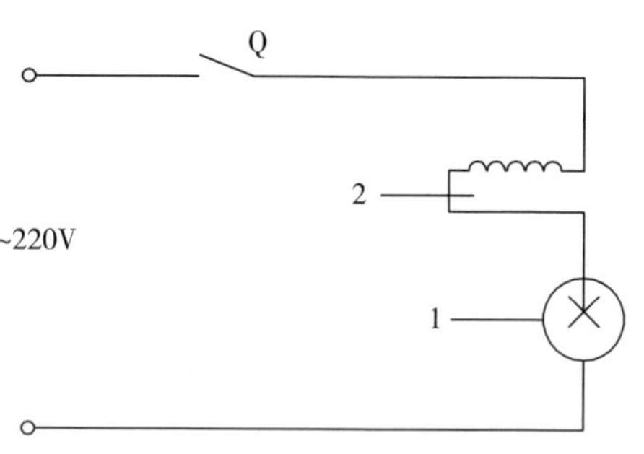

图 1-6　带镇流器的高压汞灯接线图
1—高压汞灯　2—镇流器

5. 开关、插座

开关是电气线路中控制电路通、断的电器。开关的种类、形式很多，在工业与民用建筑电气安装工程中，常用的开关有拉线开关（有胶木和瓷质之分）、跷板开关、按钮开关等；开关的安装方式有明装和暗装两种。拉线开关一般为明装，跷板开关多为暗装。按照电器使用时开、关控制的不同要求，开关还有单控开关和双控开关之分。暗装开关面板高度为 75mm，称为 86 系列，属国家标准系列。按面板上开关数目的不同，有单联、双联、三联、四联和五联等，其面板宽度分为75mm、100mm、125mm和150mm等不同规格。

插座主要是用来随时接通照明器具和其他日用电器的装置，也常用来插接小容量的单相或三相用电设备。插座的种类有单相（单相二极、单相三极）、三相（三相三极、三相四极）等，额定电流有10A、16A、25A等多种，安装方式分为明装和暗装。单相三极插座安装时应注意正确接线：即左边插孔与零线连接，右边插孔与火线（相线）连接，上面插孔与安全保护接地线（或保护接零线）连接。三相四孔插座则为右孔接U相，左孔接W相，下孔接V相，上孔接地或接零保护线（PE）。

开关、插座安装高度：拉线开关安装高度为距顶棚约0.3m，距地面2.5～3m；跷板开关安装高度距地面1.3～1.4m；按钮开关安装高度距地面1.3～1.5m，一般取1.4mm；插座下边缘距地面1.5m，实验室、办公室等场所插座安装高度距地面0.3～0.5m，一般取0.3m。

1.1.3 电气工程施工图的识图方法

在进行电气工程施工图识图之前，应先了解基本建设项目的组成。一个建设项目通常是由一个或多个单项工程组成的，而一个单项工程又是由若干个单位工程组成的，一个单位工程又可分为许多个分部分项工程。建设项目就是在一个或几个场地上，按一个总体设计进行施工的各个工程项目的总和。进行基本建设的单位称为建设单位。单项工程，也称工程项目，是建设项目的组成部分。一个建设项目可以是一个单项工程，也可能包括许多单项工程。所谓单项工程就是具有独立的设计文件，施工后可以独立发挥生产能力或效益的工程。如工业建设项目的单项工程，一般是指能独立进行生产的车间、办公室、食堂等。民用建设项目中的各个单项工程，如学校的办公楼、图书馆、学生宿舍、住宅等，一般都是由一个或几个单位工程组成。单位工程是单项工程的组成部分，一般是指具有独立的设计文件，具有独立的施工条件，但不能独立发挥生产能力或效益的工程，如一个车间厂房作为一个单项工程，可以分解为土建工程、给水排水工程、电气安装工程等若干个单位工程。分部工程是单位工程的组成部分，如电气安装工程作为一个单位工程，它又可分为照明工程、动力工程、电缆工程等若干个分部工程。分项工程又是分部工程的组成部分，如照明工程作为分部工程，它又包括灯具安装、线路敷设、开关插座安装等分项工程。分项工程是进行工程造价计算最基本的、不可再分的子目工程。

电气安装工程施工图通常是按单位工程绘制的，一个单位工程的电气工程施工图，少则有三五张，多则可能有几十张。前面简要介绍了土建工程图和室内电气照明工程图（主要是电气照明线路平面布置图和电气照明配电系统图）的一些基本画法和标注方法，这是识图的基础。另外，还必须熟悉、掌握电气照明器件和装置的图形符号和文字标注规定，并且在电气照明设计和安装施工实践中，结合工程实际，边收集、查阅、整理资料，边识图指导安装施工，边总结提高，不断增强识图能力和实际工作能力。作为电气安装工程造价人员，必须首先看懂施工图并且掌握图纸的内容与要求，才能进行电气安装工程计价书的编制。要看懂图纸就要按照一定步骤和方法进行，才能收到比较好的效果。一般识图方法如下：

1. 详细查看图纸目录

电气施工图的首页通常有一张图纸目录表，表中注明了电气图的名称、内容、编号等，如照明包含了照明平面图、电气系统图和接线原理图等。通过工程图纸的目录表可以了解该单位工程共有多少张图纸，并核对各张图纸的名称及内容是否与目录一致，某一部分工程施工内容在哪一张图纸上，所以，图纸目录表为查阅图纸提供了方便。

2. 认真阅读设计说明，看懂图例符号

在阅读施工图前，应首先认真阅读施工设计说明。施工设计说明主要阐述了该单位电气工程的概况、设计依据、设计意图、设计标准以及图纸中未能表明的工程特点、安装方法、施工技术、工艺要求、特殊设备的使用方法和维护注意事项等。在此基础上，再详细阅读电气照明线路平面布置图和供电系统图。在阅读电气照明平面图时，应按“进户线装置→总配电箱→配电干线→分配电箱→配电支线→用电设备”的顺序识图，主要了解所有配电箱、灯具、开关、插座及其他电器的装设位置、安装高度、安装方式以及型号、规格和数量；了解配电线路的走向以及导线型号、截面、根数、管径、敷设方式等。在阅读供电系统图时，则重点了解供电方式、配电回路分布和与电气设备的连接情况，从而实现对室内电气照明系统的全面了解。以图 2-13 为例，其施工说明如下：

（1）建筑概况　本工程为八层砖混结构，其中厕所、楼梯间、雨篷为现浇钢筋混凝土楼板，屋面为预制钢筋混凝土楼板，在预制混凝土楼板上做 30mm 厚混凝土砂浆层，然后进行灰渣隔热层铺设和防漏处理。层高 3m，净高 2. 80m。

（2）导线及配线方式　电源为三相四线 380/220V，导线采用 BLX-500-3 ×35 +1 ×16。由室外架空线引入，室内水平配线部分均采用 BLVV-2（3） ×2. 5 塑料护套线明敷设，垂直配线部分采用 BLVV-2（3） ×2. 5 塑料护套线穿焊接钢管 SC15 暗敷设。配电箱之间则采用 BLV 型塑料绝缘导线穿焊接钢管暗敷设。

（3）配电箱　总配电箱型号为 ZJP（R）—Ⅲ-20（改），其含义如图 1-2 所示，其中 ZJP 为住宅照明配电箱；（R）为嵌入式（暗）安装；Ⅲ为箱型代号（Ⅰ、Ⅲ为箱内有分开关，Ⅱ为箱内无分开关）；20 为表示线路方案编号。由室外架空引入 380/220V 三相四线制交流电源，分四路引出。其中 N_1 为一、二层供电，N_2 为三、四层供电，N_3 为五、六层供电，N_4 为七、八层供电。层配电箱 ZJP（R）—Ⅲ—8 为计量箱，为三户计量供电，每户均为三线（相线、零线和接地保护线）配线，采用护套线明敷设，配电箱底距地坪 1. 4m。

3. 抓住电气照明工程图要点识图

对室内电气照明工程图来说，应注意抓住如下要点识图：

（1）了解电源的由来。我国标准规定，一级、二级负荷均为重要负荷。一级负荷通常要求两路独立电源供电，二级负荷可采用两路独立电源供电，也可采用一条（6kV 以上）专用架空线或电缆供电，三级负荷无特殊供电要求。宾馆饭店、医院、政府大楼、银行、高等学校和科研院所的重要实验室、大型剧院、省辖市及以上的重点百货大楼、省市区及以上的体育场馆等均属于一级、二级负荷，居民住宅、一般学校等均属于三级负荷。在明确建筑物负荷等级的基础上，了解电源是如何引入以及引入电源的路数。

（2）了解电源进户方式。如室内电源是从室外低压架空线路引入，在室外应装设进户装置。进户装置包括引下线、进户支架、绝缘子、进户线和保护管等。由室外架空线路的电杆上引至进户支架的线路称为引下线，该电杆又称为进户杆。由进户支架引至总配电箱的线路称为进户线，进户装置如图 1-2 所示。

有关规范要求：低压进户装置的进户线滴水弯至地面的距离不小于 2. 7m；若采用直埋电力电缆引入电源，则从架空线路电杆上引入地下的电缆应在地面以上 2m 采用钢管保护；

在电缆引入建筑物处也必须穿钢管保护，且保护管应超出建筑物防水坡250mm以上；保护管内径应不小于铅包、铝包电缆外径的1.5~2倍，不小于全塑电缆或橡胶绝缘电缆外径的1.6倍；为了避免在电缆穿管时损坏电缆，应将保护管端口打磨成喇叭口形状；此外，为了用电安全，应在架空线路或电缆线路的进户处装设重复接地装置，其接地电阻应满足100kV·A以上变压器（发电机）供电线路的重复接地电阻 $R_{jd} \leqslant 10\Omega$，100kV·A及以下变压器（发电机）供电线路的重复接地电阻 $R_{jd} \leqslant 30\Omega$。

（3）明确各配电回路相序、路径、敷设方式以及导线型号、根数。应按设计所确定的相序从配电箱引出配电回路，以满足使三相负荷接近平衡的设计要求；明确各配电回路的路径、供电区域。在此基础上，了解配电回路的敷设方式。一般居民住宅、学校等民用建筑的低压配电回路多采用水管、煤气管、电线管、阻燃塑料管暗敷设，或者采用塑料护套线（BVV或BLVV）明敷设。在高层建筑中，则多采用电缆沟、电缆井、线管和线槽等敷设方式。人民生活水平的不断提高，对室内美化装修标准提出了更高的要求，传统的绝缘子、瓷夹板和木（塑）槽板等敷设方式已极少采用，只是在个别的工业厂房中还有采用。阻燃塑制明敷设线槽、新型地面线槽、PVC刚性阻燃管、可挠性金属套管（或称为普利卡金属套管）、套接扣压式薄壁钢导管KBG和金属软管等安装工艺简单，敷设工效高，美观实用，成本低廉，因此这些敷线管材在电气安装中得到了日益广泛的采用，使配管配线安装技术有了突破性的发展。

（4）明确电气设备、器件的平面安装位置。应弄清配电箱、灯具、开关、插座、吊扇等在平面图上的安装位置及其装设高度和安装方式，以便据此确定线路的最佳路径。确定穿墙套管或穿越楼板保护管、接线盒等器件的平面位置，确定预留量以及制定出与土建施工、其他工种施工（如给水排水、暖通工程、通信线路和电视电缆安装等）的配合方案。

4. 结合有关土建工程图阅读电气照明工程图

室内电气照明工程与土建工程结合非常紧密，因为照明平面图只能反映所有电气设备器件的平面布置情况，但实际上还有一个立体布设的问题。因此，这就要求我们必须结合有关土建工程图进行阅图，以了解电气照明系统的立体布设的全貌。

在掌握上述阅图方法的基础上，再进一步阅读设计施工技术说明，以全面领会设计意图和施工技术要求，结合工程实际制定出施工方案。例如与土建施工及其他工程工种之间的配合、预制加工电气安装配件、编制施工预算和材料计划以及提出需要修改原设计方案（如暗配管线等）的变更报告等，以避免发生施工错误，使电气安装工程达到设计和使用要求。

一个单位工程的电气设计施工图往往是由平面图（包括动力平面图、照明平面图、防雷平面图等）、系统图、大样图等多张图纸组成的，因为同属于一个工程，所以各张图纸总是相互联系、密切配合的。因此，在阅读图纸时，应将有关图纸相互对照、综合识图，找出它们之间是怎样联系、如何配合的，各张图纸之间如发现有矛盾，应提出变更请求，由设计人员进行变更修正。如前所述，图2-13是某住宅楼电气照明平面图和配电系统图，该建筑为八层砖混结构，电气照明图纸有照明供电系统图、1~8层照明平面图以及施工说明等。该住宅楼每层三户，有计量配电箱、灯具、开关和插座等电器装置。住宅楼为东西走向，标有六根轴线，标号为①~⑥，南北宽有四条轴线，标号A、B、C、D，图中标出的比例尺为1:100，但为了表示出配电箱、灯具、开关和插座的布置情况，所以配电箱、灯具、开关和插座等图例符号尺寸一般不按比例绘制。

1.2 电气动力工程图识图举例

现代工农业生产中的各种工作机械绝大部分是以电动机作为原动力拖动的，称之为电力拖动。电动机及其附属设备的安装、配线等项工程通常称为电气动力安装工程。如高层建筑中的水泵房、空调机房、锅炉房、电梯、洗衣机房等的电气负荷主要是动力负荷。

目前生产中常用的电动机主要是Y系列三相交流异步电动机，这是按照国际电工委员会标准（IEC标准）生产制造的节能电动机，应用越来越广。Y系列（IP23）电动机为防护式笼型三相异步电动机，额定电压为380V，额定频率为工频50Hz，功率范围5.5～132kW（Y系列电动机的额定容量等级，5.5 kW以下有0.55kW、0.75kW、1.1kW、2.2kW、3.0kW、4.0kW、5.5kW等，5.5kW以上有7.5kW、11kW、15kW、18.5kW、22kW、30kW、45kW、55kW、75kW、95kW、132kW等)，同步转速为3000r/min、1500r/min、1000r/min和750r/min，绝缘结构为B级，外壳防护等级为IP23（注：IP为电动机外壳防护标志，表示国际防护，为International Protection的缩写；数字“2”表示能防护大于12mm的固体异物进入电动机壳体内；数字“3”表示为防淋水电动机，与垂直线成60°角范围内的淋水对电动机应无有害影响)。Y系列电动机的功率等级与机座号对应关系和国际上通用的系列有较好的互换性；效率和堵转转矩也较J系列有所提高，有效材料消耗比J系列有较大节约，允许温升有较大提高，有利于延长使用寿命和提高可靠性。

低压三相异步电动机的额定电压为380V，在额定条件下运行时，电动机的额定电流为：

$$I_N = P_N/(\sqrt{3}V_N\cos\varphi\eta)$$

式中 P_N——电动机的额定功率（kW)；

V_N——电动机的额定电压（V)；

$\cos\varphi$——电动机的功率因数，额定负载时为0.8左右；

η——电动机的效率，一般为0.85～0.95。

电动机在电气系统图与平面图上，通常用一个小圆圈表示，在小圆圈旁边标出电动机的编号、额定功率（kW）等，标注的格式如下：$a\,\frac{b}{c}$，其中a—电动机的编号，按顺序1，2，3，…；b—电动机的型号或代号：c—电动机的额定功率（kW)。例如，$5\,\frac{\mathrm{Y}}{15}$中的“5”表示第5号电动机，“Y”表示Y系列电动机，“15”表示额定功率为15kW。

电气动力安装工程图就是表示电动机的布置、供电方式和动力线路敷设的图纸。与电气照明工程图类似，动力工程图主要由动力平面图和动力系统图组成。电气动力系统图主要表示电动机供电方式、供电线路和控制方法。电气动力平面图主要表示电动机的安装位置和动力线路敷设方式等。在一个工程中，动力设备往往比照明灯具数量要少，且多布置在地坪或楼层地面上，供电线路多采用三相三线制供电，穿管明配线或穿管暗配线，因而电气动力工程图在图面上往往比电气照明工程图显得简单，但实际的安装工程量不能简单地看图面的符号和线条多少来确定。电气动力设备的控制线路比电气照明设备的控制线路要复杂得多，这一点也应有充分的认识，另外电气动力控制线路在工程图的分类上不属于电气动力系统图和电气动力平面图等图纸的范畴。

某锅炉房动力控制系统图如图1-7所示，图1-8为该锅炉房的电气动力平面布置图，室内外地坪高差0.5m，进户电缆保护管SC80埋深为0.9m。下面以该锅炉房为例说明这类电气动力工程图的特点及识图方法。

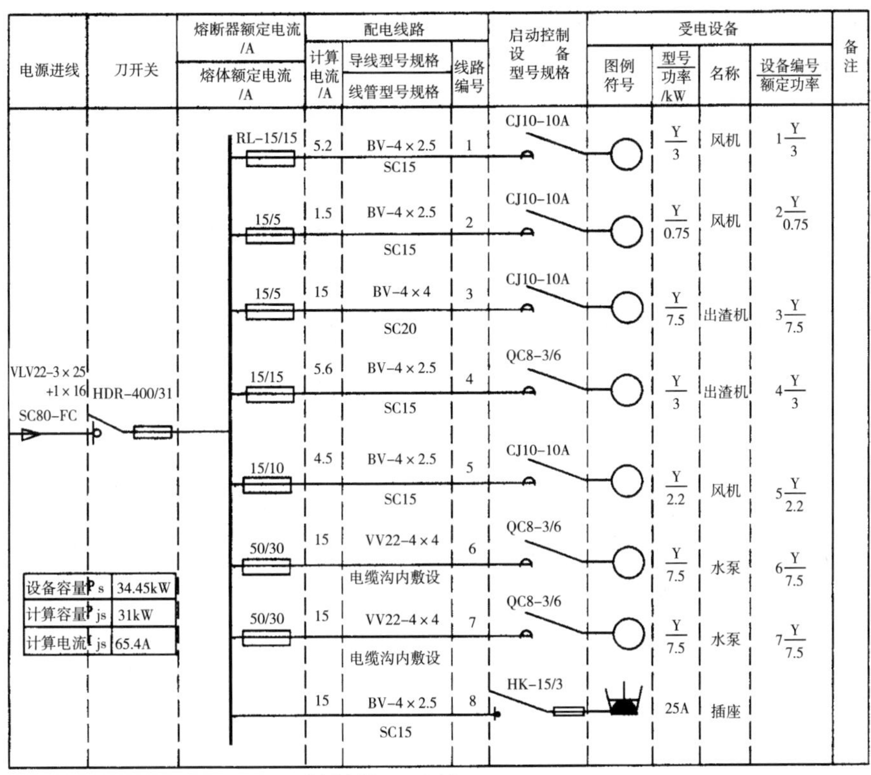

图1-7 某锅炉房动力控制系统图

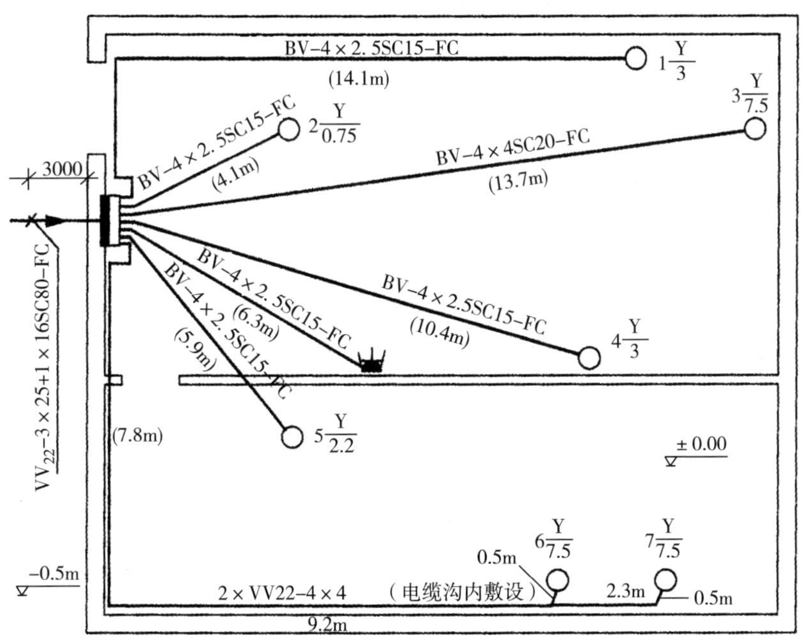

图1-8 某锅炉房电气动力平面布置图（M1:150）

电气动力控制系统图和电气动力平面图也是两张密切相关的图纸，也应将这两张图纸相互对照，综合识图。

1. 设备概况

由电气动力平面图可知，该锅炉房有两个房间，共安装三相 Y 系列异步电动机 7 台，还有 15A 三相明装防爆插座一个，三相插座容量可按 3kW 计算，所以该锅炉房的电气设备总容量为：

$$P = \sum_{n=1}^{7} P_n + P_{插座}$$

$$= 3 \times 2\text{kW} + 0.75\text{kW} + 7.5\text{kW} \times 3\text{kW} + 2.2\text{kW} + 3.0\text{kW} = 34.45\text{kW}$$

电气设备计算容量 $P_{js} = P_S k_x = 34.45 \times 0.9\text{kW} = 31\text{kW}$，需要系数 $k_x = 0.9$。在通常情况下，可取负荷的平均功率因数 $\cos\varphi = 0.8$，平均效率 $\eta = 0.9$，则计算电流为：

$$I_{js} = P_{js}/(\sqrt{3} V_N \cos\varphi\eta)$$

$$= 31/(\sqrt{3} \times 0.38 \times 0.8 \times 0.9)\text{A}$$

$$= 64.5\text{A}$$

上述这些数据均已在系统图上标注。7 台电动机的控制保护除了采用螺旋式熔断器（RL 型）作短路保护外，还分别采用继电接触器和磁力启动器控制，例如，1# ~5#电动机采用 10A 或 16A 的交流接触器（CJ10 型）控制，6#、7#电动机采用磁力启动器（QC8 型）控制。磁力启动器和交流接触器属于同一类设备，只是磁力启动器较交流接触器多一组热继电器（RJ），热继电器在图中未标出。交流接触器、热继电器对电动机分别起失压保护和过载保护等作用。所以，熔断器、交流接触器和热继电器等都是用来保护电器，只不过所起保护作用各不相同。

2. 配电线路

电源进线为 VV_{22}-600V-3 ×25 +1 ×16C80-FC，表示塑料护套铜芯钢带铠装电力电缆，额定电压为600V，其中3 根铝芯截面面积为25mm^2，1 根铝芯截面面积为16mm^2，采用直径为 80mm 的焊接钢管室外埋深 0.9m，从室外距外墙皮 3m 处引入，沿地面暗敷设（FC），接至动力控制屏 XL-21（改）。

各类电动机配线：一种是铜芯聚氯乙烯绝缘导线（BV 型），采用焊接钢管（SC）沿地暗敷设（FC），例如，3#电动机的配线为 BV-4 ×4SC20-FC，表示 4 根 4mm^2 的铜芯聚氯乙烯绝缘导线，穿入直径为 20mm 的水煤气钢管，沿地面暗敷设；另一种是低压塑料护套电缆，沿电缆沟敷设，如 6#、7#两台 7.5kW 电动机的配线为 2 × VV_{22}-600V-4 ×4，表示 2 根 4mm^2 铜芯塑料护套电缆，每根缆芯截面面积为 4mm^2，沿电缆沟敷设。三相四孔暗装插座，嵌墙安装，安装高度为 1.5m。

3. 动力系统图的特点

图 1-6 所示的电气动力控制系统图是采用图形与表格相结合方式表示的，因此具有层次分明、清晰明了的特点，是电气动力控制系统图中最常见的一种表示形式。该图按电能输送方式画出了四个主要部分，电源进线及母线、配电线路、起动控制设备、受电设备等。对于线路，标注了导线的型号规格、敷设方式及线管的规格。对于开关、熔断器等控制保护设备，标注了设备的型号规格、开关和热元件的整定电流、熔断器中熔体的额定电流，对于受

电设备标注了设备的型号、名称、功率及编号，上述这些内容与电气动力平面图上的标注都应一一对应。除此之外，在电气动力控制系统图上，还标注了整个系统的计算容量，必要时还应标注线路的电压损失。

练习思考题1

1. 试绘出楼梯灯上、下跑道由双控开关控制的照明控制线路图。
2. 试说明以下标注的含义。

（1）$7-YG_{2-2}\frac{3\times 40}{2.5}ch$　　（2）$N_1-BV(3\times 4+2\times 1.5)PC20-WC$

（3）$5-H\frac{9\times 25+4\times 15}{—}$　　（4）$18-WD\frac{2\times 40}{1.85}W$

3. 识图的一般方法步骤是什么？
4. 试绘出一般常用配电箱、灯具、开关和插座的图例符号。
5. 进户线及重复接地装置主要由什么构成？
6. 电气施工图一般由哪些图纸构成？

第2章　电气安装工程量计算规则

2.1　电气安装工程量计算的准则

电气设备安装工程量是建设项目中不可缺少的重要组成部分，因此也是建筑工程造价的主要内容之一。随着我国经济建设的飞速发展，建筑行业呈现出一片繁荣景象。现代化工业厂房、宾馆饭店、办公大楼、智能化住宅小区等高层建筑和建筑群体的大量涌现，产生了建筑电气工程设计、安装调试和电气安装工程造价等方面的新课题。现在，供配电系统、建筑自动消防系统、楼宇保安监控系统、电梯电气控制系统、机床电气控制系统、空调制冷控制系统、程控电话及微机管理控制系统、有线电视及综合布线 PDS 系统等，都已成为建筑物中不可缺少的装备。电气设备安装工程造价的任务越来越重，技术难度也越来越大，这就要求电气安装工程造价人员不仅要学习掌握电气安装工程造价的政策法规和计算方法，还要知识面宽，识图能力强，了解电气设备安装的有关规范、工艺流程和与其他专业（如土建、给水排水、暖通和室内装修等）施工的配合。一般电气设备安装工艺流程如图 2-1 所示。

根据《建设工程工程量清单计价规范》（GB 50500—2013）的规定，工程量清单包括分部分项工程量清单、措施项目清单、其他项目清单、规费项目清单、税金项目清单等五大清单，应做到统一格式。工程量计算规则是与《通用安装工程工程量计算规范》（GB 50856—2013）和各省、自治区、直辖市编制的安装工程消耗量定额相配套，是工程量计算方法的具体规定。它是编制安装工程量清单、工程量清单计价的依据，也是编制安装工程参考定额和企业定额的基础。因此，在进行工程量计算时，必须遵循以下准则：

（1）分部分项工程量清单的项目名称应符合以下规定：①按《通用安装工程工程量计算规范》（GB 50856—2013）和本地区市有关部门发布的建设工程工程量清单计价规则对分部分项工程量清单规定的项目名称和项目特征，结合建设工程的实际进行确定。其项目特征是指项目实体名称、型号、规格、品种、质量和连接方式等，是构成分部分项工程量清单项目、措施项目自身价值的本质特征。分部分项工程量清单由构成工程实体的各分部分项项目组成，必须做到“五个统一”，即项目编码统一、项目名称统一、项目特征统一、计量单位统一和工程量计算规则统一。②对于分部分项工程量清单项目中未包括的项目，编制人可做相应的补充，并报造价管理部门备案。所补充的分部分项工程量清单项目、工程量均应为实体数量，并具有可计量性。

（2）分部分项工程量清单中的工程量，应根据施工设计图纸及其施工设计说明、施工组织设计和施工方案以及有关施工及验收技术规范、规程等进行工程量计算，其计算内容要与分部分项工程量清单的项目划分、工作内容和适用范围相一致。

所谓工程量，是指以物理计量单位或自然计量单位表示的各分项工程或结构构件的实物数量。物理计量单位是以长度、面积、质量等作为度量的计量单位；自然计量单位则是以在自然状态下安装成品所表示的台、个、套、块等作为度量的计量单位。工程量是根据施工图

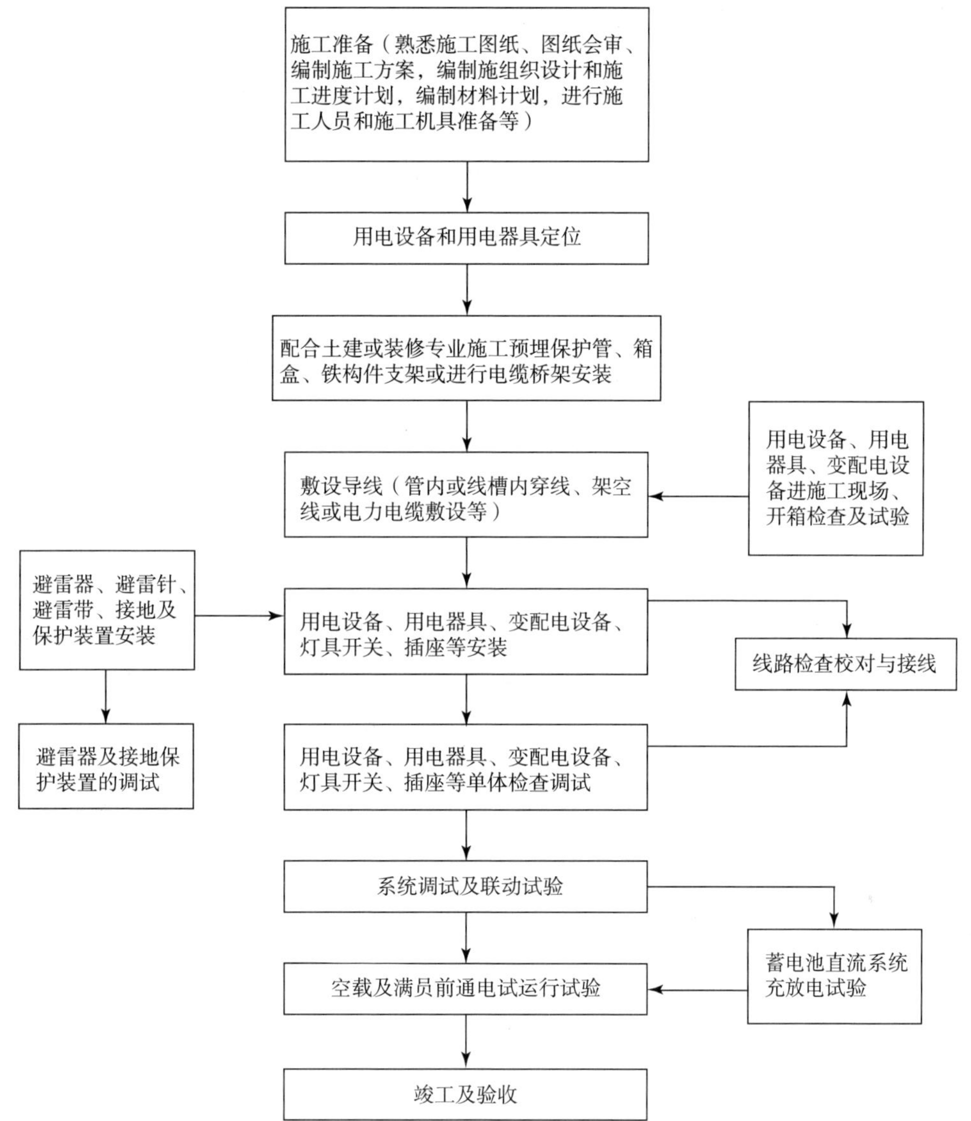

图 2-1　电气设备、用电器具等安装工艺流程图

所标注的电气设备、用电器具、电气管线等的型号、规格、安装部位、安装高度等，按照分部分项工程量清单所规定的项目名称和计量单位以及按照安装工程消耗量定额所规定的项目名称和计量单位，采取有关规定的计算规则计算得到的，即应按附录中规定的工程量计算规则计算。只有统一计算规则，才能保证工程量计算的准确性和可比性。所以工程量计算是编制电气施工图工程量清单和工程量清单计价过程中的重要步骤，是工程招标和工程投标报价的基础，工程量计算的准确与否将直接影响到电气安装工程造价的准确性和编制质量。

（3）如上所述，在进行分部分项工程量清单工程量计算时，必须按照《通用安装工程工程量计算规范》（GB 50856—2013）和《全国统一安装工程预算工程量计算规则》（GYDGZ—201—2000）的规定计算工程量，且各分项工程项目的计量单位应与分部分项工程量清单规定的计量单位一致；在分部分项工程项目中所包含的各工程内容的计量单位则应与相应的消耗量定额项目名称的计量单位相一致，计算工程量的小数点后的位数取舍规定如下：

以“m”“m^2”“m^3”为计量单位的安装工程项目，应保留小数点后两位小数，第三位四舍五入；以“t”为计量单位的安装工程项目，应保留小数点后三位小数，小数点后第四位四舍五入；以“个”、“项”、“次”等为计量单位的工程项目，均应取整数。

(4) 除定额另有规定者外（如变压器油过滤），安装工程量中均不得包括材料损耗用量。

(5) 工程量计算凡涉及材料的长度、重量等的换算，均应以国家标准为准，如未作规定时，应以产品说明书为准。

(6) 另外，在计算工程量时，除预算定额手册中另有规定外，应严格执行相应预算定额手册的工程量计算规则，不得各册相互串用。

2.2 变配电装置

《全国统一安装工程预算定额》第二册“电气设备安装工程”只适用于工业与民用新建、扩建工程中10kV以下变配电设备及线路安装工程、车间动力电气设备及电气照明器具、防雷及接地装置、配管配线、电梯电气装置、电气调整试验等的安装工程。本节介绍的变配电装置定额也只适用于10kV以下的变配电装置。变配电装置是变电装置和配电装置的简称，它是用来变换电压（或电流）和分配电能的装置。变配电装置主要包括高压和低压两大部分。在变配电装置中，高压电气设备包括电力变压器、高压断路器、高压隔离开关（或高压负荷开关）、高压开关柜、高压互感器柜、高压电容器柜等。低压（小于1kV）电气设备则主要包括低压配电屏、低压电容器补偿柜、低压断路器等。除此以外，还包括高低压连接母线、各类控制保护电器、测量仪表、避雷器以及组合成的套箱式变电站（所）或集装箱式配电室等设备。

2.2.1 变电装置

1. 电力变压器安装

电力变压器项目分为油浸式电力变压器、干式变压器、整流变压器、自耦式变压器、有载调压变压器、电炉变压器等，其项目编码为“030401001~030401006”。其工作内容包括本体安装、基础型钢制作、安装、干燥、刷油漆等。另外油浸式变压器还有油过滤、网门及铁构件制作、安装。干式变压器则还有端子箱（汇控箱）安装。变压器本体安装的工作内容主要包括开箱检查、本体就位、器身检查、储油柜及散热器清洗、变压器油试验、冷却扇和油泵电机解体检查接线、附件安装、垫铁止轮器制作、安装、补充注油及整体密封试验、接地、补漆及其电气试验的配合工作等。另外，变压器安装定额中包括了汽车、汽车起重机的台班费，不得再另计其费用。变压器安装按不同电压等级和不同容量，并区分油浸式电力变压器和干式电力变压器，以“台”作为计量单位计算。但干式电力变压器如果带有保护外罩时，其安装定额中的人工费和机械费应分别乘以系数1.2。油浸式电力变压器安装定额也同样适用于相应容量的自耦变压器、带负荷调压变压器。电炉变压器安装按同容量电力变压器定额乘以系数2。整流变压器则按同容量电力变压器定额乘以系数1.6。在对变压器进行器身检查时，4000kV·A以下是按吊芯检查考虑的，不得另计吊芯检查费用；而4000kV·A以上则是按吊钟罩考虑的。所以如果4000kV·A以上的变压器需吊芯检查时，其安装定额中的机械费应乘以系数2。

变压器铁梯及装设母线的铁构件的制作、安装，可另执行铁构件制作、安装定额。变压器端子箱、控制箱的制作、安装，应另执行有关相应的定额项目。另外，还应注意气体继电器的检查试验已列入变压器的系统调整试验项目之内，不得另行计算。如发生变压器二次喷漆时，则执行有关刷漆定额项目，但补漆在变压器安装定额中已包括。对变压器需要进行干燥处理时，所发生的变压器干燥棚的搭拆工作，可按实际工作量计算。

消弧线圈安装项目编码为“030401007”，其工作内容包括基础型钢制作、安装、本体安装、油过滤、干燥和补刷油漆等。消弧线圈本体安装的工作内容包括开箱检查、本体就位、器身检查、垫铁及止轮器的制作、安装、附件安装、补充注油及安装后的整体密封试验以及接地、补漆和配合电气试验等，其安装应区分容量大小以“台”为计量单位计算。

消弧线圈的干燥处理则按同容量电力变压器的干燥定额执行，以“台”为计量单位计算。

2. 变压器油过滤

在油浸式电力变压器安装定额内是按合格油考虑的，未包括变压器油过滤，如果变压器油经试验不合格或旧变压器安装需要进行油过滤处理时，则应计算变压器油过滤费用。油过滤是相应的油浸式电力变压器的工作内容之一，故在编制工程量清单时如需要进行油过滤，应在清单中描述清楚，但不提量。在编制招标最高限价和投标报价时，由编制人员自己计算油过滤工程量。另外变压器油是按设备自带考虑的，其油过滤工程量可按式（2-1）计算：

$$Q = (1 + \eta) G \tag{2-1}$$

式中 Q——变压器油过滤工程量（t）；

G——变压器（自带）储油量（t）；

η——变压器油过滤损耗率（$\eta = 1.8\%$）。

变压器油过滤以“t”为计量单位计算，不论油过滤多少次，直到使变压器油达到合格时为止，但不得重复计算。变压器放油、注油和油过滤所使用的油罐均已摊入油过滤项目之中。

3. 变压器干燥处理

经过对变压器检测，如果判定变压器绝缘受潮，即绝缘电阻达不到规定要求时，需进行干燥处理，并计算变压器干燥处理费。应区分容量等级，以“台”为计量单位计算。变压器干燥处理也为变压器的工作内容之一，如变压器干燥处理需要搭拆脚手架时，可以按实际情况计算。对于整流变压器、消弧线圈、并联电抗器的干燥，应执行同容量电力变压器的干燥项目定额；电炉变压器的干燥，则执行同容量电力变压器的干燥项目定额乘以系数2.0。

此外，在变压器安装定额内未考虑变压器油的化验及色谱分析、混合化验和耐压试验等，如果需要进行变压器油试验，则不论是由施工单位自检或委托电力试验检测部门代检，均按实际发生计算。

综上所述，所介绍的变压器油过滤和变压器干燥处理均属于结算项目，只有经对变压器进行绝缘电阻测试、对变压器油作击穿耐压试验不合格时，并经施工现场发包方（或监理工程师）确认签证后，在工程结算时方可计算此费用。

【例题2-1】 某熔炼合金钢厂安装电炉变压器HS-1000/10型，容量$S = 1000$kV·A，额

定电压 $V_N=10\text{kV}$，共计5台，安装整流变压器ZSG5-400型，容量 $S=400\text{kV}\cdot\text{A}$，额定电压 $V_N=10\text{kV}$，共计2台。试计算其安装和干燥处理所需要人工费、材料费、机械费及管理费、利润各为多少元？

【解】根据“电气设备安装工程消耗量定额”可知，电炉变压器安装按同容量电力变压器项目安装定额乘以系数2.0；整流变压器安装则按同容量电力变压器项目安装定额乘以系数1.6。电炉变压器干燥费用按同容量电力变压器项目干燥定额乘以系数2.0；整流变压器安装则执行同容量电力变压器干燥项目定额。则套定额并换算得到直接工程费（即安装费）计算表，见表2-1。

表2-1 直接工程费计算表

定额编号	项目名称	计量单位	工程数量	人工费/元	材料费/元	机械费/元
2-2（换）	整流变压器ZSG5-400型安装，$S=400\text{kV}\cdot\text{A}$	台	2	497.28×1.6×2=1591.30	267.06×1.6×2=854.59	394.73×1.6×2=1263.14
2-3（换）	电炉变压器HS-1000/10型安装，$S=1000\text{kV}\cdot\text{A}$	台	5	851.34×2×5=8513.40	351.13×2×5=3511.30	509.33×2×5=5903.30
2-24（换）	整流变压器ZSG5-400型干燥，$S=400\text{kV}\cdot\text{A}$	台	2	573.30×2=1146.30	720.19×2=1440.38	56.23×2=112.46
2-25（换）	电炉变压器HS-1000/10型干燥，$S=1000\text{kV}\cdot\text{A}$	台	5	824.88×2×5=8248.80	1599.50×2×5=15995.00	60.25×2×5=602.50
合计				19500.10	21801.27	7071.40

人工费、材料费、机械费及管理费、利润分别为：

人工费=19500.10元

材料费=21801.27元

机械费=7071.40元

管理费=19500.10×20.54%元=4005.31元

利润=19500.10×22.11%元=4311.47元

2.2.2 配电装置

1. 高压断路器安装

高压断路器的项目名称分为油断路器、真空断路器、SF6断路器和空气断路器、真空接触器，其分部分项工程项目编码为“030402001～030402005”，工作内容由本体安装、调试，基础型钢制作、安装，油过滤，接地和补刷油漆等组成。其中本体安装工作内容主要包括开箱解体检查、组合、安装及调整、传动装置的安装及调整、动作检查以及干燥、注油和接地等。应区分电流等级，均以“台”为计量单位计算，设备费另行计算。

2. 高压隔离开关、负荷开关安装

高压隔离开关、负荷开关的分部分项工程项目编码分别套用“030402006”和“030402007”，工作内容由本体安装、调试，接地和补刷油漆等组成。虽然它们的安装项目名称不同，但二者的安装定额相同，均区分额定电流等级，隔离开关还应分户内、户外，均以“组”为计量单位计算，三相为一组。隔离开关操作机构联锁装置及其信号装置的设备费用应另行计算。

3. 高压熔断器、避雷器和电抗器安装

高压熔断器、避雷器和电抗器安装的分部分项工程项目编码分别按“030402009～030402012”选取。其消耗量定额规定，三者均按三相为一组，以“组”为计量单位计算，油浸电抗器以台为计量单位计算。即电抗器不论何种安装方式，均不作换算。如果电抗器经实测，需要进行干燥处理时，应区分干式电抗器和油浸式电抗器计算干燥处理费用。对于干式电抗器，应按每组重量区分等级，均以“组”为计量单位为计算；对于油浸式电抗器，则按容量大小划分等级，均以“台”为计量单位计算。而避雷器又划分为1kV以下和10kV以下两个等级。

4. 互感器安装

互感器分部分项工程项目编码均按“030402008”编制，其安装定额是按单相考虑，不包括抽芯检查和绝缘油过滤等工作内容。互感器分为电压互感器和电流互感器，均以“台”为计量单位计算。其中电流互感器按电流分为户外式和户内式，户内式电流互感器按电流划分等级。电压互感器不分户外式和户内式，也不分容量规格，其定额均相同，不作调整。

5. 电力电容器和交流滤波装置安装

电容器柜安装是按成套安装考虑的，但不包括柜内电容器安装，也不包括电容器的连接线和支架安装。应区分电容器的项目名称并选取其相应的分部分项工程项目编码，项目编码为“030402013～030402016”。电力电容器安装项目名称分为移相及串联电容器、集合式并联电容器、并联补偿电容器组架和交流滤波装置组架等，所以在计算电容器安装消耗量时应区分移相及串联电容器和集合并联电容器，并区分重量，以“个”为计量单位计算；而并联补偿电容器组架则分单列两层、三层、双列两层、三层和小型组合等类型，均以“台”为计量单位计算。交流滤波装置的安装也是以“台”为计量单位计算，每套滤波装置包括三台组架的安装，但不包括电抗器等设备及铜母线的安装与接线，其工程量应另行计算。

6. 高压成套配电柜和组合型成套箱式变电站安装

高压成套配电柜类型有固定式和手车式，其分部分项工程项目编码则不用区分，均为“030402017”，其工作内容包括柜体安装、基础型钢制作、安装、补刷（喷）油漆和接地等，其柜体安装定额应区分单母线柜和双母线柜，还区分断路器柜、互感器柜、电容器柜及其他柜等，均以“台”为计量单位计算。如在高压配电室内安装母线桥时，应另行以“组”为计量单位计算，每节（三相）母线桥为一组。

目前，现代化都市道路照明供电、住宅小区供电以及工厂、矿山、油田、码头、机场等场所供电，常采用组合型成套箱式变电站（所），其外形像大型集装箱，一般电力变压器安装于箱内中间位置，变压器两侧分别安装高压配电柜和低压配电屏，箱体两端设有铁门，因此，箱式变电站的设备费是按成套计价的。如ZBW1（或N）系列组合（箱式）变电站，其中W为户外式，N为户内式，它具有供配电灵活、工程建设及设备投资低、安装方便和施工工期短等优点。其分部分项工程项目编码为“030402018”，工作内容包括基础浇筑、箱体安装、进箱母线安装、补刷（喷）油漆和接地等。其中箱体安装定额区分成套箱体内带高压开关柜和不带高压开关柜两种，并按电力变压器容量划分等级，以“台”为计量单位计算。其定额内容包括了站内所有高低压柜及电气设备安装，以及安装所需汽车、汽车起重机台班费用，不得再另行计算。而组合型成套箱式变电站、高压成套配电柜和组合型成套箱式变电站安装使用的基础型钢、柜顶主母线及上刀闸引下线的配电装置安装均应另行计算，如母线为随设备配套供应时，只计安装费，不计主材费。另外，上述各种配电装置安装使用的地脚螺栓均按土建预埋考虑，也不包括二次灌浆；其端子板外部接线、焊压接线端子、电缆头制作、安装以及所用安装支架等均应另行计算，执行有关的定额。进线保护柜安装可执行定额第二册《电气设备安装工程》“配电（电源）屏”（2-240）的安装项目。对于配电设备安装所需用的支架、抱箍、延长轴、轴套、间隔板等，应按施工图设计的需要数量计算，执行铁构件制作安装的有关定额项目或成品价。

2.3 母线及绝缘子安装

2.3.1 母线安装

本节所介绍的母线安装只适用于变配电的母线安装，车间母线安装将在2.11节中介绍。母线可以分为硬母线和软母线两类，硬母线又称之为汇流排，一般用于电流大的低压侧，软母线用高压侧（在10kV及以下变配电工程中也常采用硬母线）。按材质划分有铜母线（TMY）、铝母线（LMY）和钢母线（GMY）3种，按形状分有带形母线、槽形母线、共箱母线、组合软母线、低压封闭式插接母线槽和重型母线等6种。带形母线有每相1片、2片、3片、4片，组合母线则有2根、3根、10根、14根、18根、26根等6种，增加片数及增加根数都是为了增加母线的横截面积。

1. 软母线安装

软母线安装分部分项工程项目编码为“030403001”，工作内容由软母线安装、绝缘子耐压试验、安装和跳线安装等组成。其中软母线安装是指由耐张绝缘子串所悬挂的部分，其定额区分导线截面大小，以“跨/三相”为计量单位计算，与设计跨度大小无关。导线、绝缘子线夹、松弛度调节金具等，均根据施工图设计用量和定额规定的损耗量计算主材费。软母线安装预留长度见表2-2。

表2-2 软母线安装预留长度 （单位：m/根）

项　目	耐　张	跳　线	引下线、设备连接线
预留长度	2.5	0.8	0.6

值得注意的是，软母安装定额内已包括耐张单串绝缘子的安装，如果设计为双串绝缘子时，其定额中的人工费乘以系数1.08。

软母线引下线是指由T形线夹或并沟线夹从软母线引向设备的连接线，或软母线经终端耐张线夹引下与设备的连接线。软母线引下线、跳线及与设备的连接，其定额不予区分，均按规定的导线截面等级执行相应定额，以“跨/三相”为计量单位计算，不得换算。

2. 组合软母线安装

组合软母线的分部分项工程项目编码为“030403002”，其工作内容与软母线所包括的项目相同。组合软母线的安装跨距（包括水平悬挂部分和两端引下部分之和）是按45m以内考虑的，但其安装定额对跨度在45m以内时，不论跨度长短均不作调整，以“组/三相”

为计量单位，并区分母线根数计算。同样，其导线、绝缘子、线夹、金具等按施工图设计用量加定额规定损耗量计算主材费。如果组合软母线跨距超过45m时，可按比例增加定额材料用量，但人工费和机械费均不作调整。例如某工程组合软母线的跨度为50m，则定额材料的消耗量调整系数为

$$定额材料消耗量调整系数=\frac{50-45}{45}\times 100\%\approx 11.11\%$$

设组合软母线（3根）安装，套用定额2-122，其材料费未调整前为75.65元，则调整后的材料费为75.65×（1+11.11%）元≈84.05元。

3. 带形母线及其引下线安装

带形母线安装的分部分项工程项目编码为“030403003”，其工作内容包括母线安装、支持绝缘子及穿墙套管的安装和耐压试验、穿通板制作、安装、引下线安装、伸缩节安装和过渡板安装以及刷分相漆等。应区分带形铜母线安装和带形铝母线安装分别套取有关安装定额，并按每相母线的片数及其截面划分标准，以“10m/单相”为计量单位计算。对于带形钢母线安装则执行同规格的铜母线安装定额，不得换算。注意在变配电带形母线安装内容中，涂刷分相漆及连接（接头）在带形母线安装定额中已包括，不得再另行计算。但不含绝缘子安装，须另行计算。低压带形母线安装所用支持绝缘子一般采用WX-01型电车瓷瓶，其主材费应按已灌注好螺栓的成品计价。

带形母线引下线安装定额与带形母线一样，也区分材质，按每相带形母线引下线的片数及其截面划分标准，以“10m/单相”为计量单位计算。带形母线及其引下线和固定母线的金具等主材费均按设计量加损耗量另行计算。

在安装带形母线施工中，加装带形母线伸缩接头是为了防止由于热胀冷缩引起母线内应力过大而变形损坏，其安装分为铜带形母线伸缩接头和铝带形母线伸缩接头两种，并区分每相1片、2片、3片、4片，以“个”为计量单位计算。铜过渡板安装则以“块”为计量单位计算，并且带形母线伸缩接头和铜过渡板均按成品考虑，主材费应另行计算。

4. 槽形母线安装及其与设备的连接

槽形母线具有机械强度高、载流量大和金属导电材料得到了充分利用等优点，主要应用于大型区域变电站及发电厂。其分部分项工程项目编码为“030403004”，工作内容由母线制作、安装、与变压器（或发电机）的连接、与断路器/隔离开关连接以及刷分相漆等组成。槽形母线安装应区分截面规格，以“10m/单相”为计量单位计算。槽形母线与发电机、变压器等设备连接，均以“台”为计量单位计算，而与断路器、隔离开关、负荷开关等设备连接，则均以“组”为计量单位计算，三相为一组，并应注意区分槽形母线的截面规格。但槽形母线以及带形母线的安装均不包括支持绝缘子和钢构件的配置安装，其工程量应分别按设计成品数量另行套用有关定额计算。

5. 重型母线的安装

在大型炼钢厂、炼铝厂等冶炼企业常采用重型母线为电镀电解车间、电炉供电，其分部分项工程项目编码为“030403008”，工作内容包括母线、伸缩器及导板的制作、安装、补刷（喷）油漆和支持绝缘子安装等。重型母线的制作、安装分为铜母线和铝母线，铜母线应区分截面大小，铝母线则不分规格，但区分使用场所（铝电解、镁电解、石墨化电解），均以“t”为计量单位计算，但主材费用（包括铜或铝母线、螺栓、夹具、绝缘板、低导磁

钢压板、绝缘套管等）应另行计算。

为了防止由于热胀冷缩引起重型母线内应力过大而变形损坏，在安装母线时也需加装母线伸缩器及导板。重型母线伸缩器及导板制作、安装均区分材质，其中伸缩器还区分截面规格，以“个”为计量单位计算；导板则区分阳极导板和阴极导板，以“束”为计量单位计算，其主材（包括铜带或铝带、伸缩器螺栓、垫板、垫圈等）应另行计算。

此外，对于重型铝母线来说，其接触面加工是指当铸造件需要加工接触面时，区分母线接触面大小分别以“片/单相”为计量单位计算。硬母线的配置安装预留长度见表2-3。

表2-3 硬母线配置安装预留长度

项　目	预留长度/（m/根）	说　明
带形、槽形母线终端	0.3	从最后一个支点算起
带形、槽形母线与分支线连接	0.5	从支线预留
带形母线与设备连接	0.5	从设备端子接口算起
多片重型母线与设备连接	1.0	从设备端子接口算起
槽形母线与设备连接	0.5	从设备端子接口算起

6. 高压共箱母线和低压封闭式插接母线槽安装

高压共箱母线和低压封闭式插接母线槽均按成品考虑，定额按现场安装考虑。高压共箱母线就是具有箱体保护的母线，即10kV以下高压共箱母线为三相母线同一箱体中安装，也有铜母线和铝母线之分，其规格由两个参数组成，一个是箱体尺寸（宽×高），另一个是母线的相数及截面面积。一般适用于6~10kV大型变电站。低压封闭式插接母线槽载流量大，占用空间小，安全可靠性高，安装维修简便，所以在现代化工业厂房、宾馆饭店、办公大楼等供配电系统中获得了广泛应用，其分部分项工程项目编码分别为“030403005”和“030403006”，工作内容均为本体及进、出线箱安装和补刷（喷）油漆等。高压共箱母线应区分箱体规格、母线材质（铜母线、铝母线）和每相母线截面尺寸，以“10m”为计量单位计算工程量，主材费另计。低压封闭式插接母线的安装工程量不分铜母线和铝母线，也不分线制，只区分每相额定电流等级，以“10m”为计量单位计算，主材费另计。如低压封闭式插接母线槽在竖井内安装时，其定额中的人工费和机械费应分别乘以系数2。另外母线槽进出分线箱的工程量应另行计算，分线箱安装应区分电流等级，以“台”为计量单位计算，主材费另计。注意母线槽安装定额是按每10m母线槽含3个直线段和一个弯头考虑的，执行定额时按设计轴线尺寸计算，母线之间的接地跨接线已在定额中包括，不得另行计算。低压封闭式插接母线槽的主要技术数据见表2-4。

表2-4 低压封闭式插接母线槽的主要技术数据

额定电流/A	单位长度重量/（kg/m）			母线槽高度/mm
	三相三线制	三相四线制	三相五线	
400	18	21	22	100
800	22	25	26	120
1250	28	39	40	160
2000	56	63	81	260
4000	94	126	134	520

注：三相三线母线槽宽度为125mm，三相四线制、三相五线母线槽宽度150mm。

2.3.2 绝缘子安装

10kV 以下高压绝缘子分为悬式绝缘子串、支持绝缘子和穿墙套管等，而支持绝缘子又分为户内式和户外式。

1. 悬式绝缘子串安装

悬式绝缘子串安装是指垂直或 V 形安装的提挂导线、跳线、引线设备的连线或设备等所用的绝缘子，均为相应母线安装的工作内容之一。悬式绝缘子串安装工程量以“10 串”为计量单位计算，而耐张绝缘子串的安装，已包括在软母线安装的定额内，不得另行计算。同时绝缘子、悬垂线夹、金具等为未计价材料，应按成品另行计算。

2. 支持绝缘子安装

10kV 以下支持绝缘子安装的定额分为户内式和户外式，为高压成套配电柜或带形母线、重型母线等分部分项工程项目的工作内容之一。低压带形母线安装所用支持绝缘子多采用 WX-01 型电车瓷瓶，其安装定额应区分支持绝缘子的结构孔数（分为 1 孔、2 孔、4 孔等 3 种），以“10 个”为计量单位计算。如前所述，主材应按已灌注好螺栓的成品计价。

3. 穿墙套管安装

10kV 以下穿墙套管安装为高压成套配电柜或带型母线等分部分项工程项目的工作内容之一。其安装工程量不分规格，一组按三个，以“个”为计量单位计算，套用定额编号 2-114，主材费应另行计算。

2.4 控制设备及低压电器

本节内容包括控制、继电、模拟及配电屏（柜）安装、硅整流柜安装、晶闸管柜安装、直流屏安装及其他电气屏安装、控制台及控制箱安装、成套配电箱等电气控制设备安装等，还有常用低压电器安装、盘柜配线、端子板外部接线和焊（压）接线端子、穿通板制作与安装、基础型钢、角钢和各种铁构件、支架的制作、安装等。注意下面所介绍的各种电气设备的接地均已包含在其安装定额之内，不得再另行计算。

2.4.1 控制屏、继电（信号）屏、模拟显示屏及低压配电屏（开关柜）安装

控制屏、继电（信号）屏、模拟显示屏及低压配电屏（开关柜）、配电（电源）屏等的外形尺寸一般为 600 ~ 800mm × 2200mm × 600mm（宽 × 高 × 深），正面安装仪表、显示屏或指示灯、按钮或手动操作手柄等器件，背面安装防护盖板或采用敞开式。其分部分项工程均有对应的项目编码（030404001 ~ 030404004），工作内容包括其本体安装和基础型钢的制作、安装，端子板安装、焊（压）接线端子、盘柜配线、小母线安装、端子接线、屏边安装、补刷（喷）油漆和接地等。其本体安装均以“台”为计量单位计算，包括开箱检查、本体安装、电器、表计及继电器等附件的拆装、送交试验、盘内整理及一次接线和校线，但不包括二次接线，也不包括基础型钢制作、安装及母线安装。其中模拟显示屏则应区分屏面宽度（≤1m，≤2m）再套用相应定额。低压开关柜用作配电时，执行配电（电源）屏定额（2-240），用于车间或其他动力及照明的配电箱，则执行落地式成套配电箱安装定额(2-262)。

此外，还有弱电控制返回屏，也称为弱电回馈信号控制屏，分部分项工程项目编码为“030404005”，工作内容同上。其工程消耗量定额也是以“台”为计量单位计算。集装箱式配电室是指在箱体内装有各种控制配电屏的低压配电装置，其分部分项工程项目编码为“030404006”，不分户内、户外，以“套”为计量单位计算，工作内容包括本体安装和基础型钢的制作、安装、基础浇筑、补刷（喷）油漆和接地，但是其工程消耗量定额则是以其重量“10t”为计量单位计算，也不分户内、户外安装。

2.4.2 硅整流柜、晶闸管柜安装

硅整流电源柜是由变压器、硅堆或二极管和滤波电容、保护元件、稳压元件等构成的整流装置，可为直流电动机、电镀车间、充电车间等直流用电负荷提供直流电源。硅整流柜安装应区分额定电流等级，以“台”为计量单位计算。晶闸管（俗称可控硅）柜则主要由变压器、单向或双向晶闸管、保护元件、触发电路控制环节等构成的整流装置，可为直流或交流用电设备供电，多用于机床、电梯等设备的调压调速供电。分部分项工程项目编码分别为“030404007”和“030404008”，工作内容包括基础型钢的制作、安装、本体安装、补刷（喷）油漆和接地等。晶闸管柜安装应区分额定功率等级，以“台”为计量单位计算。晶闸管变频调速柜安装则应按相应功率等级的晶闸管柜定额的人工费乘以系数1.2。

2.4.3 直流屏及其他电气屏（柜）安装

直流屏及其他电气屏（柜）安装。直流屏主要包括蓄电池屏（柜）、直流馈电屏、自动调节励磁屏和励磁灭磁屏等，其他电气屏（柜）有事故照明切换屏等，它们的分部分项工程项目均有对应的项目编码（030404012～030404014），工作内容同控制屏等工程项目，其工程消耗量定额均以“台”为计量单位计算。如果属于屏边，即成列配电屏旁边的框架安全挡板安装费用需另行计算，也以“台”为计量单位计算。

此外，低压电容器柜用来补偿配电回路的功率因数，其安装工程消耗量也以“台”为计量单位计算，其分部分项工程项目编码为“030404009”。

2.4.4 控制台、控制箱和成套配电箱安装

1. 控制台

控制台的外形像钢琴，面板上装设各种仪表、信号指示灯或显示屏，控制板上装设有起动/停止按钮、组合转换开关等。柜内的配电板上装有负荷开关或自动空气开关、接触器、热继电器或电流继电器，有的还配有软起动器、自耦变压器、电抗器或频敏变阻器等降压起动装置。控制台一般高度在1500mm以内，长度有1000mm以内、2000mm以内和4000mm以内，深（厚）度为400～600mm，主要用于水泵房、锅炉房、车间等，可以集中对某些动力设备（如水泵、风机、机床等）进行控制。控制台安装分部分项工程项目编码为“030404015”，工作内容包括本体安装、基础型钢制作与安装、端子板安装、焊压接线端子、盘柜配线、端子接线、补刷（喷）油漆、接地和小母线安装等。控制台安装应区分长度，按1m以内、2m以内不同规格分别套用定额。集中控制台安装适用于2m以上、4m以下的控制装置，以“台”为计量单位计算。

2. 控制箱和成套配电箱

控制箱和配电箱的分部分项工程项目编码分别为“030404016 和030404017”，工作内容主要包括基础型钢制作、安装、本体安装、焊、压接线端子、补刷（喷）油漆和接地等。控制箱是指发电厂同期小屏控制箱，在箱体面板上装有电压表、电流表等仪表、信号指示灯或小显示屏、起/停控制按钮等；箱内的配电板上装有开关、接触器和继电器等，其半周长一般在1.5m以下，以“台”为计量单位计算。一般用于控制热水器，小型水泵、风机等电动机的控制箱安装，应按同期小屏控制箱计算。但值得注意的是：防火门和防火卷帘门的控制箱安装一般已在土建施工中计算，如委托安装单位施工时才可计算，不得重复计算此安装费用。

成套配电箱则不分动力配电箱和照明配电箱，但要区分落地式安装和悬挂式安装，均以“台”为计量单位计算。对于成套落地式安装的配电箱不分规格大小，而悬挂式安装的配电箱，还应按半周长划分等级（0.5m、1.0m、1.5m、2.5m），但不分明装和暗装，分别套用相应定额。插座箱安装可根据其半周长大小套用相应的悬挂嵌入式成套配电箱的安装定额。

对于上述各种落地式安装的电气控制屏、柜（箱）所需的基础型钢或角钢制作、安装应另行计算，套用相应的定额。而对于悬挂式安装在车间柱子上的配电箱，还应计算其支架的制作安装费用，可按铁构件制作安装计算。低压配电屏（柜）安装也不包括其柜顶母线安装，应另套有关定额，如母线随设备成套供应，也不得再另计母线主材费。进出各种控制设备的导线应须另行计算其端子板外部接线或焊、压接线端子的工程量，套用相应定额。但不得套用盘柜配线项目，此项只限非成品屏、柜（箱）在现场组装制作时进行盘、柜内电气元器件之间连接的导线。另外进出控制设备的电缆，其终端头制作、安装定额中已包括焊（压）接线端子（或端子板外部接线），故不得重复计算。盘、箱、柜及低压电器的外部进出导线预留长度见表2-5。另外还应注意当配电箱为壁挂安装时，不得计算基础型钢的制作、安装工程量。

表2-5 盘、箱、柜及低压电器的外部进出导线预留长度

项目名称	预留长度/m	说明
各种箱、柜、盘、板、盒	宽+高	盘面尺寸
单独安装的铁壳开关、自动开关、刀开关、起动箱、箱式电阻器、变阻器	0.5	从安装对象中心算起
继电器、控制开关、信号灯、按钮、熔断器等小型电器	0.3	从安装对象中心算起
分支接头	0.2	分支线预留

2.4.5 控制开关及低压熔断器安装

控制开关及低压熔断器安装是指在施工现场进行独立的单体安装，其工作内容包括开箱检查、安装、接线和接地等。

1. 自动空气开关安装

自动空气开关有DZ装置式（为塑壳式，手动操作）、DW型万能式，（为框架结构，有手动操作和电动操作两种方式）和快速自动开关，即直流快速断路器安装（如DS12系列）。自动空气开关用作线路过载、短路和欠压保护，也可用作不频繁接通和分断的线路，其分部分项工程项目编码为 030404027，以“台”为计量单位计算，工作内容包括本体安装和焊、压接线端子、接线。自动空气开关安装消耗量定额则以“个”为计量单位计算，主材另计。不分操作方式，不分电流和极数，快速自动开关按额定电流等级以“台”为计量单位计算。此外，漏电保护开关，也称作漏电保护断路器，分为单式和组合式；其中单式又分为单极、三极和四极，组合式按回路个数划分，分为 10 路以内和 20 路以内两种，也以“个”为计量单位计算，主材费另计。

2. 刀形开关安装

刀形开关有 HD11 ~ 14 系列、HS11 ~ 13 系列和 HR3 系列等，分手柄式、操作机构式和带熔断器式；胶盖闸刀开关 HK1 系列、HK2 系列属于负荷开关的一种，分单相和三相，主要用作电路隔离，也可接通、分断额定电流，均以“个”为计量单位计算，主材费另计。注意带操作机构的刀形开关，其操作机构安装已包括在开关安装的定额之中，不得另行计算。

3. 组合控制开关和万能转换开关安装

组合控制开关（如 HZ3 系列、HZ10 系列）主要用于接通或分断电路、切断电源或负载，还可用来测量三相电压，调节电加热及控制小容量电动机正反转等。组合控制开关分为普通型和防爆型，以“个”为计量单位计算，主材费另计。万能转换开关（LW5 系列、LW6 系列等）主要作为控制线路的转换、电气测量仪表转换和对配电设备（如对高压断路器、低压空气断路器等）的远程控制，也可作为控制伺服电动机的换向、变速之用，其工程量以“个”为计量单位计算，主材费另计。

4. 铁壳开关和限位开关安装

铁壳开关（HH1 ~ HH114 系列等）属于负荷开关，其安全性好，可供不频繁接通和开断负荷电路及控制小容量电动机之用，其壳体有铸铁壳和钢壳之分，不分系列型号，以“个”为计量单位计算，主材费另计。如铁壳开关需装设在配电板或支架上时，其配电板和支架的制作、安装应另行计算，套用有关定额。

以上介绍的各种刀型开关、铁壳开关、自动空气开关、胶盖闸刀开关、组合控制开关、万能转换开关和漏电保护开关等的分部分项工程项目编码均可按控制开关“030404019”项目编码编制，工作内容包括本体安装、接线和焊、压接线端子等。

此外限位开关是广泛应用于各类机床、塔式起重机、行车等的限位保护电器，其传动机构有单轮（能自动复位）和双轮（不能自动复位）两种，可将机械信号转变为开关信号，作为控制机械动作或程序之用。目前常用的限位开关有 LX19 系列、JLXK1 系列等。在工程量计算时应区分普通式和防爆式，不分型号规格，以“个”为计量单位计算，主材费另计。其分部分项工程项目编码为“030404021”，工作内容与控制开关相同。

5. 低压熔断器安装

低压熔断器分为螺旋式熔断器（RL1、RL2、RL93 等系列）、瓷插式熔断器（RC1A 系列）、管式熔断器（分有填料封闭管式 RTO 系列和无填料封闭管式 RM3、RM7 和 RM10 等系列）和防爆式熔断器（YG 系列）等四种，其分部分项工程项目编码为“030404020”，工作内容包括本体安装、接线和焊、压接线端子。低压熔断器安装均以“个”为计量单位计算，主材费另计，其中螺旋式熔断器和瓷插式熔断器的定额相同。

2.4.6 控制器、接触器、启动器、电磁铁和电阻器、变阻器安装

控制器、接触器、启动器、电磁铁和油浸频敏变阻器等均有相应的分部分项工程项目编码（030404022~030404029），工作内容与控制开关相同。各电器安装均以“台”为计量单位计算，其中控制器包括主令控制器（如 LK1 系列）和鼓形及凸轮控制器（如 LK4 系列）应分别计算工程量。磁力启动器是由接触器、热继电器和按钮组合而成的电器，接触器安装不分接触器类型和规格，与磁力启动器安装定额相同，均套用同一定额，如将磁力启动器、接触器安装于配电板或支架上，应另计配电板及铁构件制作、安装项目。电阻器则以“箱”为计量单位计算。值得注意的是，在套用电阻器安装定额时，如果安装一箱电阻器应套用“一箱”的有关定额；安装两箱及以上电阻器，超出部分应套用“每加一箱”的有关定额。

2.4.7 按钮、电笛、电铃安装

按钮、电笛和电铃安装工作均以“个”为计量单位计算，主材费另计。其中按钮指工业生产中使用的控制按钮，常用的有 LA19、LAZ 等系列，按防护方式分为开启式、保护式、防水式、防爆式和防腐式等五种。开启式和保护式属于普通型，防水式、防爆式和防腐式为防爆型，应分别计算工程量。电笛安装也应区分普通型和防爆型，分别计算工程量，套用相应定额。

2.4.8 水位电气信号装置安装

水位电气信号装置主要用于水塔、高层建筑的高位水箱、蓄水池等设施中，可将液位信号转换成电气开关信号，从而实现对液位的自动监测和控制。其安装应区分机械式、电子式和液位式，分别以“套”为计量单位计算。浮球、阻燃硬塑料管为未计价材料，其主材费应另行计算。另外，水位电气信号装置安装中未包括水泵房电气设备和继电器安装，也未包括由水泵至水塔、水箱之间的配管配线等工作内容，应另行计算。

2.4.9 仪表、电器、小母线和分流器安装

电流表、电压表和电能表等均属于测量仪表类，故单独安装的测量仪表均执行定额 2-307项目，以“个”为计量单位计算。

所谓电器是指继电器、电磁锁、辅助电压互感器和屏上辅助设备等电器，均不分规格型号，分别以“个”为计量单位计算工程量，同时还应注意屏上辅助设备安装。屏上辅助设备是指屏上标签框、光字牌、信号灯、附加电阻、连接片等安装，即在控制屏上加装少量的小电器、设备元件，均可执行“屏上辅助设备”项目，但是不包括在屏上开孔工作。

小母线是指高压配电柜（屏）二次回路母线及控制、继电保护屏等低压小母线的安装，以“10m”为计量单位计算，其工程量可按同一平面内所安装配电柜（屏）宽度之和乘以小母线的根数，再加小母线预留长度乘以小母线根数，即为小母线的总长度。

$$L = (\sum B + \Delta L)\, n \tag{2-2}$$

式中 L——小母线总长度（m）；

$\sum B$——配电柜（屏）、盘的宽度之和（m）；

ΔL——小母线预留长度（m），可按分支线预留考虑；

n——小母线总根数。

【例题2-2】 某电气工程图有6台高压配电柜，每台柜宽1000mm，试计算小母线工程量。

解：

根据高压配电柜二次回路，设有闪光母线、灯母线、控制母线、绝缘监察母线等小母线共9根，已知高压开关柜6台，柜宽1000mm，则小母线工程量为

$L=(1\times6+0.2\times6)\times9\text{m}=64.8\text{m}$

为了扩大电流表量程而使用分流器，分流器安装固定应区分电流等级，以“个”为计量单位计算，以上各种主材费均另行计算。但是，小母线在一般情况下多属于配电柜（盘）的配套材料，故只计算安装费，而不计主材费。

以上所介绍的按钮、电笛、电铃、水位电气信号装置、电流表、电压表和电能表等测量表、继电器、电磁锁、辅助电压互感器和屏上辅助设备以及照明用开关、插座、小型安全变压器等分部分项工程项目编码均按小电器“030404031”编制，工作内容为安装和焊压接线端子，但焊、压接线端子在其安装消耗量定额中已包括，不得另行计算。

2.4.10 盘柜配线

盘柜配线是指盘、柜、箱、板内部安装各种小型电气设备、元器件之间的连接导线，其配线所用导线型号规格或由设计单位根据所控制线路的用电负荷大小确定。

盘柜配线属于相应控制屏、继电及信号屏、低压开关柜及配电屏、控制台等“屏、柜、台”设备安装项目的工作内容之一。在计算盘柜配线工程量时，应区分导线截面计算配线长度。其计算方法可按式（2-3）计算：

$$L=(B+H)n \tag{2-3}$$

式中 L——盘柜配线导线长度（m）；

B——盘（板）宽度（m）；

H——盘（板）高度（m）；

n——盘柜配线回路数（即导线根数）。

然后以“10m”为计量单位套用定额，盘柜配线所用导线及接线端子系未计价材料，如前所述，应另行计算主材费。成套配电箱、盘、柜、台进出导线，不得套用盘柜配线项目，另外盘柜配线定额也不适用于工厂的设备维修、配置和改造工程。

2.4.11 空配电箱、端子箱、端子板安装及端子板外部接线

空配电箱安装工作内容包括检查、安装、接线及接地等，不分安装方式，但区分箱体半周长，以“台”为计量单位计算。其配电箱内配电盘及设备元件、配线等应另执行有关分项定额计算。其分部分项工程项目编码可按配电箱“030404017”套用。

端子箱是指箱体内只设有接线端子板，而无开关、熔断器、电能表等电气设备元件。端子箱安装应区分户内式和户外式，以“台”为计量单位计算，主材费另行计算。

端子板安装及焊压接线端子与盘内配线一样，也属于相应控制屏、继电及信号屏、低压开关柜及配电屏、控制台等“屏、柜、台”设备安装项目的工作内容之一。其中端子板安装工作包括与盘内导线的连接，工程量计算按10个头为一组，以“组”为计量单位计算。

端子板是未计价材料，主材费另行计算，但端子板安装项目只适用于在现场独立安装，成套配电箱不得另计端子板的安装费用。

“焊、压接线端子”在安装工程消耗量定额中又分为端子板外部接线和焊、压接线端子。端子板外部接线是指 $6mm^2$ 以下导线引进或引出配电箱时与箱内端子板的连接。按“有端子外部接线”和“无端子外部接线”，并区分导线截面规格，以“10个头”为计量单位计算，但不得另计主材费。有端子外部接线与无端子外部接线的区别是导线端头上是否连接固定线卡。在进行该项工程量计算时，通常可参考以下情况分类计算：如果导线为单股线芯导线（如BV、BLV、BX、BLX型等）、照明配线，可选用“无端子”；如果导线为多股线芯导线（俗称软导线，如BVR、RV、RVS型等）、动力配线，宜选用“有端子”。当设计或甲方提出加装端子时，均可按“有端子”计算。另外还应注意电力电缆头或控制电缆头进入配电箱、盘、柜时，只计算电缆头的制作、安装费用，不得再计算端子板外部接线的安装费用。

焊、压接线端子是指进出盘、箱、柜的导线，且截面面积 $10mm^2$ 及其以上多股单芯导线与设备或电源连接时必须加装的接线端子，工程量计算应区分导线及接线端子材质，例如铜导线应选用铜接线端子，铝导线则应选用铝接线端子。铜接线端子有焊接和压接之分，但是，除有设计要求外，一般均选择套用压接接线端子的有关定额；而铝接线端子只有压接，并均应区分导线截面等级，以“10个头”为计量单位计算。接线端子（俗称接线鼻子）的主材费已包括在定额之内，不得另行计算。铝母钱与铜导线连接或铜母线与铝导线连接时，都必须选配铜、铝过渡端子连接。对于铜、铝过渡端子安装，可套用压铜接线端子定额。如上所述，电力电缆终端头制作、安装定额中已包括了焊（压）接线端子，不得再套用焊（压）接线端子的有关定额。

2.4.12 铁构件制作、安装及铁质箱盒制作

铁构件制作、安装为有关分部分项工程项目的工作内容之一，即铁构件制作、安装没有专用的分部分项工程项目编码，均在其他使用铁构件的工程项目的工作内容中包括。在其消耗量定额中按型钢厚度大小划分为一般铁构件（厚度3mm以上）和轻型铁构件（厚度3mm以下），以“100kg”为计量单位分别计算制作费和安装费。一般铁构件制作的主材费应按以下规定计算：如规定每计量单位中含有角钢（综合）为75kg，$\phi10\sim\phi14$ 圆钢为8kg，$-25\sim40$ 扁钢为22kg。轻型铁构件制作的主材费，每计量单位。$\delta=1.0\sim1.5$mm厚普通钢板按104kg计取；而轻型铁构件安装的主材费则按每计量单位为4.6kg角钢（综合）计取，即分别计取每计量单位的主材定额含量。铁构件制作、安装定额适用于电气设备安装工程中的各种预埋件、支架的制作、安装，但均不包括镀锌费。

铁质箱、盒制作也以“100kg”为计量单位计算，主材费应另行计算。在安全防范采用的网门、保护网制作、安装，按设计尺寸以“m^2”为计量单位计算，主材费另计。对于各种动力、照明控制设备等，安装定额中均不包括二次喷漆的工作内容，如需要二次喷漆，应以“m^2”为计量单位另行计算。

2.4.13 基础槽钢、角钢和穿通板的制作、安装

基础槽钢、角钢和穿通板的制作、安装等属于有关分部分项工程项目的工作内容之一。如高压配电柜、低压配电屏（柜）和控制屏、继电、信号屏等以及落地式动力、照明配电

箱安装，均需设置基础槽钢或角钢。基础槽钢或角钢的设计长度按现安装设备和预留安装设备位置的电缆沟上口周长计算，即按式（2-4）计算：

$$L=2\left(\sum A+B\right) \tag{2-4}$$

式中 L——基础槽钢或角钢设计长度（m）；

$\sum A$——单列屏（柜）总长度（m）；

B——屏（柜）深（或厚）度（m）。

基础槽钢或角钢等型材的厚度一般都在3mm以上，所以其制作费用计算应执行一般铁构件制作定额，以“100kg”为计量单位计算，主材费另计；而安装则区分基础槽钢和基础角钢，均以“10m”为计量单位计算。

【例题2-3】 某变电所高压配电室内有高压开关柜XGN2-10，外形尺寸1100mm×2650mm×1200mm（宽×高×深），共20台，预留5台，且安装在同一电缆沟上，基础型钢选用[10#槽钢，试计算工程量。

解：

根据式（2-4）求得[10#基础槽钢的工程量为：

$$L=2\left(\sum A+B\right)=2\times[1.1\times(20+5)+1.2]\text{m}=57.4\text{m}$$

因为基础槽钢制作套用“一般铁构件制作”定额，以“100kg”为计量单位计算，故应将[10#基础槽钢换算成重量，由附录B查得[10#槽钢单位长度重量为10kg/m，则

$$G=57.4\times10\text{kg}=574\text{kg}$$

穿通板制作、安装不分规格，均以“块”为计量单位计算，穿通板分为高压和低压两种，用石棉水泥板和塑料板制作、安装的穿通板只适用于低压线路；用电木板或环氧树脂板、钢板制作、安装的穿通板则适用于高压线路。值得注意的是，固定穿通板所需的角钢框架以及石棉水泥板、塑料板和钢板的价格已包括在其制作、安装定额内，但电木板、环氧树脂板的主材费应另行计算。

2.4.14 木制配电箱及配电板的制作、安装

《通用安装工程工程量计算规范》（GB 50856—2013）中没有木制配电箱及配电板制作专用的项目编码，需补充在分部分项工程量清单的相应项目之后，并在其项目编码栏目中以附录的顺序码与B和三位阿拉伯数字表示，从03B001起由小到大顺序编码，同一招标工程的项目不得重码。例如木制配电箱制作可在配电箱安装工程项目之后编制，可写成“03B001”。木制配电箱制作包括箱体和箱门的制作，根据其安装方式，有明装木配电箱和暗装墙洞配电箱，按箱体半周长划分等级，以“套”为计量单位计算。注意木板等主材费在定额中已包括，不得另行计算。木板配电箱安装则按规格大小套用“空配电箱安装”的有关定额。配电板制作应区分木板、塑料板和胶木板等不同材质，按其平面面积大小，以“m^2”为计量单位计算。木制配电板需要包1.0mm厚度以下的镀锌铁皮，同样按使用面积大小，以“m^2”为计量单位计算。配电板制作及包铁皮的定额中均已包括其主材费用，不得另行计算。配电板安装则应区分半周长，以“块”为计量单位计算。

【例题2-4】 现需制作一台供一梯三户用的嵌墙式木板照明配电箱，设木板厚均为10mm，系统主接线如图2-2所示，每户两个供电回路，即照明回路与插座回路分开。楼梯照明由单元配电箱供电，本照明配电箱不予考虑。试计算工程量并查取定额编号，并列出分

部分项工程量清单（设盘内配线均采用BV-4导线）。

解：

根据图2-2计算，其工程量及定额编号为：

(1) 三相自动空气开关（DZ47-32/3p）安装，1个，定额编号为2-267。

(2) 单相交流电能表（DD862-5A，~220V）安装，3个，定额编号为2-307。

(3) 瓷插式熔断器（RC1A-15/6）安装，6个，定额编号为2-283。

(4) 木配电板制作（500mm×500mm×10mm），半周长为1m，面积为$0.5\times0.5m^2=0.25m^2$，定额编号为2-372。

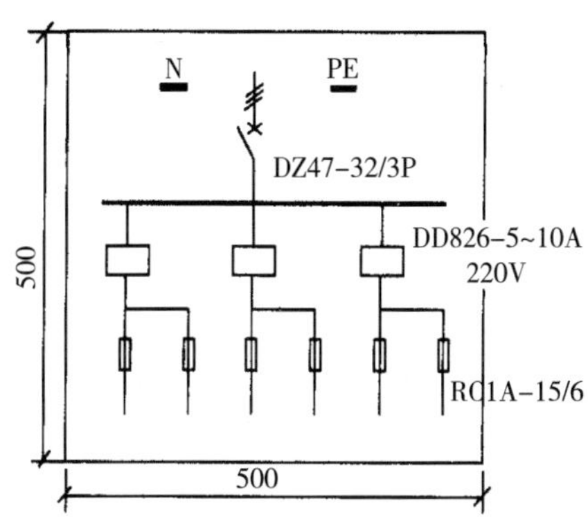

图2-2 配电箱内电气主接线系统图

(5) 木配电板包铁皮，应按配电板尺寸，各边再加大20mm，即540mm×540mm，则包铁皮使用面积为：$0.54\times0.54m^2=0.292m^2$，定额编号为2-375。

(6) 木配电板安装，半周长为1m，1块，定额编号为2-376。

(7) 墙洞（即嵌墙式）木配电箱制作，应按木配电板尺寸，各边长再加木板厚度10mm，配电箱外形尺寸为520mm×520mm×180mm（宽×高×深），半周长$0.52\times2m=1.04m$，1套，定额编号为2-371。

(8) 盘内配线：可将配电箱主接线系统图2-2画成盘内接线示意图（如图2-3所示），以分析计算盘内配线回路数，即：

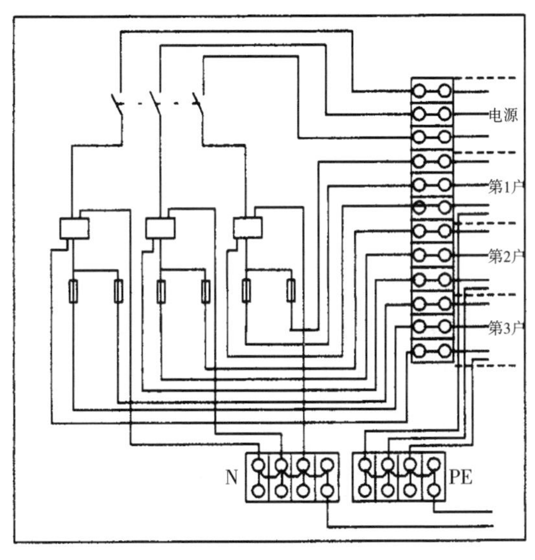

图2-3 木制配电盘内接线示意图

$n=3+3+4\times3+2\times3=24$个回路，这样由式2-3计算盘内配线导线BV-4总长度为：$L=(0.5+0.5)\times24m=24m$，定额编号为2-318。

(9) 端子板安装以10个头为1组。由图2-3可知，端子板共需20个头，则工程量为2

组，定额编号为2-326。由于导线截面$4mm^2$，盘内导线接线可不用端子。

（10）木配电箱安装，520mm×520mm×180mm，半周长0.52×2m=1.04m，即空配电箱安装，1台，定额编号为2-380。

根据以上工程消耗量计算结果，列出照明配电箱制作分部分项工程量清单，见表2-6。值得注意的是，盘内配线和端子板安装属于“控制设备及低压电器安装”中有关工程项目的工作内容之一，故不列入清单之中，而在工程量清单计价时再予以考虑。

表2-6　照明配电箱制作分部分项工程量清单

序号	项目编码	项目名称	计量单位	工程数量
01	030404019001	控制开关——三相自动空气开关DZ47-32/3p安装，工作内容：(1)安装；(2)焊、压接线端子	个	1
02	030404020001	低压熔断器——瓷插式熔断器（RC1A-15/6）安装，工作内容：(1)安装；(2)焊、压接线端子	个	6
03	030404031001	小电器——单相交流电能表（DD862-5A，~220V）安装，工作内容：(1)安装；(2)焊、压接线端子	个	3
04	03B001	木配电板制作（500mm×500mm×10mm），半周长为1m，工作内容：(1)木配电板制作、安装；(2)木配电板包铁皮；(3)盘柜配线，BV-4	m^2	0.25
05	03B002	墙洞（即嵌墙式）木配电箱制作（500mm×500mm×180mm），工作内容：(1)木配电箱制作；(2)木配电箱（即空配电箱）安装；(3)端子板安装	套	1

2.5　蓄电池

蓄电池安装不分类型，其分部分项工程项目编码均按030405001编制，以“个”为计量单位计算，工作内容包括蓄电池本体安装、防震支架安装和充放电等。《全国统一安装工程预算定额》第二册及《陕西省安装工程消耗量定额》（2004）第二册中，蓄电池安装消耗量定额适用于220V以下各种容量的碱性、酸性固定型蓄电池及其防震支架的安装和蓄电池的充放电等。

2.5.1　蓄电池防振支架安装

蓄电池防振支架一般按设备供货考虑，故其本身材料费不再另行计算，安装按采用在地坪上打眼装膨胀螺栓固定考虑。其安装工作内容包括打眼、固定、组装和焊接。安装区分单层支架和双层支架，并分支架布置形式（“单排”和“双排”）以“10m”为计量单位计算。

2.5.2 蓄电池安装

在电气设备安装工程中，电力变电站（所）常用蓄电池有碱性蓄电池、固定密封式铅酸蓄电池和免维护铅酸蓄电池等。其中碱性蓄电池和固定密封式铅酸蓄电池安装，分别按容量（Ah）大小，以单体蓄电池“个”为计量单位，按施工设计图的数量计算工程量。免维护铅酸蓄电池安装是以“组件”为计量单位计算。所谓电池组，是指由多个蓄电池组件组合而成，如某项工程设计蓄电池组为110V /500Ah，可由12V/500Ah的9个蓄电池组件串联而成，那么就应该套用12V/500Ah定额（2-410），工程量为9个组件。另外，蓄电池电极连接条、紧固螺栓、绝缘垫等均按设备自带考虑，碱性蓄电池补充的电解液由厂家随设备供货，铅酸蓄电池的电解液等消耗材料均已包括在定额内，故不另行计算。但蓄电池抽头连接用的电缆及电缆保护管的安装，如发生时则应执行第二册有关电缆和线管敷设的有关定额。

2.5.3 蓄电池充放电

蓄电池充放电适用于蓄电池间内安装的蓄电池，一般成套直流柜内的蓄电池不应计算充放电费用。其工作内容包括对220V以下蓄电池组进行直流回路检查、放电设施准备、进行初始充电→放电→再充电、测量和记录技术数据等。蓄电池充放电也应区分容量（Ah）大小，以“组”为计量单位计算。蓄电池充放电所消耗的电能已计入定额之内，不得另行计算。

2.6 电机

“电机”是发电机和电动机的统称，按《电气装置安装工程施工及验收规范》要求，新购进的电机进行安装以及电机保管三个月以上时，均应进行检查。电机检查接线项目的界限按以下规定划分：单台质量$G \leqslant 3t$的电机为小型电机，单台质量$3t < G \leqslant 30t$范围的电机为中型电机，单台质量$G > 30t$的电机为大型电机。大中型电机不分交流、直流电机，一律按电机质量执行相应定额。

2.6.1 发电机及调相机检查接线

在高层建筑、大型超市、宾馆饭店中均设有发电机组作为备用电源。对空冷式发电机及调相机检查接线及调试的分部分项工程项目编码分别为030406001和030406002。工作内容包括检查接线（含接地）、干燥处理和调试等。其定额按容量（kW）大小划分等级，以“台”为计量单位计算。注意在其定额中已包括一次发电机和调相机的干燥处理费用，如只发生一次干燥处理工作时，则不得另行计算。与发电机配套的励磁电阻器应另行计算，其分部分项工程编写为030406012。励磁电阻器的检查接线以“台”为计量单位计算，工作内容包括本体安装、检查接线和干燥，其费用为检查接线的综合费用，设备费等需另行计算。

2.6.2 大中型电机、小型电机及微型电机检查接线

在电机的检查接线及调试分部分项工程项目中除发电机及调相机以外，还分为普通小型直流电动机、可控硅（也称晶闸管）调速直流电动机、普通交流同步电动机、低压或高压

交流异步电动机、交流变频调速电动机、微电动机（及电加热器）、电动机组、备用励磁机组、励磁电阻器等，其项目编码分别为030406003～030406012，其中电动机组、备用励磁绕组都是以“组”为计量单位计算，其他则均以“台”为计量单位计算，工作内容与发电机、调相机相同。防爆电动机和立式电动机不再独立列项，应按上述相应的电机类型选择项目编码列项。但是电机检查接线的消耗量定额须按大、中、小型来划分。另外还应注意除发电机和调相机外，各种电机检查接线项目中均不包括电机的干燥处理工作，发生时应执行有关电机干燥处理项目。

1. 大中型电机检查接线

大中型电机检查接线不分类别，均按电机质量执行相应定额。其中中型电机检查接线按电机质量划分标准，以“台”为计量单位计算；大型电机检查接线则按“t”为计量单位计算。

2. 小型电机检查接线

小型电机检查接线包括小型直流电机、小型交流异步电机、小型同步电机、小型防爆电机和小型立式电机等检查接线，无质量标准等级之分，其工作内容主要包括检查定子、转子和轴承，吹扫、测量空气间隙、手动盘车检查电机转动情况，接地和空载试运行等；小型直流电机和同步电机还须检查、调整和研磨电刷。电动机检查接线，按实际需要在施工现场检查接线的电机规格（功率）、数量，计算工程量。例如水泵电机、风机、空压机、冷冻机组等的电动机组。对于各类型的小型电机应按电机类别，区分功率等级，均以“台”为计量单位计算。变频机组及电磁调速电动机的检查接线均按其功率大小，以“台”为计量单位计算。

3. 微型电机检查接线

微型电机一般是指功率在0.75kW以下的电机，微型电机可划分为三类：①驱动类微型电机，也称为分马力电机，如微型异步电动机、同步电动机、交流换向电动机和直流电动机等；②控制类微型电机，如自整角机、交直流测速发电机、伺服电动机、步进电动机和力矩电动机等；③电源类微型电机，如微型电动机——发电机组和单枢交流机等。所谓微型电机检查接线，是指对三相微型电机而言的，其检查接线不分电机类型，均以“台”为计量单位计算，且套用同一定额。但应注意一般民用小型单相交流电风扇（如吊扇、壁扇和排气扇等）只能执行相应的风扇安装项目定额，另外空调器、电加热器等，均不得另计微型电机检查接线费用。但对于风机盘管，虽然也是由单相微型电动机拖动，但一般需要通过改变电动机的定子绕组匝数来实现调速（高、中、低三速），接线比较复杂，故应执行风机盘管检查接线专用定额项目（2-1735），以“台”为计量单位计算。

在各种电机检查接线中，应考虑配置与电机配线线管规格相应的金属软管，以防导线受潮、鼠咬或受到其他机械损伤。如设计有规定，按设计规格和数量计算，如设计没有规定，则按平均每台电机配置相应规格的金属软管1～1.5m（平均按1.25m）和与之配套的金属软管专用活接头2.04套计算。值得注意的是，金属软管及其活接头的安装在电机检查接线定额中已包括，不得另行计算，只需计算其主材费。另外如果从控制箱到电机的线路已经接好，在施工现场只需要将电源线接到设备的控制箱的电源侧，而不需要另行接线时，例如机床电动机，或带有三相插座插头的电动机，潜污泵等，均不应计算电机检查接线工程量。此外，在电机检查接线定额中已包括接地的工作内容，所以电机的接地线不论采用何种材料，电机检查接线定额均不作换算。各类电机如需要在施工现场进行单体安装，应执行《机械设备安装工程》（第一册）的相应项目定额。

2.6.3 电机干燥处理

电机干燥处理是检查接线及调试分部分项工程项目的工作内容之一，在发电机和调相机的检查接线定额中已包括其一次干燥处理的费用。对于其他电机，如果经测试其绝缘电阻达不到规定要求时（额定电压 1kV 以下的低压电动机绝缘电阻应不小于 0.5MΩ；额定电压 1kV 及以上的电动机，在运行温度时其绝缘电阻要求：定子绕组不低于 1MΩ/kV，转子绕组不低于 0.5MΩ/ kV），否则应进行干燥处理，即当实际需要进行电机干燥处理时，其工程量按电机干燥处理定额另行计算。电机干燥处理定额是按一次干燥处理所需的工、料、机消耗量考虑的，如果环境条件特别潮湿，需对电机进行多次干燥处理，则应按实际干燥次数进行计算；而气候干燥，电机绝缘电阻符合技术标准规定时，则不需要对电机进行干燥处理，因此，也就不得计算干燥处理费用。由此可见，电机干燥处理属于结算工程项目。

电机干燥处理应区分小型电机、中型电机和大型电机，其计算方法也不相同。如小型电机干燥处理是按功率大小划分标准，以“台”为计量单位计算；大、中型电机干燥处理则不区分每台电机的功率大小，如中型电机干燥处理是按每台质量（t/台）大小划分标准，以“台”为计量单位计算，大型电机干燥则以“t”为计量单位计算。对于实行包干的工程，也可以不管实际是否发生了电机干燥处理的工作内容，参照以下比例，由施工方与建设方通过协商签订协议或合同而定：①低压小型电机功率≤3kW 时，可按其干燥处理定额的 25% 计算；②低压小型电机功率为 3～220kW 时，则按其相应功率等级干燥处理定额的 30%～50% 计算；③大、中型电机按相应干燥处理定额的 100% 计算一次干燥处理费用。

2.7 滑触线装置

滑触线安装按类型分有轻型滑触线、安全节能型滑触线、角钢、扁钢、圆钢、工字钢滑触线等。滑触线常用于电动葫芦、行车、龙门式起重机、移动式电动工具和自动生产线等一切需移动受电的设施与场所。尤其是安全节能型滑触线，可作为滑触式输电线槽用于工厂车间供电线路，具有提供电源机动灵活、电能损耗小、维修方便和输电安全可靠等特点。各种滑触线的分部分项工程项目编码均按“030407001”编制，工作内容包括滑触线安装、支架的制作、安装、拉紧装置及挂式支持器制作、安装、移动软电缆安装和伸缩接头制作、安装等。

1. 轻型滑触线安装

轻型滑触线安装应区分铜质Ⅰ型、铜钢组合型和沟型，按单相延长来计算工程量，以“100m/单相”为计量单位计算，滑触线本体的价格费用另行计算。

2. 安全节能型滑触线安装

安全节能型滑触线安装按额定电流大小划分等级，也以“100m/单相”为计量单位计算。对于三相组合为一根的滑触线，如铝合金外壳 DHGJ 系列滑触线，可按上述单相滑触线的相应定额乘以系数 2.0，主材费另计。另外定额中也未包括滑触线导轨、支架、集电器及其附件等装置的材料费。

3. 角钢、扁钢、圆钢、工字钢和轻轨等滑触线安装

安装角钢、扁钢、圆钢、工子钢和轻轨等滑触线的工程量均以“100m/单相”为计量单位计算。其中角钢、扁钢和圆钢滑触线安装还应区分规格（ϕ8、ϕ12），工字钢和轻轨滑触线则区分单位长度重量（分为10、12、14、16g/m等四种），主材费均另行计算。滑触线安装附加和预留长度按表2-7的规定计取。

此外，为了防止滑触线热胀冷缩而发生变形和受建筑沉降不均匀或建筑结构受力变形等因素的影响，根据《电气装置安装工程施工及验收规范》要求，型钢滑触线长度超过50m或跨越建筑物伸缩缝时，应装设伸缩补偿装置（即伸缩器）。滑触线伸缩器安装已包括在其滑触线安装定额之内，滑触线安装是按10m以下标高考虑的，如超过10m，应计算超高增加费，否则不得计算超高增加费。对于滑触线的辅助母线安装，应执行“车间带形母线”安装项目。滑触线及支架刷漆是按刷一遍考虑的，如刷两遍及以上时，多刷部分需另行计算，应套《全国统一安装工程预算定额》（2000）第十一册“刷油、防腐蚀、绝热工程”或各省、自治区、直辖市编制的地区统一安装工程定额［如《陕西省安装工程消耗量定额》（2004）第14册］中有关刷防锈漆定额。

表2-7 滑触线安装附加和预留长度 （单位：m/根）

项目名称	预留长度	备注
圆钢、铜母线与设备连接	0.2	从设备接线端子接口起计算
圆钢、钢滑触线终端	0.5	从最后一个固定点起计算
角钢滑触线终端	1.0	从最后一个支持点起计算
扁钢滑触线终端	1.3	从最后一个固定点起计算
扁钢母线分支	0.5	分支线预留长度
扁钢母线与设备连接	0.5	从设备接线端子接口起计算
轻轨滑触线终端	0.8	从最后一个支持点起计算
安全节能及其他滑触线终端	0.5	从最后一个固定点起计算

4. 滑触线支架安装

滑触线支架安装也是按10m以下标高考虑的，如超过10m应计算其超高增加费。滑触线支架安装应分三横架式和六横架式两种，其固定方式又分螺栓固定和焊接固定，均以“10付”为计量单位计算，主材费另计。对于工字钢、轻轨支架则应另套用定额子目（2-511），也以“10付”为计量单位计算，主材费另计。安装滑触线支架所用的螺栓，其土建预埋工作已在定额中包括，不得再另行计算。坐式电车绝缘子支持器安装，已包括在滑触线支架安装定额之内，不另行计算。另外支架及铁构件制作，应以“100kg”为计量单位计算，执行“一般铁构件制作”项目定额。

此外，滑触线指示灯安装以“套”为计量单位计算，定额内每套包括3个瓷灯头、3个红色灯泡和3个300Ω15W的线绕电阻（宜将380V变为220V）（2-510），其主材费在定额中已包括，不得另行计算。

5. 移动式软电缆安装

在设备安装工程中，有的电动葫芦、桥式起重机的小车、龙门式起重机采用移动式软电缆供电。移动式软电缆安装分为软电缆沿钢索移动和沿轨道移动两种方式，其中沿钢索移动

电缆安装按每根电缆长度（10m、20m、30m 以内）划分等级，以“根”为计量单位计算，软电缆主材费另计。沿轨道移动电缆安装，则区分软电缆缆芯截面大小，以“100m”为计量单位计算。软电缆及滑轮、托架的主材费应另行计算。另外其轨道安装和滑轮等制作在移动式软电缆安装中未包括，也应另行计算。

6. 滑触线拉紧装置及挂式支持器制作、安装

各种滑触线均需配置相应的滑触线拉紧装置，滑触线拉紧装置的制作、安装应区分扁钢滑触线拉紧装置、圆钢滑触线拉紧装置和软滑线拉紧装置，均以“套”为计量单位计算。挂式滑触线支持器（或称悬吊器）一般可分为固定悬吊器和浮动悬吊器两种，其中固定悬吊器，一般整个滑触线需装 2 套；浮动悬吊器，其安装间隔为 1.3 ~2m。滑触器的制作、安装均以“10 套”为计量单位计算。

2.8 电缆

本节只介绍 10kV 以下电力电缆和控制电缆的敷设工程量计算及其定额的套用规则。电缆敷设方式很多，在电气安装工程中，常见的敷设方式有电缆直埋（见图 2-4）、电缆沟（井）敷设（见图 2-5）、电缆穿管敷设、电缆在桥架中敷设以及在塑料电缆槽、混凝土电缆槽中敷设等。

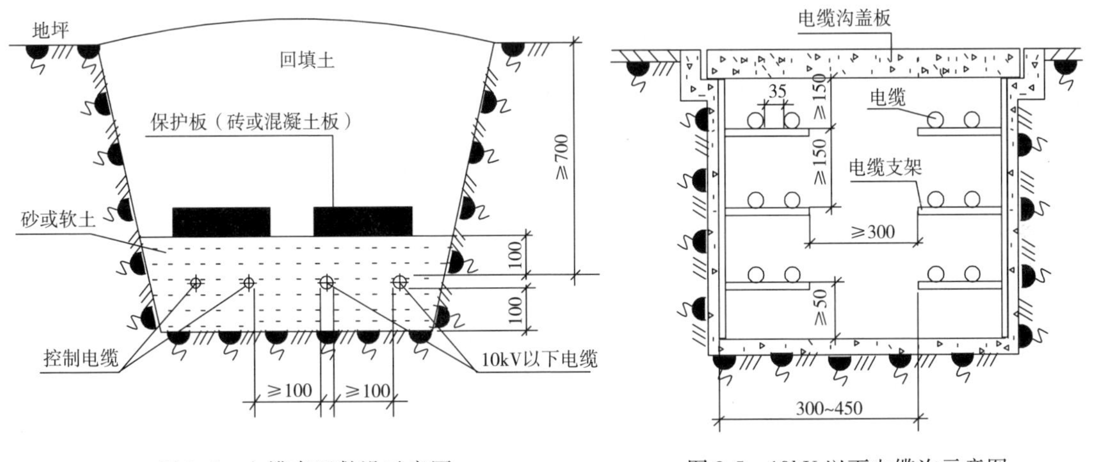

图 2-4 电缆直埋敷设示意图

图 2-5 10kV 以下电缆沟示意图

2.8.1 电缆沟土石方

在《通用安装工程工程量计算规范》（GB 50856—2013）中规定，电缆分为电力电缆和控制电缆，项目编码分别为“030408001”“030408002”，工作内容包括电缆敷设、揭（盖）盖板。电缆沟土石方应单独列项，应区分土方类别按土方工程的有关项目列项，如“一般土方”的项目编码为“010101002”。这样可以方便对电缆沟土石方挖填施工的分包。

1. 电缆沟挖填及人工开挖路面

《电气装置安装工程电缆线路施工及验收规范》（GB 50168—1992）规定，电缆表面距地面的距离应不小于 0.7 m，穿越农田时应不小于 1m，且埋设于冻土层以下。同时要求在直埋电缆上、下部铺不小于 100mm 厚的软土或砂层，故一般直埋电缆沟深取 0.9m。在勘测

确定电缆埋设路径的基础上，即可开始按规定设计尺寸开挖电缆沟、人工开挖路面。电缆沟挖填区分一般土沟、含建筑垃圾土、泥水或冻土和石方等，均以“m^3”为计量单位计算。所谓“含建筑垃圾土”是指建筑物周围及施工道路区域内的土质中含有破碎的建筑砖石、砂浆等垃圾物。直埋电缆的挖填土（石）方除有特殊要求外，可按表 2-8 计算土（石）方工程量。而电缆经过道路、人工开挖路面时，则区分路面结构特征（混凝土路面、沥青路面和砂石路面）及其开挖路面的厚度，以“m^2”为计量单位计算，但恢复路面的工程应另行计算。

表 2-8 直埋电缆挖填土（石）方量计算表

项 目	电缆根数	
	1～2 根	每增加 1 根
每米沟长挖填土方量/m^3	0.45	0.153

注：1. 两根以内的电缆沟，按上口宽 0.6m、下口宽 0.4m、深 0.9m 计算常规土方量。
2. 每增加 1 根电缆，其沟宽增加 0.17m。
3. 以上土（石）方量按埋深从自然地坪起算，如设计埋深超过 0.9m 时，多挖的土方量应另行计算。

2. 电缆沟铺砂盖砖及移动盖板

电缆沟铺砂是在电缆敷设前、后进行的，而盖砖或盖保护板是在电缆敷设后进行的。在电缆直埋中铺砂盖砖的目的是使电缆受力均匀，减小地面荷载的压强，避免电缆受到机械损伤。铺砂、盖保护板（砖）的项目编码为“030408005”，工作内容包括铺砂、盖板（砖）。其工程量计算应区分“铺砂盖砖”和“铺砂盖保护板”，按“1～2 根”和“每增加 1 根”分别以“100m”为计量单位计算，所用的砂、砖或水泥盖板和电缆水泥标桩等材料费已在定额中包括，不得另行计算。除此以外，电缆标桩的埋设也在电缆沟铺砂盖砖的定额中包括，不得另行计算。

电缆采用电缆沟敷设时，需要盖（或揭）电缆沟水泥盖板，应区分每块盖板的长度，按每盖（或揭）一次，以延长米“100m”为计量单位计算。但如果又盖又揭，则按两次计算，电缆沟盖板的费用在其定额中未包括，应另外计算。

如图 2-5 所示，在砌筑好的电缆沟内需装设电缆支架。电缆支架一般采用角钢制作，经过下料、焊接、打孔、刷两道防腐油漆等工序。支架规格一般为：最上层支架距盖板净距 150～200mm，支架之间净距 150～250mm，最下层支架距沟底净距为 50～100mm，支架水平长度为 $\Sigma n\phi+(n+1)\times 35$mm（注：$n$ 为电缆根数，ϕ 为电缆外径）。然后再将制作好的电缆支架安装到电缆沟内的预埋螺栓上。一般要求电缆支架水平安装间距为 800mm，有单侧安装和双侧安装两种，双侧安装支架的水平间距（即通道宽度）为 300～500mm，支架安装高差不应超过 5mm。最后焊接接地线，即采用 ϕ6 圆钢依次焊接连接所有电缆支架，使之可靠接地，接地电阻不应超过 10Ω。

电缆支架制作、安装可按铁构件制作、安装分别套取有关定额，均以“100kg”为计量单位计算，主材费另行计算。电缆支架的接地连接线则不分室内、室外敷设，均执行户内接地母线敷设定额，以“10m”为计量单位计算，主材费另行计算。但注意接地母线与支架之间的焊接不得再另计算接地跨接线。

2.8.2 电缆保护管及顶管敷设

电缆还可以穿管敷设，保护管敷设应有0.1%的坡度，单芯电缆不得穿金属管敷设，以防管内积水和线管产生涡流发热；并要求保证管内径不小于电缆外径的1.5倍，一般按1.6倍外径计算选择电缆保护管或过路保护管。电缆保护管敷的清单项目编码为“030408003”，以“m”为计量单位计算。而电缆过路保护管敷设是电力电缆或控制电缆的分部分项工程项目的工作内容之一。所谓电缆保护管是指整根电缆都采用穿管保护，或电缆由室外引入到室内时，采用进户电缆保护管等。电缆过路保护管是指电缆线路中间某段穿管保护，如电缆穿越铁路、公路、排水沟、楼板、引入或引出地面等需要埋设的线管。其安装工程消耗量除按设计长度计算外，还需根据电缆敷设规范和工程量计算规则的有关规定要求，遇有下列情况，应按以下规定计算保护管的增加长度：①电缆横穿铁路、公路、城市街道、厂区道路时，按路基宽度两端各增加2m；②垂直敷设时，如从沟道引至电杆、设备、墙外表面或屋内行人容易接近处，管口距地面增加2m；③穿入或穿出建筑物外墙时，保护管超出建筑物散水坡的长度不应小于250mm，一般按建筑物基础外缘以外增加1m；④穿过排水沟时，按规范要求应伸出排水沟两侧各0.5m，一般按沟壁外缘以外增加1m计算。在进行工程量计算时，应区分混凝土和石棉水泥管、铸铁管和钢管等管材，按管径大小以“10m”为计量单位计算，各种管材及附件费用应另行计算。如果采用钢管且规格在SC100以下时，应套用《全国统一安装工程预算定额》或《陕西省安装工程消耗量定额》第二册第12章“配管配线”中的相应定额子目计算。“顶管”主要用于一些路段车流量大，不能开挖埋设钢管，而需要使用顶管专用机械和液压顶管技术进行钢管埋设的工程。应区分每根钢管长度，划分每根钢管10m以下和20m以下2个级别的子目，以“10m”为计量单位计算。管材及附件费用另行计算。

当电缆保护管埋地敷设时，凡有施工图注明电缆沟尺寸的，按施工图计算土方量，施工图未注明尺寸的，一般可按沟深为0.9m、沟底宽度按最外边的保护管两侧外缘各增加0.3m的工作面计算。电缆沟挖填土方定额及其工程量计算规则也适用于电气管道沟等的挖填土方工程。

【例题2-5】 全长200m电力电缆直埋工程，单根埋设时电缆沟下口宽度0.4m，深度1.2m。现若同沟内并排埋设5根电缆，问：（1）挖填土方量多少？（2）如果上述直埋的5根电缆横向穿过混凝土铺设的公路，已知路面宽30m，混凝土路面厚度200mm，电缆保护管为SC80，埋设深度1.2m，试计算路面开挖预算工程量。

解：

（1）按表2-7，标准电缆沟的下口宽度 $a=0.4\text{m}$，上口宽度 $b=0.6\text{m}$，沟深 $h=0.9\text{m}$，则电缆沟边放坡系数为：

$$\zeta = (0.1/0.9) = 0.11$$

已知本题电缆沟的下口宽度 $a=0.4\text{m}$，沟深 $h'=1.2\text{m}$，所以电缆沟上口宽度为：

$$b' = a' + 2\times\zeta h' = (0.4 + 2\times 0.11\times 1.2)\text{m} = 0.66\text{m}$$

根据工程量计算的有关规则，埋设1~2根电缆开挖填土方量相同，同沟并排埋设5根电缆时，其电缆沟上、下口宽度均增加为0.17×3=0.51m，挖填土方量为：

$$V_1 = \frac{(0.66+0.51+0.4+0.51)}{2}\times 1.2\times 200\text{m}^3 = 249.6\text{m}^3$$

（2）5 根电缆横向穿过混凝土铺设的公路时，该电缆保护管为 SC80，属于电缆过路保护管。由电缆过路保护管埋地敷设土方量计算规则求得，电缆沟下口宽度为：

$$a_1 = [(0.08 + 0.003 \times 2) \times 5 + 0.3 \times 2]\text{m} = 1.03\text{m}$$

按电缆沟边放坡系数 $\zeta = 0.11$，则电缆沟上口宽度为：

$$b_1 = a_1 + 2 \times \zeta h' = (1.03 + 2 \times 0.11 \times 1.2)\text{m} = 1.294\text{m}$$

在电缆沟开挖工程中，其中人工开挖路面厚度为 200mm，宽度为 30m 的路面面积工程量为：

$$S = b_1 B = 1.294 \times 30\text{m}^2 = 38.82\text{m}^2$$

根据有关规定，电缆保护管横穿道路时，按路基宽度两端各增加 2m，即保护管 SC80 总长度（即单根延长米）为：

$$L = (30 + 2 \times 2) \times 5\text{m} = 170\text{m}$$

挖填土方量为：

$$V_1 = [(1.03 + 1.294) \times 1.2/2] \times 34\text{m}^3 - 38.82 \times 0.2\text{m}^3 = 39.65\text{m}^3$$

2.8.3 桥架安装

电缆桥架广泛应用于宾馆饭店、办公大楼和工矿企业的供配电线路中。常用桥架有钢制桥架、玻璃钢桥架、铝合金桥架和组合式桥架等四大类。各类电缆桥架均按分部分项工程项目编码“030411003”编制，工作内容包括桥架安装和接地。其安装工程消耗量定额中规定：电缆桥架安装包括运输、组对、吊装和固定，包括对弯通或三、四通的修改，制作组对，还包括桥架开孔、上管件、隔板安装、盖板安装、接地和附件安装等工作内容。所以电缆桥架安装不扣除弯通（弯头）、三通、四通接头等所占长度，按延长米计算。

1. 钢制桥架

钢制桥架采用冷轧钢板，表面经过喷漆、电镀锌或粉末静电喷涂等工艺，从而增加桥架的强度和防腐性能。钢制桥架主结构设计厚度 $\delta > 3\text{mm}$ 时，其定额人工费和机械费应分别乘以系数 1.2；不锈钢桥架按相应规格钢制桥架定额乘以系数 1.1。对于宽度在 100mm 以下的金属槽（如钢制槽式桥架）安装，可套用加强型塑料线槽的有关定额，注意固定支架及吊杆应另行计算。

2. 玻璃钢梯式桥架和铝合金梯式桥架安装

玻璃钢梯式桥架和铝合金梯式桥架的安装定额均按不带盖板考虑，如带盖板，则应分别执行相应规格的玻璃钢槽式桥架和铝合金槽式桥架项目的定额。

钢制桥架、玻璃钢桥架和铝合金桥架又分别有槽式桥架、梯式桥架和托盘式桥架等三种，均区分桥架规格（宽 + 高），以“10m”为计量单位计算。

3. 组合桥架安装

组合桥架安装是以每片长度 2m 作为一个基型片，需要在施工现场将基型片进行组合成一定规格的桥架。组合桥架定额中已综合了宽度为 100mm、150mm 和 200mm 三种规格，以“100 片”为计量单位计算，主材费另计。

安装各种桥架使用的立柱、托臂和其他各种支撑件的安装应另行计算，即均套用桥架支撑架定额（2-594），以“100kg”为计量单位计算，主材费另计。该定额已综合考虑了采用螺栓、焊接和膨胀螺栓等三种固定方式，不论采用哪种固定方式均不作调整。另外还应注意以下几点：①连接桥架用的螺栓和连接件均随桥架成套购买，其预算重量可按桥架总重量或总价值的7%计算主材费。②金属桥架之间的接地连接导线，在桥架安装定额中已计入，不得再另行计算。③桥架安装定额包括桥架底和桥架盖板安装。

【例题2-6】 某办公楼位于西安市未央区，于2014年5月30日招标，该楼地下一层层高为4.5m，地上一层～五层层高为3.5m。在地下一层设有变电所，在电缆井内的地下一层、第五层均设有明装照明配电箱（600mm×500mm×200mm），安装高度1.5m。从低压照明配电屏（1000mm×2200mm×600mm）至电缆井中照明配电箱均采用钢制槽式电缆桥架SR－（400×150）敷设，在地下一层的楼道内为水平安装，安装高度为3.2m。在电缆井内则沿墙垂直安装，如图2-6所示。试编制钢制桥架的分部分项工程量清单，按招标控制价计算该分部分项工程费。已知钢制槽式电缆桥架信息单价为14590.00元/t，角钢信息单价为4750.00元/t。

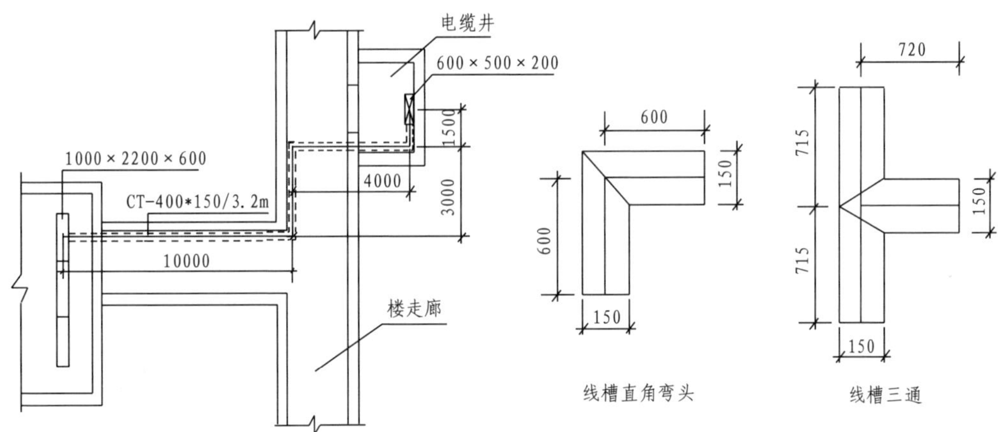

图2-6 电缆桥架敷设平面图

解：

1. 钢制槽式桥架工程量计算

按设计平面图中钢制槽式桥架路径中心线测量尺寸，并按比例尺换算出实际尺寸标注在平面图上。再根据钢制槽式桥架的安装高度和配电屏、配电箱的规格尺寸、安装高度、层高等已知条件计算钢制槽式桥架的垂直长度。

低压配电室内的低压配电屏高度为2.2m，钢制槽式桥架水平安装高度为3.2m，则配电屏至线槽的垂直长度为：（3.2－2.2）m＝1.0m；电缆井内配电箱高度为0.5m，安装高度为1.5m，则地下一层配电箱至水平安装钢制槽式桥架的垂直长度为：［3.2－(1.5＋0.5)］m＝1.2m；一层～五层的层高均为3.5m，则五层配电箱至地下一层水平安装钢制槽式桥架的垂直长度为：［1.5＋3.5×4＋（4.5－3.2）］m＝16.8m。则钢制槽式桥架SR-(400×150)（即选用型号为QJ/C01-15/40槽式桥架）的总工程量为：

$$L_{\sum} = (10 + 3 + 4 + 1.5 + 1 + 1.2 + 16.8)\text{m} = 37.5\text{m}$$

2. 电缆支撑架计算

按间隔1.5m装设桥架支撑架，均采用镀锌角钢∟50×50×5制作。其中水平安装的桥架长度为（10＋3＋4＋1.5）m＝18.5m，由于桥架沿墙水平安装，故选用单侧带斜撑的桥架支撑架（立柱0.4m，横撑0.6m，斜撑0.5m），需支撑架数量为：（18.5÷1.5+1）付=13.3付≈13付，制作支撑架需要镀锌角钢∟50×50×5长度为（0.4+0.6+0.5）×13m=19.5m。垂直安装的桥架长度为（1+1.2+16.8）m=19m，由于桥架在电缆井内沿墙垂直安装，故选用双端埋设的桥架支撑架（两侧立柱均为0.4m，横撑0.6m），需支撑架数量为：19÷1.5+1=13.7≈14付，制作支撑架需要镀锌角钢∟50×50×5长度为(0.4×2+0.6)×14m=19.8m。

由附录B查的角钢∟50×50×5单位长度的理论重量为3.77kg/m，则制作桥架支撑架的总重量为：3.77×（19.5+19.8）kg≈148.2kg。

3. 编制钢制槽式桥架的分部分项工程量清单

根据《建设工程工程量清单计价规范》（GB50500—2013）或省、自治区、直辖市的工程造价主管部门发布的《建设工程工程量清单计价规则》，以及钢制槽式桥架工程量计算结果，编制分部分项工程量清单见表2-9。

表2-9 分部分项工程量清单

序号	项目编码	项目名称	项目特征	计量单位	工程数量
01	030411003001	桥架	钢制槽式电缆桥架QJ/C01、C02、C03-15/40安装 工作内容：1. 电缆桥架安装；2. 桥架支撑架安装（148.2kg）；3. 桥架支撑架制作（148.2kg）	m	37.5

4. 分部分项工程项目综合单价计算

（1）查取定额。

根据钢制槽式桥架横截面规格“宽+高”套取定额，由于该钢制槽式桥架的宽+高=（400+150）mm=550mm，故应套用钢制槽式桥架（宽+高）≤600mm的安装定额2-546；桥架支撑架选用镀锌角钢∟50×50×5，板厚3mm以上，故其制作应按一般铁构件套取定额2-358；安装则应套取桥架支撑架定额2-594，见表2-10。

表2-10 钢制槽式桥架安装、桥架支撑架制作安装定额表

序号	定额编号	项目名称	单位	基价	人工费	材料费	机械费	材料
01	2-358	一般铁构件制作	100kg	617.80	453.60	125.84	92.36	钢材：105kg
02	2-546	钢制槽式桥架安装（宽+高）≤600mm	10m	262.65	214.20	33.94	14.51	盖板：10.05m 隔板：6.03m 桥架：10.05m
03	2-594	桥架支撑架安装	100kg	352.62	246.96	78.10	27.56	支撑架：100.50kg

（2）桥架总消耗量及其重量计算。

根据图2-6中对钢制槽式桥架的标注：SR-(400×150)，拟选用型号为QJ/C型，板材厚度为2.0mm的钢制槽式桥架。从钢制槽式桥架产品手册查得槽式直通桥架QJ/C01-15/40每节长2m，槽底理论重量为19.02kg/m；槽盖理论重量为11.40kg/m。槽式弯通桥架QJ/C02-15/40，每节槽中心线长1.2m，槽底理论重量为19.99kg/m；槽盖理论重量为11.04kg/m。槽式三通桥架QJ/C03-15-40，每节槽中心线边长1.43m+0.72m，槽底理论重量为19.56kg/m；槽盖理论重量为12.64kg/m。钢制线槽中设置的隔板7kg/m。由表2-10

可知，其定额单位为10m，桥架槽底、槽盖的定额含量均为10.05m，隔板的定额含量为6.03m。另外从图2-6可知，线路中需要3节槽式弯通桥架和1节槽式三通桥架，则总消耗量为：

$$L_{2-3}=L_2+L_3=1.2\times3\times1.005\text{m}+(1.43+0.72)\times1.005\text{m}=(3.62+2.16)\text{ m}=5.78\text{m}$$

桥架隔板消耗量为：

$$L_{2-3g}=(1.2\times3\times+1.43+0.72)\times0.603\text{m}=3.47\text{m}$$

槽式弯通桥架和槽式三通桥架总重量为：

$$G_{23\sum}=G_{2-3}+G_{2-3g}=[(19.99+11.04)\times3.62+(19.56+12.64)\times2.16+7\times3.47]\text{ kg}=206.17\text{kg}$$

线路中槽式直通桥架消耗量为：

$$L_1=L_{\sum}-L_{2-3}=(37.5-1.2\times3-1.43-0.72)\times1.005\text{m}=31.75\times1.005\text{m}=31.91\text{m}$$

桥架隔板消耗量为：

$$L_{1g}=31.75\times0.603\text{m}=19.15\text{m}$$

槽式直通桥架重量为：

$$G_{1\sum}=G_1+G_{1g}=[(19.02+11.40)\times31.91+7\times19.15]\text{ kg}=1104.75\text{kg}$$

则桥架总重量为：

$$G=G_{23\sum}+G_{1\sum}=(206.17+1104.75)\text{ kg}=1310.92\text{kg}$$

（3）分部分项工程项目综合单价计算。

桥架综合单价分析表见表2-11. 其中∟50×50×5角钢镀锌费按2.00元/kg计算，则其主材信息单价为6.75元/kg；管理费、利润均按《陕西省建设工程工程量清单计价费率》（2009）规定的计费基础和计价费率标准计算，未计算风险费。

表2-11 分部分项工程项目综合单价分析表

工程名称：×××电气工程　　　　计量单位：m

项目编码：030411003001　　　　工程数量：37.5

项目名称：桥架—钢制槽式电缆桥架QJ/CO1、CO2、CO3-15/40安装　　综合单价：625.74元/m

序号	定额编号	项目名称	单位	数量	人工费	材料费	机械费	合价
01	2-546	钢制槽式桥架宽+高≤600mm	10m	3.75	803.25	127.28	54.41	984.94
02		钢制槽式桥架QJ/C主材费，单价14.59元/kg	kg	1310.92		19126.32		19126.32
03	2-594	桥架支撑架安装	100kg	1.482	365.99	115.74	40.84	522.57
04	2-358	一般铁构件制作-桥架支撑架，采用∟50×50×5角钢	100kg	1.482	672.24	186.49	136.88	995.61
05		∟50×50×5角钢主材费，单价：6.75元/kg	kg	155.61		1050.37		1050.37
06		小　计			1841.48	20606.20	232.13	22679.81
07		项目管理费1841.48×20.54%						378.24
08		项目利润1841.48×22.11%						407.15
09		合　计	m	37.5	1841.48	20606.20	232.13	23465.20

5. 分部分项工程费计算

分部分项工程费 = ∑综合单价 × 工程数量 + 可能发生的差价，该办公楼位于西安市未央区，于 2014 年 5 月 30 日招标，故应执行陕建发（2011）277 号调价文件和陕建发（2013）181 号调价文件计算人工差价，即从 2011 年 12 月 1 日起人工费从 42.00 元/工日调整为 55.00 元/工日；从 2013 年 8 月 1 日起人工费从 55.00 元/工日调整为 72.50 元/工日。则计算人工差价为：

$$\triangle R = (1841.48/42) \times (72.5 - 42) \text{元} = 1337.27 \text{元}$$

分部分项工程量清单计价见表 2-12，电缆桥架安装的分部分项工程费为 24802.52 元。

表 2-12 分部分项工程量清单计价

序号	项目编码	项目名称	项 目 特 征	计量单位	工程数量	金额/元	
						综合单价	合价
01	030411003001	桥架	钢制槽式电缆桥架 QJ/C01、C02、C03-15/40 工作内容：1. 电缆桥架安装；2. 桥架支撑架安装（148.2kg）；3. 桥架支撑架制作（148.2kg）	m	37.5	625.74	23465.25
			人工差价				1337.27
			合 计				24802.52

2.8.4 塑料电缆线槽及混凝土电缆线槽安装

在电缆井、电梯机房、水泵房等处常采用塑料线槽，塑料线槽分为宽度 50mm 以下的小型线槽和宽度 100mm 以下的加强型线槽，其中小型线槽又分为配电盘（柜）后和墙上两种安装方式，均以“10m”为计量单位计算。混凝土电缆线槽则按线槽宽度划分规格，也以“10m”为计量单位计算套用有关定额（2-595～2-600）。另外，塑料电缆线槽、混凝土电缆线槽以及接线盒的主材费应另行计算。如果电缆线槽（如混凝土电缆线槽）安装采取埋设施工，其挖填土方及铺砂盖砖应另套本节的有关电缆沟土石方挖填定额。

各种线槽均可按分部分项工程项目编码“030411002”编制，以“m”为计量单位计算，工作内容包括线槽本体安装和补刷（喷）油漆等。

2.8.5 电力电缆敷设

如前所述，电力电缆敷设分部分项工程项目编码为“030408001”，以“m”为计量单位计算。其工作内容包括电缆敷设、揭（盖）盖板。电缆过路保护管是指为电缆线路中间的一段或几段加装的保护管，如直埋电缆穿过铁路、公路、排水沟等处敷设的过路保护管，电缆引入或引出地面、电缆在电缆竖井内穿过楼板等处加装的保护管，整根电缆都采取穿管保护和电缆的始端和末端敷设电缆保护管等。电缆保护管须单独列项，项目编码为“030408003”，以“m”为计量单位计算，工作内容为保护管敷设。电缆头制作、安装应区分电力电缆头和控制电缆头，其项目编码为“030408006、030408007”，工作内容包括电缆头制作、安装和接地。注意电缆支架无专用项目编码，可以辅助工程量列入有关分部分项工程项目的工作内容之中。

电力电缆敷设消耗工程量按以下规定计算：

1. 电缆敷设

计算分部分项工程量清单的电缆敷设长度时，应根据设计长度（包括敷设路径的水平长度和垂直长度），并含电缆的预留长度及附加长度计算工程量，但不包括电缆的损耗量。在表 2-13 中规定了附加长度、预留长度按单根延长米计算，即电缆附加长度与预留长度均计入电缆敷设长度工程量之内。即电缆工程量可按下式计算

$$L = (\text{电缆设计长度} + \sum \text{电缆预留长度}) \times (1 + \text{附加长度百分数}) \tag{2-5}$$

电缆敷设定额为综合定额，已将裸铅（铝）包电缆、铠装电缆、屏蔽电缆等因素考虑在内，故 10kV 以下电力电缆（包括控制电缆）不分结构形式或型号，不分电缆直埋、电缆沟敷设、电缆桥架敷设、穿保护管敷设等敷设方式，只区分电缆线芯材质（铜芯、铝芯），区分一般敷设和竖直通道敷设，并按缆芯截面规格大小，以“100m”为计量单位计算，注意对于截面 6mm^2 以下的电力电缆敷设，应执行六芯以下控制电缆敷设定额（2-674），主材费均按电缆敷设量及其损耗量应另行计算。对于矿物绝缘电力电缆敷设，则按以下规定套取定额：单芯，按同截面、同材质电力电缆敷设定额乘以系数 0.8；4 芯，按同截面、同材质电力电缆敷设定额乘以系数 1.1；5 芯，按同截面、同材质电力电缆敷设定额乘以系数 1.4 计算。

表 2-13 电缆敷设的附加长度与预留长度表

项目名称	附加长度及预留长度	说明
电缆敷设驰度、波形弯曲、交叉	2.5%	按电缆全长计算附加长度
电缆进入建筑物	2.0m	规范规定最小值
电缆进入沟内或吊架时上（下）预留	1.5m	规范规定最小值
变电所进线、出线	1.5m	规范规定最小值
电力电缆终端头	1.5m	检修余量最小值
电缆中间接头盒	两端各预留 2.0m	检修余量最小值
电缆进控制柜、保护屏、模拟盘等	宽 + 高	按盘面尺寸
高压开关柜及低压配电盘、箱	2.0m	盘下进出线
电缆至电动机	0.5m	从电机接线盒起计算
厂用变压器	3.0m	从地坪起计算
电缆绕过梁、柱等增加长度	按实际计算	按被绕物的断面计算增加长度
电梯电缆与电缆支架固定点	每处 0.5m	规范规定最小值

所谓电缆在竖直通道敷设是指在电缆井道中水平和垂直敷设的电缆。此外，电力电缆敷设定额均按三芯（包括三芯加接地线或接零线，即四芯）考虑的，即电力电缆敷设定额只适用于 3 ~4 芯，单芯、5 芯及以上则应执行有关规定系数进行换算。例如五芯电力电缆敷设应按同截面、同材质三芯电缆定额乘以系数 1.3，六芯电力电缆敷设按同截面、同材质三芯电缆定额乘以系数 1.6，即每增加一芯定额增加 30%。单芯电力电缆敷设则按同截面、同材质三芯电缆定额乘以系数 0.67；$400\text{mm}^2 < S \leqslant 800\ \text{mm}^2$ 的单芯电力电缆敷设可按截面为 400mm^2 的相应材质电力电缆定额执行。$S > 800\text{mm}^2$ 的单芯电力电缆敷设按 400mm^2 电力电缆定额乘以系数 1.25。此外，应注意上述所介绍的电缆敷设定额是按平原地区和厂区内电缆敷设工程的施工条件编制的，未考虑在积水区、水底、井下等特殊条件下的电缆敷设。电

缆在一般山地、丘陵地区敷设时，其定额中的人工费乘以系数 1.3，该地段所需要的施工材料（如固定桩、夹具等）按实际用量另行计算。厂区内、外电缆敷设的划分原则是以厂区围墙为界，如果厂区无围墙时，则以设计的全厂平面区域范围确定，厂区外电缆敷设工程还应另行计算有关工地运输项目（2-757～2-760）。

此外在高层建筑中还广泛使用替代汇集母线槽（或称作低压插接式母线）的 YFD 系列预制分支电缆，俗称母子电缆。这种电缆有单芯电缆（多为大截面的电力电缆）、三相四线和三相五线等三种类型，适用于电压 1kV 以下、最大工作电流不超过 1600A 的配电线路中。由于预制分支电缆的电缆终端头和分支头已由生产厂家预制好，在现场不需再制作电缆头，所以具有安装施工简便、组装灵活、供电可靠和配电成本低等特点。预制分支电缆在执行定额时，为了统一预算编制方法，陕西省工程造价总站做出如下规定，以供参考。

（1）母电缆和子电缆按各自型号、规格和截面分别执行《电气设备安装工程》（第二册）中电缆敷设相应定额。

（2）竖井内电缆敷设因需用吊具、吊环和马鞍型线夹等安装固定，故电缆敷设定额乘以系数 1.1，不再计算吊具、吊环等安装费。其他情况也不得增加调整系数。

（3）预制分支电缆的电缆终端头、预分支头及其接线端子，因已由生产厂家制作好，在预制分支电缆订货时已计入电缆终端头及预分支头的费用。另外在施工现场只需将电缆终端头、分支头安装固定在电缆分线箱上，故不得计算电缆头制作、安装费。

（4）在电缆竖井中，固定电缆的支架如为订购或与电缆成套供应，则只计算铁构件安装费，主材按成品价计算。如需现场制作，则计算铁构件制作、安装费，主材按型钢价计算。

（5）在电缆竖井中，各层需要加装预分支电缆分线箱（配套成品箱），可按户内端子箱安装计算安装费。

（6）因为预制分支电缆的长度是按施工现场实际需要量订货的，故计算主材长度时应与施工现场实际需要量一致，主材费不得再计算损耗量。除了计算预制分支电缆的主材费以外，预分支连接体、吊环、吊具等均按实际用量计算。

2. 电力电缆头制作、安装

电力电缆头分为终端头和中间接头，按安装场所分有户内式和户外式，按电缆头制作、安装材料分有干包式、环氧树脂浇注式和热缩式等三类。一般户内干包式电力电缆头适用于干包低压电力电缆（如 VV、VLV、XV、XLV 型等）；户内浇注式电力电缆头适用于高压、低压油浸纸绝缘电力电缆（如 ZQ、ZLQ 型等）；户内热缩式电力电缆头适用于高压、低压交联电缆（如 YJV、YJLV、WDZ-YJ（F）E 型等）。

（1）干包式电力电缆头制作、安装　干包式电缆头制作、安装不采用任何填充剂，也不用任何壳体，因而具有体积小、重量轻、成本低和施工方便等优点，但只适用于户内低压（≤1kV）全塑或橡皮绝缘电力电缆，而不适用于油浸纸绝缘电力电缆。干包式电力电缆头分为户内终端头和户内中间接头，按电缆线芯截面大小，以“个”为计量单位计算。定额中已包含了 1 个 ST 型手套，但未包括终端盒、保护盒、铅套管和安装支架等项费用，应另行计算。对于全塑电缆和橡皮绝缘电力电缆，其干包电缆头也可以不装设终端盒，即属于“简包电缆头”制作、安装。

（2）浇注式电力电缆头制作、安装　浇注式电缆头是由环氧树脂外壳和套管，配以出线金具，经组装后浇注环氧树脂复合物而成。环氧树脂是一种优良的绝缘材料，特别是具有初始电性能好，机械强度高，成形容易、阻油能力强和粘接性优良等特点，因而获得了广泛使用。主要用于油浸纸绝缘电缆，分户内式、户外式两类，并区分浇注式电缆终端头和浇注式电缆中间接头，分高压(≤10kV）和低压（≤1kV)，按电缆线芯截面大小划分等级，以“个”为计量单位计算，主材费应另计。另外，浇注式电力电缆中间接头制作安装定额中未包括保护盒、铅套管和支架的制作、安装，浇注式电力电缆终端头制作、安装定额中则未包括电缆终端盒和支架的制作、安装，应另行计算。

（3）热缩式电力电缆头制作、安装 热缩式电缆头是由聚烯烃、硅橡胶和多种添加剂共混得到多相聚合物，经过γ射线或电子束等高能射线辐照而成的多相聚合物辐射交联热收缩材料，即电缆头是由辐射交联热收缩电缆附件制成的。热收缩电缆附件适用于0.5~10kV交联聚乙烯电缆及各种类型的电缆头制作、安装，应区分户内式、户外式和热缩式电缆终端头、热缩式电缆中间接头，以及区分高压（≤10kV）和低压（≤1kV)，按电缆线芯截面大小划分等级，以“个”为计量单位计算，主材费（即热缩式电缆头附件“套”）另行计算。另外，户内热缩式电力电缆终端制作定额中未包括支架及防护罩。户外热缩式电力电缆终端头制作、安装定额中不包括安装支架、抱箍、螺栓及防护罩。热缩式电力电缆中间接头制作、安装定额中未包括铅套盒、保护盒和安装支架，故均应另行计算。

在进行电力电缆头制作、安装计算时，1根电缆按2个终端头考虑，中间接头按设计确定，如设计没有规定时，按实际情况计算（一般可按平均长度250m一个中间接头考虑)。另外上述介绍的三种电力电缆头制作安装定额均按铝三芯电缆头考虑的，即电缆头制作安装定额只适用于2~4芯铝芯电缆头的制作安装计算。单芯户内干包式电缆头制作安装执行《电气设备安装工程》第二册定额的“补充定额项目”，也是按铝芯电力电缆头计算的。故铜单芯电力电缆头应按同截面户内干包式单芯电缆头定额乘以系数1.2。铜三芯（含四芯）电力电缆头制作、安装也应按规定进行调整，即按同截面铝芯电缆头定额乘以系数1.2；如为双屏蔽电缆头制作、安装，其定额中的人工费乘以系数1.05；五芯电力电缆头制作、安装定额则按同线芯材质、同截面三芯电缆头制作、安装定额乘以系数1.2。240mm^{2}以上的电缆头接线端子属于异型端子，需要单独加工，应按实际加工价格（或调整定额价格）计算。同时还须注意6mm^{2}以下的电力电缆头制作安装应执行六芯以下控制电缆头制作安装定额。矿物质绝缘电缆头制作安装应执行《电气设备安装工程》第二册定额的“补充定额项目”。

3. 电缆防护及电缆防火涂料、堵洞、隔板、阻燃槽盒安装

电缆防护无专用项目编码，可按补充项目编制。对于油浸纸绝缘电缆，如为裸铅（铝）包铠装，在较潮湿或有防火要求的环境内敷设时，应对电缆进行防腐处理、缠石棉绳等工作。对于麻被油浸纸绝缘电缆，在电缆进入变电所或工业厂房内时，考虑到防火的需要，应剥除麻被护层（剥皮)，并刷以防火油漆，所以电缆防护包括防腐处理、缠石棉绳、刷防火油漆和剥皮等项目，均以单根电缆长度延长米“10m”为计量单位计算，但防腐处理不包括挖填土方，应另套本节电缆沟挖填方定额。管道（电缆）刷漆定额是按一遍考虑的（2-610)，电缆缠麻被层的人工费可套电缆剥皮定额（2-611)，麻被层材料费应另行计算。

对于防火堵洞、防火隔板、防火涂料等项目分别按项目编码030408008~030408010列项，工作内容均为安装。电缆穿过防火门，从盘柜下引入、引出电缆，电缆进入（或引出）

电缆隧道，电缆保护管从墙体、楼板和基础等预留孔洞穿过时，均应进行防火（或防渗漏）堵洞工作。所以电缆防火堵洞应区分防火门、盘柜下、电缆隧道和保护管等处堵洞，以“处”为计量单位计算，每处堵洞面积规定不超过 0.25m^2。防火隔板安装以“m”为计量单位计算，刷防火涂料则以“10kg”为计量单位计算，而阻燃槽盒安装则以长度“10m”为计量单位计算，其项目编码为030408011。防火隔板、防火涂料和阻燃槽盒等主材费用均应另行计算。

【例题 2-7】 某工业厂房电气安装工程中，为已敷设的 VV_{22}-3×150+2×70 电力电缆安装制作户内热缩式电缆终端头 50 个，为已敷设的 VV_{22}-5×4 电力电缆安装制作电缆干包头 85 个，已知户内热缩式电缆终端头附件单价为 250.00 元/套，试计算总直接工程费。

解:

直接工程费是指在施工过程中耗费的构成工程实体和有助于工程形成的各项费用，主要由人工费、材料费（包括主材和辅材）、机械费等三项费用构成。根据消耗量定额计算规则的有关规定，电力电缆头项目均是按铝三芯电缆考虑的，铜芯电力电缆头按同截面电缆头项目制作、安装定额的人工、材料、机械费用分别乘以系数 1.2，五芯电缆头制作、安装再按同截面三芯电缆头项目制作、安装定额的人工、材料、机械费用分别乘以系数 1.2；截面 $S \leqslant 6mm^2$ 的电力电缆和电缆头制作安装执行 6 芯以下控制电缆的项目。据此结合电力电缆的型号规格，查取户内热缩式电缆终端头定额，并按规定进行调整换算，直接工程费为计算结果见表 2-14。

表 2-14 电缆头制作安装直接工程费计算表

定额编号	项目名称	计量单位	工程数量	人工费/元	材料费	机械费	合价/元
2-644（换）	1kV 以下户内热缩式电缆终端头制作、安装，240mm^2 以下，（VV_{22}-3×150+2×70）	个	50	84.00×1.2×1.2×50 = 6048.00	143.63×1.2×1.2×50 = 10341.36	—	16389.36
	VV_{22}-3×150+2×70 热缩式电缆终端头附件主材费	个	51		250.00×1.02×50 = 12750.00		12750.00
2-682（换）	控制电缆头制作安装，终端头，6 芯以下（VV_{22}-5×4 电力电缆户内干包头制作安装）	个	85	21.84×85 = 1856.40	36.61×85 = 3111.85	—	4968.25
合计				7904.40	26203.21		34107.61

2.8.6 控制电缆敷设及其电缆头制作、安装

控制电缆一般都具有工作电压低（≤1kV）、缆芯多（2～48 芯）、截面小（一般缆芯截面为 10mm^2 以下）的特点，主要用于控制线路与信号线路之中。控制电缆敷设分部分项工程项目编码为 030408002，以“m”为计量单位计算。其工作内容与电力电缆敷设相同。

1. 控制电缆敷设

控制电缆一般为铜芯电缆，其敷设也分为一般水平敷设和竖直通道敷设（在电缆井内包括水平与垂直敷设）两种。控制电缆不管为一般水平敷设还是垂直通道敷设均应区分电

缆芯数，其中电缆一般水平敷设分为6、14、24、37、48芯以下等五个等级，电缆竖直通道敷设分为14、37、48芯以下等三个等级，均以“100m”为计量单位计算，控制电缆主材费应另行计算。

2. 控制电缆头制作、安装

如前所述，控制电缆头制作、安装的项目编码为“030408007”。控制电缆头制作、安装工程量计算，应区分控制电缆终端头和中间接头，按电缆芯数划分级别，其中控制电缆终端的制作、安装按芯数分为6、14、24、37、48芯以下共五个等级，而控制电缆中间接头制作、安装按芯数分为14、37、48芯以下共三个等级，均以“个”为计量单位计算。控制电缆头制作、安装定额中未包括铅套管、中间头保护盒及固定支架的制作、安装，应另行计算，但控制电缆头进入配电箱、盘、柜中均不得再计算端子板外部接线及焊、压接线端子。

【例题2-8】 在已发标的西安市雁塔区某住宅小区敷设2根型号为VV_{22}-3×25+2×16的电力电缆，施工现场平整，黄土土质。从变电所低压配电室动力配电柜引至1#车间总配电箱，图示水平长度116m，垂直长度4m，其中室外部分90m为直埋敷设，电缆保护管不计，试按招标最高限价编制工程量清单，并计算综合单价。要求土方挖填、电缆头制作、安装均不单独列项。

解：（1）由给定条件列出分部分项工程量清单项目工程量计算表，见表2-15、表2-16。

表2-15 分部分项工程量清单项目工程量计算表

序号	分部分项名称	计 算 式	计量单位	工程数量
01	电力电缆-VV_{22}-3×25+2×16电力电缆敷设（含预留长度及附加长度）	（116+4）×2+［（1.5+1.5+2+1.5×2+2×2）×2］×（1+2.5%）+240×2.5%	m	270.6
02	铺砂、盖保护板（砖）—铺砂盖砖，1~2根电缆	90×1	m	90

表2-16 分部分项工程量清单项目辅助工程量计算表

序号	分部分项名称	计 算 式	计量单位	工程数量
01	电力电缆VV_{22}-3×25+2×16：户内热收缩电缆终端头制作、安装	1×2×2	个	4
02	电缆沟土石方——般土沟，电缆2根	0.45×90	m^3	40.5

注：表中电力电缆1根的预留长度：从变电所引出电缆1.5m，电缆进入配电室的电缆沟内1.5m，电缆进入建筑物（1#车间）2m，电力电缆终端头1.5m×2，电缆进出低压配电柜（箱）2m×2。

（2）根据附录C及表2-15、表2-16编制分部分项工程量清单与计价表，见表2-17。

（3）分部分项工程项目综合单价组价。由于本工程在西安市，则由《陕西省建设工程造价信息（材料信息价）》查得VV_{22}-3×25+2×16价格为204576.00元/km，户内热收缩电缆终端头附件240.00元/套。另外，对于铜五芯电缆敷设项目，应按同截面、同材质三芯电缆敷设定额乘以系数1.3，铜五芯电缆终端头制安项目应按同截面铝三芯电缆终端头制安定额乘以系数1.2×1.2，分部分项工程工程量清单综合单价分析表见表2-18。

表 2-17 分部分项工程量清单与计价表

工程名称：××住宅小区电气工程 标段： 第 页 共 页

序号	项目编码	项目名称	项目特征描述	计量单位	工程数量	金额/元		
						综合单价	合价	其中暂估价
01	030408001001	电力电缆	电力电缆敷设 VV_{22}-3×25+2×16 工作内容：1. 电力电缆敷设；2. 户内热收缩式电缆终端头制作、安装	m	270.6			
02	030408005001	铺砂、盖保护板（砖）	铺砂、盖砖 工作内容：1. 挖土、填土，一般土沟；电缆沟上口 0.6m，下口 0.4m，深 0.9m；2. 铺砂、盖砖	m	90			
本页小计								
合计								

注：根据建设部、财政部发布的《建筑安装工程费用组成》（建标［2003］206 号）的规定，为计取规费等的使用，可在表中增设：“直接费”、“人工费”或“人工费+机械费”。

表 2-18 分部分项工程量清单综合单价计算表

工程名称：××住宅楼电气照明 标段： 第 页 共 页

项目编码	030408001001	项目名称	电力电缆-电力电缆敷设 VV_{22}-3×25+2×16	计量单位	m

清单综合单价组成明细

定额编号	定额名称	定额单位	数量	单价						合价					
				人工费	材料费	机械费	管理费	利润	风险	人工费	材料费	机械费	管理费	利润	风险
2-620（换）	铜五芯电力电缆敷设，$35mm^2$ 以下	100m	2.706	383.84	194.42	9.49	78.84	84.87	—	1038.67	526.10	25.68	213.34	229.65	—
2-642（换）	铜五芯户内热缩式电力电缆终端头制作、安装，$35mm^2$ 以下	个	4	54.43	110.13	—	11.18	12.03	—	217.73	440.52	—	44.72	48.14	—
人工单价		小计								1256.40	966.62	25.68	258.06	277.79	—
42.00 元/工日		未计价材料费								56891.87					
清单项目综合单价/（元/m）										（2784.55+56891.87）/270.6=220.53					

	主要材料名称、规格、型号	单位	数量	单价/元	合价/元	暂估单价/元	暂估合价/元
材料费明细	铜芯聚氯乙烯绝缘聚氯乙烯护套钢带铠装电力电缆 VV_{22}-3×25+2×16	m	273.31	204.576	55912.67	—	—
	铜五芯户内热缩式电力电缆终端头附件	套	4.08	240.00	979.20		
	其他材料费				—		
	材料费小计				56891.87	—	—

（续）

工程名称：××住宅楼电气照明　　　　标段：　　　　第　页　共　页

项目编码	030408005001	项目名称	铺砂、盖保护板（砖）	计量单位	m

清单综合单价组成明细

定额编号	定额名称	定额单位	数量	单价						合价					
				人工费	材料费	机械费	管理费	利润	风险	人工费	材料费	机械费	管理费	利润	风险
2-523	电缆沟挖填，一般土沟	m^3	40.5	21.84	0.43	—	4.49	4.83	—	884.52	17.42	—	181.85	195.62	—
2-531	铺砂盖砖，1-2根电缆	100m	0.9	262.50	579.85	—	53.92	58.04	—	236.25	521.87	—	48.53	52.24	—
人工单价		小计								1120.77	539.29	—	230.38	247.86	—
42.00元/工日		未计价材料费								—					
清单项目综合单价/（元/m）										2138.30/90=23.76					

材料费明细	主要材料名称、规格、型号	单位	数量	单价/元	合价/元	暂估单价/元	暂估合价/元
	其他材料费						
	材料费小计			—	—	—	—

2.9 防雷及接地装置

雷电是一种常见的自然现象，雷击会造成极大危害，如人畜伤亡，建筑物或构筑物被摧毁倒塌，击穿电气绝缘或引发火灾等。因此，加强防雷保安工作，从保证人身和财产安全上讲是十分重要的。

防雷接地装置是人类长期与自然界斗争的实践经验总结，也是预防雷电危害的有效措施。雷击一般可以分为三类，即直接雷击、感应雷害和雷电压高电位引入，可分别采用避雷针、避雷带（网）和避雷器等装置预防。对于防雷及接地装置的分部分项工程项目均按避雷装置项目名称及其项目特征分别套用“030409001～030409011”项目编码，按规定的计量单位计算。“防雷及接地装置”包括多项分部分项工程项目，如包括避雷针、避雷网（也称作避雷带)、避雷引下线、接地极(板、桩)、接地母线、降阻剂(换土或化学处理)、均压环、半导体少长针消雷装置、等电位端子箱、测试板、绝缘垫、浪涌保护器安装等工程项目。

2.9.1 避雷针装置安装

避雷针装置一般由三部分组成,上部是耸立高空的接闪器,由镀锌钢管或圆钢制成,长约2m,截面积不小于100mm^2,如采用钢管,壁厚不小于3mm,上端部打尖。中部为引下线,是引导雷电流导入大地的通路,通常采用镀锌圆钢或扁钢作为引下线。若采用圆钢作为引下线,明敷时圆钢直径不小于8mm,暗敷设时直径不小于12mm;采用扁钢作为引下线时,其截面积不小于12×4mm^2,并需将地面以上2m加装机械保护装置;下部是接地极(板),以将雷电流疏散到大地。可采用镀锌钢管SC50或角钢L50×50×5,长2.5m以上,按间隔5m、埋深大于0.6m垂直埋设。接地极之间采用镀锌扁钢-40×4(或-30×4)或采用ϕ12以上的镀锌圆钢焊接连接,也可采用铜板或镀锌钢板[其规格一般为500×500×(5~10mm)]作为接地体。接地极埋设位置一般要求在建筑物3m以外、且人员很少通过的地方。

1. 接地极(板)制作、安装

接地极项目编码为“030409001”,工作内容包括接地极(板、桩)制作安装、基础接地网安装和补刷(喷)油漆等。接地极(板)定额是制作、安装的综合费用标准,应区分钢管接地极、角钢接地极、圆钢接地极和接地钢板、接地铜板。其中钢管接地极、角钢接地极和圆钢接地极的制作、安装应区分土质(普通土和坚土),以“根”为计量单位计算,主材费另行计算。若接地极为镀锌钢管,且设计有管帽时,管帽可另按加工工件(即箱盒制作定额2-362)计算,而接地铜板、接地钢板的制作、安装均不分土质,以“块”为计量单位计算,主材费另计。

2. 接地母线敷设

接地母线项目编码为“030409002”,工作内容包括接地母线制作、安装和补刷(喷)油漆。在计算接地母线敷设工程量时,应区分户内接地母线敷设、户外接地母线敷设和铜接地绞线(包括铜芯电缆、铜芯塑料绝缘导线或铜芯裸绞线等)敷设。其中户内接地母线敷设不分截面大小,而户外接地母线敷设和铜接地绞线敷设则区分导体截面大小,均按施工图设计长度另加3.9%附加长度(即包括转弯、避绕障碍物、搭接焊接等所占长度)计算接地母线工程量,再以“10m”为计量单位套用相应定额计算,主材费另计。户外接地母线敷设(包括室外敷设的镀锌扁钢、镀锌圆钢和铜接地绞线)定额按自然地坪和一般土质综合考虑的,即户外接地母线敷设定额中含挖填土方,并规定每米沟挖填土方量为0.34m^3(即地沟深0.75m,上口宽0.51m,下口宽0.4m),故在执行本定额时不应再另计算土方量。如果设计要求埋设深度与定额规定不同时,或遇有石方、矿渣、积水和障碍物等情况时,可按实际情况加以调整计算。户内接地母线敷设包含安装固定接地母线所用的卡子制作安装和穿墙保护管敷设,同时还应注意户外接地母线与接地极之间的焊接连接不得再另计接地跨接线的工程费用。

3. 避雷引下线敷设

避雷引下线项目编码为“030409003”,工作内容主要有避雷引下线制作安装、断接卡子、箱制作安装、利用主钢筋焊接和补刷（喷）油漆等。避雷引下线（或称为避雷接地引下线）敷设通常可分为人造引下线和自然引下线两种。所谓“人造引下线”是指利用圆钢（直径 ϕ8 以上）或扁钢（截面$12\times4\text{mm}^2$ 以上）敷设的专用避雷引下线，沿建筑物或构筑物引下，不分明、暗敷设，其长度按设计长度另加3.9%的附加长度，以“10m”为计量单位计算，定额中不包括引下线材料，其主材费应另行计算。“自然引下线”是利用金属构件作为接地引下线或是利用建筑物柱内主筋作为接地引下线，其计算方法与“人造引下线”相同，但主材费不得另行计算。其中利用建筑物柱内主筋作为引下线，每一柱内按焊接2根主筋考虑的，如果实际工程中焊接主筋数超过2根时，可按比例加以调整。为了方便测试接地装置的接地电阻值，需在混凝土柱上安装接地测试板，一般距室外地坪1m左右。注意安装接地测试板不得按钢板接地板计算。而应按一处接地跨接线计算。接地跨接线安装以“10处”为计量单位计算，定额（2-703）中已包括其主材费，不得另行计算。接地跨接线还适用于避雷针、避雷网、接地引下线之间的焊接、接地线和金属体之间的连接、易燃管道法兰盘之间的连接等。

对于某一独立接地装置，为了方便和准确检测其接地电阻值，应在接地线适当位置加装“断接卡子”。应按设计规定装设的断接卡子数量计算，对于接地检查井，按每井内一套断接卡子计算，其制作、安装以“10套”为计量单位计算，定额（2-749）中已包括其主材费，不得再另行计算。

4. 避雷针制作、安装

（1）避雷针制作　避雷针（即接闪器）制作、安装应分别进行计算，其制作分为钢管避雷针制作和圆钢避雷针制作两种，其中钢管避雷针制作又按针长划分等级，而圆钢避雷针制作则按针长2m以内考虑，均以“根”为计量单位计算，但针尖、针体材料费用另行计算。

独立避雷针的加工制作则应执行“一般铁构件”制作的有关定额（2-358），主材费也另行计算。如为成品，则不计算制作费，只计算其成品价格即可。

（2）避雷针安装　避雷针安装分为普通避雷针安装和独立避雷针安装两大类。普通避雷针安装是指借助于某建筑物、构筑物或金属容器等安装架设的避雷针，其安装地点分为安装在烟囱、建筑物平屋面、墙体、金属容器顶部、金属容器侧壁等的上面和安装在构筑物的上面等六种。其中安装在烟囱上的避雷针按安装高度划分；安装在平屋面上、墙上的避雷针按针高划分（针高是指避雷针在平屋面以上或墙顶以上的架设总高度，分2、5、7、10、12、14m以内等6个级别）；安装在金属容器顶部或侧壁上的避雷针按针长划分；安装在构筑物上的避雷针则不分安装高度和针的长度，而是区分架设避雷针的杆塔材质（如区分木杆、水泥杆和金属构架），其安装工程量均以“根”为计量单位计算。另外避雷针装在木杆和水泥杆上时，已包括了避雷引下线安装，故不得再计算避雷引下线工程项目，但木杆和水泥杆的架设工程量，及其挖填土方量等应另行计算。

独立避雷针是指不借助其他建筑物、构筑物等，而专门组装架设杆塔（如铁塔），并安装接闪器。如在空旷田野中的大型变配电站四周架设的避雷针就属于独立避雷针。独立避雷针安装应区分针高（指避雷针顶部至地面的垂直距离），以“基”为计量单位计算。

当避雷针架设较高的支架或杆塔上时（如独立避雷针等），为了使避雷针安装稳定牢固，需安装避雷针拉线，其安装以“组”为计量单位计算（3根拉线为1组），不分拉线型号规格，均套用同一定额（2-725）。避雷针拉线安装为“避雷针”分部分项工程项目的工作内容之一。另外，避雷针安装已经考虑了高空作业因素，故不得计算超高增加费用。

2.9.2 避雷网安装

某些建筑物为了防止感应雷击或直接雷击，或由于造型要求和施工关系，不便采用避雷针时往往采用避雷网。避雷网（或避雷带）主要是根据古典电学中的法拉第笼的原理制成的。避雷网比其他的防雷设施更为安全有效，可利用现有建筑物的钢筋作为防雷装置，既节约了投资，又保护了建筑物的外观造型，因此，这种避雷方式已得到了广泛的应用。避雷网就是在屋面四周的女儿墙、平顶屋面屋脊、屋檐上装设作为接闪器用的金属带，要求一类防雷建筑避雷带网孔不大于5m×5m或6m×4m，二类防雷建筑避雷带网孔不大于10m×10m或12m×8m，三类防雷建筑避雷带网孔不大于20m×20m或24m×16m。与大地良好地连接，即可获得良好的防雷效果。

避雷网安装分为沿混凝土块敷设和沿折板支架敷设两种。如在屋面的女儿墙、屋脊、屋檐等上面安装的避雷网需要先预埋金属支架，支架应高出安装面15～20cm，间隔不超过1m，然后再在支架上焊装避雷网，故属于沿折板支架敷设；而在平顶屋面上安装的避雷网，需要先按建筑防雷类别要求的网孔尺寸，在屋面上划线，埋设带金属构件的混凝土块，其直线段间距为1m，拐弯处间隔为0.5m。然后再在埋设的混凝土块上焊接安装避雷网，故称作沿混凝土块敷设。对于高层一类、二类防雷建筑物，为了防止来自侧面的雷击伤害，还需要从建筑物30m以上每隔三层设一均压环。避雷引下线可利用柱内主筋，但每根柱内主筋数不得少于2根，同时要求一类防雷建筑引下线间距不超过12m，二类防雷建筑引下线间距不超过18～24m，三类防雷建筑引下线间距不超过25m，并与屋顶避雷网（带）、各个均压环及各层圈梁内的主筋等焊接连接。不分建筑物大小，防雷引下线均应不少于2根，高层建筑物一类、二类防雷装置连接如图2-7所示。

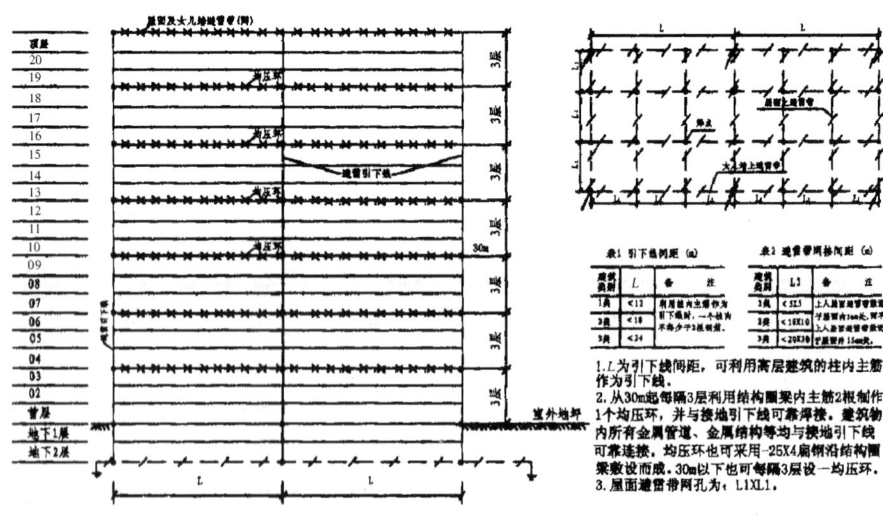

图2-7 高层建筑避雷带、均压环与引下线连接示意图

综上所述，避雷网（带）安装应区分沿混凝土块敷设、沿折板支架敷设和均压环敷设，均以“10m”为计量单位计算，其安装长度均按施工图的水平、垂直设计长度另加3.9%的附加长度，按延长米计算，主材费另行计算。其中避雷网沿折板支架敷设定额中已包括支架的制作、安装，不得另行计算，但避雷网（避雷带）的主材费须按设计镀锌材料规格另行计算。如果均压环利用圈梁内主筋敷设，其定额是按圈梁内焊接两根主筋考虑的，超过两根时可按比例调整。其安装均压环长度则按施工图设计选择圈梁的中心线长度，以延长米来计算，但主材费不得另行计算。

沿混凝土块敷设的避雷带，混凝土块制作另行计算，以“10块”为计量单位计算制作费，主材费不另行计算。利用屋面楼板内钢筋制作敷设避雷带，则执行户内接地母线定额。对于利用柱内主筋作为避雷装置的引下线时，柱内主筋与圈梁焊接连接是以“10处”为计量单位计算，每处按柱内两根主筋与圈梁两根主筋焊接连接考虑，如果焊接柱内主筋与圈梁主筋超过两根时，可按比例调整。此外，钢、铝窗接地，零线重复接地、户外配电装置构架接地以及各节钢线槽、桥架之间等处，按规程规定须采用接地跨接线连接，所以均应计算接地跨接线安装工程量。如前所述，接地跨接线安装以“10处”为计量单位计算（2-703），但主材费不得另行计算。

另外，接地引下线与屋面上避雷带连接和与基础接地网的连接，均按接地跨接线制作、安装套用定额。在接地引下线的柱子上制作、安装接地电阻测试镀锌钢板时，要求其距室外地坪为1m左右。接地测试镀锌钢板安装应执行接地跨接线定额，不再另计镀锌板的主材费。

【例题2-9】 如图2-7所示为高层建筑防雷接地系统，设首层至顶层的层高均为3m，地下1层、地下2层的层高均为4.5m。利用建筑基础内主筋2根敷设接地网（接地网平面距地下2层地坪1.5m），屋面避雷网在女儿墙上（墙高1m）采用ϕ10镀锌圆钢、平顶混凝土屋面采用 −30×4 镀锌扁钢安装敷设，且接地网与屋面避雷网图纸相同，网孔均为10m×10m。均压环采用圈梁内主筋2根敷设，避雷引下线采用柱内主筋2根敷设。试计算本大楼防雷接地系统工程量，并列出分部分项工程量清单。

【解】：（1）根据图2-7、《通用安装工程工程量计算规范》（GB 50856—2013）和建设工程消耗量定额，计算高层建筑防雷接地系统工程量，见表2-19。

表2-19 工程量计算表

工程名称：×××大楼防雷接地工程

序号	项目名称	计算式	单位	数量
01	接地网敷设，利用建筑物基础钢筋2根	（10×6×4+10×3×7）×（1+3.9%）	m	467.6
02	避雷引下线敷设，利用建筑物柱内主筋2根	（1.5+4.5×2+3×21）×6×（1+3.9%）	m	458.2
03	避雷引下线敷设，利用镀锌扁钢 −30×4	1×6×（1+3.9%）	m	6.2
04	接地跨接线安装	3×6	处	18
05	沿混凝土块敷设避雷带，采用镀锌扁钢 −30×4	（10×6×2+10×3×5）×（1+3.9%）	m	280.5
06	女儿墙上沿折板支架敷设避雷带，采用镀锌圆钢ϕ10	（10×6+10×3）×2×（1+3.9%）	m	187.0
07	混凝土块制作	280.5+1×（5+2）	块	288
08	均压环敷设，利用建筑物圈梁内主筋2根	（10×6+10×3）×2×6×（1+3.9%）	m	1122.1
09	建筑物柱内主筋与圈梁内主筋焊接	（2+20）×6	处	132
10	独立接地装置调整调试		组	1

（2）根据《通用安装工程工程量计算规范》（GB 50856—2013）和工程量计算表编制分部分项工程量清单，见表2-20。

表2-20 分部分项工程量清单

工程名称：×××大楼防雷接地装置

序号	项目编码	项目名称	项目特征描述	计量单位	工程数量
01	030409002001	接地母线	利用建筑物基础钢筋敷设接地网 工作内容：1. 基础接地网安装；2. 补刷（喷）油漆	m	467.6
02	030109003001	避雷引下线	利用建筑物柱内2根主筋敷设避雷引下线 工作内容：1. 避雷引下线制作、安装；2. 利用主钢筋焊接；3. 补刷（喷）油漆	m	458.2
03	030409003002	避雷引下线	利用镀锌扁钢 -30×4 敷设避雷引下线 工作内容：1. 避雷引下线制作、安装；2. 补刷（喷）油漆	m	6.2
04	030409005001	避雷网	沿混凝土块敷设避雷带，采用镀锌扁钢 -30×4 工作内容：1. 避雷带制作、安装；2. 跨接线安装（18处）；3. 混凝土块制作（288块）；4. 补刷（喷）油漆	m	280.5
05	030409005002	避雷网	沿折板支架敷设避雷带，采用镀锌圆钢 $\phi10$ 工作内容：1. 避雷带制作、安装；2. 补刷（喷）油漆	m	187.0
06	030409004001	均压环	利用建筑物圈梁内2根主筋敷设均压环 工作内容：1. 均压环敷设；2. 柱主筋与圈梁焊接（132处）；3. 补刷（喷）油漆	m	1122.1
07	030414011001	接地装置	独立接地装置电气调整试验 工作内容：接地电阻测试	组	/

2.9.3 半导体少长针消雷装置安装

半导体少长针消雷装置是在避雷针的基础上发展起来的新技术，主要由导体针组、半导体材料和接地装置组成。导体针长为5m，针的顶部有4根金属分叉尖端，适合安装于≥40m的建筑物和构筑物上，其外形如图2-8所示。利用其半导体少长针的独特结构，在雷云电场下发生强烈的电晕放电，即对布满在空中的空间电荷产生良好的屏蔽效应，并中和雷云电荷。同时利用半导体材料的非线性来改变雷电发展过程，延长雷电放电时间，以减小雷电流的峰值和陡度，从而达到有效保护建筑物及其内部各种强、弱电设备的目的。半导体少长针消雷装置系列产品及适用范围见表2-21。

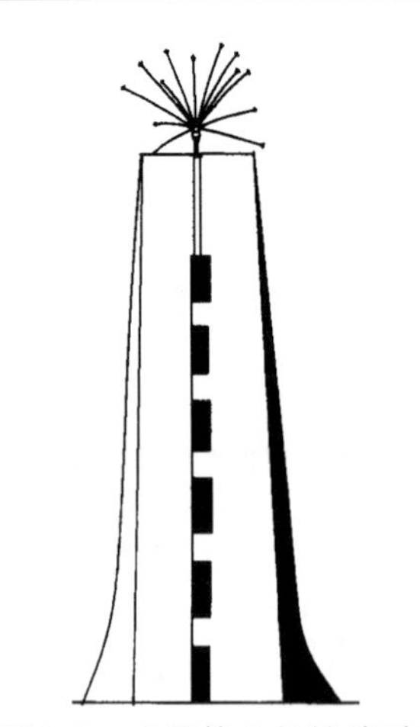
图2-8 半导体少长针消雷装置安装示意图

表 2-21 半导体少长针消雷装置系列产品及适用范围

产品型号	规　　格	重量/kg	长毛针数	适 用 范 围	保护范围（h/R）
SLE-52E	5000×13×4	100	13×4	中层民用建筑	1/5
SLE-78E	5000×7×4	70	7×4	高压输电线路	1/10
SLE-76E	5000×19×4	140	19×4	重要保护设施	1/5
SLE-76/8E	5000×（19+8）×4	180	27×4	微波、广播电视塔等	1/5λ
SLE-76/16E	5000×（19+16）×4	225	35×4	同上	1/5λ

注：h—消雷器安装高度；R—保护半径；$1/\lambda$—安全度（$\lambda \leqslant 1$）。

当消雷器安装高度 $h>60\text{m}$ 时，需加装水平消雷针。半导体少长针消雷装置安装按生产厂家供应成套装置，需要在施工现场组装、吊装、找正、固定和补漆等，半导体少长针消雷装置的分部分项工程项目编码为“030409007”。其安装工程消耗量应区分安装高度，以“套”为计量单位计算，该装置本身价格另行计算。与避雷针安装相同，半导体少长针消雷装置安装的高空作业因素在其定额中已经考虑，故也不得再计算超高增加费用，其接地装置（包括避雷引线、接地极等）安装应另套相应项目的定额。

2.10　10kV 以下架空输电线路

电能是现代工业生产的主要能源和动力。我们很容易通过风力发电机组、热力蒸汽发电机组、水力发电机组等将风能、热能、水能等形式的能量转换成电能，电能也易于转换为其他形式的能量以供应用；另外，电能的输送和分配既简单经济，又便于控制、调节和测量，有利于实现生产过程自动化。

架空输电线路是电能输送和分配的主要方式，它与电缆线路相比具有投资少、成本低、易于安装、维护和检修方便等优点，故被广泛采用。通常将 35kV 以上的输电线路称作送电线路，35kV 以下的输电线路称作配电线路。为了保证工业生产和生活用电的需要，输电线路必须做到安全、可靠、优质和经济的要求。架空线路如图 2-9 所示，主要由导线、绝缘子、横担、电杆、避雷线和金具等组成。架空线路分为高压线路（1kV 以上）和低压线路（1kV 以下）两种。

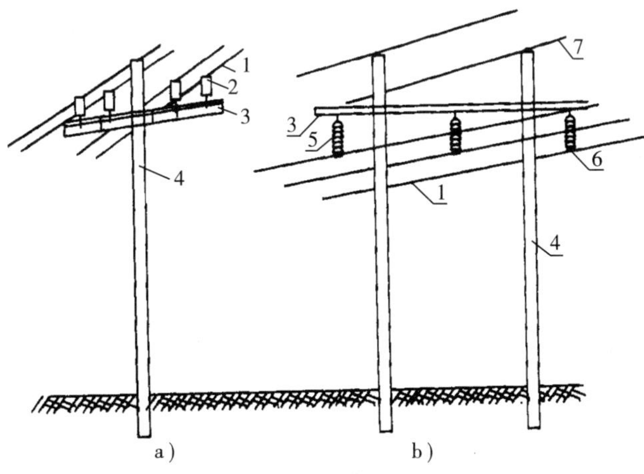

图 2-9　架空线路的结构

1—导线　2—针式绝缘子　3—横担　4—电杆

5—绝缘子串　6—线夹　7—避雷线

导线是架空线路的主体，担负着输送电能的作用，同时还要承受自身重量和各种外力的作用，因此要求导线应具有导电性能良好、价格低廉，并有一定的机械强度和耐腐蚀性。导线有绝缘导线和裸导线两大类，低压架空线路采用橡皮绝缘铝绞线或裸铝绞线，在机械强度要求较高和35kV以上的架空线路上，则多采用钢芯铝绞线。低压架空线路的铝绞线截面积不得小于16mm^2，高压架空线路铝绞线截面积不得小于35mm^2，钢芯铝绞线截面不得小于25mm^2。导线在横担上的排列形式、线间距离、电杆档距及导线弧垂，应根据设计要求进行施工，可参阅《建筑电气设备安装调试技术》等有关技术资料。

电杆是支持导线的杆塔，要求要有足够的机械强度。电杆按其材质分为木杆、水泥杆和铁塔等三种，水泥杆应用最为普遍。水泥杆安装分为有底盘和卡盘、有底盘无卡盘、有卡盘无底盘等三种方式。

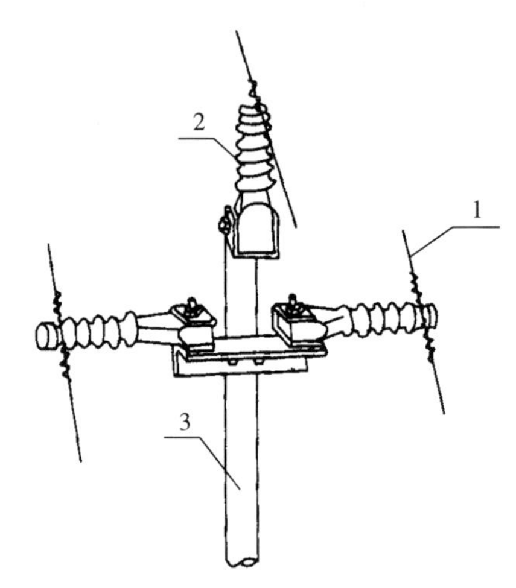

图2-10 高压电线杆上的瓷横担安装示意图
1—高压导线 2—瓷横担 3—电杆（直线杆）

横担安装在电杆的上部，其主要作用是用来安装绝缘子以架设导线，常用的横担有木横担、铁横担和瓷横担三种。瓷横担是我国独创的产品，具有良好的电气绝缘性能，并能有效地利用电杆高度，它是绝缘子和横担的一个发展方向。但瓷横担属于脆性材料，不能承受较大的不平衡拉力，只适用在直线杆上使用。如图2-10所示为瓷横担在高压电线杆上安装。线路绝缘子是用来将导线固定在电杆上，并使导线与电杆及大地可靠绝缘，保证安全输电。因此，要求绝缘子既有一定的电气绝缘强度，又有足够的机械强度。线路绝缘子按电压等级分为高压绝缘子和低压绝缘子两大类，按结构形式可分为针式绝缘子、蝶式绝缘子和悬式绝缘子等。

拉线一般由上把、中把、下把和拉线底盘、金具等组成，用以平衡电杆各方的作用力，并抵抗风压，以防止线路倾斜和倒伏。如终端杆、分支杆、转角杆等均需装设拉线。线路金具是用来安装固定横担、绝缘子、拉线或连接导线等，例如将横担或拉线用U型抱箍固定在电杆上，调节拉线松紧度的花篮螺栓以及悬式绝缘子串的挂环、挂板和线夹等。

2.10.1 地形特征的划分

地形按特征划分为平地、丘陵、一般山地和泥沼地带等四类。所谓平地是指地形比较平坦，地面比较干燥的地带；丘陵是指地形有起伏的矮岗、土丘等的地带；一般山地是指一般山岭、沟峪地带、高原台地等；泥沼地带是指有水的田地或雨水淤积的地带。《全国统一安装工程预算定额》（2000）及各省、自治区、直辖市的主管部门——建设厅发布的定额价目表或各企业定额都是按平地施工条件考虑的，如果在丘陵地带或一般山地、泥沼地带施工时，其定额中的人工费和机械费应分别乘以相应的地形调整系数1.2和1.6。另外，线路一次施工工程量是按5根以上电杆考虑的，如果一次施工工程量在5根电杆以下时，其全部人工费、机械费应乘以系数1.3。当架空线路上有几类地形同时存在时，可按各类地形的线路长度分别计算，或按各类地形的线路长度所占比例求出综合系数进行计算。

2.10.2 电杆组立

“电杆组立”分部分项工程项目编码为“030410001”，应根据材质、规格、电杆类型、地形等，以“根（基）”为计量单位计算。其工作内容包括施工定位、电杆组立、工地运输、土（石）方挖填、底盘、拉线底盘、卡盘安装、电杆防腐、拉线制作、安装现浇基础、基础垫层等。

1. 工地运输

工地运输是指定额内未计价材料（如电杆、线材、金具、绝缘子等）从集中材料堆放点或工地仓库运至杆位上的工程运输，分人力运输和汽车运输两种，均以“10t·km”为计量单位计算。其中人力运输又分为平均运输距离200m以内和200m以上，人力运输定额中已包括材料的装卸费用，不得另行计算。汽车运输则不区分平均运输距离，但其装卸材料工程量应另计，材料装卸以“10t”为计量单位计算。工地运输设备材料运输量可按式（2-6）计算：

$$Q = G \times (1 + \eta) \tag{2-6}$$

式中 Q——工程运输量（t）；

G——设计用量（即施工图用量）（t）；

η——损耗率。

工程运输工程量可按式（2-7）计算：

$$M = (Q + Q_b) \times L \tag{2-7}$$

式中 M——工程运输工程量（t·km）；

Q——工程运输量（t）；

Q_b——包装物品重量（t）；

L——运输路程（km）。

运输的设备、材料如不需要包装，则不计算包装物品重量。运输路程是指将材料从集中器材堆放点或工地仓库运至指定地点的路程，不包括返回路程。架空线路中主要材料运输重量可按表2-22规定计算。

表2-22 架空线路主要材料运输重量参考表

材料名称		单位	运输重量/kg	备注
钢筋混凝土制品	人工浇制	m^3	2600	包括钢筋
	离心浇制	m^3	2800	包括钢筋
线材	导线	kg	$W \times 1.15$	有线盘
	钢绞线	kg	$W \times 1.07$	无线盘
木杆材料		m^3	500	包括木横担
金具、绝缘子		kg	$W \times 1.07$	
螺栓		kg	$W \times 1.01$	

注：W—理论重量，未列入表中的材料均按净重计算。

2. 土石方工程

本节土石方工程主要是指架空线路施工定位及挖填电杆（或铁塔）坑、拉线坑、排水沟等产生的土方量，土石方工程量计算应区分土（石）质，以“$10m^3$”为计量单位计算。当冻土层厚度大于300mm时，冻土层的挖方量应按坚土定额乘以系数2.5，而其他土层仍按土质类型执行相应定额。土（石）质共分为六类：

（1）普通土　指种植土、粘砂土、黄土和盐碱土等，用锹、铲即可挖掘的土质。

（2）坚土　指土质坚硬难挖掘的红土、板状粘土、重块土、高岭土等，即用铁镐、条锄挖松后，再用锹、铲挖掘的土质。

（3）松砂石　指碎石、鹅卵石和土的混合体，各种不坚实的砾岩、页岩、风化岩、节理和裂缝较多的岩石等，即不需爆破，但需用镐、撬棍、大锤、楔子等工具配合才能进行挖掘的土质。

（4）岩石　指坚硬的粗花岗石、白云岩、片麻岩、玢岩、石美岩、大理岩、石灰岩和石灰质胶结的密实砂岩的石质等，需要采用打眼、爆破或打凿等方法才能进行挖掘。

（5）泥水　指挖坑的位置经常积水，而且土质松散，如淤泥和沼泽地等挖掘时因渗水和浸润而成泥浆，容易坍塌，需用挡土板和经适量排水才能进行挖掘。

（6）流砂　指土质为砂质或分层砂质、容易坍塌、挖掘时砂层有上涌现象，或需排水和用挡土板才能进行挖掘。

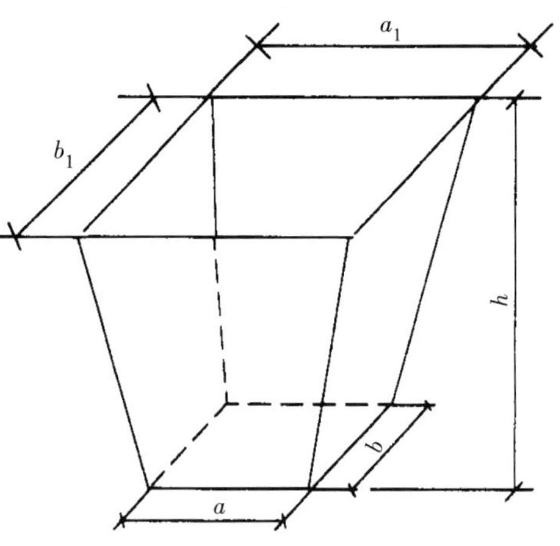

图2-11　平截方长尖柱体电杆坑示意图

各类土、石质按设计地质资料确定，但一般不作分层计算。当在同一坑内出现两种以上不同土石质时，应按含量较大的一种土质确定其类别，如一坑内大部分为普通土、少量为坚土，则该坑均按普通土计算。在挖掘过程中因少量坍塌而多挖的土方，或在石方爆破过程中多爆破的石方工程量已包括在定额内，不得另行计算。回填土石方也均按原挖土石方量回填，余土按就地平整考虑，但不包括100m以上的取（换）土回填和余土的外运，需要时可按设计规定的换土比例和平均运距，另套有关尖峰挖土和工地运输定额。电杆、拉线、塔坑的土石方量可按式（2-8）、式（2-9）计算：

对于无底盘、卡盘的电杆坑土石方量为：

$$V = 0.8 \times 0.8 \times h \tag{2-8}$$

式中　h——杆坑深度（m）；

V——杆坑土方量（m^3）。

对于有底盘（卡盘）的平截方长尖柱体电杆坑（图2-11），其土方量为：

$$V = (h/6)[ab + (a + a_1)(b + b_1) + a_1 b_1] \tag{2-9}$$

式中　h——杆坑深度（m）；

a、b——分别为坑底宽度和长度（m），即 $a = A + 2c$，$b = B + 2c$。A、B 分别为底盘宽度和长度，c 为操作裕度，可取 $c = 0.1$m；

a_1、b_1——分别为坑口宽度和长度，即 $a_1 = a + 2h\eta$，$b_1 = b + 2h\eta$（η 为土质的边放坡系数，见表2-23）（m）。

带卡盘的电杆坑，如原计算尺寸不能满足卡盘安装要求时，所增加的土（石）方量可另行计算。电杆坑的马道土（石）方量可按每坑0.2m³ 计算。

表2-23 各类土质的边放坡系数（η）

土质类别	普通土、水坑	坚 土	松 砂 石	泥水、流砂、岩石
边放坡系数	0.3	0.25	0.2	无放坡

【例题2-10】 已知某架空线路直线杆10根，水泥电杆高7m，土质为坚土，按土质设计要求设计电杆坑深为1.2m，选用600mm×600mm的水泥底盘，试计算土方量共计多少？

解：

由于水泥底盘的规格为600mm×600mm，则电杆坑底宽度和长度均为：

$$a = b = A + 2c = (0.6 + 2 \times 0.1)\text{m} = 0.8\text{m}$$

土质为坚土，则查表2-23得边放坡系数 $\eta = 0.25$，电杆坑口宽度和长度均为：

$$a_1 = b_1 = a + 2h\eta = (0.8 + 2 \times 1.2 \times 0.25)\text{m} = 1.4\text{m}$$

假设为人工挖杆坑，则由式（2-9）求得每个杆坑及马道的土方量为：

$$\begin{aligned} V_1 &= (h/6)[ab + (a + a_1)(b + b_1) + a_1 b_1] + 0.2 \\ &= (1.2/6) \times [0.8^2 + (0.8 + 1.4)^2 + 1.4^2]\text{m}^3 + 0.2\text{m}^3 = 1.69\text{m}^3 \end{aligned}$$

则10根直线杆的杆坑总挖方量为：

$$\sum V = 10\ V_1 = 10 \times 1.69\text{m}^3 = 16.9\text{m}^3$$

3. 底盘、卡盘、拉线底盘安装及木电杆防腐

底盘、卡盘、拉线底盘安装均不分规格大小，按设计用量分别以“块”为计量单位计算，其本身及拉棒、抱箍、连接螺栓和金具等材料费均应另行计算。对于木电杆根部防腐处理，则以“根”为计量单位计算，其防腐材料已包括在定额之内，不再另行计算。

4. 电杆组立

电杆组立是指对电杆的组装和立杆，分为单杆、接腿杆和撑杆三大类，其中单杆有木杆和混凝土杆，接腿杆有单接腿杆、双接腿杆和混合接腿杆，撑杆则有木撑杆和混凝土撑杆，均区分电杆高度，分别以“根”为计量单位计算工程量。在各类电杆组立定额中，均已包括电杆本身、地横木、圆木等安装项目的人工费用，但电杆及其连接铁件、螺栓等金具均为未计价材料，应另行计算。对于钢管电杆组立，可按同高度混凝土电杆组立定额中的人工费、机械费分别乘以系数1.4，材料费则不做调整。

对于混凝土杆间的相互连接，多采用在电杆中埋设钢圈，用焊接方式连接，钢圈焊接是以“1个焊口”为计量单位计算的（2-791）。

5. 拉线制作、安装

拉线可分为普通拉线、水平拉线、弓形拉线等几种形式，按材料分类有镀锌铁拉线和钢绞线拉线两种。拉线制作、安装按拉线的形式和截面大小划分规格，分别以“根”为计量单位计算工程量。拉线制作、安装已包括其所用金具等的安装费，但镀锌铁拉线和钢绞线拉线、金具、抱箍等均为未计价材料，因此主材费应另计。

拉线定额是按单根拉线考虑的，若为V（Y）型或双拼型拉线时，可按2根计算。拉线长度可按设计整根长度计算，对于普通拉线的长度可按式（2-10）计算：

$$L = kh + A \tag{2-10}$$

式中 L——拉线长度（m）;

k——三角函数 $\sec\theta$ 值（θ 为拉线与电杆之间的夹角），见表 2-24;

h——拉线高度（由地面至电杆拉线装设点之间的垂直距离）（m）;

A——绑拉线时所用的拉线长度之和，包括绑电杆长度 1.5m，绑拉线底盘长度 1.5m，制作拉线环长度 1.2m 及拉线绝缘子所用长度 1.2m（m）。

若设计施工图中无规定时，拉线长度可按表 2-25 计算。

表 2-24 拉线与电杆夹角 θ 的余割值表

拉线与电杆的夹角 θ	$\sec\theta$（$\sec\theta=1/\cos\theta$）	拉线坑距杆坑的中心距离/m
15°	1.035	$H\times0.268$
30°	1.155	$H\times0.577$
45°	1.414	$H\times1.000$
60°	2.000	$H\times1.732$

注：H—电杆高度。

表 2-25 拉线长度计算表（m/根）

项目		普通拉线	V（Y）型拉线	弓形拉线
杆高/m	8	11.47	22.94	9.33
	9	12.61	25.22	10.10
	10	13.74	27.48	10.92
	11	15.10	30.20	11.82
	12	16.14	32.28	12.62
	13	18.69	37.38	13.42
	14	19.68	39.36	15.12
水平拉线		26.47	—	—

2.10.3 横担组装

本节所介绍的横担组装是指 10kV 以下横担安装、1kV 以下横担安装和进户线横担安装等三种类型，均按同一项目编码“030410002”编制，工作内容包括横担安装、瓷瓶、金具组装。10kV 以下横担安装分为铁横担、木横担和瓷横担，其中铁横担、木横担应区分单根横担和双根横担，瓷横担安装则区分用于直线杆和用于承力杆上的瓷横担。均以“组”为计量单位计算。1kV 以下横担安装应区分二线、四线、六线和瓷横担，其中四线、六线横担分为单根横担和双根横担，也是以“组”为计量单位计算。进户线横担安装分为一端埋设式和两端埋设式两种类型，有二线、四线、六线之分，均以“根”为计量单位计算。注意各类横担安装均已包括绝缘子及其金具安装的人工费，但横担、绝缘子、金具连接铁件及螺栓、进户线防水弯头等材料费在定额中未包括，应另行计算。在 10kV 以下架空线路中，如属于在双根电杆上安装横担（即 π 型杆上的横担安装），其相应定额基价应乘以系数 2.0。

2.10.4 导线架设

“导线架设”可分为裸铝线架设、钢芯铝绞线架设和绝缘铝芯线架设三类，其分部分项工程项目编码为“030410003”，按型号、材质（铜线或铝线）、规格、敷设现场地形等，均以“km”为计量单位计算。工作内容主要包括导线架设、导线跨越及进户线架设和工地运输等。

1. 导线架设工程

导线架设项目工作内容包括线材外观检查、架设线盘、放线、档距间导线连接、紧线、驰度观测、耐张制作、导线绑扎和跳线安装等。应区分导线类型和横截面规格大小，以“1km/单线”为计量单位计算工程量。导线、金具为未计价材料，其主材费用应另行计算。单根导线头长度 L（即单根导线延长米）为线路设计总长度与预留长度之和，即：

$$L=(1.01L_S+\sum\Delta l)\ n \tag{2-11}$$

式中 L_S——线路设计总长度，系数1.01是考虑线路驰度而引起的线路附加长度（m）；

Δl——导线预留长度，按表2-26计算（m）；

n——同线路、同截面导线根数。

表2-26 导线预留长度计算表

项目名称		长度/m
高压	转角	2.5
	分支、终端	2.0
低压	分支、终端	0.5
	分叉、跳线、转角	1.5
与设备连接		0.5
进户线		2.5

2. 导线跨越及进户线架设

导线跨越是指架空线路在架设区段内有障碍物，如架空线跨越电力线路、通信线路、公路、铁路和河流等，需要搭拆跨越架以及运输跨越架器材，则以“处”为计量单位计算。如在同一跨越档距内有两种以上跨越障碍物时，则每跨越一种障碍物即按一处计算，分别套用相应定额。每个跨越间距是按50m以内考虑的，当跨越间距大于50m而小于100m时，应按2处计算，依此类推。因为导线跨越定额仅考虑因跨越而多消耗的人工、材料和机械台班，所以在计算导线架设工程量时，不扣除跨越档距的长度。

进户线也称进户下引线，进户线架设是指由进户杆至进户线支架之间的导线架设，其工作内容包括放线、紧线、瓷瓶绑扎和压接包头等。应区分进户下引线截面规格大小以“100m/单线”为计量单位计算。导线、绝缘子为未计价材料，其材料费应另行计算。

2.10.5 杆上变配电设备安装

杆上变配电设备安装包括杆上电力变压器安装、杆上跌落式熔断器、避雷器、隔离开关、油开关和配电箱等，其分部分项工程项目编码均采用杆上设备项目编码“030410004”编制，工作内容主要包括支撑架安装、各设备本体安装、焊压接线端子、接线、补刷（喷）油漆和接地等。安装定额中均已包括使用的起重机械台班，并考虑了超高因素，故不得另行计算和调整。应注意杆上电力变压器安装定额与变电所内变压器安装定额不同，杆上电力变压器安装应区分容量级别，以“台”为计量单位计算，定额中未包括变压器调试，吊芯检查、干燥处理及接地装置、检修平台或防护栏杆等安装，均应另行计算。

杆上跌落式熔断器、阀型避雷器、隔离开关等安装，分别以“组”为计量单位计算；油开关和配电箱则分别以“台”为计量单位计算工程量，但台架铁件、连引线、瓷瓶、金具、接线端子、熔断器等主材费另行计算，配电箱中的焊（压）接线端子及端子板外部接线等安装费也另行计算。

【例题 2-11】 某村镇低压架空线路如图 2-12 所示，选用单根混凝电杆，杆高 7m，杆坑深 1.2m，3#-4#电杆之间有一条小河，横担均采用单根或双根铁横担。为了架空线路的稳定，在线路上埋设有拉线和混凝土拉盘；拉线为普通拉线，由 7 股 ϕ4 镀锌铁线编织而成（T-7/ϕ4），电杆坑内设有 600mm × 600mm 的混凝土底盘，600mm × 300mm 的混凝土卡盘。试计算架空线路的工程量，并编制分部分项工程量清单。

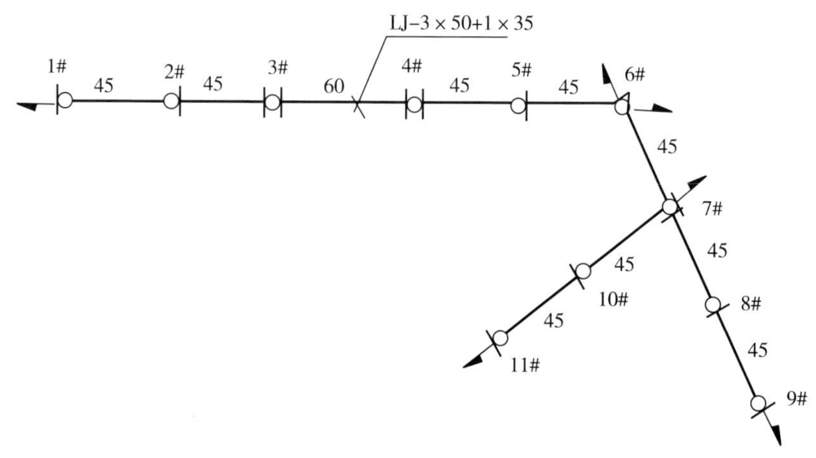

图 2-12　低压架空线路施工平面布置图

【解】：（1）工程量计算见表 2-27。

表 2-27　工程量计算表

序号	项 目 名 称	计　算　式	单位	数量
01	单根混凝土电杆，杆高 7m，直线杆	1 ×4	根	4
02	单根混凝土电杆，杆高 7m，终端杆	1 ×3	根	3
03	单根混凝土电杆，杆高 9m，耐张杆	1 ×2	根	2
04	单根混凝土电杆，杆高 7m，转角杆	1	根	1
05	单根混凝土电杆，杆高 7m，分支杆	1	根	1
06	铁横担安装，单根，四线	1 ×11	组	11
07	铁横担安装，双根，四线	1 ×2	组	2
08	普通拉线 T-7/ϕ4 镀锌钢拉线	1 ×6	根	6
09	导线架设，裸铝绞线 LJ-35	45 ×9 +60 ×1	m	465. 0
10	导线架设，裸铝绞线 LJ-50	（45 ×9 +60 ×1） ×3	m	1395. 0

（续）

序号	项目名称	计算式	单位	数量
11	拉线拉盘 600×600	1×6	块	6
12	底盘 600×600	1×11	块	11
13	卡盘 600×300	11+1+1	块	13
14	导线跨越河流，60m	1×2	处	2
15	人工挖填杆坑土方，普通土	1.69×（11+6）	m^3	28.73

注：1. 人工挖填杆坑土方，由例题2-10计算可知，每个杆坑土方为 $1.69m^3$，本题拉线拉盘坑土方按杆坑土方计算。

2. 根据式（2-11），架空导线预留长度及附加长度为：

① 裸铝绞线 LJ-35：ΔL_1 = （465×1% +1.5+0.5×3+0.5+1.5×2） m=11.15m

② 裸铝绞线 LJ-50：ΔL_1 = ［1395×1% + （1.5+0.5×3+0.5+1.5×2） ×3］ m=33.45m

3. 工地运输工程量未计。

（2）依据工程量计算表和建设工程工程量清单计价规范或“计价规则”，编制分部分项工程量清单与计价表，见表2-28。

表2-28 分部分项工程量清单与计价表

工程名称：××村镇架空线路工程　　标段：　　第　页　共　页

序号	项目编码	项目名称	项目特征描述	计量单位	工程数量	金额/元		
						综合单价	合价	其中暂估价
01	030410001001	电杆组立	单根混凝土电杆，直线杆，杆高7m，平地 工作内容：1. 土方挖填（$28.73m^3$）；2. 底盘 600×600（11块）；拉盘 600×600（6块）；卡盘 600×600（13块）；3. 电杆组立；4. 拉线制作安装，T-7/ϕ4，（6根）	根	4			
02	030410001002	电杆组立	单根混凝土电杆，终端杆，杆高7m，平地 工作内容：电杆组立	根	3			
03	030410001003	电杆组立	单根混凝土电杆，耐张杆，杆高9m，平地 工作内容：电杆组立	根	2			
04	030410001004	电杆组立	单根混凝土电杆，转角杆，杆高7m，平地 工作内容：电杆组立	根	1			
05	030410001005	电杆组立	单根混凝土电杆，分支杆，杆高7m，平地 工作内容：电杆组立	根	1			

（续）

序号	项目编码	项目名称	项目特征描述	计量单位	工程数量	金额/元		
						综合单价	合价	其中暂估价
06	030410003001	导线架设	裸铝绞线 LJ-35，平地 工作内容：导线架设	m	476.2			
07	030410003002	导线架设	裸铝绞线 LJ-50，平地 工作内容：1. 导线架设；2. 导线跨越河流（2处）	m	1428.5			
08	030410002001	横担组装	单根铁横担，L50×50×5，四线安装，针式绝缘子，1kV 以下 工作内容：1. 横担安装；2. 瓷瓶、金具组装	组	11			
09	030410002021	横担组装	双根铁横担，L50×50×5，四线安装，蝶式绝缘子，1kV 以下 工作内容：1. 横担安装；2. 瓷瓶、金具组装	组	2			

2.11 配管配线

配管配线是指电气安装工程中从配电控制设备（或电源）到用电设备、器具之间的管线敷设工程。

2.11.1 配管工程

配管工程包括电气配管和线槽两种。

1. 电气配管

“电气配管”有明、暗敷设两种形式，明配管是指将线管敷设于建筑结构外表面，如线管沿墙壁、天棚、梁、柱等外表面，或在可进入人的吊顶内、钢结构支架、钢索等处的敷设为明敷设；暗配管则是指将线管敷设于建筑结构内部，如在建筑施工过程中将线管埋设在地面、墙壁、楼板、梁、柱等内部的敷设为暗敷设。暗配管具有防水、防潮湿、寿命长等优点，而且不影响室内装修美观，但工程一次性投资较大，施工周期也较长。目前暗配线管常用管材品种繁多，如电线管、焊接钢管、防爆钢管（镀锌钢管）、可挠金属套管、KBG 薄壁电线管、刚性阻燃管、半硬阻燃塑料管和金属软管等。暗配管宜选择长度最短，并且弯曲较少的路径敷设；明配管应选用专用套管或套接管连接，且要求横平竖直、整齐美观。

电气配管分部分项工程项目编码不分型号规格，均为“030411001”，项目名称为“配管”，但应区分名称、材质、规格、配置形式及部位（即敷设方式及敷设部位）等项目特征，以“m”为计量单位计算。工作内容包括预留沟槽，钢索架设（拉紧装置安装），电线管路敷设，接地等。

（1）线管敷设　各种配管安装工程量计算应区分敷设方式（明配或暗配）、安装部位（砖混结构、钢结构支架、钢索、吊棚内和埋地等）、管材和线管规格等，均以“100m”为计量单位计算，其主材费应另行计算。在计算线管长度（延长米）时，不扣除管路中间的接线箱（盒）、灯头盒、开关盒和插座盒等所占长度。防爆钢管敷设包括气密性试验；配管工程均未包括接线箱（盒）、支架的制作、安装，对于配管支架、钢索架设及拉紧装置的制作、安装以及插接式母线槽支架、槽架等制作应另行计算，执行有关“铁构件制作、安装”的相应定额。但钢管之间及管箍之间的跨接线不得再另计接地跨接线的费用。

在配管定额中，除刚性阻燃管之外，其他各种暗配管均是按配合土建施工考虑的，包括浇筑混凝土时对线管采取保护措施的工作内容，也包括沿预制空心楼板板孔、板缝配管打孔等工作内容，不得再另计用工数量。如果业主要求或有工程设计变更、改造等而不能配合土建施工暗配线管，需要在墙体上刨槽时，方可另行计算“凿槽、刨沟、补沟槽”项目工程费用，见本节中（3）。除可挠金属套管、刚性阻燃管在吊棚内敷设执行其专用定额外，其他线管在吊棚内敷设均执行明配管的有关定额。管道内、外表面刷漆在定额中均已包括，不得另行计算。如钢管敷设于钢模板浇筑的混凝土内时，应执行砖混结构暗配相应定额。另外，值得注意的是，在消耗量定额中，钢管敷设定额中的“钢管”是指焊接钢管，不得执行电线管敷设的有关定额。

刚性阻燃管也称作刚性 PVC 管，即 UPVC 管，一般分为中型和重型两种。刚性阻燃管（UPVC）敷设，在其定额中包括了在空心砖墙面的剔槽及抹水泥砂浆保护层工作内容，故不管什么原因均不再计算墙面剔槽费用。另外，刚性阻燃管（UPVC）敷设定额中，线管之间的连接方式采用插入式粘接法连接，故施工用管接头、伸缩头等均已计入到定额之内，不得另行计算。

上述介绍的可挠金属套管（也叫普利卡金属套管 PULLKA），它是由镀锌钢带（Fe、Zn）、钢带（Fe）及电工纸（P）构成双层金属的可挠性电线、电缆保护套管，主要用于混凝土内埋设及低压室外的电气配线。此外套接扣压式薄壁钢导管（或称为 KBG 薄壁电线管），也是近年来开发并广泛用于室内低压配管工程，具有较好的技术经济性能，均被建设部列为“科技成果重点推广项目”。其中可挠金属套管敷设应区分砖混结构暗配和吊棚内敷设，按规格（共分为 10#、12#、15#、17#、24#、30#、38#、50#、63#、76#、83#、101#等 12 种规格）以“100m”为计量单位计算，主材费另计。但在每 100m 可挠金属套管的安装敷设定额中包含有 16.8 个专用套管接头，包干使用，不做调整，故不得再另行计算。而 KBG 薄壁套接扣压式连接电线管则区分砖混结构明配、暗配、钢结构支架配管和钢索配管等，其工作内容包括测位、划线、打眼、埋螺栓、配管、锯管、接地和刷漆等。按线管规格大小（按其公称口径共分为 15、20、25、32、40mm 以内等 5 种规格）以“100m”为计量单位计算，主材费另计。而塔器照明（如水塔、机场信号灯塔、大型货运调度和大型体育场馆的灯塔等）配管则不分敷设方式、敷设部位和管材（一般宜采用钢管），只区分线管规格，以“100m”为计量单位计算。

金属软管一般用于电缆井、电梯井和吊棚内明敷设，其安装应区分线管规格（按公称口径共分为15、20、25、32、40、50mm以内等6种规格），按每根金属软管的长度划分等级（按每根管长500mm以内、1000mm以内、1000mm以上划分三个等级。根据有关规范规定，金属软管敷设长度每根不得超过2m），以“10m”为计量单位计算。金属软管也属于未计价材料，应按施工图设计用量和定额规定损耗量以及管材的最新信息价格计算主材费。

（2）钢索架设、钢索拉紧装置与母线拉紧装置的制作、安装　上述电线管、焊接钢管和硬塑料管等采用钢索配管，鼓形绝缘子配线采用沿钢索敷设以及护套线沿钢索敷设等，均需进行钢索架设。钢索架设工程量应区分圆钢和钢丝绳，并分直径大小（$\phi6$、$\phi9$），按图示墙（柱）的内缘距离，以延长米“100m”为计量单位计算，不扣除其拉紧装置所占长度，钢索为计价材料，其主材料应另行计算。

钢索拉紧装置制作、安装按花篮螺栓直径大小（M12、M16、M20）划分等级，以“10套”为计量单位计算。而母线拉紧装置制作、安装则按母线截面大小（$\leqslant 500mm^2$、$\leqslant 1200mm^2$），也以“10套”为计量单位计算。注意钢索及母线的拉紧装置的材料费已在其定额中包括，故均不得另行计算其主材费。

（3）动力配管混凝土地面刨沟　在电气安装工程中，若发生在已有的混凝土地面内暗配动力线管，即在配管时需要先刨沟的工程项目，其工程量按管径规格大小，以延长米“10m”为计量单位计算，注意刨沟填补工作已包括在定额之内。

同样，对于属于非施工单位造成、在工程施工过程中出现设计变更或存在不能配合土建同步施工时，需要另行计算在墙面上进行凿槽、刨沟槽等的工程量。该工程项目应区分“人工施工”和“机械施工”，墙面的结构性质（砖结构或混凝土结构）以及槽、沟的断面尺寸大小（宽×深），以“10m”为计量单位计算。注意沟槽补填砂浆的工作已在定额中包括，但不包括墙面抹灰。

另外属于非施工单位造成（如设计变更）或其他原因（如改造工程）需要在砖墙、混凝土墙和混凝土楼板上打透眼时，则应分别区分透眼直径大小，以“个”为计量单位计算。但是，如果上述各配管工程项目属于配合土建施工过程发生，并按电气工程设计图纸施工时，均不得另行计算在墙面上凿槽、刨沟槽以及在砖墙、混凝土楼板上打透眼等工程量。

（4）接线箱与接线盒安装　接线箱是指箱内只装有接线端子或压线板的箱体，或为分线箱、拉线箱、伸缩缝箱等，其专用项目编码为“030411005”。接线箱一般属于非标箱，按实际需要确定其规格大小，现场制作时应执行箱盒制作定额（2-362），以“100kg”为计量单位计算，主材费另行计算。接线箱安装应区分明装和暗装，并按箱体半周长划分规格以“10个”为计量单位计算。如果接线箱为成品箱，则只计算安装费，不计算制作费，其接线箱系未计价材料，应另行计算。

为了便于管内穿线，在配管工程中当线管超过下列长度时，应考虑加装接线盒，即①线管长度超过30m，无弯曲时；②线管长度超过20m，中间有一个弯曲时；③线管长度超过15m，中间有两个弯曲时；④线管长度超过8m，中间有三个弯曲时，均装设接线盒。

接线盒可作为导线过路盒、穿线盒，还用于安装开关、插座、灯具的开关盒、插座盒和灯头盒。上述各种“盒”均按“接线盒”项目编码“030411006”编制，以“个”为计量单位计算。但其消耗量定额则应区分明装（有普通接线盒、防爆接线盒）、暗装（有接线盒、开关盒）及钢索上接线盒，以“10 个”为计量单位计算。接线盒（灯头盒）和开关盒（插座盒）均为未计价材料，应另行计算。一般明敷设线管配明装线盒，暗敷设线管配暗装线盒；钢管选配钢质线盒，塑料管则选配塑料线盒。另外，暗装灯头盒套用暗装接线盒定额，暗装插座盒则套用暗装开关盒定额。接线盒安装定额中包括盖板安装，但接线盒的盖板主材费应另行计算。上述介绍的接线盒、开关盒等一般均为成品盒，故不得计算金属“箱、盒制作”费用，只计安装费，主材费另计。

2. 线槽敷设

各种线槽可按分部分项工程项目编码“030411002”编制，项目特征应区分材质、规格，以“m”为计量单位计算，工作内容则包括本体安装和补刷（喷）油漆等。线槽安装应执行本章2. 8. 3 ~ 2. 8. 4 节中有关钢制槽式桥架和塑料电缆线槽安装的有关定额。

2. 11. 2 配线工程

配线工程种类繁多，目前工程常用的有管内穿线、绝缘子（包括鼓形绝缘子、针式绝缘子和蝶式绝缘子）配线、护套线敷设、线槽配线和车间带形母线安装等。在电气配线中，其分部分项工程项目与导线的敷设方式和敷设类型无关，均按“030411004”项目编码编制，项目名称均为“配线”，按配线形式、导线型号、材质、规格以及敷设部位或线制（如护套线二芯或三芯、多芯软导线等）等项目特征，以“m”为计量单位计算，其工作内容中包括配线、管内穿线、钢索架设（拉紧装置安装）、支架制作、安装及支持体（如夹板、绝缘子、槽板等）安装等。注意“配线”分部分项工程项目的工程量为导线的设计图示尺寸与导线的预留长度之和，以单线延长米计算。

1. 管内穿线

在进行“电气配线”分部分项工程量清单项目计价时，管内穿线工程量计算应区分导线材质（铜导线或铝导线）、导线截面大小，截面积在 $4mm^2$ 以下的导线还应注意区分照明线路和动力线路，以“100m 单线”为计量单位分别套取有关管内穿线定额；截面积在 $4mm^2$ 以上的导线则不再区分照明线路和动力线路，均套用动力线路的管内穿线的有关定额，以“100m 单线”为计量单位计算。导线为未计价材料，故主材费应另行计算。在管内穿线定额中，线路分支接头的导线长度已综合考虑在定额中，不得另行计算。但是导线进、出各种开关箱、柜、板，各种单独安装的开关、起动器、线槽进出接线盒，导线由地面线管出线口引至动力接线箱（盒），电源与管内导线之间的连接、进（或出）户线等处，则须按规定计算导线预留长度。相同型号规格的导线在同一线管内敷设时，管内穿线工程量按式(2-12)计算：

$$L = \sum (l + \Delta l)n \tag{2-12}$$

式中 L——导线单线延长米（m）；

l——配管设计长度（m）；

Δl——导线预留长度（见表2-29，m）；

n——管内穿引导线的根数。

如上所述，导线预留长度Δl是指连接设备，如各种开关箱、柜、板，各种独立安装的开关、进（或出）户线等的规定导线长度，见表2-29。对于灯具、明装或暗装开关、插座、按钮等的预留导线长度，已分别综合在相应的定额之内，不得另行计算。

表 2-29 进出开关柜、箱、板的每根导线预留长度

序号	项目名称	预留长度/m	备注
1	各种开关箱、柜、板等	宽+高	盘面尺寸
2	单独安装（无箱、盘）的铁壳开关、闸刀开关、启动器、线槽进出线盒等	0.3	从安装对象中心计算
3	由地面线管出口引至动力接线箱（盒）	1.0	从管口计算
4	电源与管内导线连接（管内穿线与软、硬母线接头）	1.5	从管口计算
5	进（或出）户线	1.5	从管口计算

对于多芯软导线（一般为铜软导线）管内穿线，不区分导线材质，但区分单线（即单根导线）导线芯数多少和每芯线截面大小，以“100m 线路”为计量单位计算，主材另计。

另外值得注意的是：所有电气配管的定额中均已包括穿引线钢丝工作内容，所以管内穿线不得再另行计算穿引线钢丝的费用。

2. 绝缘子配线

绝缘子配线工程量计算应区分绝缘子类型，即分为鼓形绝缘子配线，针式绝缘子配线和蝶式绝缘子配线三类，其中鼓形绝缘子配线又分为木结构、在顶棚内、砖混结构和沿钢支架、钢索等位置配线；而针式绝缘子配线和蝶式绝缘子配线则分为沿屋架、梁、柱、墙及跨屋架、梁、柱等位置配线，均按导线截面规格大小，以“100m 单线”为计量单位计算，主材费应另行计算。

对于鼓形绝缘子在顶棚内配线，其引下线长度按线路支持点到天篷下边缘距离计算。在各种绝缘子配线定额中均已包括支架安装的人工费，但支架的制作应中执行“一般铁构件制作”定额（2-358）。

3. 线槽配线

线槽配线工程应区分导线截面大小，以“100m 单线”为计量单位计算，导线为未计价材料，主材费另计。应注意线槽配线定额是以单根线路考虑的，对于多芯导线（$S \leq 2.5mm^2$）可套定额（2-1284）线槽配线项目，并且应按下列规定执行：二芯导线，定额乘以系数 1.2；四芯导线，定额乘以系数 1.4；八芯导线，定额乘以系数 1.8；十六芯导线，定额乘以系数 2.1。

4. 塑料护套线敷设

塑料护套线多采用明敷设，分为沿木结构敷设、砖混结构敷设、沿砖混结构粘接和沿钢索敷设等四种，均按单根导线二芯、三芯和导线截面大小，以“100m”为计量单位计算。导线为未计价材料，主材费应另行计算。但敷设护套线所用的压线卡、接线盒、穿墙保护管等材料均已包括在定额中，均不得另行计算或调整。

5. 车间带形母线安装

车间带形母线按带形母线项目编码“030403003”编制，以“m”为计量单位计算。车间带形母线一般用于车间内供电主干线，铝母线用作相线，钢母线用作中性线。在车间内安装的带形母线应执行车间带形母线安装的相关定额。车间带形母线安装的消耗量定额分为沿

屋架、梁、柱、墙安装和跨屋架、梁、柱安装两类，应区分铝母线和钢母线，按截面大小划分等级，以延长米“100m”为计量单位计算。母线为未计价材料，其主材费应另行计算。当车间带形母线采用铜母线时，可按同规格铝母线定额中的人工费乘以系数1.4。在车间带形母线安装定额中已包括支架安装，不得另行计算。铝母线敷设定额中也已包括电车瓷瓶WX-01的安装，并按已灌注好螺栓成品考虑的，故不应再计算绝缘子安装费用，但其主材费要另行计算。但定额中不包括支架制作及母线伸缩器的制作、安装，支架制作执行“一般铁构件制作”定额（2-358），母线伸缩器则执行“2.3.1”节中“带形母线伸缩接头安装”的有关定额（母线伸缩器如为成品，则不计制作费）。另外在车间带形母线安装定额中也包括母线刷分相漆的工作内容。本项目安装工程一般操作高度都在5m以上，因此应注意计算其超高增加费。

2.12 照明灯具

照明灯具安装是照明安装工程中的重要组成部分，照明安装工程包括配管配线、灯具安装、开关、插座安装及其他电器安装工程（如安全变压器、电铃、风扇、盘管风机三速开关、请勿打扰灯、刮须插座和钥匙取电器等）。

2.12.1 照明灯具安装

随着我国城市建设的飞速发展，现代化高层建筑和建筑群在全国城乡到处可见，对照明技术发展起到巨大的推动作用。照明灯具种类越来越多，照明灯具安装可概括为普通吸顶灯及其他灯具、工厂灯具、装饰灯具、荧光灯具、医疗专用灯具、一般路灯、广场灯、高杆灯、桥栏杆灯、地道涵洞灯等十大类。例如普通吸顶灯及其他灯具包括圆球吸顶灯、半圆球吸顶灯、方形（含正方形和长方形）吸顶灯、软线吊灯、吊链灯、防水吊灯、一般弯脖灯、壁灯，防水灯头、节能座灯头及座灯头等；工厂灯灯具包括工厂罩灯、防水灯、防尘灯、碘钨灯、投光灯、混光灯、高度标志灯、密闭灯等；装饰灯具包括吸顶艺术装饰灯、荧光艺术装饰灯、吊式艺术装饰灯、几何型组合艺术装饰灯、标志灯、诱导装饰灯、水下艺术装饰灯、点光源艺术装饰灯、草坪灯具、歌舞厅各种灯具；医用专用灯具包括病房指示灯、病房暗脚灯、紫外线杀菌灯和无影灯等；一般路灯包括大马路弯灯、庭院路灯；广场灯则区分成套型和组装型，灯高有11m以下和18m以下，灯火（即灯头）数有7、9、12、15、20、25个以下等六个等级。各种灯具安装都有相应的专用分部分项工程项目编码，在编制分部分项工程量清单时，应注意灯具类型的划分及其工作内容，可参考附录C和表2-30进行编制。此外，各类灯具及其灯泡、灯管等均属于未计价材料，故主材料应另行计算。

1. 普通灯具安装

普通灯具安装的分部分项工程项目编码为“030412001”，以“套”为计量单位计算，工作内容为灯具本体安装。在套取普通灯具安装的消耗量定额时，则应区分灯具种类、型号、规格，以“10套”为计量单位计算，主材费另计。其中圆球吸顶灯，半圆球吸顶灯按灯罩直径大小套用相应安装定额。方形吸顶灯则区分矩形罩、大口方形罩以及二方联（2-1371）和四方联（2-1372），均以“10套”为计量单位计算。

2. 装饰灯安装

装饰灯类型繁多，可概括为吊式艺术装饰灯具、吸顶式艺术装饰灯具、荧光艺术装饰灯具、几何形状组合艺术灯具、标志及诱导装饰灯具、水下艺术装饰灯具、点光源艺术装饰灯具、草坪灯具和歌舞厅灯具等 9 种类型，其分部分项工程项目编码均套用“030412004”，以“套”为计量单位计算，工作内容同普通灯具。各种装饰灯具安装工程消耗量定额按以下规则计算。

表 2-30　各类照明灯具及其安装定额适用范围

灯具类型	项目名称	灯具种类
荧光灯具	组装型荧光灯	单管、双管、三管以及链吊、管吊、吸顶等安装方式，为现场独立组装的荧光灯具
	成套型荧光灯	单管、双管、三管以及链吊、管吊、吸顶等安装方式，为独立成套的荧光灯具
医院专用灯具	病房指示灯	病房指示灯
	病房暗脚灯	病房暗脚灯
	无影灯	3～12 孔管式无影灯吊管灯，多用于医院手术室中
一般路灯	大马路弯灯	分为臂长 1200mm 以下和臂长 1200mm 以上
	庭院路灯	分为三火以下柱灯和七火以下柱灯
广场灯	成套型广场灯 组装型广场灯	区分灯高≤11m 和≤18m，并区分灯火数 7 个以下、9 个以下、12 个以下、15 个以下、20 个以下、25 个以下等
装饰灯	吊式艺术装饰灯具	不同材质、灯体垂吊长度和直径的蜡烛灯、挂片灯、串珠（穗）、串棒灯、吊杆式组合灯、玻璃罩（带装饰）灯等
	吸顶工艺术装饰灯具	不同材质、灯体垂吊长度和几何形状的串珠（穗）、串棒灯、挂片、挂碗、挂吊蝶灯、玻璃罩（带装饰）灯等
	荧光艺术装饰灯具	不同安装方式、灯管数量的组合荧光灯带，不同几何组合形式的内藏组合式灯具，不同几何尺寸和灯具形式的发光顶棚，不同形式的立体广告灯箱及荧光灯光沿
	几何形状组合艺术灯具	不同式样和固定形式的繁星灯、钻石星灯、礼花灯、玻璃罩钢架组合灯、凸片灯、反射柱灯、筒形钢架灯、U 形组合灯、弧形管组合灯
	标志诱导装饰灯具	各种不同安装形式的标志灯、诱导灯具
	水下艺术装饰灯具	简易形彩灯、密封形彩灯、喷泉（水池）灯、幻光形灯
	点光源艺术装饰灯具	不同安装形式、灯体直径的筒灯、牛眼灯、射灯、轨道射灯等
	草坪灯具	各种立柱式、墙壁式安装的草坪灯
	歌舞厅灯具	各种安装形式的变色转盘灯、雷达射灯、幻影转彩灯、维纳斯旋转彩灯、卫星旋转效果灯、飞蝶旋转效果灯、多头转灯、滚筒灯、频闪灯、太阳灯、雨灯、歌星灯、边界灯、射灯、泡泡发生灯、迷你满天星彩灯、迷你单立（盘）彩灯、多头宇宙灯、蛇光管灯等

（续）

灯具类型	项目名称	灯具种类
普通灯具	圆球吸顶灯	材质为玻璃的螺口、卡口圆球独立吸顶灯
	半圆球吸顶灯	材质为玻璃独立的半圆球吸顶灯、扁圆罩吸顶灯、平圆型吸顶灯
	方型吸顶灯	材质为玻璃的独立的矩形罩吸顶灯、大口方罩吸顶灯、二联方罩吸顶灯和四联方罩吸顶灯
	软线吊灯	利用软电线为垂吊材料、独立且材质为玻璃、塑料、搪瓷，形状为碗、伞、平盘灯罩组成的各式软线灯具
	吊链灯	利用吊链作为辅助悬吊材料、独立且材质为玻璃、塑料罩的各式吊链灯具
	防水吊灯	一般防水吊灯
	一般弯脖灯	圆球弯脖灯、风雨壁灯
	一般墙壁灯	各种材质的一般壁灯（如单双圆筒壁灯、玉兰花罩壁灯、玉柱型壁灯等）、镜前灯
	软线吊灯头	由软线吊装的螺口和卡口灯头（无灯伞、罩）
	声光控座灯头	一般座灯头内带有声控、光控延时节能开关
	座灯头	一般胶木、塑料或瓷质座灯头，可以壁装或吸顶安装
工厂灯及防水防尘灯具	直杆式工厂灯	配照（GC1-A）广照（GC3-A）深照（GC5-A） 斜照（GC7-A）圆球（GC17-A）双罩（GC19-A）
	吊链式工厂灯	配照（GC1-B）深照（GC3-B）斜照（GC5-B） 圆球（GC7-B）双罩（GC19-B）广照（GC19-B）
	吸顶式工厂灯	配照（GC1-C）广照（GC3-C）深照（GC5-C） 斜照（GC7-C）双罩（GC19-C）
	弯杆式工厂灯	配照（GC1-D/E）广照（GC3- D/E）深照（GC5- D/E ） 斜照（GC7-D/E）双罩（GC19-D/E）局部深照（GC26-F/H）
	悬挂式工厂灯	配照（GC21-2）深照（GC23-2）
	防水防尘灯	广照（GC9-A、B、C）广照保护网（GC11-A、B、C） 散照（GC15-A、B、C、D、E、F、G）
工厂其他灯具	防潮灯	扁形防潮灯（GC-31）、防潮灯（GC-33）
	腰形舱顶灯	腰形舱顶灯（CCD-1）
	碘钨灯	DW 型，220V，300～1000W
	管形氙气灯	自然冷却式，220/380V，20kW 以内
	投光灯	TG 型室外投光灯
	高压汞灯镇流器	外附式镇流器具，125-450W
	安全灯	AOB-1、2、3 型，AOC-1. 2 型安全灯具
	防爆灯	CB_3C-200 型防爆灯
	高压水银防爆灯	CB_4C-125/250 型高压水银防爆灯具
	防爆荧光灯	CB_4C-1/2 单/双管防爆型荧光灯具

（1）吊式艺术装饰灯具　主要包括蜡烛灯、串珠（穗）或串棒灯、吊杆式组合灯、玻璃罩灯（带装饰物）等灯具，应根据工程设计图纸和《全国统一安装工程预算定额》（2000）或地区统一定额，如《陕西省安装工程消耗量定额》（2004））第二册附录中有关装饰灯具示意图来确定灯具类型，按灯体直径（即灯具包括装饰物的最大外缘直径）及垂吊长度（即灯座底部至灯梢之间的垂直距离），以“10套”为计量单位计算。灯具为未计价材料，应另行计算。

（2）吸顶式艺术装饰灯具　主要包括串珠（穗）或串棒灯（圆形和矩形）、挂片、挂碗、挂吊蝶灯（圆形和矩形），玻璃罩灯（带装饰）等灯具。应根据工程设计图纸和《全国统一安装工程预算定额》（2000）第二册附录有关装饰灯具示意图来确定灯具类型，按灯具上的不同装饰物、吸盘的几何形状、灯体直径（即吸盘最大外缘直径）或灯体半周长（即矩形吸盘的半周长）、灯体垂吊长度（即从吸盘至灯梢之间的垂直距离），以“10套”为计量单位计算，灯具主材费应另行计算。对于吸顶式串珠（穗）、串棒艺术装饰灯具，圆形灯体直径在2500mm以上或矩形灯具，其安装支架的制作、安装应按铁构件制作、安装另行计算。

（3）荧光艺术装饰灯具　主要包括组合荧光灯带、内藏组合式灯、发光棚灯及其他灯具（立体广告灯箱、荧光灯光沿）。同样应根据工程设计图纸和《全国统一安装工程预算定额》（2000）第二册附录有关装饰灯具示意图来确定灯具类型、安装方式和计量单位。其中组合荧光灯带要区分安装方式（吊杆式、吸顶式和嵌入式）和灯管根数，而内藏组合式灯具则要区分几何形状及组合形式，均以“10套”为计量单位计算，灯具为未计价材料，故主材费应另行计算。灯具主材数量可根据实际设计用量加损耗量（$\eta=1\%$）计算，而对于发光棚灯安装是以“$10m^2$”为计量单位计算，按实际设计用量加损耗量（$\eta=1\%$）计算发光棚灯具套数；立体广告箱和荧光灯光沿安装均以“10m”为计量单位计算，主材费另行计算。可按设计用量加损耗量（$\eta=1\%$）计算主材用量。

（4）特种装饰灯具　特种装饰灯具由几何形状组合艺术灯具、标志及诱导装饰灯具、水下艺术装饰灯具、点光源艺术装饰灯具和草坪灯具等5类灯具，均应根据工程设计图纸和《全国统一安装工程预算定额》（2000）第二册附录有关装饰灯具示意图确定灯具类型、安装方式；几何形状组合艺术灯具还需区分灯具的不同形式，嵌入式点光源艺术装饰灯需区分灯具直径等，均以“10套”为计量单位计算，但轨道式点光源艺术装饰灯具则按“10m”为计量单位计算，主材费均另行计算。

（5）歌舞厅灯具　歌舞厅、卡拉OK厅等娱乐场所灯具种类、式样繁多，应根据工程设计图纸和《全国统一安装工程预算定额》（2000）第二册有关装饰灯具示意图确定类型，其中迷你单立灯以“盘彩灯”为计量单位计算；宇宙灯分别以“单排20头”、“双排20头”为计量单位计算；蛇光管和满天星彩灯均以延长米“10m”为计量单位计算；彩灯控制器，即简称彩控器则以“台”为计量单位计算；其他各种歌舞厅灯具则均以“10套”为计量单位计算，主材费均应另行计算。

3. 荧光灯具安装

荧光灯具安装分为组装型和成套型两大类。所谓“组装型”，即灯具为散件，需要在现场组装接线；“成套型”，即灯具的灯脚、镇流器和启辉器座等器件已装于灯伞之上，并已连接好导线。有时为了运输方便，分成几部分包装，如管吊式灯具将吊管和已装接好灯脚、启辉器、镇流器的灯伞分开包装，也属于成套型灯具。组装型有吊链式、吊管式和吸顶式三种；成套型有吊链式、吊管式、吸顶式和嵌入式四种。各式荧光灯具分部分项工程项目编码均套用“030412005”，以“套”为计量单位计算，其工作内容同普通灯具。

在计算荧光灯安装工程消耗量时，需按单管、双管、三管划分规格，以“10套”为计量单位计算。荧光灯具系未计价材料，其材料费应另行计算。应注意链吊式成套荧光灯的安装定额中已包括吊线盒、瓜子链（每10套灯吊线盒为20.4个，瓜子链为30.3m）的材料费，故不得再另行计算；吊式荧光灯的吊管、法兰座按灯具自带考虑。如果采取分散功率因数补偿方式，在每套荧光灯上需并联电容器，荧光灯电容器安装应另套定额（2-1568），以“10套”为计量单位另行计算安装费，其材料费也另计。

4. 工厂灯安装

工厂灯安装包括工厂灯、防水防尘灯和工厂其他灯具等，分部分项工程项目编码均套用“030412002”，以“套”为计量单位计算，其工作内容同普通灯具。

在计算安装工程消耗量定额时，应区分灯具类型和灯具的安装方式。其中工厂灯、防水防尘灯安装分为工厂罩灯和防水防尘灯两类，如工厂罩灯分为吊管式、吊链式、吸顶式、弯管式和悬挂式等5种安装方式，防水防尘灯则分为直杆式、弯杆式和吸顶式等3种安装方式。均以“10套”为计量单位计算，主材费另行计算。其他工厂灯具安装分为碘钨灯、投光灯、混光灯、烟囱、水塔、独立式塔架标志灯和密封灯具等四类。应区分不同灯具类型，其中混合光源和密闭灯具还需区分安装方式；烟囱、水塔、独立式塔架标志灯应区分安装高度，均以“10套”为计量单位计算，主材费另行计算。对于高压水银灯配套使用的镇流器安装应另套定额（2-1600），以“10个”为计量单位计算，其主材费也须另行计算。

5. 医院专用灯安装

医院专用灯包括病房指示灯、病房暗脚灯、紫外线杀菌灯和手术室内无影灯（吊管灯）等4种。其分部分项工程项目编码均套用“030412006”，以“套”为计量单位计算，其工作内容同普通灯具。在计算安装工程消耗量定额时，其中病房指示灯、病房暗脚灯、紫外线杀菌灯均以“10套”为计量单位计算，而手术室内无影灯（吊管灯），则以“套”为计量单位计算（2-1620），主材费均另行计算。

6. 一般路灯和中杆灯、高杆灯安装

一般路灯和中杆灯、高杆灯安装分部分项工程项目编码分别套用“030412007”“030412008”和“030412009”，均以“套”为计量单位计算，工作内容均由立灯杆、杆座安装，灯架及灯具附件安装，引下线支架制作、安装，焊压接线端子，补刷（喷）油漆，灯杆编号、接地以及一般路灯的基础制作、安装和中杆灯、高杆灯的铁构件安装和基础浇筑（包括土石方）等组成，高杆灯还包括升降、机构接线调试的工作内容。

在计算安装工程消耗量定额时，一般路灯安装分为大马路弯灯和庭院路灯两种。大马路弯灯应区分臂长（臂长$l \leq 1.2$m和$l > 1.2$m两种），庭院路灯则区分灯头数（$n \leq 3$火柱灯和$n \leq 7$火柱灯），均以“10套”为计量单位计算，主材费另计。

所谓中杆灯，是指安装在高度≤19m的灯杆上的照明灯具，而“高杆灯”是指安装在高度>19m的灯杆上的照明灯具，二者均称为广场灯。广场灯是指安装于休闲广场、体育馆、图书馆、展览馆和办公大楼等门前广场内安装的花灯，其安装分为成套型和组装型，工作内容包括灯架检查、测试定位、配线安装、螺栓紧固、导线连接、焊接包头和试灯等。其安装工程消耗量计算应按成套型和组装型，区分灯高（11m 以下和 18m 以下）和灯火数（即灯头数），以“套”为计量单位计算，主材费应另行计算。另外，在广场灯安装定额内已包括配线安装工作，故不得再计算配线所用导线的安装费，但所用导线的主材费应根据设计用量加规定的损耗量（或定额量）另行计算。

值得注意的是，各类型灯具的接引线除注明者外，均已综合考虑在定额之内，不得再作换算；路灯、投光灯、碘钨灯、氙气灯和烟囱或水塔指示灯以及各种装饰灯具安装项目等，均已考虑了一般工程的高空作业因素，但各种装饰灯具安装定额中未包括脚手架搭拆费用，应按有关规定另行计算。其他各种灯具的安装高度超过 5m 时，应按有关规定计算超高增加费。各种灯具的灯管（或灯泡）除标明已随同灯具主材成套购买以外，灯具的主材费均未包括其费用，应另计灯管（或灯泡）的主材费。灯具安装项目内也已包括利用摇表（兆欧表）测量绝缘电阻及一般灯具的试亮工作，但不包括照明供电系统的调试工作。

2.12.2 开关、按钮和插座安装

开关和插座的项目编码分别为“030404034、030404035”，均以“个”为计量单位计算，工作内容包括本体安装和接线。按钮则按“小电器”的项目编码“030404031”编制，以“套”或“个”为计量单位计算，工作内容包括本体安装、焊、压接线端子和接线。其安装工程消耗量应按以下规则计算：

（1）开关安装包括拉线开关安装、扳把开关明装、单控板式暗装开关、双控板式暗装开关、密闭开关安装等五种。其中拉线开关和密闭开关不分明装和暗装；单控、双控板式暗装开关则区分控制回路数（分单联、双联、三联、四联、五联、六联）；一般按钮安装是指控制门铃、电铃等采用的按钮，区分明装、暗装套取“2-1663、2-1664”。而用于控制水泵、风机、机床等电气设备使用的控制按钮不应套用此项目定额，应按普通型和防爆型按钮套取相应定额“2-299”和“2-300”。各种开关和按钮安装均以“10 套”为计量单位计算，开关和按钮均为未计价材料，其主材费应另行计算。

（2）水流开关（水流指示器）和电磁开关的安装均以“个”为计量单位计算，分别套用定额（2-1726）、（2-1727），声控、光控延时节能开关、触摸延时开关等可执行单联单极板式暗装开关定额（2-1651），主材费均需另行计算。

（3）插座安装分为普通明装插座、暗装插座和防爆插座等三类，各类插座又分为单相插座和三相插座。其中普通明装、暗装单相插座和三相插座均按电流大小，分为 15A 以下和 30A 以下两种规格；单相插座如 15A 以下分为 2 孔 ~12 孔共 11 种规格；单相插座 30A 以下分为 2 孔、3 孔两种规格；三相插座则分为 4 孔 15A 以下和 4 孔 30A 以下两种规格；均以“10 套”为计量单位计算。防爆插座则不分明装、暗装，只区分单相二孔、单相三孔插座和三相四孔插座，并按电流大小分为 15A 以下、30A 以下和 60A 以下三种规格，也均以“10 套”为计量单位计算。插座为未计价材料，其主材费应另行计算。

（4）节能开关箱和在宾馆饭店客房内设置的床头控制柜，均可按“其他电器”的项目编码“030404036”编制，以“个”（或套、台）为计量单位计算，工作内容包括安装和接线。床头控制柜的多线插座连接线插头、多线插头连接线插座的安装工作主要包括安装底

座、插头插座线焊接、对号、测位打眼、焊接安装等。注意床头控制柜的多线插座连接线插头安装需区分“位数”（即分为10位以下、20位以下两种规格），多线插头连接线插座则不分“位数”多少，均以“套”为计量单位计算，主材费另行计算。节能开关箱也是以“套”为单位计算（2-1728），主材费另计。

2.12.3 小型安全变压器、电铃和风扇安装

小型安全变压器、电铃按“小电器”分部分项工程项目编码“030404031”编制，区分名称、型号、规格，以“套”（或套、台）为计量单位计算。风扇则有专用项目编码“030404033”，以“台”为计量单位计算，工作内容包括本体安装和调速开关安装。其安装工程消耗量应按以下规则计算：

（1）安全变压器按容量（V·A）划分规格，以“台”为计量单位计算，安全变压器主材费用另行计算。

（2）电铃是指安装于教学楼、办公楼等墙壁上的电铃，其安装应区分电铃直径大小，以“套”为计量单位计算。电铃号牌箱由电铃、信号牌箱和电铃变压器组成，其安装按号牌划分规格，均以“套”为计量单位计算；门铃安装则不分型号、规格，只按明装、暗装统计工程量，以“10个”为计量单位计算，主材费另行计算。

（3）风扇安装应区分吊风扇、壁扇和轴流排气扇，均以“台”为计量单位计算，风扇为未计价材料，主材费应另行计算。另外风扇调速开关及其吊钩安装均已在定额中包括，不得另行计算。在计算安全变压器、电铃和风扇的费用时，均不考虑损耗量。

（4）在宾馆、饭店、客房、会议室中常常要安装控制盘管风机的三速开关、请勿打扰灯、须刨插座（<15A）、钥匙取电器（开关）以及红外线浴霸等电器装置，可按“其他电器”分部分项工程项目编码“030404036”编制，应区分名称、型号、规格，以“套”（或“个”）为计量单位计算。在计算安装工程消耗量时，其中盘管风机三速开关、请勿打扰灯、须刨插座（<15A）、钥匙取电器等，均以“套”为计量单位计算；红外线浴霸则需区分其光源个数（二个或四个），以“套”为计量单位计算。上述几种电器均为未计价材料，其主材费应另行计算。

【例题2-12】 某住宅楼于2019年5月20日招标，其局部电气安装工程的工程量计算如下：

砖混结构暗敷设焊接钢管SC15为80m，SC20为45m，SC25为18m；暗装灯头盒为25个，开关盒、插座盒为40个；成套型链吊双管荧光灯YG_{2-2} 2×40W为25套；F81/1D，10A250V暗装开关为25个；F81/10US，10A250V暗装插座为15个；管内穿放照明导线BV-2.5为350m。

试编制该工程分部分项工程量清单，并按投标报价进行分部分项工程量清单计价。执行当地省级建设行政主管部门发布的的价格调整文件。

解：

1. 编制工程量清单

工程量清单应由招标人或委托具有相应资质的工程造价咨询人或工程招标代理人编制。根据所计算的工程量和《通用安装工程工程量计算规范》（GB 50856—2013）或当地省、自治区、直辖市政府有关行政主管部门颁布的“计价规则”编制分部分项工程量清单与计价

表，见表2-31。

表2-31　分部分项工程量清单与计价表

工程名称：××住宅楼电气照明　　　　标段：　　　　第1页共10页

序号	项目编码	项目名称	项目特征描述	计量单位	工程数量	金额/元		
						综合单价	合价	其中暂估价
01	030404034001	照明开关	单联暗装开关 F81/1D，250V10A 工作内容；1. 本体安装；2. 接线	个	25			
02	030404035001	插座	单相二、三孔暗装插座 F8/10US250V10A 工作内容：1. 本体安装；2. 接线	个	15			
03	030411001001	配管	焊接钢管 SC15 砖混结构暗配 工作内容：1. 电线管路敷设；2. 接地	m	80			
04	030411001002	配管	焊接钢管 SC20 砖混结构暗配 工作内容：1. 电线管路敷设；2. 接地	m	45			
05	030411001003	配管	焊接钢管 SC25 砖混结构暗配。 工作内容：1. 电线管路敷设；2. 接地	m	18			
06	030411004001	配线	铜芯聚氯乙烯绝缘导线 BV-2. 5 穿管敷设，照明线路。 工作内容：配线	m	350			
07	030412005001	荧光灯	双管链吊荧光灯安装 YG_{2-2} 2×40W，成套型 工作内容：本体安装	套	25			
08	030411006001	接线盒	暗装灯头盒，钢制 86H60 工作内容：本体安装	个	25			
09	030411006002	接线盒	暗装开关盒、插座盒，钢制 86H60 工作内容：本体安装	个	40			
本页小计								
合计								

注：根据建设部、财政部发布的《建筑安装工程费用组成》（建标［2003］206号）的规定，为计取规费等的使用，可在表中增设："直接费"、"人工费"或"人工费＋机械费"。

2. 分部分项工程量清单计价

本工程按投标报价编制，一般应按以下步骤进行：

（1）基础资料准备

① 先查取有关工程项目的定额编号，参考本地区主管部门颁布实施的安装工程定额价目表及本施工企业定额，并分析研究各竞标单位及本单位的实际综合实力情况，最后确定各工程分项的定额价格及有关费率。

② 参考本地区最新发布的“工程造价管理信息（材料信息价）”，并经过市场询价调查确定各工程项目主材价格。

假设焊接钢管 SC15 ~ SC20 为 4800 元/t，SC25 ~ SC32 为 4700 元/t，从而计算出焊接钢管单位长度单价。即 SC15：4.80 元/kg × 1.26kg/m = 6.048 元/m；SC20：4.80 元/kg × 1.63kg/m = 7.824 元/m；SC25：4.70 元/kg × 2.42kg/m = 11.374 元/m。钢制安装盒：3.20 元/个。

铜芯聚氯乙烯绝缘导线 BV-2.5：2720.00 元/km。

双管荧光灯 YG_{2-2} 2×40W：125 元/套，荧光灯管 40W，10.75 元/根。

单联暗装开关 F81/1D 10A250V：7.40 元/个；单相五孔暗装插座 F8/10US 10A250V：9.00 元/个。

在此基础上编制主要材料价格表 2-32。假设该企业部分工程项目定额参考价目表为表2-33。

表 2-32 主要材料价格表

工程名称：××某住宅楼电气照明　　标段：　　第 2 页共 10 页

序号	材料编码	材料名称	规格型号	单位	单价/元	备注
01	ZC01	扳把开关——位单极大跷板开关	F81/1D 10A250V	个	7.40	
02	ZC02	五孔插座—二三极插座	F8/10US 10A250V	个	9.00	
03	ZC03	焊接钢管	SC15	m	6.048	
04	ZC04	焊接钢管	SC20	m	7.824	
05	ZC05	焊接钢管	SC25	m	11.374	
06	ZC06	钢制安装盒	86H60 75×75×60	个	3.20	
07	ZC07	双管荧光灯链吊	YG_{2-2} 2×40W	套	125.00	成套型
		荧光灯管	40W	根	10.75	
08	ZC08	聚氯乙烯绝缘铜芯导线	BV-2.5	m	2.72	上上牌

表 2-33 某企业有关安装工程项目定额价目表

序号	定额编号	项目	计量单位	基价	人工费	材料费	机械	额定含量
01	2-1030	钢管砖混结构暗配 SC15	100m	464.37	368.58	60.93	34.86	103.0m
02	2-1031	钢管砖混结构暗配 SC20	100m	485.39	378.00	72.52	34.86	103.0m
03	2-1032	钢管砖混结构暗配 SC25	100m	615.05	458.35	102.95	53.75	103.0m
04	2-1160	管内穿铜芯照明线路，$S\leqslant 2.5\text{mm}^2$	100m	69.10	52.50	16.60	—	116.0m
05	2-1324	暗装接线盒 86H60	10 个	47.94	22.50	25.44	—	10.2 个
06	2-1325	暗装开关盒 86H60	10 个	35.78	24.00	11.78	—	10.2 个
07	2-1576	成套型吊链双管荧光灯 $YG_{2\text{-}2}$ 2×40W	10 套	316.03	136.50	179.53	—	10.1 套
08	2-1651	板式暗装开关（单联）F81/1D250V10A	10 套	49.31	42.50	6.81	—	10.2 套
09	2-1684	单相暗装插座 5 孔，≤15A，F8/10US 250V10A	10 套	71.16	55.00	16.16	—	10.2 套

（2）编制工程量清单综合单价分析表，见表 2-34。其编制依据是分部分项工程量清单与计价表 2-31，企业安装工程项目定额价目表 2-33，主要材料价格表 2-32 和参考省级以上有关行政主管部门发布的“建设工程工程量清单计价费率”及有关政策文件等。如本例工程量清单综合单价分析表参考了陕西省住房和城乡建设厅发布的《陕西省建设工程工程量清单计价费率》（2009）规定，管理费费率为 20.54%，利润费率为 22.11%，并确定规定费率下浮 9%，取费计算基础为人工费。另外，“计价费率”中还规定建筑工程、安装工程、市政工程、园林绿化工程的综合人工单价为 42 元/工日，装饰工程的综合人工单价为 50 元/工日。本工程项目确定综合人工单价报价为 50.00 元/工日。

（3）编制分部分项工程量清单计价表，见表 2-35。表中的综合单价是通过分部分项工程量清单综合单价分析表 2-34 计算得到的。

综上所述，投标报价是由投标单位（施工企业）编制的，在编制分部分项工程量清单综合单价分析表、分部分项工程量清单计价表和主要材料价格表时，应采用企业内部定额，包括主材均为自主报价。管理费费率和利润费率应在分析掌握各竞标单位的总体情况下，以中标的最大可能性为根本目的，根据工程实际情况和企业本身的技术和经济实力、管理水平，由投标单位自主确定。

表 2-34 分部分项工程量清单项目综合单价分析表

工程名称：××住宅楼电气照明工程　　　标段：　　　第 3 页共 12 页

项目编码	030404034001	项目名称	照明开关-板式单联暗装开关	计量单位	个

清单综合单价组成明细

定额编号	定额项目名称	单位	数量	单价						合价					
				人工费	材料费	机械费	管理费	利润	风险	人工费	材料费	机械费	管理费	利润	风险
2-1651	板式单联暗装开关	10 套	0.1	42.50	6.81	—				4.25	0.68	—	0.79	0.86	—
人工单价/(元/工日)		小计								4.25	0.68	—	0.79	0.86	—
42.00		未计价材料费								7.55					
清单项目综合单价/（元/个）										14.13					

材料费明细表	主要材料名称、型号、规格	单位	数量	单价/元	合价/元	暂估单价/元	暂估合价/元
	板式单联暗装开关 F81/1D 250V 10A	套	1.02	7.40	7.55	—	—
	其他材料						
	材料费小计				7.55		

（续）

工程名称：××住宅楼电气照明工程　　　标段：　　　第 4 页共 12 页

项目编码	030404035001	项目名称	插座-单相二、三孔暗装插座	计量单位	个

清单综合单价组成明细

定额编号	定额项目名称	单位	数量	单价						合价					
				人工费	材料费	机械费	管理费	利润	风险	人工费	材料费	机械费	管理费	利润	风险
2-1684	单相二、三孔暗装插座	10 套	0.1	55.00	16.16	—				5.50	1.62	—	1.03	1.11	—
人工单价/(元/工日)		小计								5.50	1.62	—	1.03	1.11	—
42.00		未计价材料费								9.18					
清单项目综合单价/（元/个）										18.44					

材料费明细表	主要材料名称、型号、规格	单位	数量	单价/元	合价/元	暂估单价/元	暂估合价/元
	单相二、三孔暗装插座 F8/10US 250V 10A	套	1.02	9.00	9.18	—	—
	其他材料						
	材料费小计				9.18	—	—

（续）

工程名称：××住宅楼电气照明工程　　　标段：　　　第 5 页共 12 页

项目编码	030411001001	项目名称	配管-焊接钢管 SC15 砖混结构暗配	计量单位	m

清单综合单价组成明细

定额编号	定额项目名称	单位	数量	单价						合价					
				人工费	材料费	机械费	管理费	利润	风险	人工费	材料费	机械费	管理费	利润	风险
2-1030	SC15 砖混结构暗配	100m	0.8	368.58	60.93	34.86				294.86	48.74	27.89	55.11	59.33	—
人工单价/(元/工日)		小计								294.86	48.74	27.89	55.11	59.33	—
42.00		未计价材料费								498.36					
清单项目综合单价/（元/m）										(485.93 + 498.36) /80 = 12.30					

材料费明细表	主要材料名称、型号、规格	单位	数量	单价/元	合价/元	暂估单价/元	暂估合价/元
	焊接钢管 SC15	m	82.40	6.048	498.36	—	—
	其他材料						
	材料费小计				498.36	—	—

（续）

工程名称：××住宅楼电气照明工程　　　标段：　　　第 6 页共 12 页

项目编码	030411001002	项目名称	配管-焊接钢管 SC20 砖混结构暗配	计量单位	m

清单综合单价组成明细

定额编号	定额项目名称	单位	数量	单价						合价					
				人工费	材料费	机械费	管理费	利润	风险	人工费	材料费	机械费	管理费	利润	风险
2-1031	SC20 砖混结构暗配	100m	0.01	378.00	72.53	34.68				3.78	0.73	0.35	0.71	0.76	—
人工单价/(元/工日)		小计								3.78	0.73	0.35	0.71	0.76	—
42.00		未计价材料费								8.06					
清单项目综合单价/（元/m）										14.39					

材料费明细表	主要材料名称、型号、规格	单位	数量	单价/元	合价/元	暂估单价/元	暂估合价/元
	焊接钢管 SC20	m	1.03	7.824	8.06	—	—
	其他材料						
	材料费小计				8.06	—	—

（续）

工程名称：××住宅楼电气照明工程　　　　标段：　　　　第7页共12页

项目编码	030411001003	项目名称	配管-焊接钢管SC25砖混结构暗配	计量单位	m

清单综合单价组成明细															
定额编号	定额项目名称	单位	数量	单价						合价					
				人工费	材料费	机械费	管理费	利润	风险	人工费	材料费	机械费	管理费	利润	风险
2-1032	SC25砖混结构暗配	100m	0.01	458.35	102.95	53.75				4.58	1.03	0.54	0.86	0.92	—
人工单价/(元/工日)		小计								4.58	1.03	0.54	0.86	0.92	—
42.00		未计价材料费								11.72					
清单项目综合单价/（元/m）										19.65					

材料费明细表	主要材料名称、型号、规格	单位	数量	单价/元	合价/元	暂估单价/元	暂估合价/元
	焊接钢管SC25	m	1.03	11.374	11.72	—	—
	其他材料						
	材料费小计				11.72	—	—

（续）

工程名称：××住宅楼电气照明工程　　　　标段：　　　　第8页共12页

项目编码	030411004001	项目名称	配线-BV-2.5管内穿线，照明线路	计量单位	m

清单综合单价组成明细															
定额编号	定额项目名称	单位	数量	单价						合价					
				人工费	材料费	机械费	管理费	利润	风险	人工费	材料费	机械费	管理费	利润	风险
2-1160	BV-2.5管内穿线，照明线路	100m	0.01	52.52	16.60	—				0.53	0.17	—	0.10	0.11	—
人工单价/(元/工日)		小计								0.53	0.17	—	0.10	0.11	—
42.00		未计价材料费								3.16					
清单项目综合单价/（元/m）										4.07					

材料费明细表	主要材料名称、型号、规格	单位	数量	单价/元	合价/元	暂估单价/元	暂估合价/元
	铜芯聚氯乙烯绝缘导线BV-2.5	m	1.16	2.72	3.16	—	—
	其他材料						
	材料费小计				3.16	—	—

（续）

工程名称：××住宅楼电气照明工程　　　　标段：　　　　　　　　　　　第 9 页共 12 页

项目编码		030412005003				项目名称		荧光灯-成套型双管链吊式荧光灯				计量单位		套	
清单综合单价组成明细															
定额编号	定额项目名称	单位	数量	单价						合价					
				人工费	材料费	机械费	管理费	利润	风险	人工费	材料费	机械费	管理费	利润	风险
2-1576	成套型双管链吊式荧光灯	10 套	0. 1	136. 50	179. 53	—				13. 65	17. 95	—	2. 55	2. 75	—
人工单价/(元/工日)		小计								13. 65	17. 95	—	2. 55	2. 75	—
42. 00		未计价材料费								148. 07					
清单项目综合单价/（元/套）										184. 97					
材料费明细表	主要材料名称、型号、规格						单位	数量		单价/元	合价/元	暂估单价/元		暂估合价/元	
	成套型双管链吊式荧光灯，YG_{2-2} 2×40W						套	1. 01		125. 00	126. 25	—		—	
	荧光灯管 40W						根	2. 03		10. 75	21. 82				
	其他材料														
	材料费小计										148. 07	—		—	

（续）

工程名称：××住宅楼电气照明工程　　　　标段：　　　　　　　　　　　第 10 页共 12 页

项目编码		030411006001				项目名称		接线盒-钢制暗装灯头盒 86H60				计量单位		个	
清单综合单价组成明细															
定额编号	定额项目名称	单位	数量	单价						合价					
				人工费	材料费	机械费	管理费	利润	风险	人工费	材料费	机械费	管理费	利润	风险
2-1324	暗装灯头盒	10 个	2. 5	22. 50	25. 44	—				56. 25	63. 60	—	10. 51	11. 32	—
人工单价/(元/工日)		小计								56. 25	63. 60	—	10. 51	11. 32	—
42. 00		未计价材料费								81. 60					
清单项目综合单价/（元/个）										（141. 68 +81. 60）/25 =8. 93					
材料费明细表	主要材料名称、型号、规格						单位	数量		单价/元	合价/元	暂估单价/元		暂估合价/元	
	钢制暗装灯头盒 86H60						个	25. 5		3. 20	81. 60	—		—	
	其他材料														
	材料费小计										81. 60	—		—	

（续）

工程名称：××住宅楼电气照明工程　　标段：　　第 11 页共 12 页

项目编码	030411006002	项目名称	接线盒-钢制暗装开关盒、插座盒 86H60	计量单位	个

清单综合单价组成明细															
定额编号	定额项目名称	单位	数量	单价						合价					
				人工费	材料费	机械费	管理费	利润	风险	人工费	材料费	机械费	管理费	利润	风险
2-1325	暗装开关盒	10 个	4.0	24.00	11.78	—				96.00	47.12	—	17.94	19.32	—
人工单价/(元/工日)		小计								96.00	47.12	—	17.94	19.32	—
42.00		未计价材料费								130.56					
清单项目综合单价/（元/个）										(180.38 + 130.56) /40 = 7.77					

材料费明细表	主要材料名称、型号、规格	单位	数量	单价/元	合价/元	暂估单价/元	暂估合价/元
	钢制暗装开关盒、插座盒 86H60	个	40.8	3.20	130.56	—	—
	其他材料						
	材料费小计				130.56	—	—

表 2-35　分部分项工程量清单与计价表

工程名称：××住宅楼电气照明工程　　标段：　　第 12 页共 12 页

序号	项目编码	项目名称	项目特征描述	计量单位	工程数量	金额/元			
						综合单价	合价	其中	
								人工费	暂估价
01	030404034001	照明开关	板式单联暗装开关 F81/1D 250V 10A 工作内容：1. 本体安装；2. 接线	个	25	14.13	353.25	106.25	
02	030404035001	插座	单相二、三孔安装插座 F8/10US 250V 10A 工作内容：1. 本体安装；2. 接线	个	15	18.44	276.60	82.50	
03	030411001001	配管	焊接钢管 SC15 砖混结构暗配 工作内容：1. 电线管路敷设；2. 接地	m	80	12.25	980.00	294.86	

（续）

序号	项目编码	项目名称	项目特征描述	计量单位	工程数量	金额/元			
						综合单价	合价	其中	
								人工费	暂估价
04	030411001002	配管	焊接钢管 SC20 砖混结构暗配 工作内容：1. 电线管路敷设；2. 接地	m	45	14.39	647.55	170.10	
05	030411001003	配管	焊接钢管 SC25 砖混结构暗配 工作内容：1. 电线管路敷设；2. 接地	m	18	19.65	353.70	82.44	
06	030411004001	配线	铜芯聚绿乙烯绝缘导线 BV-2.5 管内穿线，照明线路 工作内容：配线	m	350	4.07	1424.50	185.50	
07	030412005001	荧光灯	成套型双管链吊式荧光灯，YG_{2-2} 2×40W 工作内容：本体安装	套	25	184.97	4624.25	341.25	
08	030411006001	接线盒	钢制暗装灯头盒 86H60 工作内容：本体安装	个	25	8.93	223.25	56.25	
09	030411006002	接线盒	钢制暗装开关盒、插座盒 86H60 工作内容：本体安装	个	40	7.77	310.80	96.00	
10			小　计				9193.90	1415.15	
11			根据陕建发（2018）2019 号调价文件对综合人工单价调增，人工费调增部分计入差价。则人工费差价为：ΔR = 1415.15 ÷ 50 ×（120.00 − 50.00）				1981.21		
12			本页小计				11175.11	1415.15	
13			合计				11175.11	1415.15	

注：根据中华人民共和国住房和城乡建设部、财政部发布的《建筑安装工程费用组成》（建标［2003］206 号）的规定，为计取规费等的使用，可在表中增设“直接费”、“人工费”或“人工费＋机械费”。

2.13 电梯电气装置

电梯作为垂直运输工具已成为现代高层建筑和建筑群体中不可缺少的电气设备。在《通用安装工程工程量计算规范》（GB 50856—2013）中，将电梯安装列在“机械设备安装工程”中。在编制电梯分部分项工程量清单时，应区分交流电梯、直流电梯、小型杂货梯、观光梯、液压电梯、自动扶梯、自动步行道和轮椅升降台等，分别套用相应的项目编码（030107001～030107008），均以“部”为计量单位计算。其工作内容包括本体安装、各类电梯电气安装、调试、单机试运行及调试、补刷（喷）油漆以及辅助项目安装等。本节将主要介绍各种客梯、货梯、病床电梯和杂物电梯等的电气装置安装消耗量定额及其工程量计算规则。

电梯按工作电源、用途划分为交流手柄操作或按钮控制（半自动）电梯、交流信号或集选控制（自动）电梯、直流快速自动电梯、直流高速自动电梯和小型杂物电梯（即货梯）等五种类型电梯。电梯安装工作内容包括：开箱检查、清点、电气设备安装（如配套控制屏、继电器屏或 PLC 控制屏、极限开关、厅外指层信号灯箱、外呼按钮、厅门连锁开关、上下限位开关、自动选层开关、平层器、轿内控制盘及轿内指层信号灯箱、安全窗开关、开关门行程开关、限速开关、超载开关等）以及线管、线槽敷设、配线穿线、挂随线（即专用控制电缆）、接地和绝缘电阻测量等，均应分别按“层/站”数量大小划分电梯的电气安装级别，以“部”为计量单位计算。所谓小型杂物电梯是指载重量在 200kg 以内的非载人电梯。如载重量超过 200kg、轿厢内有司机操作的杂物电梯，应执行相应客梯的定额。电厂专用电梯的电气安装则按其所配合的锅炉容量（t/h）划分为 400、670、1000 t/h 等三个级别，以“部”为计量单位计算。

电梯安装的楼层高度是按 4m 以下考虑的，如平均层高超过 4m 时，其超高部分可按增加提升高度，以延长米为计量单位计算（2-1886）。另外，电梯轿厢按 1 个自动轿厢门、厅门按每层 1 个厅门考虑的，如果电梯自动轿厢门或厅门增减时，应另按增减电梯自动轿厢门、厅门的数量，以“个”为计量单位计算。

如安装两部或两部以上并列运行或群控电梯，应按其相应定额分别乘以系数 1.2。电梯电气安装所用线管、线槽、金属软管及其配件、紧固件、电缆、电线、安装材料、接线箱（盒）、荧光灯及其他附件（备件）等，均按设备自带考虑的。此外，电梯电气装置安装定额均按室内地坪 ±0.00 以下作为下缓冲行程底坑考虑的，如果所安装的电梯为建筑物中某“区间电梯”，即基站不在首层，而是设在中间某层时，则基站以下部分楼层的垂直搬动工程量应另行计算。

在电梯电气装置安装定额中均已包括程控系统的调试，不得另行计算，但不包括以下安装内容：①电源线路及控制开关的安装；②电动发电机组安装；③基础型钢和钢支架安装；④接地装置的安装；⑤电气调试；⑥电梯轿厢内的空调、冷热风机、闭路电视、步话机和音响设备；⑦群控集中监视系统以及模拟装置；⑧电梯的喷漆等。如有上述安装内容时，应另行计算。

2.14 电气调整试验

2.14.1 在电气调整试验计算中应注意的问题

电气调整内容繁多，在电气调整试验计算中应注意掌握以下几个方面：

（1）各项电气调整试验定额中均包括电气设备的本体（单体）试验和主要设备的分系统调试。对于成套设备的整体启动调试应按有关专业定额另行计算，而主要设备的分系统内所包含的电气设备、器件，其单体试验已包括在该分系统调试定额之内，不得重复计算。

（2）在电气调整试验定额中不包括设备的烘干处理和由于设备本身缺陷而造成的元件更换修理或修改，也未考虑因设备元件质量问题给调试工作带来的影响，即定额系统按新的合格产品考虑，否则应另行计算，对于经过修理、修改或拆迁的旧设备的调试，定额应乘以系数1.1。

（3）电气调整试验定额，一般只限于电气设备本身的调整试验，未包括电气设备所拖动的生产机械设备的试运行试验工作，若发生对生产机械设备试运行试验（试车），应另行计算。

（4）电气调整试验定额中均已包括熟悉资料、核对设备、填写试验记录、保护整定值的整定和出具试验报告等工作，调试定额是按现行施工技术验收规范编制的，对于现行规范未包括的新调试项目及内容应另行计算。

（5）电气调整试验定额中不包括试验设备、仪器仪表等的场外转移费用。

（6）空调电气装置和各种机械设备的电气装置，如普通桥式起重机、推煤车、装料机等成套设备的电气调试，应分别按相应的分项调试项目执行。电气调试所需的电力消耗均已包括在定额之内，一般不另行计算，而10kV以上电机及发电机起动调速时所用蒸汽、电力和其他动力能源消耗以及变压器空载试运行的电力消耗，应另行计算。

2.14.2 常用电气调整试验项目的计算规则

1. 送配电装置系统调试

送配电装置系统调试分部分项工程项目编码为“030414002”，以系统为计量单位计算。在送配电装置系统调试的消耗量中，包括系统内的电缆试验、瓷瓶耐压等全套调试工作，应区分交流、直流送配电装置系统调试，也均以“系统”为计量单位计算。其中直流供电系统调试，分电压等级套用相应定额；交流供电系统调试则分为1kV以下和10kV以下两种不同电压等级，分别套用定额计取调试费。一般来说，一个高压供电回路计算一个10kV系统调试；低压开关柜由低压母线引出一个回路可计算一个低压系统调试；由低压配电室引出的供电回路也可按一个低压系统调试计算，但各回路中（即配电箱内）必须有调试元件才可计算一个系统调试。一般情况下，电流互感器、DW型自动空气开关、仪表和继电器等均可视为调试元件。1kV以下供电系统调试定额适用于所有低压供电回路（包括照明供电回路）的系统调试。例如从变电所或配电室（如低配电屏）的低压配电回路经架空线路或电缆、电线至分配电箱的供电回路，凡供电回路中带有仪表、继电器和电磁开关等调试元件（不包括闸刀开关、电度表、熔断器），均可按送配电装置系统调试计算调试费用，即按1kV以下供电（综合），以“系统”为计量单位计算。如分配电箱内只有刀开关和熔断器等，而无调试元件，则不应计算系统调试费。从配电箱直接与电动机连接的供电回路，已包括在电动机的有关调试定额之内。

对于一般住宅、学校、办公楼、旅馆、商店等民用建筑电气工程的供电系统调试，应按以下规定计算：① 配电室内带有调试元件的盘、箱、柜和带有调试元件（仪表、继电器和电磁开关等，但不包括闸刀开关、熔断器）的照明配电箱，应按供电方式执行相应的“送配电装置系统调试”定额计算。②每个用户房间的配电箱（板）上虽装有电磁开关等调试元件，但如果生产厂家已按固定的常规参数调整好（例如DZ系列、C45N系列等自动空气开关），其结构为封闭结构，不需要调试即可直接投入使用，则不得计取调试费用。对于移动式电器，有插座连接的家电设备均经生产家调试合格，故也不应计取调试费。③民用电能表由供电部门负责调整校验，所以也不得另计调试费用。而对于高标准的高层建筑、高级宾馆饭店、大会堂、体育馆等场所，由于电气工程（包括照明工程）具有较高的控制技术，则应按自动投入装置、事故照明切换装置等控制方式执行相应的调试项目，其分部分项工程项目编码分别为“030414004”和“030414006”，以“系统”为计量单位计算。

10kV以下高压交流供电系统应区分配电设备（负荷开关、隔离开关、断路器以及带电抗器），套用相应的调试定额，均以“系统”为计量单位计算，但不包括特殊装置的调试。当断路器为六氟化硫（SF6）断路器时，其相应定额乘以系数1.3。

对于供配电回路中的断路器，母线分段断路器（或称联络断路器）等，均作为独立的供电系统计算。另外定额均按一个系统一侧配一台断路器考虑的，若两侧均设有断路器时，则按两个系统计算。

2. 电力变压器系统调试

10kV以下电力变压器系统调试不分变压器型号、容量大小，也不分油浸式电力变压器和干式电力变压器，其分部分项工程项目编码均为“030414001”。在其消耗量定额中，包括变压器本体、高压断路器及隔离开关、电流互感器、测量仪表、继电保护等一、二次回路以及变压器高压侧的绝缘子、电缆等的调试试验等。按变压器容量大小划分等级，以“系统”为计量单位计算其调试费用。

值得注意的是，电力变压器系统调试是按高、低压侧各一台断路器考虑的，如果高压侧或低压侧多于一台断路器时，则按相应电压等级“送配电装置系统调试”的相应项目另行计算。另外变压器系统调试定额是按油浸式变压器编制的，干式变压器调试可执行相应容量等级的油浸式电力变压器调试定额乘以系数0.8。对于三卷式变压器（即每相均有一个原绕组、两个副绕组）、整流变压器、电炉变压器等的调试，均按相同容量电力变压器的调试定额乘以系数1.2。在电力变压器系统调试中不包括避雷器、自动投入装置、特殊保护装置、中央信号装置和接地装置等的调试，应另套有关项目定额计算。其中对于“特殊保护装置”调试，必须在变电所供配电系统设计中有距离保护、高频保护、失灵保护、电机失磁保护等特殊保护装置时，方可以“套”为计量单位计算其调试费用。而对于中央信号装置调试则应区分变电所和配电室，按每接一个变电所或配电室为一个中央信号装置调试，以“系统”（或“套”）为计量单位计算。

3. 母线、避雷器、电容器和接地装置调试

母线、避雷器、电容器和接地装置调试均有专用项目编码（030414008～030414011），

分别以“段”、“组”、“系统（或组）”为计量单位计算，并按其名称和电压等级编制分部分项工程量清单。其中母线系调试主要进行母线耐压试验、接触电阻测量及绝缘检测等工作，应区分电压等级（1kV 以下和 10kV 以下），以“段”为计量单位计算。只适用于变电所及配电室中的母线，车间母线、插接式母线槽不得计算。另外还应注意 1kV 以下母线系统调试定额适用于低压配电装置的各种母线（包括软母线）的调试，但定额中不包括电压互感器的调试，而3～10kV母线系统调定额中却规定包括一组电压互感器的调试。另外，在母线系统调试中均不包括“特殊保护装置”的调试内容。

避雷器和电容器的调试均以“组”为计量单位计算，三相为一组。其中电容器调试还区分电压等级。如装设单个避雷器和电容器时，也按一组计算。若装在发电机、变压器、输配电线路的系统或回路之内，可按相应定额计算调试费用。此外，一台电容器柜可以计算一组电容器调试。

避雷针试验是指对其避雷接地网的接地电阻测定。接地装置调试分为接地网和独立接地装置（接地极 6 根以内），分别以“系统”和“组”为计量单位计算。例如柱上变压器的接地装置，一般民用建筑的重复接地装置以及独立避雷针、装在烟囱、金属容器和构筑物上的避雷针的接地装置（一般接地极都在 6 根以内），均可按独立接地装置，以“组”为计量单位计算调试费；而发电厂、变电站（或变电所）的接地装置为连成一体的母网，则按接地网，以“系统”为计量单位计算调试费。其定额是按每一个发电厂的厂区或每一区域变电站的站内区域为单位考虑的，即每一个发电厂或区域变电站为一个接地网调试系统。而如果利用建筑物地梁主筋作为接地装置或者重复接地极连接在一起，则不论用几根柱子的主筋作为防雷引下线，并预留测量接地电阻用的钢板，一个建筑物只能按一个接地装置（组）计算调试费。对于自成母网而不与厂区母网相连的独立接地网、大型建筑群体（如高层住宅、大型宾馆饭店和商场、超市等）的接地网，则可分别按接地网，以“系统”为计量单位计算调试费。如果一个建筑物的防雷与重复接地共用同一个接地网（接地极）时，则应根据上述规定要求按“独立接地装置调试”一组或“接地网调试”一个系统计算调试费用。

4. 电动机调试

各类电机的调试工作为相应类型电机检查接线分部分项工程项目的工作内容之一（见附录 C 中 D6）。电动机的消耗量定额则分为普通小型直流电动机调试、直流电动机晶闸管（又称可控硅 SCR）调速系统调试、普通交流同步电动机调试、高低压交流异步电动机调试、交流变频调速电动机系统调试、电动机组及联锁装置调试以及微电机调试等。

（1）直流电动机调试　普通小型直流电动机调试中，直流电动机指用普通开关直接控制的直流电动机。其调试内容包括对直流电动机、控制开关、隔离开关、电缆、保护装置及其一、二次回路的调试，按功率划分等级，以“台”为计量单位计算。

晶闸管调速直流电动机分为一般晶闸管调速电动机和全数字式控制晶闸管调速电动机两种，区分电动机的功率大小，均以“系统”为计量单位计算。其调试内容主要包括晶闸管整流装置系统和直流电动机控制回路系统等两个部分调试工作，但全数字式控制晶闸管调速电机系统调试定额不包括对计算机系统的调试，计算机系统调试执行《全国统一安装工程预算定额》（2000）第十册第五章有关工业计算机安装与调试的定额。如为可逆运行的电机，其调试系统按相应定额乘以系数 1.3。

(2) 交流电动机调试

1) 普通交流异步电动机调试分为 10kV 以下高压电机直接起动、降压启动，并区分电动机功率大小；而低压（380V）同步电动机则不分功率大小，按启动方式分为“直按启动”或“降压启动”，均分别以“台”为计量单位计算调试费。

2) 低压交流异步电动机调试分为低压鼠笼型电机和低压绕线型电动机，同样不分功率大小，按控制方式和保护类型，以“台”为计量单位计算调试费。其工作内容包括电动机、开关、保护装置、电缆以及一、二次回路的调试。其中低压鼠笼型电动机控制保护类型有：①“刀开关控制”是指由胶盖闸刀开关、自动空气开关、负荷开关（如铁壳开关）等对电动机的控制；②“电磁控制”是指由接触器、热继电器及按钮组成的磁力启动器对电动机的控制；③“非电量连锁”是指由行程开关、压力、温度、液位以及消防管网上的压力开关、水流指示器等非电量开关信号对电动机进行连锁控制；④“带过流保护”是指由过流继电器自动监测线路负荷电流而实现对电动机的过电流保护。在低压交流异步电动机调试的各种控制、保护类型中，如果同时又属于一般调速的电动机、可逆式控制的电动机、带能耗制动的电动机、降压起动电动机、多速电机等可调控制的电动机，应按相应电动机控制保护类型的定额乘以系数 1.3。另外，电动机调试定额是按一台电动机考虑的，如果一个控制回路有两台及以上电机时，每增加一台电动机的调试定额应增加 20%。

3) 高压交流异步电动机调试分为 10kV 以下电动机一次设备调试和二次设备及其回路调试两部分。其中电动机一次设备调试按电动机功率大小划分，二次设备及其回路调试按保护类型，均分到以“台”为计量单位计算调试费。

4) 交流变频调速电动机（AC-AC 或 AC-DC-AC）系统调试，应区分交流同步电动机变频调速和交流异步电动机变频调速两种，按电动机功率大小划分规格，均以“系统”为计量单位计算调试费用。其工作内容包括变频装置系统和交流电动机控制回路系统两部分的调试。采用微机控制的交流变频调速电动机系统调试，其相应定额应乘以系数 1.25，但微机本身的调试费另计，即应执行《全国统一安装工程预算定额》第十册第五章工业计算机安装与调试中的有关定额。

另外，还应注意交流异步电动机变频调速“2-957”项目，是按 13kW 以上、50kW 以下的电动机考虑的，对于 13kW 以下的电动机项目定额应乘以系数 0.5，7kW 以下电动机项目定额应乘以系数 0.3，3kW 以下电动机项目定额应乘以系数 0.1。而变频调速装置控制一台以上电机时，每增加一台，其定额增加 20%。

【例题 2-13】 机加工车间有 2 套自动化流水线，其控制回路系统相同，同一个控制回路系统要控制 4 台全数字式控制晶闸管（thyristor）调速直流电动机，其额定功率 $P_N = 22kW$，试编制分部分项工程量清单，并按招标最高限价进行分部分项工程量清单计价。

解：

1. 查取定额价目表

应根据工程量清单的项目名称、项目特征及工作内容，正确查取各分项工程定额，见部分项目定额价目表 2-36。

表2-36 部分项目定额价目表

定额编号	项目名称	单位	人工费	材料费	机械费	合价
2-437	小型直流电动机检查接线，30kW以下	台	176.82	56.84	20.63	254.29
2-476	小型电动机干燥，30kW以下	台	312.90	239.95	—	552.85
2-917	全数字式控制晶闸管调速电动机调试，50kW以下	系统	3486.00	38.54	3012.37	6536.91

注：定额选自《陕西省安装工程价目表—第二册　电气设备安装工程》(2009)

2. 编制分部分项工程量清单

根据《建设工程工程量清单计价规范》GB 50500—2013、《通用安装工程工程量计算规范》(GB 50856—2013）或当地“计价规则”规定要求，结合工程实际编制分部分项工程量清单，见表2-37。

表2-37 分部分项工程量清单

工程名称：×××机加工车间电气安装工程

项目编码	项目名称	项目特征描述	计量单位	工程数量
030406004001	可控硅调速直流电动机	全数字控制晶闸管调速直流电动机检查接线及调试，同一控制回路有4台，每台电动机功率为22kW 工作内容：1. 检查接线（金属软管 $\phi32$，10m；金属软管活接头 $\phi32$，16.32 套）；2. 干燥；3. 系统调试；4. 接地	台	8

3. 分部分项工程量清单项目综合单价分析计算

根据分部分项工程量清单项目名称、项目特征及其包括的工作内容，正确查取套用定额，并按有关计费方法和规定进行综合单价分析计算，见表2-38。

表2-38 分部分项工程量清单项目综合单价分析表

工程名称：×××机加工车间电气安装工程　　计量单位：台

项目编码：030406004001　　工程数量：8

项目名称：晶闸管调速直流电动机　　综合单价：4251.41 元/台

定额编号	定额项目名称	单位	数量	人工费	材料费	机械费	合价
2-437	小型直流电动机检查接线，30kW以下(22kW)	台	8	1414.56	454.72	165.04	2034.32
	配金属软管 $\phi32$，单价8.5元/m	m	10		85.00		85.00
	配金属软管活接头 $\phi32$，单价7.50元/套	套	16.32		122.40		122.40
2-476	小型电动机干燥，30kW以下（22kW）	台	8	2503.20	1919.60	—	4422.80
2-917（换）	全数字控制晶闸管调速直流电动机调试	系统	2	11155.20	123.33	9639.58	20918.11
	小计	台		15072.96	2705.05	9804.62	27582.63
	项目管理费=15072.96×20.54%						3095.99
	项目利润=15072.96×22.11%						3332.63
	合计	台	8	15072.96	2705.05	9804.62	34011.25

注：全数字控制晶闸管调速直流电动机调试，其中：人工费=3486.00×（1+20%×3）×2=11155.20元；材料费=38.54×（1+20%×3）×2=123.33元；机械费=3012.37×（1+20%×3）×2=9639.58元

4. 分部分项工程量清单计价见表 2-39。

表 2-39 分部分项工程量清单计价表

工程名称：×××机加工车间电气安装工程

项目编码	项 目 名 称	项目特征描述	计量单位	工程数量	金额/元	
					综合单价	合价
030406004001	晶闸管调速直流电动机	全数字控制晶闸管调速直流电动机检查接线及调试，同一控制回路有 4 台，每台电动机功率为 22kW 工作内容：1. 检查接线；2. 干燥；3. 系统调试；4. 接地	台	8	4251.41	34011.28

（3）微型电机调试　如前所述，微型电动机系指功率在 0.75kW 以下的三相电动机，其调试不分控制类别和交流电动机、直流电动机，均以“台”为计量单位计算，执行综合调试定额（2-963）。但对一般单相交流吊风扇、壁扇、排气扇以及风机盘管的单相电动机等，均不应计算此项费用。功率超过 0.75kW 的电动机，其调试应按电动机类别和功率以及控制保护类型等执行上述介绍的电动机调试定额的相应项目。

（4）电动机组及联锁装置调试　电动机组及联锁装置调试均以“组”为计量单位计算。其中电动机组调试是按 50kW 以下考虑，并应区分机组的电动机台数（2 台、2 台以上），套用相应调试定额。而电动机联锁装置调试应区分联锁电动机的台数（3 台以下、4～8 台，9～12台），套用相应的定额，但电动机联锁装置调试中不包括对电动机及其启动控制设备的调试，应另行计算。

5. 绝缘子、绝缘套管、绝缘油和电缆试验

绝缘子、绝缘套管和绝缘油等三项试验均无专用项目编码，如果单独施工，可以按补充项目编码形式及要求列项。如果在某分部分项工程项目中安装施工，则可作为辅助工程项目列入到该分项工程的工作内容之中。例如带形母线安装所采用的支持绝缘子、绝缘套管（穿墙套管），列入带形母线的工作内容内即可。绝缘子试验分为悬式绝缘子试验和支持绝缘试验，其中悬式绝缘子试验是指 10kV 以下，区分规格（70～160 型和 210～300 型两种），支持绝缘子试验一般是指 10kV 以下、1kV 以上的绝缘子，均以“10 个测试件”为计量单位计算。而 1kV 以下的绝缘子，除有特殊要求外，通常可不作试验，故不计算其调试费。

绝缘套管试验是按“只”为计量单位计算的。绝缘油（即变压器油）试验，主要是按有关规程要求取样，并进行耐压击穿试验，以“每一试样”为计量单位计算。

电缆试验有专用项目编码“030414015”，电缆试验应区分故障点测试和耐压试验，分别以“点”和“根次”为计量单位计算。电缆故障点检测项目一般是在电缆运行期间出现单相接地或相间短路等故障的检测。而电缆耐压试验项目一般系指在电缆敷设之前所进行的电缆耐压试验，经耐压试验合格后才能进行电缆敷设。电缆耐压试验包括测量电缆泄漏电流试验。电缆绝缘电阻测量也已在电缆敷设工作内包括。如前所述，在送配电设备系统调试中已经包括系统内的电缆、绝缘子（包括绝缘套管）等全套调试工作。例如属于高压系统试

验中的电缆，已包含在高压系统试验之内，不得另行计算。所以只有在电缆和绝缘子单独做单体试验时（例如在安装之前或在供配电系统投入运行后，按规程要求进行的绝缘子耐压试验、电缆绝缘电阻检测、电缆直流耐压试验及电缆的故障点检测等），才计算电缆、绝缘子等的试验费，否则不得计算。另外，电缆故障点检测一般不适用于新敷设的电缆，如果电缆在敷设之前，由于建设单位的原因造成电缆故障，或者电缆已投入正常运行后出现电缆故障，需要找出电缆故障点时，方可计算“电缆故障点检测”费用。

【例题2-14】 如图1-7、图1-8分别为某锅炉房动力控制系统图和动力平面布置图，重复接地装置和进户电缆不计。试计算该锅炉房电气安装工程项目工程量，并编制分部分项工程量清单。设电缆保护管SC80埋设至室外3m处，室内电缆沟剖面为400mm×700mm。

解：

1. 计算分部分项工程量清单项目工程量及有关工程项目的辅助工程量，见表2-40、表2-41。

2. 根据分部分项工程量清单项目工程量计算表，编制分部分项工程量清单与计价表，见表2-42。

表2-40 分部分项工程量清单项目工程量计算表

工程名称：某锅炉房动力工程　　　　标段：　　　　第1页共3页

序号	项目名称	型号规格	计算式	计量单位	工程数量
01	动力控制箱安装	XL-21（改）800×1700×400		台	1
02	低压交流异步电动机检查接线	3kW以下，其中风机2.2kW、3kW各1台，出渣机3kW1台	1+1+1	台	3
03	低压交流异步电动机检查接线	13kW以下，其中出渣机7.5kW1台，水泵7.5kW2台	1+1×2	台	3
04	微型电机检查接线	风机0.75kW		台	1
05	三相暗装插座	F8/25　25A440V三相四孔插座		个	1
06	焊接钢管砖、混凝土结构暗配	SC15	14.1+4.1+10.4+6.3+5.9+0.8×4+1.6（SC15敷设至电缆沟内）	m	45.6
07	焊接钢管砖、混凝土结构暗配	SC20	13.7+0.8（SC20敷设至电缆沟内）	m	14.5
08	电缆保护管敷设	SC80	3+0.4+0.3+0.7+0.1（SC80敷设至电缆沟内，且高出沟底0.1m）	m	4.5
09	电缆支架制作安装（电缆支架间隔0.8m）	电缆支架：立柱0.6m，横撑3根，每根0.3m，L30×30×4	1.786×［（7.8+9.2+2.3+0.8）÷0.8+1］×（0.6+0.3×3）	kg	70.0
10	管内穿线（动力）	BV-2.5	45.6×4+（0.8+1.7+1）×4×4+（0.8+1.7）×4	m	248.4

（续）

序号	项目名称	型号规格	计算式	计量单位	工程数量
11	管内穿线（动力）	BV-4	14.5×4+（0.8+1.7+1）×4	m	72.0
12	电力电缆敷设	VV_{22}-4×4	[（7.8+9.2+0.5）×2+2.3+（0.5+0.8）×2+（1.5×2+1.5×2+1.7+0.8+0.5）×2]×（1+2.5%）	m	59.3
13	插座盒暗装	86H60 75×75×60		个	1
14	户内干包式电缆终端头制作安装	1kV以下，铜芯4×4mm²	2×2	个	4
15	防火堵洞	进户电缆保护管户外端管口和从电缆沟至6#、7#电机的电缆保护管的管口堵洞	1+1×2	处	3
16	电缆保护管敷设	SC20	（0.5+0.7+0.7）×2	m	3.8

表2-41 分部分项工程量清单项目辅助工程量计算表

工程名称：某锅炉房动力工程　　　　标段：　　　　第2页共3页

序号	项目名称	型号规格	计算式	计量单位	工程数量
一	动力控制箱安装	XL-21（改）800×1700×400			
1	端子板外部接线	2.5mm²，有端子	4×2×4+4	个	36
2	端子板外部接线	4mm²，有端子	4×2	个	8
3	基础型钢安装	[10#槽钢	（0.8+0.4）×2	m	2.4
4	基础型钢制作	[10#槽钢	10×2.4	kg	24
二	低压交流异步电动机检查接线	≤3kW			
1	小型电动机干燥处理	3kW以下，其中风机2.2kW、3kW各1台，出渣机3kW1台	1+1+1	台	3
2	低压交流异步电机调试，电磁控制		1×3	台	3
3	金属软管	ϕ15	1.25×3（注：ϕ15金属软管活接头2.04×3=6.12套）	m	3.75
三	低压交流异步电动机检查接线	≤13kW			
1	小型电机干燥处理	13kW，其中7.5kW出渣机1台，7.5kW水泵2台	1+1×2	台	3

（续）

序号	项目名称	型号规格	计算式	计量单位	工程数量
2	低压交流异步电动机调试，电磁控制		1×3	台	3
3	金属软管	ϕ20	1.25×3（注：ϕ20 金属软管活接头 2.04×3=6.12 套）	m	3.75
四	微型电机检查接线	风机 0.75kW			
1	微型电机调试（综合）	0.75kW		台	1
2	小型电机干燥处理	0.75kW		台	1
3	金属软管	ϕ15	（注：ϕ15 金属软管活接头 2.04 套）	m	1.25
五	电力电缆敷设	VV_{22}-4×4			
1	电缆沟盖盖板	盖板板长 500mm（水泥盖板）	7.5+9.2+2.3	m	19

注：本工程进户电缆未计，重复接地装量未计，电缆沟内电缆支架接地线（户内接地母线）工程量未计。

表 2-42　分部分项工程量清单与计价表

工程名称：某锅炉房动力工程　　　　标段：　　　　第 3 页共 3 页

序号	项目编码	项目名称	项目特征描述	计量单位	工程数量	金额/元		
						综合单价	合价	其中：暂估价
01	030404016001	控制箱	动力控制箱安装，XL-21（改）800×1700×600 工作内容：1. 基础型钢［10#制作、安装；2. 本体安装；3. 焊压接线端子；4. 补刷（喷）油漆；5. 接地	台	1			
02	030406006001	低压交流异步电动机	交流异步电动机检查接线，3kW 以下，电磁控制 工作内容：1. 检查接线；2. 干燥；3. 系统调试；4. 接地	台	3			
03	030406006002	低压交流异步电动机	交流异步电动机检查接线，13kW 以下，电磁控制 工作内容：1. 检查接线；2. 干燥；3. 系统调试；4. 接地	台	3			
04	030406009001	微型电机	微型电机检查接线，0.75kW，电磁控制 工作内容：1. 检查接线；2. 干燥；3. 系统调试；4. 接地	台	1			
05	030404035001	插座	三相四孔暗装插座，F8/25 25A440V 安装 工作内容：1. 本体安装；2. 接线	个	1			

（续）

序号	项目编码	项目名称	项目特征描述	计量单位	工程数量	金额/元		
						综合单价	合价	其中：暂估价
06	030411001001	配管	焊接钢管 SC15 砖、混凝土结构暗配 工作内容：1. 电线管路敷设；2. 接地	m	45.6			
07	030411001002	配管	焊接钢管 SC20 砖、混凝土结构暗配 工作内容：1. 电线管路敷设；2. 接地	m	14.5			
08	030411004001	配线	铜芯聚氯乙烯绝缘导线 BV-2.5 管内穿线，动力线路 工作内容：配线	m	248.4			
09	030411004002	电气配线	铜芯聚氯乙烯绝缘导线 BV-4 管内穿线，动力线路 工作内容：配线	m	72.0			
10	030408001001	电力电缆	电力电缆敷设 VV_{22}-4×4 工作内容：1. 盖电缆沟盖板（19m）；2. 电缆敷设	m	59.3			
11	030408003001	电缆保护管	进户电缆保护管 SC80 敷设 工作内容：保护管敷设	m	4.5			
12	030408003002	电缆保护管	从电缆沟至6#、7#电动机的电缆保护管 SC20 敷设 工作内容：保护管敷设	m	3.8			
13	030408006001	电力电缆头	铜芯电力电缆 VV_{22}-4×4 户内干包式电缆终端头，1kV 以下，四芯 工作内容：1. 电力电缆头制作；2. 电力电缆头安装；3. 接地	个	4			
14	030408008001	防火堵洞	进户电缆保护 SC80、从电缆沟至6#、7#电动机的电缆保护管 SC20 的管口放火堵洞 工作内容：安装	处	3			
15	030411006001	接线盒	插座盒 86H60，75×75×60，暗装 工作内容：本体安装	个	1			

（续）

序号	项目编码	项目名称	项目特征描述	计量单位	工程数量	金额/元		
						综合单价	合价	其中：暂估价
16	03B001	电缆支架	电缆支架：横撑、立柱均选用角钢∟30×30×4，横撑3根，0.4m/根，立柱1根，长0.6m，沿电缆沟按间隔1m布置安装 工作内容：1. 制作、除锈、刷油；2. 安装	kg	70.0			
本页小计								
合计								

注：根据建设部、财政部发布的《建筑安装工程费用组成》（建标［2003］206号）的规定，为计取规费等的使用，可在表中增设："直接费"、"人工费"或"人工费+机械费"。

练习思考题2

1. 变配电装置主要包括哪些电气设备？电力变压器一般应进行哪些项目的费用计算？

2. 动力配电箱和照明箱套用定额有什么规定？如何列出分部分项工程量清单？

3. 某直埋电力电缆沟长650m，若埋设单根电缆时电缆沟下口宽度为0.4m，深度为1.2m，现需埋设5根电缆，计算铺砂盖砖和挖填土方量，并计算其直接工程费。

4. 怎样区分荧光灯为组装型和成套型。如有一批$YG_{3\text{-}3}$-3×40W荧光灯分别为吸顶和管吊安装，试查取其定额编号和分部分项工程项目编码。

5. 插座安装按什么条件套用定额？如插座型号为A86Z13-16、A86Z223-10、A86Z14-25、A86Z13F10、A86Z323-10等各50个，试套用消耗量定额并编制其分部分项工程量清单。

6. 进户线和重复接地装置安装工程，其各分部分项工程中包括的定额子目有哪些？

7. 某照明配电箱内有瓷插式熔断器3个，三极自动空气开关2个，单相电能（度）表2个，盘内配线选用铜芯聚氯乙烯绝缘导线BV-6。配电箱接线及配电板尺寸如图2-13所示，试计算制作、安装配电箱的工程量，并查取有关定额。（配电板为木制板、包铁皮，箱体为木箱。）

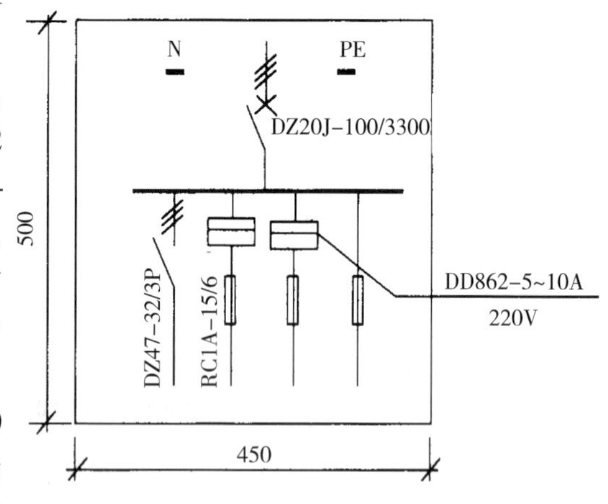

图2-13 题7配电箱主接线图

8. 双管链吊荧光灯$YG_{2\text{-}2}$-2×40W共250套，现场组装，开关A86K21-10共45套，插座A86Z323-10共78套，试编制分部分项工程量清单，并计算其综合单价和分部分项工程量清单计价。

9. 已知某工地选用电力电缆VV_{22}-3×35+2×16，现需要制作、安装户内热缩式电缆终端头，共计12个，设每套终端头附件为175.00元。电力电缆VV_{22}-5×2.5需制作安装户内干包头38个。试计算制作、安装户内热缩式终端头和户内干包式终端头制作安装的直接工程费。

10. 对低压电动机调试划分为哪几种类型？如采用接触器、热继电器以及控制按钮控制保护电动机，应套用什么定额和分部分项工程项目编码？如果通过接触器实现Y/D降压启动，又应套用什么定额和选用什么分部分项工程项目编码？

11. 如图2-7所示为某高层建筑防雷接地系统，设本建筑地上38层，层高3m，地下2层，层高4.5m，屋面采用 -30×4 镀锌扁钢装设避雷带，网孔为 $10m\times10m$；利用柱内主筋2根敷设接地引下线；从第9层开始利用圈梁内2根主筋安装均压环；利用基础钢筋敷设接地网。试根据【例题2-9】编制的分部分项工程清单，计算该高层建筑防雷接地系统的分部分项工程费。

12. 图2-14所示为某住宅楼电气照明平面图和系统图，砖混结构，现浇楼板，层高3m。配线的水平部分采用BLVV-2.5mm^2 护套线明配，高度为2.8m，配线的垂直部分为SC15焊接钢管暗配（管内穿护套线按护套线延长米计算），计算编制该施工图的分部分项工程量清单，并查取定额编号。

13. 图2-15为水泵系统图和平面施工图，试编制完成本电气安装工程图的电气工程造价。施工图及预算编制要求如下：

（1）本建筑为单层框架结构，位于西安市一环外。

（2）本建筑供电电压为380/220V。在进户处作重复接地，选用镀锌钢管SC50，长度 $L=2.5m$，作为接地极，接地母线适用镀锌扁钢 -40×4。所有不带电的金属外壳均需与接地系统作可靠焊接，接地电阻≤10Ω。

（3）线路敷设全部采用焊接钢管暗配，管线型号规型见平面图。

（4）动力控制配电箱XL-21（改）落地安装，采用[10#基础型钢，其他设备安装高度见平面图。

（5）进户电缆保护管引至室外距外墙皮2m处，进户电缆从室外保护管口开始计算。

（6）未计价电气材料的主材费执行近期建设材料信息价，动力控制配电箱XL-21（改）按5000元/台，动力箱AL2按700元/台，插座箱AL3按300元/台给定价格计算。

14. 如图2-16所示住宅楼电气照明平面图、系统图，用计算机电气工程预算软件完成本题电气安装工程造价计价。

施工图及预算编制要求：

（1）建筑结构特征：砖混结构，层高3m，除客厅、卧室为预制楼板外，其余房间均为现浇混凝土板。

（2）①~④轴和④~⑦轴完全对称。①~④轴插座回路参见④~⑦轴部分，④~⑦轴照明回路参见①~④轴部分。

（3）未注明的所有线路均穿UPVC管暗敷设，照明沿墙、顶板敷设，插座沿墙、地板敷设。

（4）电气设备型号、安装高度请查阅图中标注。其主材价格按近期建设材料信息价或到建材市场询价计算，座灯头为瓷质，户内开关箱按给定价740.00元/台计算。

（5）工程地点：延安市。

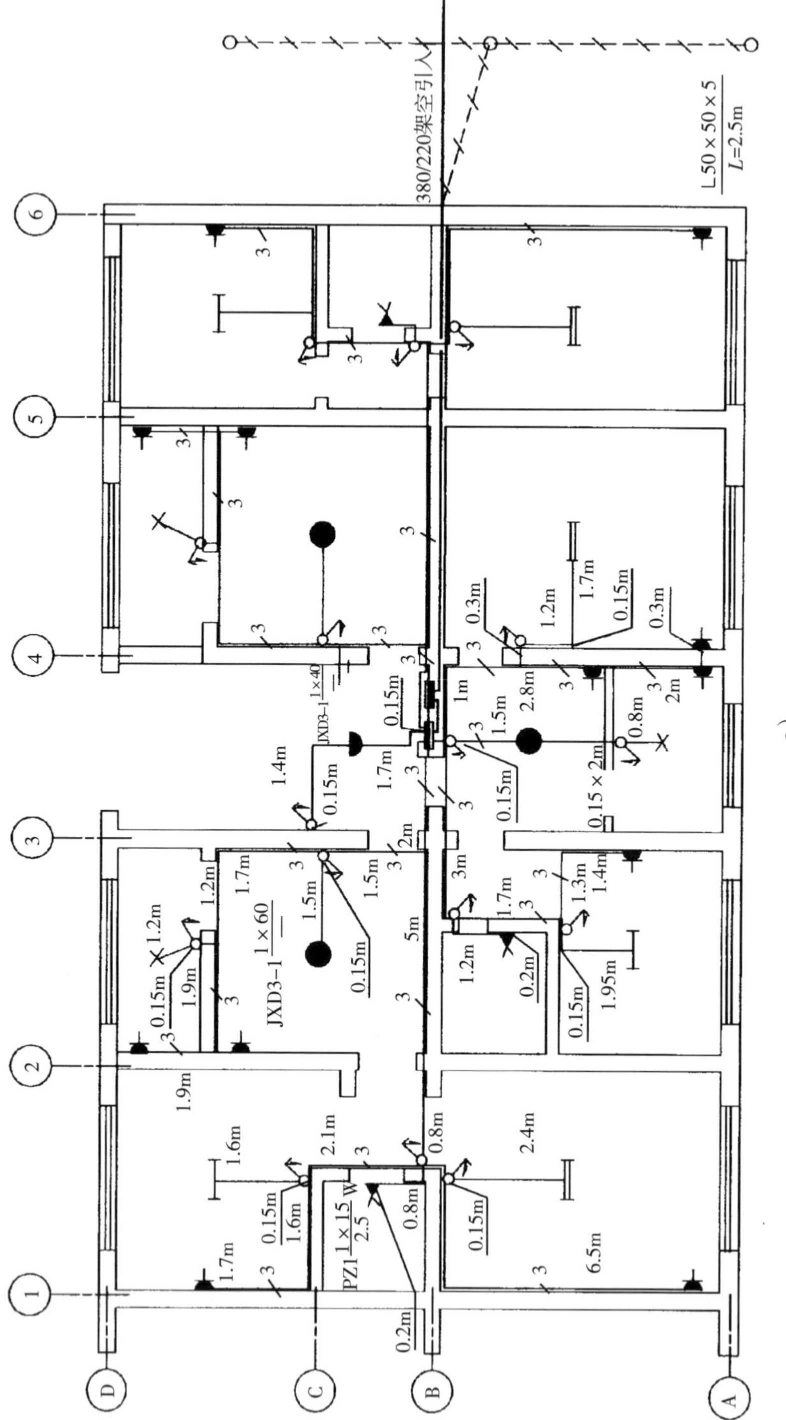

a）

图2-14 某住宅楼电气照明平面与系统图（12题图）

a）标准层电气照明平面图（1：100）

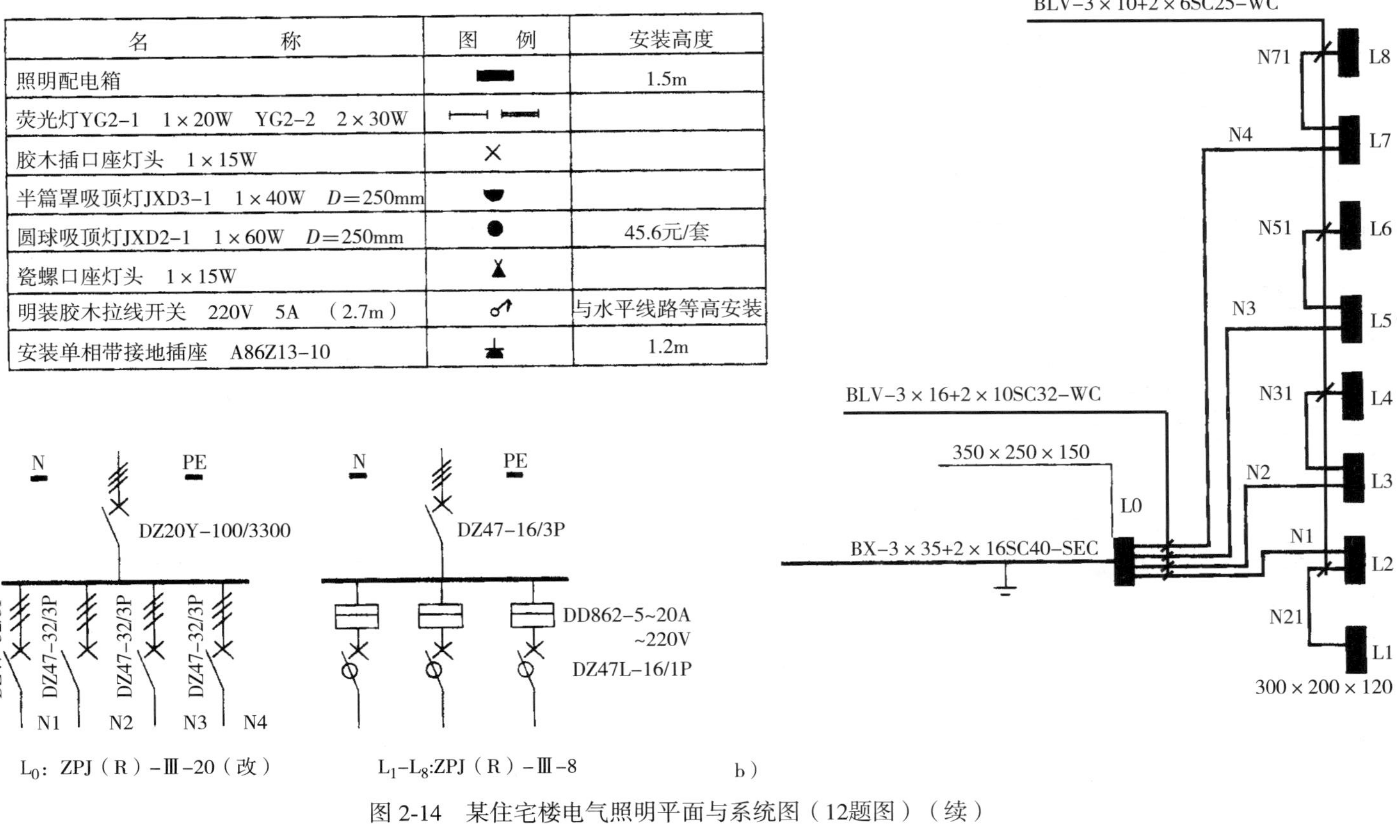

名　　称	图　例	安装高度
照明配电箱		1.5m
荧光灯YG2-1　1×20W　YG2-2　2×30W		
胶木插口座灯头　1×15W		
半篇罩吸顶灯JXD3-1　1×40W　D=250mm		
圆球吸顶灯JXD2-1　1×60W　D=250mm		45.6元/套
瓷螺口座灯头　1×15W		
明装胶木拉线开关　220V　5A　（2.7m）		与水平线路等高安装
安装单相带接地插座　A86Z13-10		1.2m

图 2-14　某住宅楼电气照明平面与系统图（12题图）（续）

b）电气照明系统图

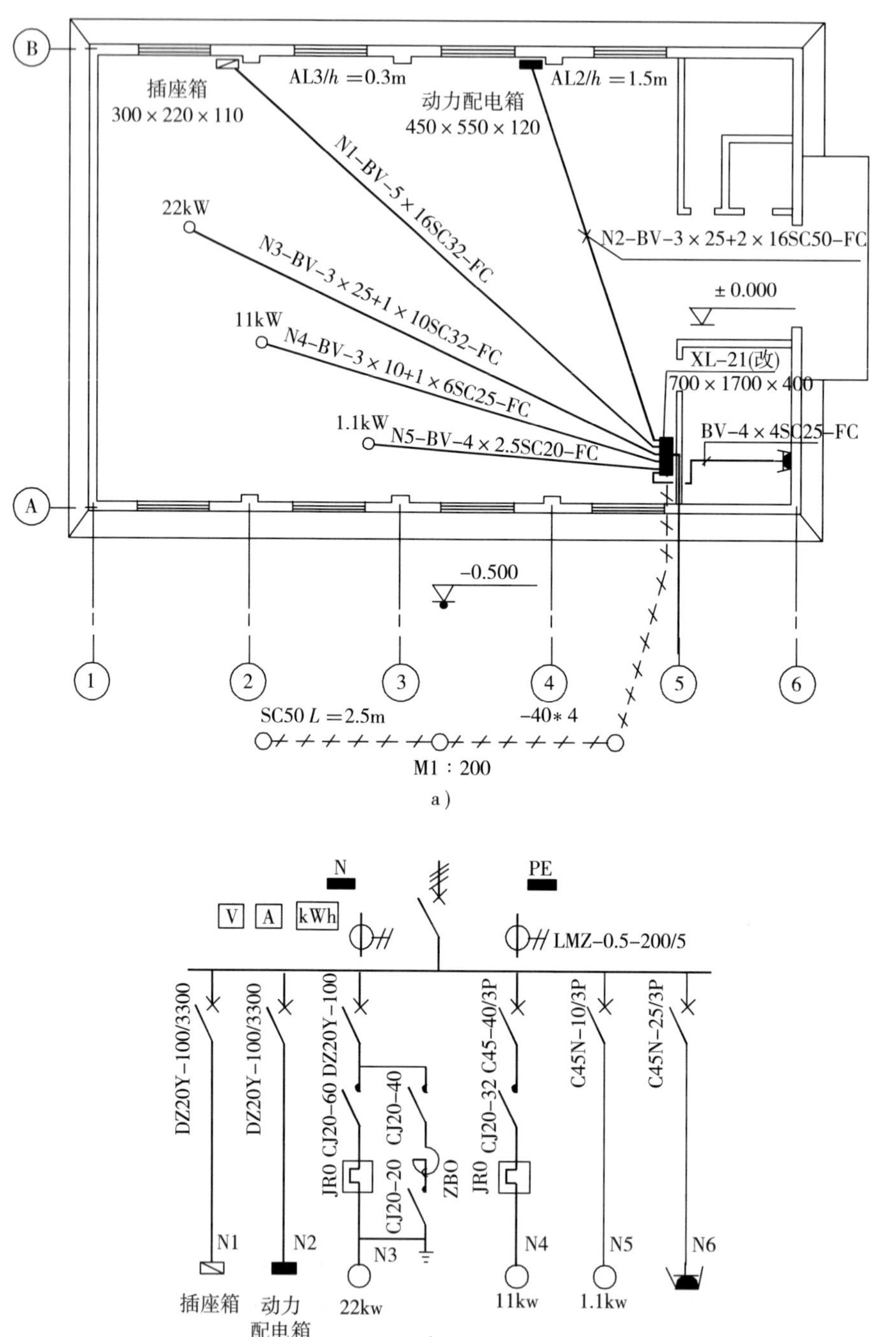

图 2-15 某综合大厦水泵房电气平面与控制系统图（13 题图）

a）水泵房电气平面图 b）水泵房电气控制系统图

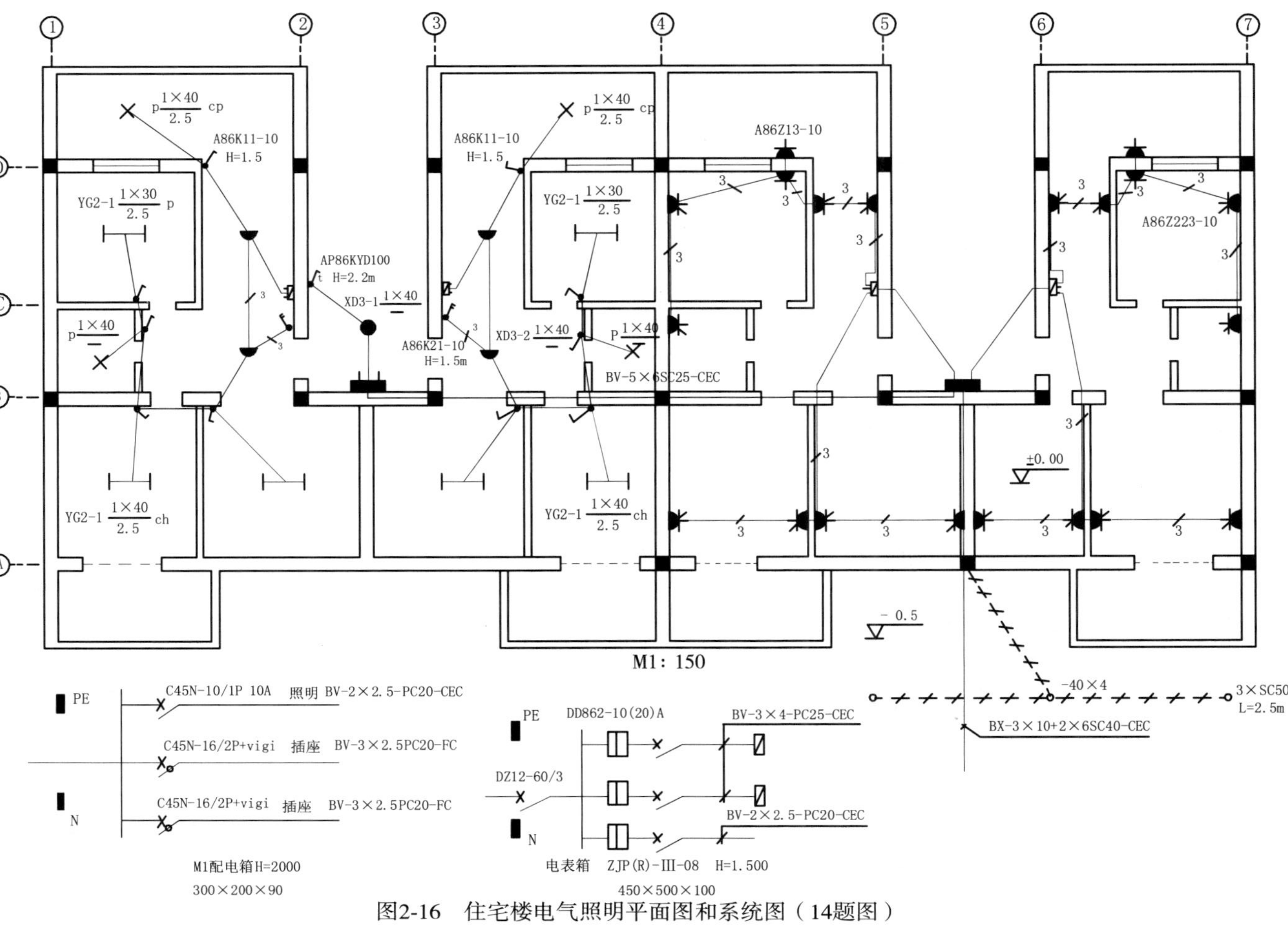

图2-16 住宅楼电气照明平面图和系统图（14题图）

第3章　火灾自动报警系统工程量计算规则

3.1　火灾自动报警系统安装

随着城市建设的飞速发展和火灾频繁发生，火灾自动报警及自动消防系统已成为现代化高层建筑和建筑群体中不可缺少的设计，也是电气安装工程造价中的重要组成部分。如图3-1所示为7800A火灾自动报警及消防联动控制系统，具有系统施工配线简单、软件编程灵活、直观汉字显示、容量大、系统自诊断功能及抗干扰能力强等方面的优点，该系统可简单归纳为四大部分：

1. 火灾自动报警系统

火灾自动报警系统包括各式火灾探测器、报警控制器和声、光报警显示设备，具有火灾自动检测、自动报警和与其他消防设备联动的功能。其中声、光报警显示设备是由火灾警铃、光字牌（紧急标志照明）、火警电话、紧急广播、应急事故照明和疏散诱导照明等组成。

2. 减灾防护系统

减灾防护系统具有防止火灾范围进一步扩大和把火灾损失减小到最低限度的功能。该系统主要包括如下减灾防护设备：

（1）防排烟设备　由电动防火门、电动防火卷帘门、电动防火阀、排烟阀和正压风机、排烟风机等组成。

（2）机电消防设备　由应急事故电源、消防电梯、消防泵和喷淋泵等组成。

（3）应急控制装置　在火灾发生时，为了避免由于线路而使火灾范围进一步扩大，应对部分供电电源、备用电源和客梯、空调机组、通风机等用电设备进行应急控制。如将客梯迫降到基层，切断局部或全部非消防供电电源，关停空调机组和新风机组，开启排烟风和正压送风机等。应急控制一般采用手动控制，也可由报警控制器联动控制。

3. 灭火执行系统

灭火执行系统具有对火灾现场实施灭火和控制火情的功能。该系统主要包括自动水喷淋灭火、七氟丙烷、CO_2 气体自动灭火以及消火栓灭火等系统，并兼有灭火报警回馈功能。

4. 火灾档案自动管理系统

微处理机已广泛应用于建筑自动消防系统的自动管理和控制，火灾档案自动管理系统主要包括微处理机（CPU）、模拟显示盘、屏幕图文显示、快速打印机和存储器等。具有收集传送报警信号、处理和输出灭火控制命令、报警和记录显示功能等。

在火灾自动报警及消防联动控制系统中，其中水灭火、气体灭火和泡沫灭火系统由给水排水专业人员负责，本章只介绍火灾自动报警系统的有关工程项目定额、工程量计算规则、分部分项工程量清单的编制及其计价方法。

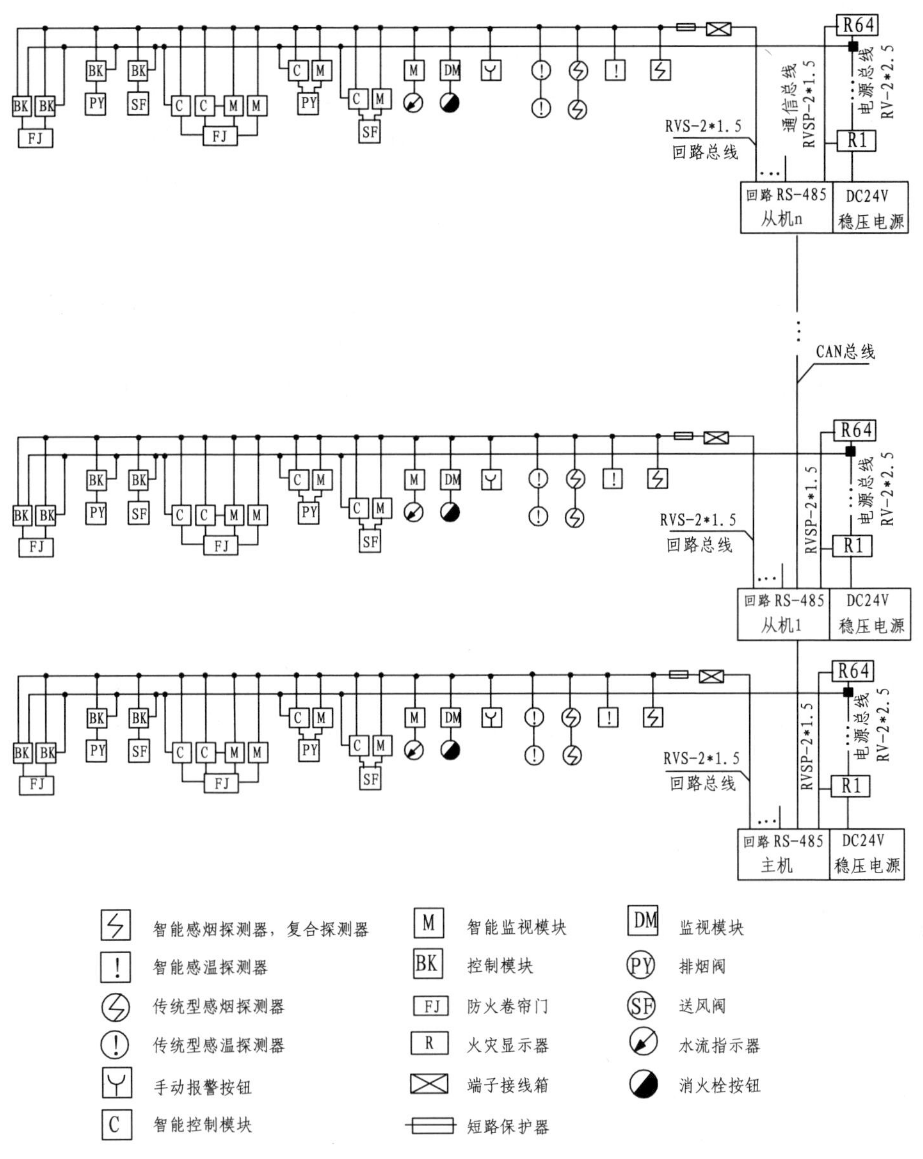

图3-1 7800A火灾自动报警及消防联动控制系统图

3.1.1 探测器安装

探测器的火灾自动报警系统的“眼睛”，其作用是监视被控环境中有无火灾发生，并及时将火灾信号转换成电信号发送给报警控制器而实现火灾报警。其种类繁多，有点型探测器和线型探测器。其中点型探测器又分为多线制（即二线制，每个探测器有一根电源线和一根信号线）和总线制（即二总线或三总线）。多线制和总线制探测器均应区分探测器的类型，即区分感烟探测器、感温探测器、感光探测器、红外光束探测器（即由红外光发射器和红外光接收器组成的一对红外光束探测器）和可燃气体探测器等五种类型，但不分规格、型号、安装方式与位置，其消耗量定额均以“只”为计量单位计算。探测器安装包括探头和底座的安装及本体调试。

凡是点型探测器，均不区分探测器的类型、规格、型号、安装方式和安装位置，其分部分项工程项目编码相同，均为“030904001”，该分部分项工程项目包括的工作内容为探头和底座安装、校接线、编码和探测器调试等，则是以“个”为计量单位计算。

线型探测器是指缆式线型定温火灾探测器，这种探测器是一种由两根弹性钢丝分别外包热敏绝缘材料，经校对、包带及包塑料外护套构成的特殊电缆。这种线型探测器可用于电缆线路敷设的沟道及柴草、粮、棉和工业易燃原料堆垛等露天场所或仓库场所，也可用于地铁、公路涵洞、古建筑等场所。线型探测器的安装方式按环绕、正弦、直线等综合考虑，因此不分线制及保护形式，其安装均以“10m”为计量单位计算（7-141）。其分部分项工程项目编码为“030904002”，工作内容包括探测器、控制模块和报警终端的安装、校接线等，以“m”为计量单位计算。以上各种探测器的费用均应另行计算。

3.1.2 报警按钮及模块（模块箱）安装

根据规范要求，建筑物内每个防火分区内应至少设置一个手动报警按钮，作为现场人员发现火情及时报警使用。手动报警按钮之间应不超过步行距离30m，所以报警按钮在报警系统中是不可缺少的。此外还有消火栓报警按钮、气体灭火起动/停止按钮、排烟阀按钮等，其消耗量定额均以“只”为计量单位计算，套用同一定额子目（7-142），不作调整。报警按钮的分部分项工程项目编码为“030904003”，其工作内容主要包括按钮的安装、校接线、编码和调试等，而是以“个”为计量单位计算。

模块（模块箱）用于二总线火灾自动报警系统中，可实现地址编码，是将开关量或模拟量与数字量相互转换的单元，是实现联动控制和自动监控的重要装置。模块可分为控制模块和监视模块，其中控制模块是指仅能起控制作用的模块（模块箱），也称为中继器。根据其输出的控制信号的数量又有单输出和多输出（2个及以上输出）之分。监视模块，又称为报警模块（模块箱），只起监视作用而不起控制作用，可接入手动报警按钮、继电器、水流指示器、行程开关、水位控制器、压力开关等电器的接点。各种模块均不分安装方式，其消耗量定额均以“只”为计量单位计算。模块（模块箱）的分部分项工程项目编码均为“030904008”，则是以“个或台”为计量单位计算。其工作内容包括安装、校接线、编码和调试。报警按钮及模块的主材费用应另行计算。

3.1.3 报警控制器安装

报警控制器安装工作的主要工作内容包括安装、固定、校线、挂锡、功能检测、防潮、防尘处理、压线、标志和绑扎等。应区分多线制和总线制，按其安装方式（壁挂式或落地式）和容量（点数）的不同划分定额项目，以“台”为计量单位计算。多线制报警控制器的容量（点数）是指所能接收的报警回路数量（包括探测器和报警按钮等的数量）；总线制报警控制器的容量（点数）是指所带编码地址的数量（包括智能型探测器和报警按钮、控制模块和监视模块等相应的编址数）。当一个监视模块接入多个普通型探测器时，因为共用一个地址码，故也只能计为一个点。

在套用报警控制器安装的分部分项工程项目编码时，不区分报警控制器为多线制和总线制，也不区分安装方式和容量，但区分区域报警控制箱（从机）和火灾报警系统控制主机

(主机)，按相应的项目编码“030904009”和“030904012”编制，工作内容包括报警控制器安装、校接线和调试等；区域报警控制箱安装还有用兆欧表摇测绝缘电阻、排线、绑扎、导线标识、显示器安装等工作。另外，安装报警控制器所用的支架或基础型钢的制作、安装费用应另行计算，即套用一般铁构件制作及基础型钢安装的有关定额项目。

3.1.4 联动控制器安装

联动控制器（或称联动控制柜）是具有接收报警控制器的指令信号，并对某些自动消防设备发出控制信号和联动功能的装置，其安装应区分多线制和总线制以及安装方式（壁挂式和落地式），并按“点”数划分不同定额项目，以“台”为计量单位计算。其中多线制联动控制器的点数是指其所联动设备的状态控制及状态显示的数量；总线制联动控制器的点数则是指所装设的模块（接口）的数量。

联动控制器与火灾报警控制器相配套，也分为联动控制箱和联动控制主机，其分部分项工程项目编码应采用相应的项目编码“030904010”，但不区分安装方式和控制点数，但对于报警联动一体机则应另套用分部分项工程项目编码“030904017”。上述两种联动控制器安装项目的工作内容与其配套的报警控制器的工作内容相同。报警联动一体机的工作内容包括安装、校接线和调试等。同样安装联动控制器和报警联动一体机所用的支架或基础型钢的制作、安装应另行计算。

3.1.5 重复显示器、报警装置和远程控制器安装

火灾自动报警系统中的重复显示器也称作火灾报警控制微机（CRT），还称作复示器或楼层显示器。其分部分项工程项目编码为“030904015”，工作内容为安装和调试。应区分多线制和总线制，区分规格、型号和安装方式，以“台”为计量单位计算。CRT彩色显示装置的安装应套用《消防及安全防范设备安装》（第七册）有关“重复显示器安装”的定额。

报警装置分为声光报警和警铃报警两种形式，其中声光报警装置也称为火警声光报警器或火警声光讯响器，其项目编码为“030904005”。而警铃为火灾音响警报信号装置，其项目编码为“030904004”。均以“个”为计量单位计算，工作内容包括安装、校接线、编码和调试。

远程控制器（远程控制箱、柜）为可接收传送控制器发出的信号，并对消防执行设备（如消防泵、喷淋泵、消防电梯等）实现远距离控制的装置。其项目编码为“030904011”，不分型号和安装方式，按控制回路数（分为3路以下和5路以下两种规格），以“台”为计量单位计算。

3.1.6 火灾事故广播系统安装

根据《通用安装工程工程量计算规范》（GB 50856—2013）规定，消防广播及对讲电话主机包括功放、录音机、分配器、控制柜等设备，其项目编码为“030904014”，按规格大小、线制、控制回路和安装方式等，以台计量单位计算。火灾事故广播系统中的功放机和录音机的安装按柜内及台上（箱内）两种安装方式综合考虑，属于在施工现场内的设备组装工程。其中功放机是用于消防广播系统中的广播放大器，应区分功率（125W以内、250W以内）划分不同定额项目；录音机则不分型号、规格；二者均以“台”为计量单位计算。

消防广播控制柜是指将播放音源（麦克风、录音机等）、功放机和输入混合分配器等组装于一体，即为成套消防广播设备的成品机柜，可实现对现场扬声器（或称作警报器）控制，发出火灾报警语音信号。对其安装则不分型号、规格，以“台”为计量单位计算。

广播分配器是对现场扬声器实现分区域控制（例如实现对 n、$n\pm1$ 层进行事故广播控制）的装置。对于单独安装的消防广播分配器（操作盘），以“台”为计量单位计算。

火灾事故广播系统中扬声器（即警报器）则有专用项目编码“030904007”，应区分吸顶式安装、壁挂式安装和功率大小，以“个”为计量单位计算。工作内容包括安装、校接线、编码和调试等。

3.1.7 消防通信、报警备用电源安装

消防通信、报警备用电源安装内容包括校线、挂锡、并线、压线、安装固定和功能检测、防尘防潮处理等工作。

消防通信包括消防专用电话交换机和通信装置（通信分机和消防报警电话插孔）两部分，消防专用电话交换机是利用通信分机和送/受话器进行对讲、呼叫报警的装置。消防专用通信分机即为安装于被保护现场的消防报警电话及电话插孔。其项目编码为“030904006”，工作内容包括安装、校接线、编码和调试，不分安装方式，以“个”（部）为计量单位计算。消防专用电话交换机可按通信及线路工程中的“用户交换机”（PABX）分部分项工程项目编码“031101037”编制，工作内容主要包括安装和调试。按型号、规格和容量（门数）的不同，以“线”为计量单位计算。电话分线箱、分线盒的项目编码为“031103025”，其工作内容包括制作、安装和测试，均以“个”为计量单位计算。

消防报警备用电源是为消防报警设备提供备用直流电源的供电装置，也称作浮充备用电源。其安装已按规格型号综合考虑，不作换算，以“台”为计量单位计算。消防报警备用电源及电池主机（柜）的分部分项工程项目编码为“030904016”，按名称、容量和安装方式，以“套”为计量单位计算，工作内容包括安装和调试。

以上各种设备器件的费用均须另行计算。在上述火灾自动报警系统安装中，均不包括安装支架、基础型钢的制作、安装，也不包括线路配管与配线，接线盒、插座盒、一般按钮（开关）盒的安装，电机检查、接线及调试以及事故照明和疏散指示控制的安装等，均应另套用《全国统一安装工程预算定额》（2000）第 2 册的有关定额。

3.2 自动消防系统的电气调试

自动消防系统电气调试是指消防自动报警和灭火系统安装完毕后，配管配线，并按产品设备要求完成接线之后，按国家有关消防工程施工验收规范、标准及自动消防系统工程设计图纸进行全系统的检测、调整和试验。只有这样，才能确保系统内设备和装置的安全正常运行，实现对系统的各种功能要求。消防系统的电气调试应先进行单体或分系统的试验调试，再作系统的总体试验调试。调试的内容主要包括火灾自动报警系统装置调试，水灭火系统控制装置调试，火灾事故广播、消防通信装置的调试、消防电梯系统装置调试，电动防火门、防火卷帘、正压送风阀、排烟阀、防火阀等控制装置调试和气体灭火系统的调试项目等。其主要工作内容包括检查系统的线路、设备、元器件安装是否符合要求；对系统各单元设备、

器件作单体检查调试和通电试验；对线路模块（接口）进行试验；检测确认设备、器件功能；暂时断开切除消防系统，进行火灾信号模拟试验和标准校验可燃性气体模拟试验；按工程设计要求进行报警与联动试验、整体试验和自动灭火试验，并做好系统开通调试的各项记录。

3.2.1 自动报警系统装置调试

自动报警系统装置调试的项目编码为“030905001”，包括各种探测器，报警器（声光报警和警铃）、报警按钮、报警控制器、消防广播、消防电话等组成的报警系统，根据线制和不同点数，以“系统”为计量单位计算。工作内容为本系统装置的调试。注意消耗量定额规定自动报警系统只包括各类探测器，报警按钮，模块（接口），报警控制器和线路等组成，不分多线制和总线制，按容量大小（即点数），以“系统”为计量单位计算调试费（7-197～7-201）。而消防广播、消防电话应另计算调试费，即按广播喇叭及音箱、通讯分机（即消防电话）及电话插座插孔的只数，以“10只”为计量单位计算其调试费（2-213）。

3.2.2 水灭火系统控制装置调试

水灭火系统控制装置包括自动水喷淋系统、消火栓系统和消防水炮系统，故应区分系统形式，以“点”为计量单位计算，其项目编码为“030905002”，工作内容为调试。注意自动喷淋系统按水流指示器数量以点（支路）计算；消火栓系统按消火栓的启泵按钮数量以点计算；消防水炮系统则按水炮数量以点计算。在消耗量定额中，其调试按不同点数，如分为200点以下、500点以下和500点以上三个等级，以“系统”为计量单位计算。

【例题3-1】 某建筑局部总线制火灾自动报警工程，于2019年9月15日进行工程招标，某消防工程公司参与工程投标，其工程量统计如下：

智能离子感烟探测器20只，智能感温探测器2只，总线制报警控制器1台，回路总线采用RVS-2×1.5铜芯塑料绝缘软双绞导线，共计120m，选用线管SC15砖混结构暗敷设，共计110m，手动报警按钮2只，隔离模块1只，监视模块5只，单端输出控制模块2只。试编制分部分项工程量清单，并按投标报价要求进行该工程的分部分项工程量清单计价。

解：

根据《建设工程工程量清单计价规范》（GB 50500—2013）和计算统计的工程数量，编制本工程分部分项工程量清单，见表3-1。

表3-1 分部分项工程量清单与计价表

工程名称：××办公楼自动消防工程　　标段：　　第1页共14页

序号	项名编码	项目名称	项目特征描述	计量单位	工程数量	金额/元		
						综合单价	合价	其中：暂估价
01	030904001001	点型探测器	智能离子感烟探测JTY-GD/LD3000E 工作内容：1. 探头安装；2. 底座安装；3. 校接线；4. 探测器调试；5. 编码	个	20			

（续）

序号	项名编码	项目名称	项目特征描述	计量单位	工程数量	金额/元		
						综合单价	合价	其中：暂估价
02	030904001002	点型探测器	智能感温探测器 JTW-ZD/LD3300E 工作内容：1. 探头安装；2. 底座安装；3. 校接线；4. 探测器调试；5. 编码	个	2			
03	030904003001	按钮	J-SAP-M-LD2000 总线制 工作内容：1. 安装；2. 校接线；3. 调试；4. 编码	个	2			
04	030904004001	模块（接口）	监视模块 LD4400E-1 工作内容：1. 安装；2. 调试；3. 校接线；4. 编码	个	5			
05	030904004002	模块（接口）	单端输出控制模块 LD6800E-1 工作内容：1. 安装；2. 调试；3. 校接线；4. 编码	个	2			
06	030904004003	模块（接口）	隔离模块 LD3600E 工作内容：1. 安装；2. 调试；3. 校接线；4. 编码	个	1			
07	030904010001	区域报警控制器（箱）	总线制 JB-QB/LD128E（Q）-32C 工作内容：1. 本体安装；2. 校接线、摇测绝缘电阻；3. 排线、绑扎、导线标识；4. 调试	台	1			
08	030905001001	自动报警系统调试	火灾自动报警系统，32 点 工作内容：系统调试	系统	1			
09	030411001001	配管	焊接钢管 SC15 砖混结构暗敷设 工作内容：1. 电线管路敷设；2. 接地	m	110			
10	030411004001	配线	铜芯聚氯乙烯绝缘双绞导线 RVS-2×1.5 工作内容：配线	m	120			
11	030411006001	接线盒	钢制接线盒 86H60 75×75×60，暗装 工作内容：本体安装	个	32			
本页小计								
合计								

综合单价分析表按投标报价计价，设某施工企业内部（部分）定额见表 3-2，据此计算结果得到表 3-3。通过对参加各竞标单位及本单位的实际情况进行分析研究，综合人工

单价按43元/工日，管理费费率按20%，利润费率按21%选择计算。陕建发［2011］277号文件，人工单价由42.00元/工日调整为55.00元/工日，从2011年12月1日起执行。陕建发［2013］181号文件，人工单价由55.00元/工日调整为72.50元/工日，从2013年8月1日起执行。陕建发［2015］319号文件，人工单价由72.50元/工日调整为82.00元/工日，从2016年1月1日起执行。陕建发［2017］270号文件，人工单价由82.00元/工日调整为90.00元/工日，从2017年7月1日起执行。陕建发［2018］2019号文件，人工单价由90.00元/工日调整为120.00元/工日，从2018年12月1日起执行。其人工费调增部分均计入差价。通过市场调查询价，设备、材料信息价格如下：

① 智能感烟探测器 JTY-GD/LD3000E 369元/只（配通用底座）
② 智能感温探测器 JTW-ZD/LD3300E 339元/只（配通用底座）
③ 手动火灾报警按钮 J-SA P-M-LD2000 268元/只（配专用底座）
④ 单输入接口（监视模块） LD4400E-1 335元/只（配专用底座）
⑤ 单输入/输出接口(控制模块) LD6800E-1 555元/只（配专用底座）
⑥ 总线隔离模块 LD3600E 334元/只（配专用底座）
⑦ 专用底座 LD20 35元/只
⑧ 通用底座 LD10E 30元/只
⑨ 火灾报警控制器 JB-QB/LD128E（Q）-32C 18900元/台
⑩ 多芯软塑料绝缘双绞线 RVS-2×1.5 3713元/km
⑪ 钢制安装盒 86H60 75×75×60 3.20元/个
⑫ 焊接钢管 SC15（1.25kg/m） 4800元/t

表3-2 某施工企定额火灾自动报警系统部分子目价目表

定额编号	项目名称	计量单位	基价	其中			定额含量
				人工费	材料费	机械费	
7-136	总线制感烟探测器安装	只	30.33	25.37	4.18	0.78	
7-137	总线制感温探测器安装	只	29.76	25.37	4.21	0.18	
7-142	报警按钮安装	只	43.87	36.98	5.66	1.23	
7-143	单输出控制模块（接口）安装，单输出	只	86.09	78.26	6.08	1.75	
7-145	报警接口（监视模块）安装	只	80.53	73.96	4.29	2.28	
7-150	总线制壁挂报警控制器≤200点，总线制壁挂式	只	899.71	694.45	37.32	167.94	
7-197	火灾自动报警系统装置调试≤128点	系统	5999.21	4594.12	282.23	1122.86	
2-1030	焊接钢管，砖混凝土结构暗配，公称口径15mm以内	100m	400.57	304.78	60.93	34.86	103m
2-1193	管内穿多芯软导线RVS-2×1.5	100m	52.20	37.50	14.70	—	108m
2-1324	暗装接线盒	10个	44.79	19.35	25.44	—	10.2个

表 3-3 分部分项工程量清单综合单价计算价表

工程名称：××办公楼自动消防工程　　　　标段：　　　　第 2 页共 14 页

项目编码			030904001001			项目名称		点型探测器-智能离子感烟探测器 JTY-GD/LD3000E			计量单位		个		
清单综合单价组合明细															
定额编号	定额名称	单位	数量	单价						合价					
				人工费	材料费	机械费	管理费	利润	风险	人工费	材料费	机械费	管理费	利润	风险
7-136	总线制感烟探测器安装	只	1	25.37	4.18	0.78	4.96	5.20	—	25.37	4.18	0.78	5.07	5.33	—
人工单价		小计								25.37	4.18	0.78	5.07	5.33	—
42.00 元/工日		未计价材料费								399.00					
清单项目综合单价/（元/个）										439.73					
材料费明细	主要材料名称、规格、型号							单位	数量	单价/元	合价/元	暂估单价/元		暂估合价/元	
	通用底座 LD10E							只	1	30.00	30.00	—		—	
	智能感烟探测器 JTY-GD/LD3000E							只	1	369.00	369.00	—		—	
	其他材料费														
	材料费小计									—	399.00	—		—	

（续）

工程名称：××办公楼自动消防工程　　　　标段：　　　　第 3 页共 14 页

项目编码			030904001002			项目名称		点型探测器-智能感温探测器 JTW-ZD/LD3300E			计量单位		个		
清单综合单价组合明细															
定额编号	定额名称	单位	数量	单价						合价					
				人工费	材料费	机械费	管理费	利润	风险	人工费	材料费	机械费	管理费	利润	风险
7-137	点型感温探测器（总线制）	只	1	25.37	4.21	0.18	4.96	5.20	—	25.37	4.21	0.18	5.07	5.33	—
人工单价		小计								24.78	4.21	0.18	4.96	5.20	—
42.00 元/工日		未计价材料费								369.00					
清单项目综合单价/（元/个）										409.16					
材料费明细	主要材料名称、规格、型号							单位	数量	单价/元	合价/元	暂估单价/元		暂估合价/元	
	通用底座 LD10E							只	1	30.00	30.00	—		—	
	智能感温探测器 JTW-ZD/LD3300E							只	1	339.00	339.00	—		—	
	其他材料费														
	材料费小计									—	369.00	—		—	

（续）

工程名称：××办公楼自动消防工程　　标段：　　第4页共14页

<table>
<tr><td>项目编码</td><td colspan="3">030904003001</td><td colspan="3">项目名称</td><td colspan="3">按钮 J-SAP-M-LD2000 总线制</td><td colspan="3">计量单位</td><td colspan="2">个</td></tr>
<tr><td colspan="16">清单综合单价组合明细</td></tr>
<tr><td rowspan="2">定额编号</td><td rowspan="2">定额名称</td><td rowspan="2">单位</td><td rowspan="2">数量</td><td colspan="6">单价</td><td colspan="6">合价</td></tr>
<tr><td>人工费</td><td>材料费</td><td>机械费</td><td>管理费</td><td>利润</td><td>风险</td><td>人工费</td><td>材料费</td><td>机械费</td><td>管理费</td><td>利润</td><td>风险</td></tr>
<tr><td>7-142</td><td>报警按钮安装，总线制</td><td>只</td><td>1</td><td>36.98</td><td>5.66</td><td>1.23</td><td>7.22</td><td>7.59</td><td>—</td><td>36.98</td><td>5.66</td><td>1.23</td><td>7.40</td><td>7.77</td><td>—</td></tr>
<tr><td></td><td></td><td></td><td></td><td></td><td></td><td></td><td></td><td></td><td></td><td></td><td></td><td></td><td></td><td></td><td></td></tr>
<tr><td colspan="2">人工单价</td><td colspan="8">小 计</td><td>36.98</td><td>5.66</td><td>1.23</td><td>7.40</td><td>7.77</td><td>—</td></tr>
<tr><td colspan="2">42.00元/工日</td><td colspan="8">未计价材料费</td><td colspan="6">303.00</td></tr>
<tr><td colspan="10">清单项目综合单价/（元/个）</td><td colspan="6">362.04</td></tr>
<tr><td rowspan="5">材料费明细</td><td colspan="5">主要材料名称、规格、型号</td><td>单位</td><td>数量</td><td>单价/元</td><td>合价/元</td><td colspan="3">暂估单价/元</td><td colspan="3">暂估合价/元</td></tr>
<tr><td colspan="5">专用底座 LD20</td><td>只</td><td>1</td><td>35.00</td><td>35.00</td><td colspan="3">—</td><td colspan="3">—</td></tr>
<tr><td colspan="5">按钮 J-SAP-M-LD2000</td><td>只</td><td>1</td><td>268.00</td><td>268.00</td><td colspan="3">—</td><td colspan="3">—</td></tr>
<tr><td colspan="7">其他材料费</td><td></td><td></td><td colspan="3"></td><td colspan="3"></td></tr>
<tr><td colspan="7">材料费小计</td><td>—</td><td>303.00</td><td colspan="3">—</td><td colspan="3">—</td></tr>
</table>

（续）

工程名称：××办公楼自动消防工程　　标段：　　第5页共14页

<table>
<tr><td>项目编码</td><td colspan="3">030904004001</td><td colspan="3">项目名称</td><td colspan="3">模块（接口）-监视模块 LD4400E-1</td><td colspan="3">计量单位</td><td colspan="2">个</td></tr>
<tr><td colspan="16">清单综合单价组合明细</td></tr>
<tr><td rowspan="2">定额编号</td><td rowspan="2">定额名称</td><td rowspan="2">单位</td><td rowspan="2">数量</td><td colspan="6">单价</td><td colspan="6">合价</td></tr>
<tr><td>人工费</td><td>材料费</td><td>机械费</td><td>管理费</td><td>利润</td><td>风险</td><td>人工费</td><td>材料费</td><td>机械费</td><td>管理费</td><td>利润</td><td>风险</td></tr>
<tr><td>7-145</td><td>报警接口安装（监视模块）</td><td>只</td><td>1</td><td>73.96</td><td>4.29</td><td>2.28</td><td>14.45</td><td>15.17</td><td>—</td><td>73.96</td><td>4.29</td><td>2.28</td><td>14.79</td><td>15.53</td><td>—</td></tr>
<tr><td></td><td></td><td></td><td></td><td></td><td></td><td></td><td></td><td></td><td></td><td></td><td></td><td></td><td></td><td></td><td></td></tr>
<tr><td colspan="2">人工单价</td><td colspan="8">小 计</td><td>73.96</td><td>4.29</td><td>2.28</td><td>14.79</td><td>15.53</td><td>—</td></tr>
<tr><td colspan="2">42.00元/工日</td><td colspan="8">未计价材料费</td><td colspan="6">370.00</td></tr>
<tr><td colspan="10">清单项目综合单价/（元/个）</td><td colspan="6">480.85</td></tr>
<tr><td rowspan="5">材料费明细</td><td colspan="5">主要材料名称、规格、型号</td><td>单位</td><td>数量</td><td>单价/元</td><td>合价/元</td><td colspan="3">暂估单价/元</td><td colspan="3">暂估合价/元</td></tr>
<tr><td colspan="5">专用底座 LD20</td><td>只</td><td>1</td><td>35.00</td><td>35.00</td><td colspan="3">—</td><td colspan="3">—</td></tr>
<tr><td colspan="5">监视模块 LD4400E-1（单输入接口）</td><td>只</td><td>1</td><td>335.00</td><td>335.00</td><td colspan="3">—</td><td colspan="3">—</td></tr>
<tr><td colspan="7">其他材料费</td><td></td><td></td><td colspan="3"></td><td colspan="3"></td></tr>
<tr><td colspan="7">材料费小计</td><td>—</td><td>370.00</td><td colspan="3">—</td><td colspan="3">—</td></tr>
</table>

（续）

工程名称：××办公楼自动消防工程　　标段：　　第 6 页共 14 页

项目编码	030904004002	项目名称	模块（接口）-控制模块 LD6800E-1	计量单位	个

清单综合单价组合明细

定额编号	定额名称	单位	数量	单价						合价					
				人工费	材料费	机械费	管理费	利润	风险	人工费	材料费	机械费	管理费	利润	风险
7-143	控制模块（接口）安装，单输出	只	1	78.26	6.08	1.75	15.29	16.05	—	78.26	6.08	1.75	15.65	16.43	—
人工单价		小计								78.26	6.08	1.75	15.65	16.43	—
42.00 元/工日		未计价材料费								590.00					
清单项目综合单价/（元/个）										708.17					

材料费明细	主要材料名称、规格、型号	单位	数量	单价/元	合价/元	暂估单价/元	暂估合价/元
	专用底座 LD20	只	1	35.00	35.00	—	—
	控制模块 LD6800E-1（单输入/输出接口）	只	1	555.00	555.00	—	—
	其他材料费						
	材料费小计			—	590.00	—	—

（续）

工程名称：××办公楼自动消防工程　　标段：　　第 7 页共 14 页

项目编码	030904004003	项目名称	模块（接口）-隔离模块 LD3600E	计量单位	个

清单综合单价组合明细

定额编号	定额名称	单位	数量	单价						合价					
				人工费	材料费	机械费	管理费	利润	风险	人工费	材料费	机械费	管理费	利润	风险
7-145	报警接口安装（隔离模块）	只	1	73.96	4.29	2.28	14.45	15.17	—	73.96	4.29	2.28	14.79	15.53	—
人工单价		小计								73.96	4.29	2.28	14.79	15.53	—
42.00 元/工日		未计价材料费								369.00					
清单项目综合单价/（元/个）										479.85					

材料费明细	主要材料名称、规格、型号	单位	数量	单价/元	合价/元	暂估单价/元	暂估合价/元
	专用底座 LD20	只	1	35.00	35.00	—	—
	隔离模块 LD3600E	只	1	334.00	334.00	—	—
	其他材料费						
	材料费小计			—	369.00	—	—

（续）

工程名称：××办公楼自动消防工程　　　标段：　　　第 8 页共 14 页

项目编码	030904010001	项目名称	区域报警控制器-总线制 JB-QB/LD128E（Q）-32C	计量单位	台

清单综合单价组合明细															
定额编号	定额名称	单位	数量	单价						合价					
				人工费	材料费	机械费	管理费	利润	风险	人工费	材料费	机械费	管理费	利润	风险
7-150	报警控制器总线制壁挂式安装，200点以下	台	1	694.45	37.32	167.94	138.89	145.83	—	694.45	37.32	167.94	138.89	145.83	—
人工单价		小 计								694.45	37.32	167.94	138.89	145.83	—
42.00 元/工日		未计价材料费								18900.00					
清单项目综合单价/（元/台）										20084.43					

材料费明细	主要材料名称、规格、型号	单位	数量	单价/元	合价/元	暂估单价/元	暂估合价/元
	火灾报警控制器、总线制 JB-QB/LD128E（Q）-32C	台	1	18900.00	18900.00		
	其他材料费						
	材料费小计			—	18900.00	—	—

（续）

工程名称：××办公楼自动消防工程　　　标段：　　　第 9 页共 14 页

项目编码	030905001001	项目名称	自动报警系统调试	计量单位	系统

清单综合单价组合明细															
定额编号	定额名称	单位	数量	单价						合价					
				人工费	材料费	机械费	管理费	利润	风险	人工费	材料费	机械费	管理费	利润	风险
7-197	自动报警系统装置调试，128点以下	系统	1	4594.12	282.23	1122.86	918.82	964.77	—	4594.12	282.23	1122.86	918.82	964.77	—
人工单价		小 计								4594.12	282.33	1122.86	918.82	964.77	—
42.00 元/工日		未计价材料费								0.00					
清单项目综合单价/（元/系统）										7882.90					

材料费明细	主要材料名称、规格、型号	单位	数量	单价/元	合价/元	暂估单价/元	暂估合价/元
	其他材料费						
	材料费小计			—	0.00	—	—

（续）

工程名称：××办公楼自动消防工程　　标段：　　第 10 页共 14 页

项目编码	030411001001	项目名称	配管- SC15 砖混结构暗敷设	计量单位	m

清单综合单价组合明细															
定额编号	定额名称	单位	数量	单价						合价					
				人工费	材料费	机械费	管理费	利润	风险	人工费	材料费	机械费	管理费	利润	风险
2-1030	SC15，砖混结构暗敷设	100m	1.1	304.78	60.93	34.86	60.96	64.00	—	335.26	67.02	38.35	67.06	70.40	—
人工单价		小计								335.26	67.02	38.35	67.06	70.40	—
42.00 元/工日		未计价材料费								679.80					
清单项目综合单价/（元/m）										（578.09 +679.80）/110 =11.44					

材料费明细	主要材料名称、规格、型号	单位	数量	单价/元	合价/元	暂估单价/元	暂估合价/元
	焊接钢管 SC15	m	113.3	6.00	679.80	—	—
	其他材料费						
	材料费小计			—	679.80	—	—

（续）

工程名称：××办公楼自动消防工程　　标段：　　第 11 页共 14 页

项目编码	030411004001	项目名称	配线- RVS-2×1.5 管内穿线	计量单位	m

清单综合单价组合明细															
定额编号	定额名称	单位	数量	单价						合价					
				人工费	材料费	机械费	管理费	利润	风险	人工费	材料费	机械费	管理费	利润	风险
2-1193	RVS-2×1.5，管内穿线	100m	1.2	37.50	14.70	—	7.50	7.88	—	45.00	17.64	—	9.00	9.46	—
人工单价		小计								45.00	17.64	—	9.00	9.46	—
42.00 元/工日		未计价材料费								481.20					
清单项目综合单价/（元/m）										562.30/120 =4.69					

材料费明细	主要材料名称、规格、型号	单位	数量	单价/元	合价/元	暂估单价/元	暂估合价/元
	RVS-2×1.5	m	129.6	3.713	481.20	—	—
	其他材料费						
	材料费小计			—	481.20	—	—

（续）

工程名称：××住宅楼电气照明工程 标段： 第 12 页共 14 页

项目编码		030411006001		项目名称		接线盒 – 钢制暗装接线盒 86H60				计量单位		个			
清单综合单价组成明细															
定额编号	定额项目名称	单位	数量	单价						合价					
				人工费	材料费	机械费	管理费	利润	风险	人工费	材料费	机械费	管理费	利润	风险
2-1324	暗装接线盒	10 个	3.2	19.35	25.44	—				61.92	81.41	—	12.38	12.99	—
人工单价/(元/工日)		小计								61.92	81.41	—	12.38	12.99	—
42.00		未计价材料费								104.45					
清单项目综合单价/（元/个）										（168.70 + 104.45/32 = 8.54					

材料费明细表	主要材料名称、型号、规格	单位	数量	单价/元	合价/元	暂估单价/元	暂估合价/元
	钢制暗装接线盒 86H60 75×75×60	个	32.64	3.20	104.45	—	—
	其他材料						
	材料费小计				104.45	—	—

分部分项工程量清单与计价表见表 3-4，主要设备、材料价格表见表 3-5。

表 3-4 分部分项工程量清单与计价表

工程名称：××办公楼自动消防工程 标段： 第 13 页共 14 页

序号	项名编码	项目名称	项目特征描述	计量单位	工程数量	金额/元		
						综合单价	合价	其中：暂估价
01	030904001001	点型探测器	智能离子感烟探测器 TY-GD/LD3000E 工作内容：1. 探头安装；2. 底座安装；3. 校接线；4. 探测器调试；5. 编码	个	20	439.73	8794.60	—
02	030904001002	点型探测器	智能感温探测器 JTW-ZD/LD3300E 工作内容：1. 探头安装；2. 底座安装；3. 校接线；4. 探测器调试；5. 编码	个	2	409.16	818.32	—

（续）

序号	项名编码	项目名称	项目特征描述	计量单位	工程数量	金额/元		
						综合单价	合价	其中：暂估价
03	030904003001	按钮	J-SAP-M-LD2000 总线制按钮 工作内容：1. 安装；2. 校接线；3. 调试；4. 编码	个	2	362.04	724.08	—
04	030904004001	模块（接口）	监视模块 LD4400E-1 工作内容：1. 安装；2. 调试；3. 校接线；4. 编码	个	5	480.85	2404.25	—
05	030904004002	模块（接口）	控制模块 LD6800E-1 工作内容：1. 安装；2. 调试；3. 校接线；4. 编码	个	2	708.17	1416.34	—
06	030904004003	模块（接口）	隔离模块 LD3600E 工作内容：1. 安装；2. 调试	个	1	479.85	479.85	—
07	030904010001	区域报警控制器（箱）	总线制 JB-QB/LD128E（Q）-32C 工作内容：1. 本体安装；2. 校接线、摇测绝缘电阻；3. 排线、绑扎、导线标识；4. 调试	台	1	20084.43	20084.43	—
08	030905001001	自动报警系统调试	火灾自动报警系统，32 点 工作内容：系统调试	系统	1	7882.90	7882.90	—
09	030411001001	配管	焊接钢管 SC15 砖混结构暗敷设 工作内容：1. 电线管路敷设；2. 接地	m	110	11.44	1258.40	—
10	030411004001	电气配线	铜芯聚氯乙烯绝缘双绞导线 RVS-2×1.5 工作内容：配线	m	120	4.69	562.80	—
11	030411006001	接线盒	钢制接线盒 86H60 75×75×60，暗装 工作内容：本体安装	个	32	8.54	273.28	—

（续）

序号	项名编码	项目名称	项目特征描述	计量单位	工程数量	金额/元		
						综合单价	合价	其中：暂估价
本页小计							44699.25	—
合计							44699.25	—
根据陕建发［2018］2019号调价文件，计算人工差价							12468.86	
分部分项工程费 = ∑综合单价 × 工程数量 + 可能发生的差价							57168.11	

根据陕建发［2018］2019号调价文件，应对本工程项目的人工费进行调整，其差价应计入分部分项工程费中，但注意不能计入到综合单价内。

如表3-3、表3-4所示，其分部分项工程费中含人工费为：

$$R_1 = (25.37\times20+25.37\times2+36.98\times2+73.96\times5+78.26\times2+73.96\times1+694.45\times1+4594.12\times1+335.26+45.00+61.92)\text{元} = 6963.13\text{元}$$

人工差价为：

$$\Delta Q_1 = (6963.13/43)\times(120.00-43)\text{元} = 12468.86\text{元}$$

分部分项工程费为：

$$Q_1 = \sum \tau m + \Delta Q_1 = (44699.25+12468.86)\text{元} = 57168.11\text{元}$$

表3-5 主要设备、材料价格表

工程名称：×××建筑消防工程　　专业：消防设备安装工程　　第14页共14页

序号	材料编码	设备、材料型号规格	单位	数量	单价	备注
01	ZC001	智能感烟探测器 JTY-GD/LD3000E	只	20	369.00	
02	ZC002	智能感温探测器 JTW-ZD/LD3000E	只	2	339.00	
03	ZC003	手动火灾报警按钮 J-SA P-M-LD2000	只	2	268.00	
04	ZC004	监视模块 LD4400E-1	只	5	335.00	
05	ZC005	控制模块 LD6800E-1	只	2	555.00	
06	ZC006	隔离模块 LD3600E	只	1	334.00	
07	ZC007	报警控制器 JB-QB/LD128E（Q）-32C	台	1	18900.00	
08	ZC008	焊接钢管 SC15	m	110	6.00	
09	ZC009	钢制安装盒 86H60 75×75×60	个	32	3.20	
10	ZC010	塑料绝缘软双绞线 RVS-2×1.5	m	120	3.713	
11	ZC011	专用底座 LD20	只	10	35.00	
12	ZC012	通用底座 LD10E	只	22	30.00	

3.2.3 防火控制装置的调试

防火控制装置主要由电动防火门、防火卷帘门、正压送风阀、防火控制阀消防电梯等装置组成。防火控制装置调试的项目编码为“030905003”，该项目编码的工作内容为其装置的调试。其中电动防火门、防火卷帘门、正压送风阀、排烟阀、防火控制阀等调试均以“个”为计量单位计算，消防电梯则以“部”为计量单位计算。电动防火门和电动防火卷帘门（包括门框架）应在规定时间内，能够满足耐火稳定性和耐火完整性的要求。电动防火门和电动防火卷帘门是使防火分区相互隔离，防止火灾蔓延扩大的重要装置。其二者均可由消防控制中心联动控制并通过回馈信号对其开启和关闭状态进行显示。消耗量定额规定电动防火门、电动防火卷帘门的调试均以“10 处”为计量单位计算，每个防火门、防火卷帘门都不分规格大小，按 1 樘计算，每樘为 1 处，分别套用定额 7-215、7-216。

正压送风阀、排烟阀和防火阀的调试也均以“10 处”为计量单位计算，一个阀为 1 处，注意上述三种阀均套用一个定额子目（7-217）。

消防专用电梯系统装置的调试（包括与消防控制中心之间联络及控制环节的调试）以“部”为计量单位计算（7-217）。其调试内容主要包括检查接线、绝缘测量、程序装载或校对检查、功能测试、系统试验和调试记录、数据整理等。

另外，对于自消防系统中的电缆敷设、电缆桥架安装、线槽安装、配管配线、接线盒安装、动力（如消防水泵、稳压泵和喷淋泵等的控制设备、应急照明控制装置）、应急照明器具、电动机检查接线、防雷接地装置等安装工程项目，均应执行《电气设备安装工程》第二册的相应定额项目，但超高费系数、脚手架搭拆费系数等应按第七册的相关规定执行。各种仪表的安装以及带电讯号的阀门、水流指示器、压力开关、驱动装置及泄漏报警开关的接线、校线等，执行第十册《自动化控制仪表安装工程》的有关定额。

【例题 3-2】如图 3-2 所示为智能建筑实验室局部火灾自动报警系统，层高为 4.5m，室外地坪标高 -0.50m，室内地坪标高为 ±0.00，设备及图例符号见表 3-6。接地装置中的接地极选用规格为 500mm × 500mm × 8mm 铜板，接地母线选用铜芯电缆 VV_{22}-1 × 25。平面图中实线（—）表示回路二总线 RVS-2 × 1.5，虚线（---）表示直流电源总线（DC24V）BVR-2 × 2.5，均穿焊接钢管 SC15 沿顶棚、墙暗敷设。火灾报警控制器（450mm × 500mm × 180mm）嵌墙安装，其他电气装置安装高度见设备材料表。要求完成：

1. 计算工程量，并填写工程量计算表。

2. 编制分部分项工程量清单。

3. 本工程招标投标时间为 2019 年 5 月 15 日，请按编制最高限价分别计算其中智能电子感温探测器（JTW-ZD-FD8012）和铜芯聚氯乙烯绝缘绞型软线 RVS-2 × 1.5 的综合单价及其清单项目计价。已知智能电子感温探测器信息价格为每只 380 元，底盒 LD20（底座）每个 30.00 元，双绞线 RVS-2 × 1.5 的主材单价执行地区工程造价管理部门最近发布的材料信息价 6184 元/km。

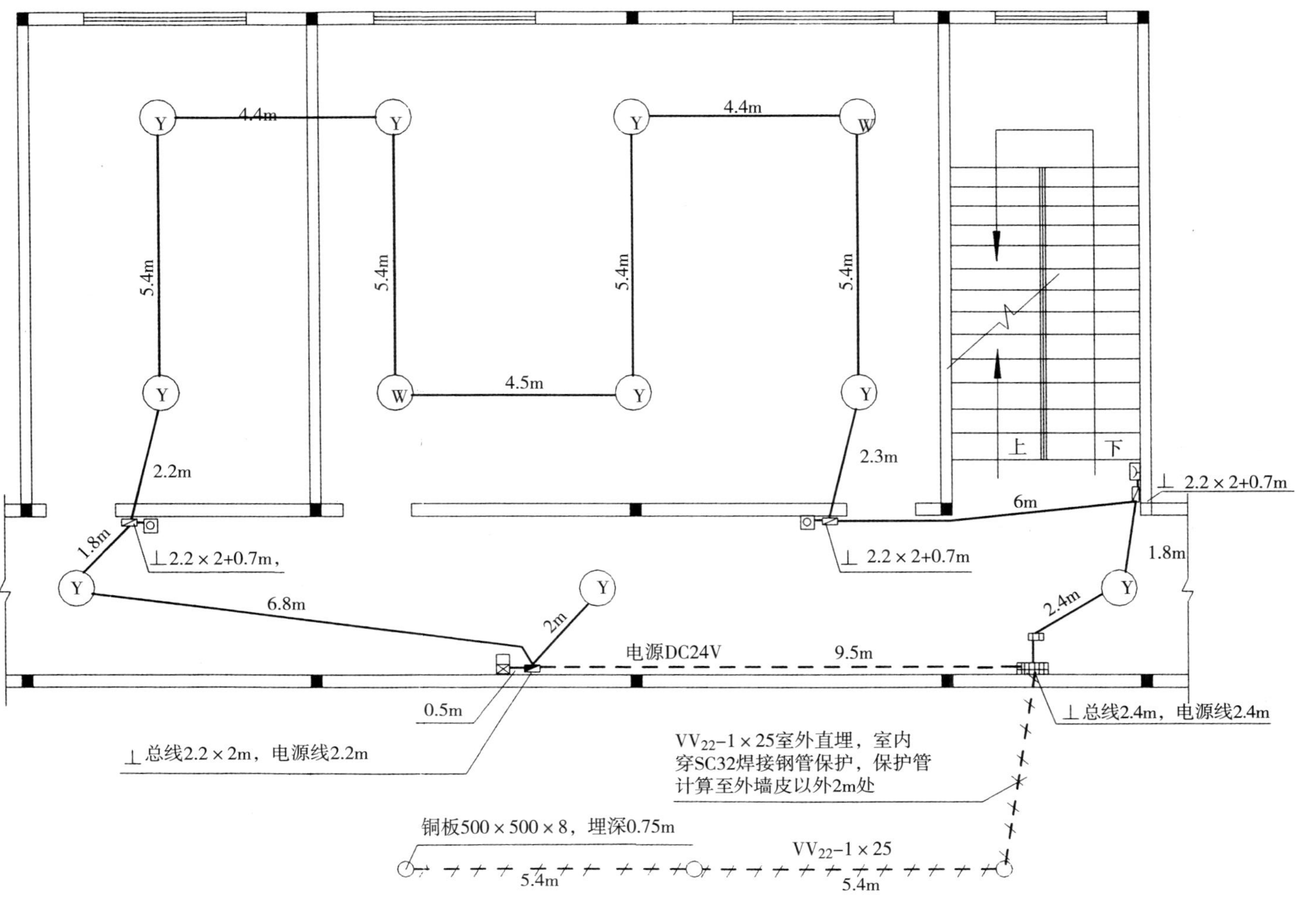

图3-2 火灾自动报警系统平面图

表 3-6 设备材料及图例符号表

图例符号	设备材料名称	安装高度
Y	智能光电感烟探测器 JTY-GD-FD8011	吸顶安装
W	智能电子感温探测器 JTW-ZD-FD8012	吸顶安装
	声光报警器 FD-SG02	壁装，2.2m
	手动火灾报警按钮 J-SAP-FD8031	壁装，1.5m
	智能控制（输出）模块 FD-MC8012	壁装，2.2m
	智能监视（接口）模块 FD-MT8020	壁装，2.2m
	消火栓报警按钮 J-XHS-8051	壁装，1.5m
	智能隔离模块 FD-MG8025	壁装，2.2m
	智能火灾报警控制器 JB-TB-FD51/40，450mm×500mm×180mm	壁装，1.5m

注：手动报警按钮与监视模块、消火栓报警按钮与监视模块均在墙上暗装，二者安装在同一直线上，且一上一下。

【解】：

1. 计算分部分项工程量清单项目工程量（见表 3-7）

表 3-7 分部分项工程量计算表

工程名称：智能建筑实验室火灾自动报警系统 标段： 第 页 共 页

序号	项目名称	计算式	计量单位	数量
01	点型探测器-智能光电感烟探测器 JTY-GD-FD8011，吸顶	3+4+2	个	9
02	点型探测器-智能电子感温探测器 JTW-ZD-FD8012，吸顶	1×2	个	2
03	按钮-手动火灾报警按钮 J-SAP-FD8031，壁装	1×2	个	2
04	按钮-消火栓报警按钮 J-XHS-FD8051，壁装		个	1

（续）

序号	项目名称	计算式	计量单位	数量
05	模块（接口）-智能控制（输出）模块 FD-MC8012，壁装		个	1
06	模块（接口）-智能监视（接口）模块 FD-MT8020，壁装	2+1	个	3
07	模块（接口）-智能隔离模块 FD-MG8025，壁装		个	1
08	区域报警控制器-智能火灾报警控制器 JB-TB-FD51/40，壁装		台	1
09	声光报警器-FD-SG02，壁装		台	1
10	配管-SC15 砖混结构暗配	[2.4+1.8×2+6+2.3+5.4×4+4.4×2+4.5+2.2+6.8+2+2.4+(2.2×2+0.7)×3+2.2×2]+(2.4+9.5+0.5+2.2)=82.3+14.6	m	96.9
11	配线-铜芯聚氯乙烯绝缘双绞软线 RVS-2×1.5，穿管敷设	82.3×1+(0.45+0.5)×1	m	83.3
12	配线-铜芯聚氯乙烯绝缘软线 BVR-2.5，穿管敷设	14.6×2+(0.45+0.5)×2	m	31.1
13	接地极-接地极制作安装，铜板 500mm×500mm×8mm	1×3	块	3
14	接地母线-铜接地绞线敷设 VV_{22}-1×25 敷设	(5.4×2+3.7+0.75+0.5+1.5+0.45+0.5)×1.039	m	18.9
15	接地装置-独立接地装置调试		组	1
16	电缆保护管-SC32 砖混结构暗敷设	2+0.4+0.7+0.5+1.5	m	5.1
17	接线盒-消防报警按钮开关盒 86H60 75×75×60	2+1	个	3
18	接线盒-探测器、模块等接线盒 86H60 75×75×60	9+2+3+1+1+1	个	17
	辅助工程计算			
一	智能光电感烟探测器			
	专用底盒 LD20（底座）		个	9
二	智能电子感温探测器			
	专用底盒 LD20（底座）		个	2
三	接地母线			
	（1）接地跨接线安装		处	1
	（2）断接卡子制作安装		套	1

2. 编制分部分项工程量清单（见表3-8）

表3-8 分部分项工程量清单

工程名称：智能建筑实验室火灾自动报警系统

序号	项目编码	分部分项名称及项目特征	工作内容	计量单位	数量
01	030904001001	点型探测器-智能光电感烟探测器 JTY-GD-FD8011，吸顶	1. 底座安装；2. 探头安装；3. 校接线；4. 编码；5. 探测器调试	个	9
02	030904001002	点型探测器-智能电子感温探测器 JTW-ZD-FD8012，吸顶	1. 底座安装；2. 探头安装；3. 校接线；4. 编码；5. 探测器调试	个	2
03	030904003001	按钮-手动火灾报警按钮 J-SAP-FD8031，壁装	1. 安装；2. 校接线；3. 编码；4. 调试	个	1
04	030904003002	按钮-消火栓报警按钮 J-XHS-FD8051，壁装	1. 安装；2. 校接线；3. 编码；4. 调试	个	2
05	030904008001	模块-智能控制（输出）模块 FD-MC8012，壁装	1. 安装；2. 校接线；3. 编码；4. 调试	个	1
06	030904008002	模块-智能监视（接口）模块 FD-MT8020，壁装	1. 安装；2. 校接线；3. 编码；4. 调试	个	1
07	030904008003	模块-智能隔离模块 FD-MG8025，壁装	1. 安装；2. 校接线；3. 编码；4. 调试	个	2
08	030904009001	区域报警控制器-智能火灾报警控制器 JB-TB-FD51/40，壁装	1. 本体安装；2. 校接线、摇测绝缘电阻；3. 排线、绑线、导线标示；4. 调试	台	1
09	030904005001	声光报警器-FD-SG02，壁装	1. 安装；2. 校接线；3. 编码；4. 调试	个	1
10	030411001001	配管-SC15 砖混结构暗配	1. 电线管路敷设；2. 接地	m	96.9
11	030411004001	配线-铜芯聚氯乙烯绝缘双绞软线 RVS-2×1.5 穿管敷设	配线	m	83.3
12	030411004002	配线-铜芯聚氯乙烯绝缘软线 BVR-2.5 穿管敷设	配线	m	29.1
13	030409001001	接地极-接地极制作安装，铜板 500mm ×500mm ×8mm	1. 铜板接地极制作、安装；2. 补刷（喷）油漆	块	3
14	030409002001	接地母线-铜接地绞线敷设 VV_{22}-1×25	1. 接地母线制作、安装；2. 补刷（喷）油漆；3. 接地跨接线安装；4. 断接卡子制作、安装	m	18.9
15	030414011001	接地装置-独立接地装置调试	接地电阻测试	组	1
16	030408003001	电缆保护管-SC32 砖混结构暗敷设	保护管敷设	m	5.1
17	030411006001	接线盒-暗装开关盒 86H6075×75×60	本体安装	个	3
18	030411006002	接线盒-探测器、模块等暗装接线盒 86H60 75×75×60	本体安装	个	17

3. 计算分部分项工程量清单项目综合单价

（1）智能电子感温探测器分部分项工程量清单项目综合单价分析表见表3-9。

表3-9 分部分项工程量清单项目综合单价分析表

工程名称：智能建筑实验室火灾自动报警系统　　计量单位：个

项目编码：030904001002　　工程数量：2

项目名称：点型探测器-智能电子感温探测器　　综合单价：449.74元/个

序号	定额编号	定额项目名称	计量单位	工程数量	人工费	材料费	机械费	合价
01	7-137	总线制感温探测器	只	1	24.78	4.21	0.18	29.17
02		智能电子感温探测器JTW-ZD-FD8012主材费	只	1		380.00		380.00
		专用底盒LD20（底座）	个	1		30.00		30.00
03		项目管理费：24.78×20.54%						5.09
04		项目利润：24.78×22.11%						5.48
05	合计		个	1	24.78	414.21	0.18	449.74

（2）铜芯聚氯乙烯绝缘双绞软线RVS-2×1.5分部分项工程量清单项目综合单价分析表见表3-10。

表3-10 分部分项工程量清单项目综合单价分析表

工程名称：智能建筑实验室火灾自动报警系统　　计量单位：m

项目编码：030411004001　　工程数量：83.3

项目名称：电气配线-铜芯聚氯乙烯绝缘双绞软线穿管敷设　　综合单价：7.35元/m

序号	定额编号	定额项目名称	计量单位	工程数量	人工费	材料费	机械费	合价
01	2-1193	管内穿线，多芯软导线，二芯、1.5mm^{2}以内	100m	0.833	30.50	12.25	—	42.75
02		铜芯聚氯乙烯绝缘双绞软导线RVS-2×1.5，主材信息单价6.184元/m	m	89.96		556.32		556.32
03		项目管理费：30.50×20.54%						6.26
04		项目利润：30.50×22.11%						6.74
05	合计		m	82.3				612.07

4. 分部分项工程量清单计价（见表3-11）

表3-11 部分项目分部分项工程量清单计价表

工程名称：智能建筑实验室火灾自动报警系统

序号	项目编码	项目名称	项目特征描述	计量单位	工程数量	金额/元		
						综合单价	合价	其中：暂估价
01	030904001002	点型探测器	智能电子感温探测器JTW-ZD-FD8012 工作内容：1. 底座安装；2. 探头安装；3. 校接线；4. 编码；5. 探测器调试	个	2	449.74	899.48	—
02	030411004001	配线	铜芯聚氯乙烯绝缘双绞软线RVS-2×1.5穿管敷设 工作内容：配线	m	83.3	7.35	612.26	—
合计							1511.74	
根据陕建发（2018）2019号调价文件，计算人工差价：$\Delta R=(24.78\times2+30.50)\div42.00\times(120.00-42.00)$							148.68	
				1			1660.42	

练习思考题3

1. 自动消防系统工程的电缆敷设，配管配线，接线盒、开关盒安装，消防泵、喷淋泵、稳压泵等电动机检查接线以及防雷接地等应执行什么相应定额？如果有超高工程项目又应如何处理？

2. 火灾自动报警系统安装一般有哪些安装项目，其工程量计算规则有何规定？

3. 自动报警系统装置调试包括哪些内容？套用有关调试定额时有何规定？

4. 宝鸡市某宾馆局部总线制火灾自动报警工程的部分工程量统计如下：

电气配管SC25砖混结构暗配360m，从报警控制器引出的回路总线上有智能离子感烟探测器120只，智能感温探测器10只，隔离模块2只，手动报警按钮10只，控制模块20只，监视模块15只。配线采用RVS-2×1.5，长400m。设主材SC25，3750元/t，RVS-2×1.5，1988元/km，感烟探测器365元/只，探测器底座30元/只，监视模块320元/只，控制模块430元/只，隔离模块300元/只，智能火灾报警控制器（联动型，20点），16800元/台，暗装预埋盒DH75（配合探测器、手动报警按钮使用）2.90元/个，手动报警按钮（带电话插孔）350元/只。设本工程于2020年2月25日开工，试编制分部分项工程量清单，并按投标报价或招标最高限价对分部分项工程量清单计价。

第 4 章　自动化控制仪表安装工程量计算规则

随着科学技术的飞速发展，现代化工业厂房、宾馆饭店、办公大楼、大型商场超市、高级住宅等高层建筑和建筑群体越来越多，尤其是智能化建筑的发展极为迅速。在各种工业锅炉管道、集中空调系统、建筑自动消防系统和计算机楼宇自控系统中，自动化控制仪表已成为不可缺少的装备，获得了十分广泛的应用，在电气安装工程造价中所占的比例也越来越大。

我们知道，在生产过程中按照生产工艺和生活环境的要求，有各种参数需要进行检测和控制，这些参数一般可以划分为以下几种参数类型：①热工量，包括温度、压力、流量和物位等；②机械量，包括重量、尺寸、速度和加速度等；③成分量，包括浓度、密度、粘度、湿度、酸度和电导率等；④电磁量，包括相位和频率等。现在根据上述参数类型划分已经研制生产了各种各样的自动化控制仪表。在《全国统一安装工程预算定额》第十册《自动化控制仪表安装工程》GYD—210—2000（第 2 版）中，将自动化控制仪表分为过程检测仪表、过程控制仪表、集中检测装置及仪表、集中监视与控制装置、工业计算机安装与调试、工厂通信与供电、仪表盘箱柜及附件制作、安装等共九章内容。本章将重点介绍一些常用自动化控制仪表的安装计算方法。

4.1　过程检测与过程控制仪表的安装调试

过程检测仪表安装及单体调试包括温度仪表、压力仪表、差压流量仪表、物位仪表和显示仪表等。过程检测仪表是实现自动控制的关键部件。其中温度仪表，如膨胀温度计又分为工业液体温度计和双金属片温度计、压力工业温度计/控制器/控制开关、温度控制器/温度开关、光电比色辐射感温温度计、各式热电偶（阻）等，均以“支”为计量单位计算。其分部分项工程项目编码均为“030601001”。该项目工作内容包括温度仪表安装，单体校验、调整，取源部件（温度信号采集装置）配合安装，套管及可挠性管安装和支架的制作、安装等。

压力仪表（如常用的电接点压力表、压力开关/压力控制器以及各式差压流量仪表、物位仪表和显示仪表等）均以“台”为计量单位计算，其分部分项工程项目编码均为“030601002”，工作内容与温度仪表基本相同。

此外还有流量仪表、物位检测仪表和显示仪表等，都有专用的分部分项工程项目名称和项目编码，均以“台”为计量单位计算。其工作内容均有仪表本体安装和支架的制作、安装、刷油。其中流量仪表和物位检测仪表还包括可挠性管安装、脱脂、辅助容器制作、安装和刷油。流量仪表安装还有取源部件、节流阀、保护（温）箱等的安装以及防雨罩制作、安装、刷油和流量仪表及各器件的单体调试等。总之，在进行分部分项工程清单及其综合单价组价分析时，应充分了解工程项目的项目特征和所包括的工作内容，充分分析了解各工作内容是否在该工程项目中发生，对于工程项目中发生的工作内容应正确计算工程消耗量，正确地套用定额，以达到工程造价准确的目的。

过程控制仪表安装及单体调试包括电动单元组合仪表、气动单元组合仪表、组装式综合控制仪表、基地式调节仪表和执行仪表等。过程控制仪表主要功能是将检测信号加以运算放大，联动控制某些电气设备或器件。例如可将温度、压力、压差和流量、液位等不同的检测信号，经过变送器单元、显示单元、调节单元、计算给定单元和辅助单元等进行过程自动控制。故应区分过程控制仪表的类型，区分显示仪表、调节仪表、基地式调节仪表、辅助单元仪表和盘装仪表等，均以“台”为计量单位计算，仪表费用另行计算。其分部分项工程项目编码分别为“030602001～030602005”，其工作内容主要包括本体安装、盘柜配线、表盘开孔和单体调试等。仪表回路模拟试验则应区分测量回路和调节回路，以“套”为计量单位计算，其中每个温度、压力、流量/压差测量回路为1套。测量回路、调节回路以及报警联锁回路、工业计算机系统回路的模拟试验的分部分项工程项目编码分别为“030606001～030606004”。

在进行工程量计算时，应注意各种仪表的定额均分别按安装和单体调试综合考虑的，即应在对各种仪表进行单体试验合格的基础上再进行安装。故不论仪表是在被检测现场安装，还是在仪表盘柜上安装，也不管仪表是否随设备成套供应，均按一次安装调试计算费用，但与仪表成套的放大器等不得再重复计算工程量。安装仪表使用的支架、支座、台座等制作、安装应执行《全国统一安装工程预算定额》第二册《电气设备安装工程》GYD—202—2000（第2版）中有关铁构件制作、安装定额，并套用相应的分部分项工程项目编码。以上介绍的流量计、调节阀、电磁阀和节流阀装置等均安装于工业管道之上。

上面提到的基地式调节仪表包括电动调节器、气动调节器、电（气）动调节记录仪等。电动调节器分为简易式调节器、PID调节器、时间比例调节器、配比调节器和程序控制调节器等五种。指示记录式气动调节器按其安装和单体调试的部位，分为盘上和支架上两个类别，均以“台”为计量单位计算。对于与其配套的执行机构、调节阀、自动调节阀和执行仪表附件等均有专用的分部分项工程项目编码（“030603001～030603004”），在各分部分项工程项目的工作内容中，相同工作内容包括本体安装、单体调试等，在编制分部分项工程量清单计价时，应注意其个别不同的工作内容。

在自动化仪表安装施工时，一般是由自控仪表专业人员配合管道专业人员安装。安装在工业设备、工业管道上的仪表的一次部件（即仪表与工业管道之间的连接导管）、管道上安装与仪表配套的节流装置，包括一次法兰垫的制作、安装等，只能计算一次工程量，对于放射性仪表的安装调试，应包括其保护管安装，安全防护、模拟安装，以“套”为计量单位计算。安装仪表时，在工业管道、工业设备上开孔、切割钢管、法兰焊接、短管焊接等项，均应套用《全国统一安装工程预算定额》第六册《工业管道工程》GYD—206—2000（第2版）中管件连接的有关项目。各种仪表的配管、配线工程可执行《全国统一安装工程预算定额》第二册《电气设备安装工程》GYD—202—2000（第2版）的有关项目。

4.2 集中检测与集中控制装置的安装调试

集中检测装置及仪表分为机械量仪表、过程分析和物性检测仪表和电气环保检测仪表等三大类。其中机械测量仪表又分为对重量、尺寸、速度和加速度等参数进行自动检测的仪表，如同位素测厚仪、亮度检测装置、转速检测仪表、称重传感器和数字称重显示仪等。过程分析和物性检测仪表则可以实现对被检测参数进行定量地分析并加以显示，如电化学分析仪、热化学分析仪、光电比色分析仪、水质分析仪和可燃性气体热值指数仪等。气象环保检测仪表则主要用于对风向、风速的测量，对雨量、日照和飘尘等参数的测定，数据经处理后发布天气气象报告，进行气象方面的科学研究等。以上所述集中检测装置及仪表的安装(包括调试)，均以“台（套）”为计量单位计算，但仪表费用及取源部件、仪表接头等主材费均应另行计算。集中检测装置及仪表划分为测厚测宽及金属检测装置、旋转机械检测仪表和称重及皮带跑偏检测装置等三项，分部分项工程项目编码为“030604001～030604003”，按设计图纸计算工程量。注意在成套分析仪表的安装调试定额中，已包括配套的探头、通用处理装置、显示仪表的安装及取样样品的标定。特殊预处理装置、分析柜、室及附件应另套有关项目定额“10-368～10-377”。过程分析和物性检测仪表包括过程分析仪表、物性检测仪表、特殊预处理装置、分析柜、室、气象环保检测仪表等分部分项工程项目，项目编码分别为“030605001～030605005”，按设计图纸计算工程数量，以“套”或“台”为计量单位计算。设备支架、支座等制作、安装应另行计算，并且应套用《全国统一安装工程预算定额》第二册《电气设备安装工程》GYD—202—2000有关铁构件制作、安装项目。在管子上开孔、焊接取源取样部件（如短管等）或法兰等，应执行《全国统一安装工程预算定额》第六册《工业管道工程》GYD—206—2000有关管件连接项目。

集中监视与控制装置可分为安全监测装置、工业电视、远动装置、顺序控制装置、信号报警和数据采集及巡回检测报警装置等。

下面主要介绍安全监测装置与工业电视的安装计算。

4.2.1 安全监测装置

安全监测装置（“030607001”）主要包括可燃气体报警装置、火焰监视装置、自动点火装置、燃烧安全保护装置、漏油检测装置和高阻检测装置等六种，主要用于锅炉房、厨房、集中空调机房等使用天然气、燃油作为燃料的场所，用以监视天然气或油气等泄露故障的发生。可燃气体报警器有盘上嵌入安装和壁挂式安装两种安装方式，其容量有1～8个不同工作点数。分一般可燃气体报警器和智能多点气体报警器，其定额不分工作点数，均以“套”为计量单位计算。其工作内容主要包括技术机具准备、开箱、设备清点、搬运、单体调试、安装、固定、挂牌、校接线、接地、接地电阻测试、常规检查、系统模拟试验、配合单机试运转和记录整理等，注意在定额中已包括配套的可燃气体探测器（即探头）和报警器整体的安装及调试，设备费用另计。

火焰监视器、燃烧安全保护装置、漏油检测装置、固定自动点火系统和漏油检测装置等，均包括了现场安装和成套调试，分别以“套”为计量单位计算。各装置、设备费用另行计算。对于报警盘、点火盘（箱）安装及检查接线等则可执行继电器柜（箱）、组件机箱等定额项目（“10-382～10-389”）。

4.2.2 工业电视

在银行收银台、博物馆、文物馆等防盗系统中常采用工业电视装置，其主要由摄像机、监视器（又称显示器）附属设备和显示器辅助设备等组成，如图 4-1 所示。

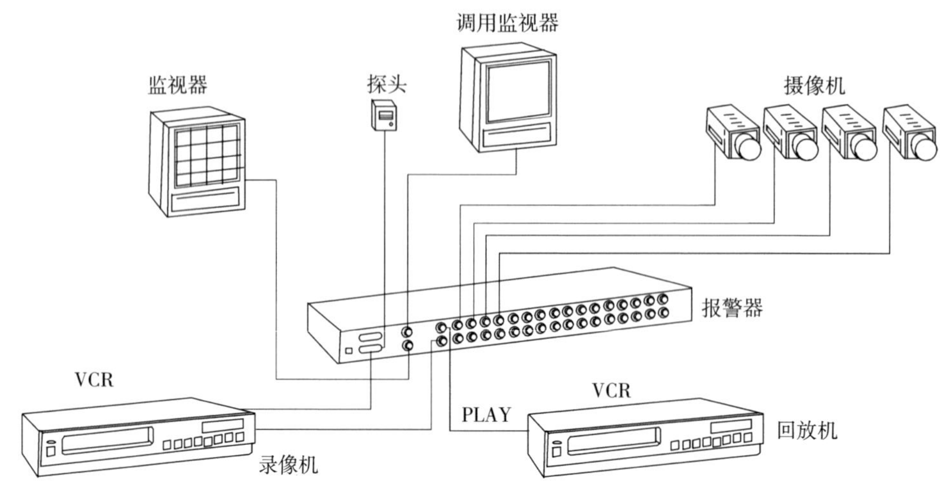

图 4-1 电视自动监控系统图

摄像机有黑白摄像机和彩色摄像机两种，分辨率较高（分辨率可达 470 线以上），可对多路视频处理器（分配器）发送十分清晰的图像信号。摄像机安装调试应区分安装高度，以“台”为计量单位计算，其设备费另计。

摄像机附属设备包括：①照明设备，一般为在不可见光条件下为摄像机提供红外光源，红外照明器的功率为 15 ~ 30W；②吹扫装置；③冷却装置；④电动转台（或称作旋转台）。均以“台”为计量单位计算安装费，设备费用及仪表接头费应另计。

监视器通过分配器可以实现多画面同时显示，其安装调试应区分安装方式（台装、棚顶吊装和盘装），以台为计量单位计算，其设备费另计。

显示器辅助设备包括操作器、补偿器、分配器和切换器（或称作回放器），其安装均以“台”为计量单位计算安装费，设备费用另计。

对于远动装置、顺序控制装置、信号报警装置和数据采集巡回检测报警装置等，在这里不作详细介绍，请参阅《全国统一安装工程预算定额》第十册《自动化控制仪表安装工程》GYD—210—2000（第 2 版）的有关规定，均以“套”为计量单位计算，设备费用另计。

4.3 工厂通信、供电系统

随着人类经济、政治和文化活动的迅速发展，人们对通信业务提出了越来越高的要求，如会议电视、可视电话和卫星通信等近年来发展非常迅速。本节将简要介绍工厂通信线路和供电的有关内容。

4.3.1 工厂通信线路

工厂通信、供电包括工厂通信线路、工厂通信设备和供电系统等三大部分。其中工厂通信线路工作内容包括电缆或光缆敷设、电缆头或光缆制作、安装、光缆的其他安装项目等。工厂通信设备主要是本体安装接线和通话系统调试试验等工作内容。供电系统则包括基础槽钢的制作、安装和刷油，供电设备的本体安装和检查试验等。工业通信设备安装与调试应按《通用安装工程工程计算规范》（GB 50856—2013）中的“通信设备及线路工程”的相关项目编码列项。

工厂通信线路是微机局域网中的数据传输媒体，即称作联网电缆。联网电缆类型决定了网络传输速率、网络段的最大长度、传输的可靠性及网卡的复杂性。常用电缆有双绞屏蔽电缆、同轴电缆和光缆等三种，此外还有专用系统电缆等。

1. 专用电缆敷设

专用电缆敷设分为带专用系统电缆敷设、补偿导线敷设、双绞或多绞屏蔽电缆敷设以及双绞线穿管敷设等项目。工厂通信线路中敷设的各种专用电缆，均按通信线路工程中的电缆项目列项，按电缆的规格、型号、敷设部位和敷设方式，以“m”为计量单位计算，项目编码为“031103009”，工作内容包括测量和敷设。

带专用系统电缆敷设不区分电缆长短，但区分电缆芯数（分为20芯、36芯、50芯以下），以“根”为计量单位计算。补偿导线敷设区分穿管敷设和沿槽架敷设，以“100m”为计量单位计算，主材费另计。同样，双绞线穿管敷设也以“100m”为计量单位计算，主材费另计。

双绞或多绞屏蔽电缆是将两根铜芯绝缘导线螺旋形绞合在一起后，再把若干对双绞线用聚氯乙烯护套包裹起来，被广泛应用于系统中。它存在高频损耗较大的缺点，故比较适合配置于小范围局域网中，其敷设应区分芯数（即分为4芯、10芯、20芯、38芯等以下、38芯以上），以“100m”为计量单位计算，主材费另计。

屏蔽电缆头制作、安装以“个”为计量单位计算，主材费另计。在定额中，屏蔽电缆头制作、安装工作内容包括电缆头制作固定、校线套线、号码管绝缘电阻测定、接地和挂牌等。

2. 光缆敷设

光缆的分部分项工程项目编码为“031103008”，按设计图示尺寸长度，以“m”为计量单位计算。光缆呈圆柱形，由纤芯、包层和护套等组成。纤芯是由一根或多根非常细的玻璃纤维或塑料纤维构成，并由包层包裹。包层就是玻璃或塑料的涂层。光导纤维基本上属于单向传输介质，在其一端设有发送器（光源），另一端设有接收器（即检测器）。如需要实现双向信号传输，则需应用一对光纤。光缆与传统导线相比，具有对信号抗干扰能力强，不受电磁干扰，即在同束光缆中，相邻光缆之间也无串扰，故特别适合在有保密要求的场合和有强信号干扰的环境中使用。另外，光缆通信还具有传输频带宽、信息量大和损耗低等优点，现成为工厂通信线路的发展方向。光缆敷设区分敷设方式（沿槽盒支架敷设、沿电缆沟敷设、穿保护管敷设），以“100m”为计量单位计算，主材费另计。

光缆接头制作，包括接头盒安装和接地装置安装，还包括接头测试和充气试验等，区分光缆芯数（6芯以下、12芯以下），以“个”为计量单位计算，主材费另计。

光缆成端接头（即终端头）制作固定、光缆堵塞（即配制堵塞剂对光缆加以密封，并进行气闭和绝缘试验），分别以“芯”、“个”为计量单位计算，主材费另计。

光缆中继段测试和光电端机（即光电终端转换器），分别以“段”、“台”为计量单位计算，光电端机设备费另计。

3. 同轴电缆敷设

工厂通信线路所采用的同轴电缆应按移动通信设备工程中的同轴电缆项目列项，其项目编码为“031102004”，按设计图示尺寸长度，以“m”为计量单位计算。同轴电缆由一个金属圆管（称作外导体）和一根硬铜线（称作内导线）构成，内导线采用聚氯乙烯绝缘网片支撑，并使内、外导体轴心重合，在外导体外表面包裹聚氯乙烯护套层，故称作同轴电缆。目前常用的同轴电缆有阻抗为75Ω的电缆，适用于电缆电视（CACT）系统；阻抗为50Ω的电缆则适用于直接传输数字信号的通信系统中。同轴电缆适用于传输高频信号，在局域网干线中应用较多。

同轴电缆敷设应区分敷设方式（沿桥架/支架敷设、穿管敷设），其中沿桥架/支架敷设还应区分芯数，均以“100m”为计量单位计算，主材费另计。同轴电缆头制作以“个”为计量单位计算。

上述各种电缆和补偿导线敷设工程量计算，应考虑增加穿墙、穿楼板和拐弯等处的长度；电缆接至现场仪表处预留1.5m，接至盘上，则按盘的半周长(宽+高）计算预留长度，其他预留量均可按《全国统一安装工程预算定额》第2册《电气设备安装工程》GYD—202—2000（第2版）的有关规定计算。另外，各种电缆穿线盒应按设计图纸规定计算，如设计无规定时，则可按每10m有2.8个电缆穿线盒计算工程量。电缆穿线盒分普通型和防爆型，以“10个”为计量单位计算，套用10-669、10-670等定额子目，主材费另计。

除了上述介绍的仪表专用电缆、计算机和通信专用的电缆以外，如控制电缆、电力电缆及其电缆头、配管配线和接地系统、仪表桥架、支架的制作、安装等，均可执行《全国统一安装工程预算定额》第二册《电气设备安装工程》GYD—202—2000（第2版）的相应定额。

4.3.2 工厂通信设备安装调试

本节主要介绍常用的对讲电话的安装与调试工程。对讲电话安装应区分主机（10-648）和分机（10-649），以“台”为计量单位计算，设备费应另计。

对讲电话调试分为集中放大式、相互式和复式等三种，分别以“套”为计量单位计算调试费。

4.3.3 供电系统安装调试

供电系统安装调试主要包括不间断电源柜和供电盘两种供电设备的安装调试。不间断电源柜安装定额编号为2-659，不分型号、规格和容量大小，以“台”为计量单位计算。设备费应另行计算，其接地和检查接线已在定额中包括，不得再另行计算。不间断电源柜调试则区分其容量（kV·A）大小（分为1、10、30、60、150、300等6个等级），以“套”为计量单位计算。其工作内容主要包括绝缘检查、对各单元（单体）的调试、进行电源充放电试验和逆变试验等，但不包括蓄电池安装和配套发电机组的安装调试。蓄电池安装和配套发电机组的安装调试应按《全国统一安装工程预算定额》第二册《电气设备安装工程》GYD—202—2000（第2版）（在陕西省范围内也可按《陕西省安装工程消耗量定额》(2004）第二册）有关项目计算。

值得注意的是，供电盘定额是按安装与调试综合考虑的，以“台”为计量单位计算，设备费应另计。

在安装工程中，金属可挠性管安装不区分长、短，但区分普通型和防爆型，以“10 根”为计量单位计算，主材费另行计算（10-667、10-668）。金属穿线盒安装也区分普通型和防爆型，以“10 个”为计量单位计算，其主材费以及穿线盒盖板费用应另计。

埋设接地装置及其调试应执行《全国统一安装工程预算定额》第二册《电气设备安装工程》GYD—202—2000（第 2 版）中第九章“防雷接地装置”、第十一章“电气调整试验”的有关项目。如果埋设接地装置处的土质太差，接地电阻达不到设计要求时，可施加降阻剂。长效降阻剂的埋设以“100kg”为计量单位计算（10-671），主材费应另行计算。

仪表盘、箱、柜及附件安装从略，均应执行《全国统一安装工程预算定额》第十册《自动化控制仪表安装工程》GYD—208—2000（第 2 版）中第八章的有关定额。该章定额适用于各种仪表盘、柜、箱、盒安装，仪表盘的检查接线、校线、专用插头的检查安装，盘上元件及附件的制作、安装以及控制室的密封等。

注意，《全国统一安装工程预算定额》第十册《自动化控制仪表安装工程》GYD—208—2000（第 2 版）一般不计算高层建筑增加费，但有些工作内容（如配管配线等）执行其他册相应定额者除外。

练习思考题 4

1. 过程检测仪表和过程控制仪表主要功能有何不同，分别包括哪几类仪表？其定额包括哪些工作内容，如何套取定额？

2. 某锅炉房内安装 1 台壁挂式可燃气体报警器和 8 个在支架上安装的可燃气体探测器，并按设计要求配管配线，一般应计算哪些工程项目？试查取其分部分项工程项目编码及其主要包括的工作内容。

3. 摄像机包括哪些附属设备，应如何计算安装费？

4. 什么叫显示器，其辅助设备一般包括哪些？其安装费应如何计算？试查取其分部分项工程项目编码及其主要包括的工作内容。

5. 什么叫工厂通信线路？常用的电缆有几种？其安装工程量计算有何规定要求？

6. 光缆与传统电缆相比有什么优点？光缆接头与成端接头制作包括哪些主要工作内容，应如何计算工程量？光电终端转换器工作量又是如何计算的？

7. 不间断电源与供电盘的定额工作内容有何区别？

8. 在自动化控制仪表安装工程与动力照明安装工程中，它们的金属挠性管和金属穿线盒的安装定额有何区别？

9. 在高层建筑中，进行自动化控制仪表工程安装，是否计算高层建筑增加费和脚手架搭拆费？在电气设备安装工程和消防及安全防范设备安装工程中，是否计算高层建筑增加费和脚手架搭拆费？其取费费率是否相同？

第5章　建筑智能化系统设备安装工程量计算规则

随着社会信息化进程的加快，信息也同其他科学技术一样，成为企业竞争和发展的手段。现代科学技术的发展，使大量信息的积累、处理和传递变得十分便捷，建筑与信息技术的结合成了必然的发展趋势。所谓智能建筑（Intelligent Building），就是将结构、系统、服务、环保、运营互相联系，全面综合，从而达到最佳组合，获得高效率、高功能和高舒适性的大楼。智能建筑通常具有四大主要特征，即楼宇自动化（Building Automation）、通信自动化（Communication Automation）、办公自动化（Office Automation）和布线综合化，即综合布线系统（Premises Distribution System）。由此可见，智能建筑是计算机技术、控制技术、通信技术、微电子技术、建筑技术和其他很多先进技术相互结合的产物，是具有安全、高效、舒适、便利、灵活和生活工作环境优良的建筑物。本章内容主要包括综合布线系统、通信系统、计算机网络系统、建筑设备监控系统、有线电视系统、播音和背景音乐系统、电源与电子设备防雷及接地系统、停车场管理系统、楼宇安全防范系统和住宅小区智能化系统等设备安装工程量计算规则。本章将重点介绍综合布线系统、通信系统设备安装、建筑设备监控系统、有线电视系统设备安装等的工程量计算规则。值得注意的是，对于电源线和控制电缆敷设、电缆托架铁构件制作、电缆线槽安装、桥架安装、电线管及电缆保护管敷设、电缆沟工程、建筑物防雷及接地系统等，均执行《全国统一安装工程预算定额》第二册《电气设备安装工程》的有关定额项目，通信工程中的立杆工程、天线基础工程、土石方工程等，均执行《全国统一安装工程预算定额》第十二册《通信设备及线路工程》，在陕西省范围内可参考执行《陕西省安装工程价目表》（2009）第十一册《通信设备及线路工程》。

5.1　综合布线系统

5.1.1　综合布线系统简介

综合布线系统PDS（Prenises Distribution System）是一种集成化通用传输系统，利用双绞线或光缆传输信息，因此PDS是智能化建筑中连接“3A”系统、传输各类信息必备的传输装置。它采用积木式结构、板块化设计，实施统一标准，可以满足建筑智能高效、可靠、灵活等要求。

综合布线可划分为6个子系统。

1. 工作区子系统

它是由终端设备连接到信息插座的连接线组成的，包括装配软线、连接器和连接所需的扩展软线，并且终端设备和输入/输出（I/O）插座之间搭接，如图5-1所示，即相当于电话配线系统中连接用户电话的传输导线和电话机终端部分。其中连接器是指与信息插座插接连接的8种信息插头模块（2对数字线，1对模拟线，1对电源线）。

2. 水平子系统

在图5-1中，水平子系统是将干线子系统从管理子系统的配线架上连接的电缆延伸到用户工作区（即信息插座）。水平子系统总是敷设在同一楼层上，并有一端与信息插座连接，且电缆数限制为4对双绞线，能支持大多数现代数据通信设备。当需要获得较高带宽时，宜选用光缆。

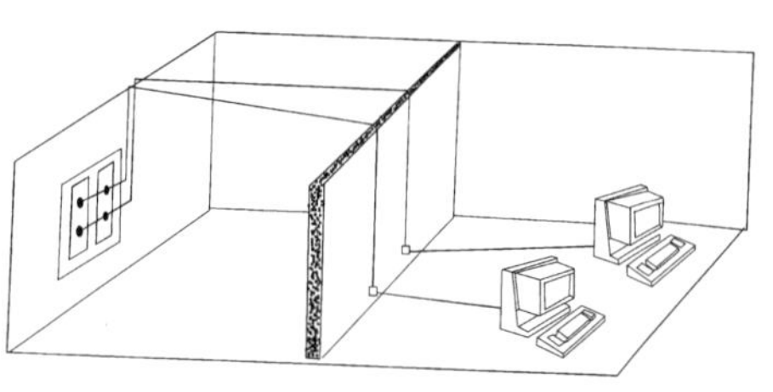

图5-1 水平及管理子系统

3. 干线子系统

干线子系统可以提供建筑物干线电缆（馈电线）的路由，一般在两个单元之间，或在位于中央点的公共系统设备处，可提供多个线路设施。该子系统是由25对双绞线电缆组成，相当于电话配线系统中的干线电缆。如图5-2所示。为了与其他建筑物进行通信，干线子系统将设备间内的中继线和布线交叉连接点与建筑物中设施相连，即组成建筑群子系统。

4. 设备间子系统

设备间子系统由设备间的电缆、连接器和相关的支撑硬件组成，并将公共系统设备的各种不同设备连接起来，例如可将中线交叉连接处和布线交叉连接处与公共系统设备（如用户交换机PBX）连接起来。该子系统还包括设备间和邻近单元（如建筑入口区）中的电缆线。综上所述，设备间（Equipment Room）是安放、保护、维护音频和数据公共设备的房间，并通过干线及分布跨连来管理线路，一般在每一幢大楼都要选择适当的位置作为进出线设备、网络互联设备的场所。

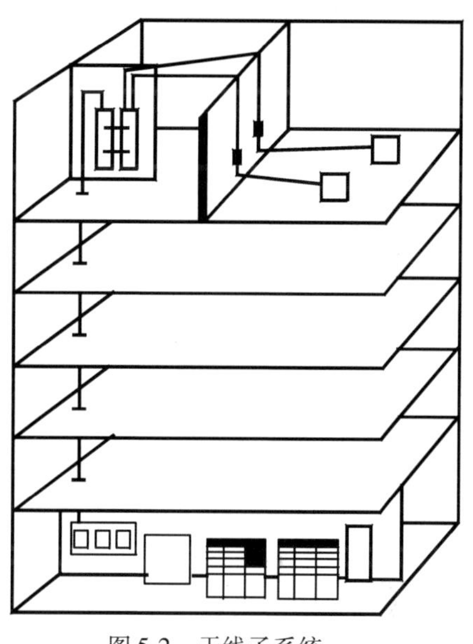

图5-2 干线子系统

5. 管理子系统

管理子系统可为连接其他子系统提供连接手段，一般由交连、互连和I/O设备组成，可设置在楼层的配线间内。其中交连、互连是实现用户将通信线路定位或重复定位到建筑物的不同部分，使之更容易管理通信线路；I/O位于用户工作区和其他房间内，以方便用户在移动终端设备时进行插接，如图5-2所示。

6. 建筑群子系统

建筑群子系统是将一幢建筑物内的电缆线延伸到建筑群中的另外一些建筑物内的通信设备和装置上。建筑群子系统为楼群之间的通信设施提供所需的硬件，如有铜芯电缆、光缆和防止电缆的浪涌电压通过电缆进入建筑物的电气保护设备。其典型建筑物综合布线系统如图5-3所示。

综上所述，综合布线系统是建筑物或建筑群内的信息传输网络，其功能是使建筑物与建筑群内部的语言、数据通信设备、信息交换设备、建筑物物业管理及建筑物自动化管理设备之间彼此相连，也可使建筑物内的信息通信设备与外部的通信网络相连接。该系统只包括建筑物与建筑群内部用来连接以上设备的线缆和相关的布线器件，其工作内容主要包括建筑物

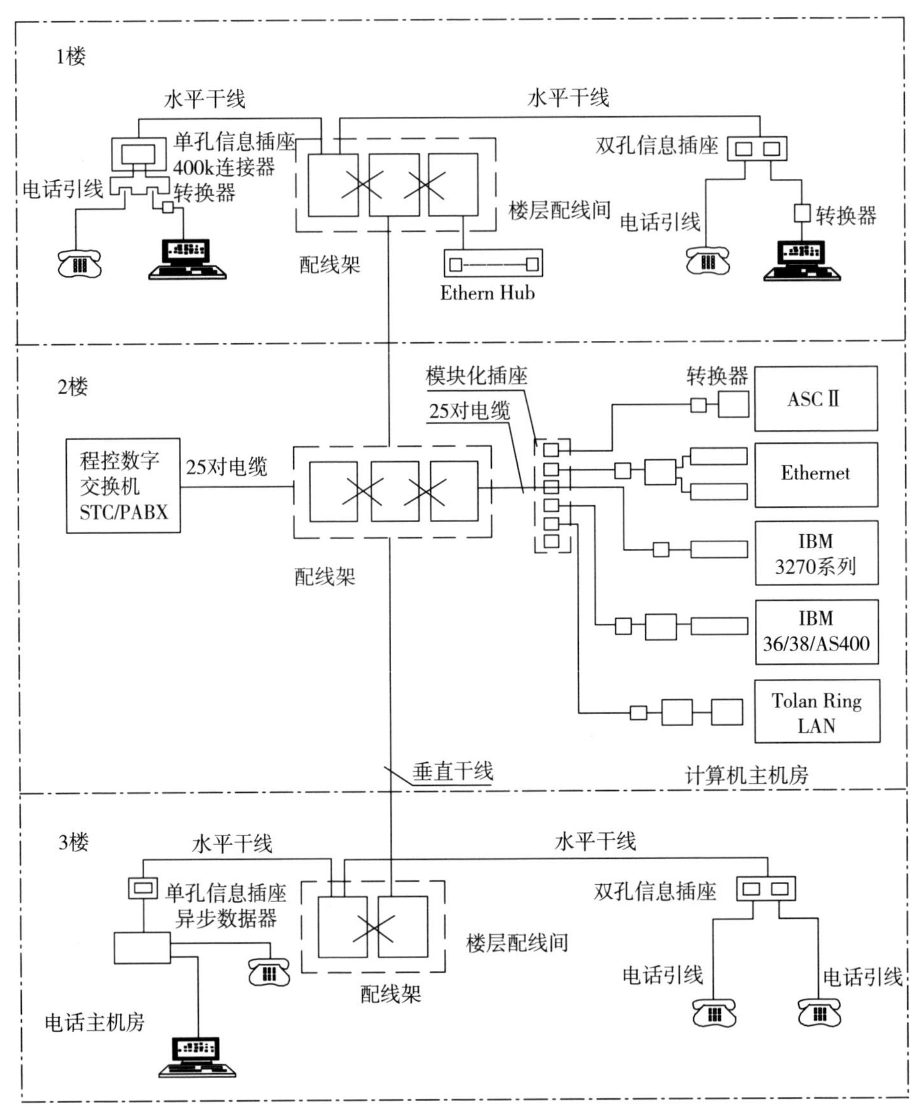

图 5-3 典型建筑物综合布线系统示意图

或建筑群内部的传输介质（线缆）、线路管理硬件、连接器、信息插座、插头、适配器、传输电子设备和支持硬件等，但不包括交接点外的电话局域网络上的线缆和有关器件，也不包括连接到布线系统上的各种交换设备，如程控数字用户交换机、数字交换设备等。

5.1.2 双绞线缆和光缆敷设

综合布线系统 PDS 中常用的传输介质有非屏蔽双绞线缆（UTP）、屏蔽双绞线缆（STP）、光缆和同轴电缆 4 种。

1. 双绞线缆敷设

双绞线缆有非屏蔽双绞线缆（UTP）和屏蔽双绞线缆（STP）两种。非屏蔽双绞线缆（UTP）中有 4 对或大于 4 对的双绞线，每对双绞线采用逆时针扭绞，以消除来自其他电气设备的电子噪声，使干扰减至最小。室内非屏蔽对绞线缆分为：四对双绞线水平电缆（包括增强型五类、通用型三类）、大对数双绞线垂直线缆（包括增强型五类、通用型三类）和室内双绞线缆。通用型（三类）室内水平线缆缆芯由线径为0.5mm铜芯、PVC（聚氯乙烯）绝缘导线扭绞成4对线缆，外加一层PVC护套，主要用于工作区与连接区之间传输话音和低速的数据信号。增强型（五类）室内水平线缆缆芯由线径为0.5mm铜芯、聚乙烯和阻燃型聚乙烯双层绝缘导线扭绞成4对线缆，外加一层聚乙烯护套，传输速率可达100Mbit/s，可用于局域网的高速、高性能线缆线路中。

屏蔽双绞线（STP）的内部结构与非屏蔽双绞线（UTP）相似，只是在每对芯线和电缆绕包铝箔外层增加了铜编织网屏蔽层，传输速度较快。在安装时，应注意配以支持屏蔽功能的特殊连接器和良好的接地装置。在决定是否选用屏蔽缆线时，应从智能化建筑使用性质、所处的环境和今后发展等因素综合考虑。

（1）穿放、布放双绞线缆　穿放、布放双绞线缆工程计算应区分在线管、暗槽内敷设和沿线槽、桥架、支架、活动地板内明敷设，区分双绞线缆的对数标准（分为4对、25对、50对、100对、200对以内等5个等级），按单根线缆延长米，以“100m”为计量单位计算，主材费应另行计算。例如，一个桥架上敷设5根各长125m的双绞线缆，则单根线缆延长米为125×5m=625m。另外，对于双绞线缆、光缆、漏泄同轴电缆等，还需计算电缆附加及预留长度，并计入电缆长度工程量之内。电缆进入建筑物预留长度为2m，电缆进入电缆沟内或从吊架上引上（引下）预留长度为1.5m；电缆中间接头盒预留长度两端各为2m；信息点电话终端盒各预留0.2m；电话组线箱、光缆终端盒可按箱体半周长预留电缆长度；配线架、跳线架等处按设计长度预留电缆长度。对于4对双绞线缆敷设，则不分是否带屏蔽。总之，穿放、布放双绞线缆的分部分项工程量清单均套用“030502005”项目编码。而大对数双绞垂直线缆，则应套用“030502006”项目编码，其工作内容主要包括线缆敷设、标记和卡接。

值得注意的是：在智能化工程中，对于穿放、布放双绞线缆、光缆、同轴电缆和电话、广播线所选用的钢管、PVC管等配管工程，以及桥架、线槽、电气设备、电气器件、盒、电线接地系统、凿槽、钻孔、打洞、人孔、手孔和立杆工程等，应按“电气设备安装工程”相关的项目编码列项。其安装费用计算也应执行《全国统一安装工程预算定额》第2册《电气设备安装工程》的相应工程项目。另外，双绞线缆穿放、布放定额是按六类以下（含六类）系统编制的，六类以上穿放、布放双绞线缆系统的定额项目人工费乘以系数1.2；在已建的天棚内敷设线缆时，相应的定额项目人工费乘以系数1.8。

（2）跳线线缆的制作、卡接和跳线架、配线架安装　跳线的项目编码为“030502009”，区分跳线的名称、类别和规格，按设计图示数量，以“条”为计量单位计算。其工作内容主要包括插接跳线和整理跳线。跳线制作包括量裁线缆、线缆与跳线连接器安装卡接，做屏蔽和检查测量等内容；跳线线缆卡接是指编扎固定、卡线、校对线序，安装固定接线模块（跳线盘）和做标记等，即为整理跳线。其消耗量定额规定跳线线缆制作不分屏蔽线缆和非屏蔽线缆，均以“条”为计量单位计算工程量，而卡线则以“对”为计量单位计算。

跳线架的项目编码为“030502011”，以“块”或“个”为计量单位计算，工作内容包括安装和打接。消耗量定额规定跳线架安装应区分其打接（对）数目套取定额，以“条”为计量单位计算。

（3）信息插座和过线盒、接线盒安装　信息插座是在水平区布线和工作区布线之间提供的可管理的边界或接口。在工作系统的一端（终端），有带8针插头的软线插入插座，在水平子系统的一端，则有4对双绞线连接到插座上。由此可见，信息插座在综合布线系统中为终端点，也就是终端设备或断开的端点。标准信息插座是8脚（位）模块式I/O接口。

对于8位模块式信息插座、过线（路）盒、信息插座底盒（接线盒）等安装均以“个”为计量单位计算。主材费均另行计算。其中信息插座应分单口、双口，过线（路）盒应区分盒体半周长，信息插座底盒要区分敷设部位和敷设方式，分别计算工程消耗量。在编制其分部分项工程项目清单时，应注意区分信息插座的类型和项目名称，按项目编码（030502012），以“个”为计量单位计算；过线（路）盒和信息插座底盒等均按“电气设备安装工程”中的接线盒项目编制，其项目编码为“030411006”，以“个”为计量单位计算。

（4）双绞线缆的测试　线缆敷设完成后，要选用符合TSB-67标准的现场测试仪（如F620单端电缆测试仪）对缆线的接线图、长度、信号衰减、近端串扰等项目内容进行测试。双绞线缆测试应区分五类线、六类线，以“信息点”为计量单位计算，其定额编号分别为12-30、12-31。双绞线缆测试分部分项工程项目编码为“030502019”，以“链路”或“点、芯”为计量单位计算。所谓电缆链路，可定义为基本链路（Basic Link）和通道（Channel）。基本链路包括最长90m的水平布线，两端可分别有1个连接点以及用于测试的两条各2m长的连接线。通道则包括最长90m的水平线缆、1个工作区附近的转接点、在配线架上的两处连接、总长不超过10m的连接线和配线架跳线，因其可用来测试从端到端的链路整体性能，故又称作用户链路。

2. 光缆敷设

光缆是通过光导纤维传导光脉冲信号的。光导纤维又称光纤，是一种够传导光线的通信介质体。用于制作光导纤维的材料有超纯SiO_2、多成分玻璃纤维和塑料纤维等三种，可传输频率从10^{14}～10^{15}Hz范围内的全部可见光和部分红外光谱的光波。

由于光纤任何时候都只能单向传输信号，所以要实现双向通信，独立外壳中的光纤必须成对出现，即一根光纤用于输入，另一根光纤用于输出。综合布线系统中多采用玻璃纤维光纤，纤芯由掺入杂质的锗组成，包层采用二氧化硅，并在每根光纤外面都有双氧聚合物保护。

光纤分为单模光纤和多模光纤。所谓“模”，是指光在光缆中的路径，即取决于缆芯尺寸，纤芯直径最小的光纤就属于单模光纤。在综合布线系统中，按直径分为5 0μm缓变型多模光纤、62. 5μm缓变增强型多模光纤和8. 3μm突变型单模光纤等三种，三种光纤的包层直径均为125μm。

光缆按结构分有带型光缆、束管式光缆和建筑物光缆等三种。其中带状光缆中有12根光纤，在带型光纤上下分别压上一层压敏粘接带。束管式光缆则是由同色标准线捆绑在一起的光纤束组成，每束最多12根光纤，光纤束最多为8束，即总光纤数为4～96根。建筑物光缆含有光纤数为1根、2根、4根、6根、12根、24根、36根，每根光纤外部都包有一层带色码的PVC缓冲层。所有光纤都绕光缆中心的加强肋排列，周围填入复合填充物，最外面是PVC套管。

（1）穿放、布放光缆、光缆外护套、光纤束　光缆的项目编码为“030502007”，以

“m”为计量单位计算。但其消耗量定额规定穿放、布放光缆应区分在线管、暗槽内穿放和线槽、桥架、支架、活动地板内布放（均按光缆芯数划分等级），以“100m”为计量单位计算，主材费另行计算。其工作内容主要包括检测光缆、清理线管线槽、穿放布放光缆、安装出口衬垫、做标记、封堵出口等。在线槽、桥架、支架和活动地板内布放光缆时，还需对光缆进行绑扎。

布放光缆外护套和光纤束，均以“100m”为计量单位计算，分别套取有关定额，主材费另行计算。光缆外护套和光纤束项目编码为“030502008”，按设计图示尺寸长度，以“m”为计量单位计算。工作内容包括气流吹放和标记。

（2）光纤信息插座、连接盘安装、光纤连接

1）光纤信息插座安装 光纤信息插座安装工作内容主要包括编扎固定光纤、安装光纤连接器及面板、做标记等。其安装工程量应区分双口、四口，以“个”为计量单位计算，主材费另行计算。光纤信息插座的分部分项工程项目也应区分双口、四口，按项目编码“030502012”编制，工作内容包括端接模块和安装面板等。

2）连接盘（盒）安装 在综合布线系统中，交连部件也称作连接盘（盒），主要用来端接和连接线缆，通过连接盘可以安排或重新安排布线系统中的路由，使通信线路能够续接到建筑物内部的各个地点，从而实现对通信线路的管理。

光纤连接盘（盒）是由阻燃模制塑料套，里面装有上下连通的电缆线夹构成。当连接块被压入齿形条时，线夹就可切开跳线架上待接线缆端的绝缘层，将线缆与连接块的上端接通。光纤连接盘（盒）以“块”为计量单位计算，主材费应另行计算，其分部分项工程项目编码为“030502013”。

3）光纤连接 所谓光纤连接，是指采用专用连接器与光纤连接，以实现光缆的交叉连接或互接。标准型ST连接器插头有陶瓷型（P2020C-C-125）和塑料型（P2024A-A-125）等两种类型。光纤连接工程消耗量计算应区分机械法、熔接法和磨制法（端口），区分单模光纤连接和多模光纤连接，以“芯”为计量单位计算，连接器的主材费另行计算。光纤连接的分部分项工程项目编码为“030502014”，工作内容主要包括连接和测试，其项目特征应注意光纤的连接方法和光纤的模式。

（3）布放尾纤、安装测试光纤终端盒及光纤

1）布放尾纤 所谓尾纤，是指从终端盒至光纤配线架、光纤配线架至设备、光纤配线架内的跳线等部分的光纤。布放尾纤主要工作内容包括光纤熔接、测量衰减损耗、固定光纤连接器和盘留固定等，其工程消耗量计算应区分上述介绍的布放尾纤的部位，按每根尾纤10m单头或10m双头，以“根”为计量单位计算，主材费另行计算。其分部分项工程项目编码为“030502016”，项目特征要注意区分尾纤的名称、型号和规格。

2）光缆终端盒的安装测试 光缆终端盒的安装测试的项目编码为“030502015”，工作内容包括光缆终端盒的接续和测试。其工程消耗量定额规定，应区分盒内缆芯的数目，其划分为“20、28、48、60、72、96缆芯以下”等共六个等级，以“个”为计量单位计算。

3）光纤测试 我们知道，光信号是由光纤路径一端的LED光源产生的（对于LGBC多模光源，由激光光源产生），该光信号传输到光纤的另一端时将会产生一定的损耗，并且光纤损耗量的大小与光纤长度、传导性能、连接器的数目和接续的多少有关。当光纤损耗超过规定值时，光纤路径将不能正常运行，因此必须对光纤进行测试。一般可采用两个938A光

纤损耗测试仪（OLTS）测试光纤的传输损耗，且应按有关施工及验收规范要求对光纤进行测试、记录和整理资料。

光纤测试的项目编码为“030502020”，区分测试类别和测试内容，按设计图示数量以“芯”为计量单位计算。光纤测试的消耗量定额规定也是以“芯”为计量单位计算，其工作内容按有关规范要求测试、记录和资料整理等。

5.1.3 电话线缆和广播线敷设

1. 穿放、布放电话线缆

电话通信系统可为建筑物内部人员提供极其方便快捷的服务，因此已成为各类建筑物中不可缺少的通信系统。电话通信系统主要由程控数字用户交换机、通信线路网络和用户终端设备等三大部分组成。程控数字用户交换机主要由机架、公共设备单元、外围接口设备和服务单元等组成。通信线路网络是由电话站（即程控数字交换机）的主配线架引至各楼层的主干线路以及连接各个电话终端的水平线缆和配线线缆等组成，是传输语音信号的通路。用户终端设备主要包括电话设备、数据终端设备、可视电话设备和传真电传设备等。

通信线路网络施工，即穿放、布放电话线缆工程，其工程消耗量应区分在线管、暗槽内穿放电话线缆和在线槽、桥架、支架、活动地板内明布放电话线缆，并按线缆线芯对数划分等级（分为1对、10对、20对、30对、50对、100对、200对以内七个等级），以“100m”为计量单位计算，线缆主材费另行计算。其分部分项工程量编码应根据线缆名称（光缆、电缆）、规格、敷设方式和部位等项目特征套用（“031103008～031103009”）。用于敷设电缆的管道、通道工程项目应另行计算。

2. 成套电话组线箱安装

成套电话组线箱即成品总电话交接箱，其作用是为各层或各区域进行电话线缆组接分配。其工程消耗量应区分明装、暗装方式以及箱内的接线端子对数，以“台”为计量单位计算，成套电话组线箱的费用另行计算。其分部分项工程项目编码为“031103023”，工作内容主要包括砌筑基座、箱体安装、接线模块安装、成端电缆安装、地线安装等。

3. 电话出线口、中途箱和电话电缆架空引入装置的安装

电话出线口又称作电话分线盒或电话终端插座。其工程消耗量定额规定应区分普通型和插座型以及单联、双联，以“个”为计量单位计算，主材费另行计算（12-115～12-118）。其分部分项工程项目可按电视、电话插座（030502004）编制，工作内容包括本体安装和底盒安装。

电话中途箱又称作电话分线箱，计算其工程消耗量定额规定不分箱体规格尺寸和安装方式，均以“台”为计量单位计算，中途箱费用另行计算（12-119）。其分部分项工程项目编码应按分线箱“031103025”套用，工作内容包括制作、安装和测试，以“个”为计量单位计算。

电话电缆架空引入装置由进户线缆保护管、线缆支架（或挂钩）和锁紧件等组成，工作内容包括埋设线缆支架（或挂钩）打眼和接地等，其工程消耗量以“套”为计量单位计算。其分部分项工程项目编码可按进线室承托铁架“031103020”编制，却是以“条”为计量单位计算的。

4. 穿放、布放广播线

与穿放、布放双绞线相同，穿放、布放广播线也要区分在线管、暗槽内穿放广播线和在线槽、桥架、支架、活动地板内明布放广播线，并区分广播线类型（铜芯塑料绝缘屏蔽软导线RVVP）以及导线的不同规格（RVP型导线截面面积分为0.5mm^2、1mm^2两种规格等级，RVVP型导线按截面面积（mm^2）分为2×1.0、2×1.5、4×1.0、4×1.5等四种规格等级），均以“100m”为计量单位计算工程消耗量，主材费另行计算。其分部分项工程项目按双绞线缆项目编码“030502005”编制，以“m”为计量单位计算，工作内容包括敷设、标记和卡接等。

5. 机柜、机架和抗震座安装

程控数字用户交换机将在下一节中介绍，机柜和机架是程控数字用户交换机的重要组成部分，由机架和背板构成。机架（或机柜）的输入供电电压为DC48V。机架用来供接口单元使用，有8用户单元接口背板和16用户单元接口背板两种，中继线单元、模拟用户单元、数字用户单元和服务单元均可插入机架上的槽中。背板包括公共设备背板、8单元接口背板（JKL背板）和16单元接口背板（HEX背板），其中公共设备背板可为公共设备和电话控制设备提供连接，允许公共设备与外围设备（如磁盘驱动器、接口机架、告警系统等）相连接。8单元和16单元接口背板为电话脉冲编码调制（Pulse code Modulation）总线与位于公共设备机柜内的PCM交换矩阵提供连接路径，为接口单元板之间提供连接。16单元接口背板可插接8单元/16单元的电路板，8单元接口背板只能插接8单元电路板。

机柜、机架安装消耗量计算应区分安装方式（落地式、墙挂式），但不区分机柜、机架规格大小，均以“台”为计量单位计算，机柜和机架的费用另行计算。其分部分项工程项目编码按“030502001”套用，工作内容包括本体安装和相关固定件的连接等。当机柜、机架落地安装时，应配置抗震底座。抗震底座安装以“个”为计量单位计算，主材费另行计算。其分部分项工程项目编码可按“030502002”编制。

5.2 通信系统设备安装

本节主要介绍程控交换机和会议电话、会议电视设备的安装调试工程。

5.2.1 程控交换机安装调试

程控交换机（或程控数字用户交换机）系统是采用现代数字交换技术、计算和通信技术、信息电子技术、微电子技术，对系统进行综合集成的高度模块化结构的集散系统。程控数字用户机可以满足用户对数据通信、计算机通信、宽带多媒体通信和宽带通信的要求，其系统综合了脉冲编码调制（PCM）、时分多路复用（TDM）交换以及完全阻塞结构等先进技术，为智能建筑内人员提供了优良的通信手段。

程控交换机（或程控数字用户交换机）的作用是完成用户与用户之间语言和数字的交换。程控交换机主要由机架、公共设备单元、外围接口设备、服务单元及其他设备单元组成，其配置和结构如图5-4所示。

程控交换机（或程控数字用户交换机）的机架（机柜）在上节中已做介绍，公用设备单元是程控交换机（或程控数字用户交换机）的核心，主要包括中央处理器单元和电话控

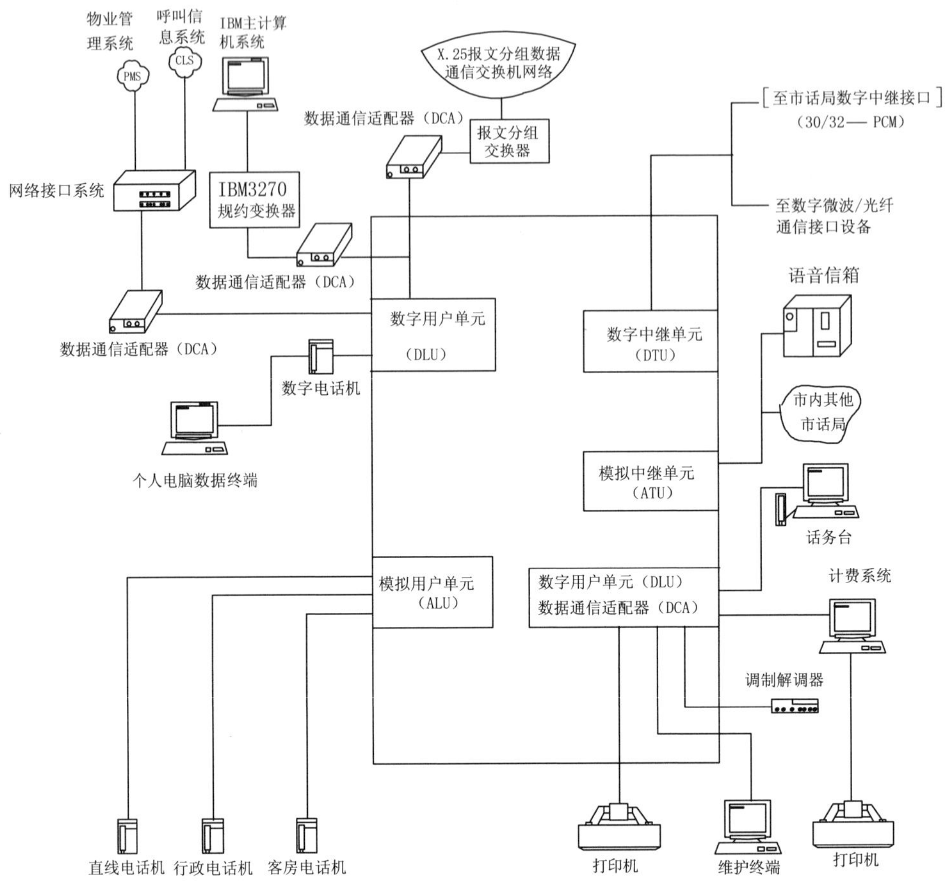

图 5-4 酒店典型程控数字交换机的用户配置及结构

制单元。外围接口设备有模拟用户单元、数字用户单元、模拟中继单元和数字中继单元。其中模拟用户单元可以支持人员通过线路管理测试软件进行外线测试，为用户提供 DP/DTMF 兼容的收号服务。数字用户单元可以将内部脉冲编码调制（PCM）信号转换成标准双绞线上传输的信令格式，每个端口传送 16kB/s 信令和 64kB/s 的话音/数据。模拟中继单元则可提供来自其他交换机的模拟中继线相连的接口。数字中继单元（DTU）速度为 2.048M，为局间的交换接口，可定义为基群速率 30B + D 接口，其信道采用综合业务数字网（ISDN）用户话音/数据中继和七号信令（SS7）中继链路。服务单元包括双音多频接收器单元、多频接收器单元和多频 R2 接收器单元，其他设备单元包括告警单元和线路测试设备等。

1. 数字交换机安装调试

程控数字交换机（以及程控数字用户交换机）安装调试主要工作内容包括其硬件、软件安装调试和开通。应区分用户等级（共分为 300、500、1000、2000 用户线以内等 4 个等级），以“部”为计量单位计算安装工程消耗量；2000 用户线以上时，则按每增加 1000 用户线，以“部”为计量单位另行统计计算（12-332 ~ 12-336）。其中程控数字交换机的分部分项工程项目编码按电话交换设备“031101027”编制，是以“架”为计量单位计算的，其工作内容包括机架、机盘、电路板安装和单元系统测试等；而程控数字用户交换机的分部分项工程项目编码按用户交换机（PABX）“031101037”编制，以“线”为计量单位计算，其工作内容为设备的安装和调测。

2. 中继线调试

中继线调试工作内容包括中继设置、中继分配、类型划分、本机自环和功能调试等。中继线调试应区分模拟中继和数字中继，以“30路”为计量单位计算中继线调试费，其分部分项工程量清单则分别按数字段内中继段调测（031101079）编制。

3. 外围设备安装调试

如图5-4所示外围设备安装调试应区分外围设备的种类，即终端、数字电话机或其他接口、计算机话务员、话务台、远程维护、计费系统（含微机及打印机）、语音信箱设备和酒店管理系统等项目内容，均以“台”为计量单位计算（12-343～12-350）。外围设备安装工程分部分项工程项目编码，可按电话分系统设备、电话分系统工程勤务ESC、电视分系统（TV/FM）、监测控制分系统微机控制等的项目编码编制（031101095～031101097、031101100）。

5.2.2 会议电话、电视设备安装调试

1. 会议电话设备安装调试

会议电话设备包括汇接架（配线架）、安装调试会议电话（主机/分机）和联网，主要工作内容包括设备的安装固定、通电检查、联网试验等。安装、调试会议电话分为主机和分机（12-352、12-353），均以“台”为计量单位计算；汇接机安装则以“架”为计量单位计算，联网（全分配式）试验则以“端”为计量单位计算。其分部分项工程项目按相应的项目编码“031101037～031101039”编制，工作内容包括本体安装和调测试验等。

2. 会议电视设备安装调试

会议电视系统（Video Conferencing System）是利用图像压缩编码和处理技术、电视技术、计算机通信技术和相关设备，通过信息传输通道在本地或远程地区进行图像、语音和数据信号双工实时交互式多媒体通信方式。智能建筑中的会议电视系统可分为公用型和桌面型两类。公用型会议电视系统如图5-5所示，主要由数据终端设备、传输信道和网络节点多点控制单元等组成。

（1）数据终端设备　公用型会议电视系统的数据终端设备主要有：

1）视频输入/输出设备　输入设备有摄像机和录像机，视频输入端一般不少于4个；输出设备有监视器、投影机、电视墙、分画面视频处理器等。

2）音频输入/输出设备　主要包括麦克风（话筒）、扬声器、调音设备和回声控制器等。

3）辅助信息通信设备　书写电话、传真机和电子白板等。

4）视频解码器　可对视频信号进行制式转换处理，以适应不同制式系统直通，还可对视频信号进行数字压缩编码处理，支持系统多点控制单元多点切换控制。

5）音频解码器　将模拟音频信号进行数字化编码处理传送。

6）多路复用/信号分接设备　可将视频、音频、数据等信号组合为传输速率为64～1920kB/s的数码，成为用户/网络接口兼容的信号格式。

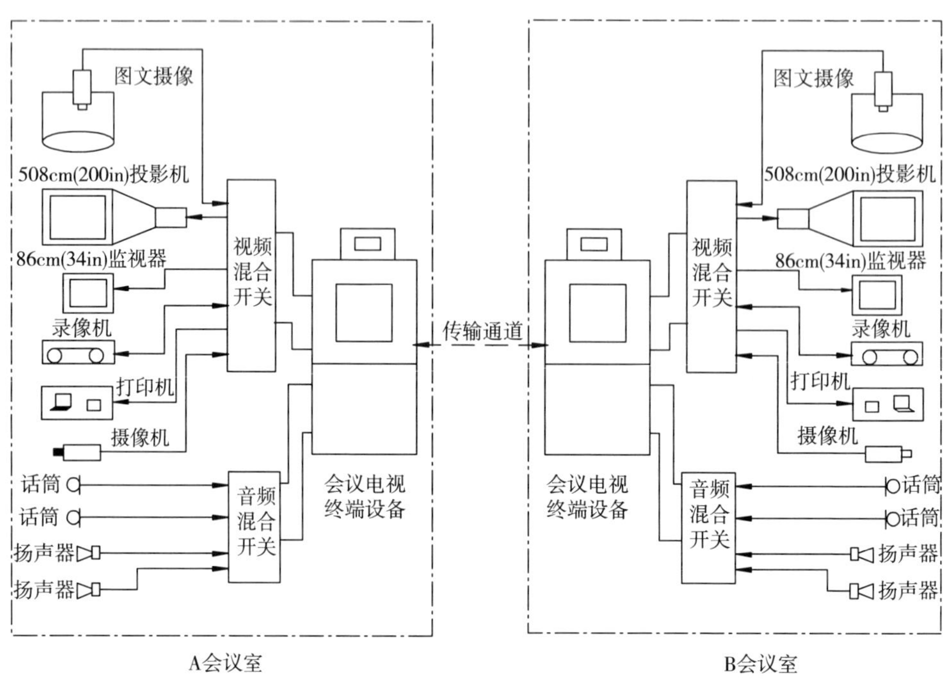

图 5-5 典型公用型会议电视系统

(2) 传输信道 大型会议电视系统的传输信道及组网，是利用数字数据网（Digital Data Network）提供可视图文、数据通信、可视电话、会议电视及静止运动图像传输等信息传输业务于一体的综合业务数字网（Integrated Services Digital Network），通过网络传输从而实现智能建筑内部与其他地区建立会议电视联系。

(3) 网络节点多点控制单元 网络节点即汇接局，多点控制单元（控制器）设置在网络节点上，以实现对图像、语音和数据信号的切换，供给多个地点的会议同时进行相互通信。此外，用户/网络接口是用户终端设备与网络通信的数字电路接口。

而桌面型会议电视系统属于多媒体通信会议电视系统，可满足办公自动化数据和视频多媒体通信的要求，如图 5-6 所示。桌面型会议电视系统是在计算机的基础上安装摄像专用的多媒体接口卡、图像卡、多媒体应用软件及 I/O 设备，通过这个系统可将文本图像显示在屏幕上，操作人员可随时在屏幕上修改文本图表，辅以传真机和书写电话等，及时将文件资料传送给对方。由此可见，桌面型会议电视系统不仅具有一般计算机网络通信的特点，而且还具有动态视频图像、声音、文字、数据资料实时双工双向同步传输和交互式通信的能力。

以上简单介绍了会议电视系统的基本构成和主要功能，会议电视设备安装工程消耗量定额应按以下规则计算：

会议电视设备安装调试，其多点控制器分为 24 端口以内和 24 端口以上，以“台”为计量单位计算（12-355、12-356）。会议电视编解码器的安装调试，以“台”为计量单位计算（12-357）。进行联网系统试验则区分一级级联和两级级联，以“对端”为计量单位计算。此外，对会议电视设备还分为网管系统安装调试、业务功能检查、系统技术指标检查、

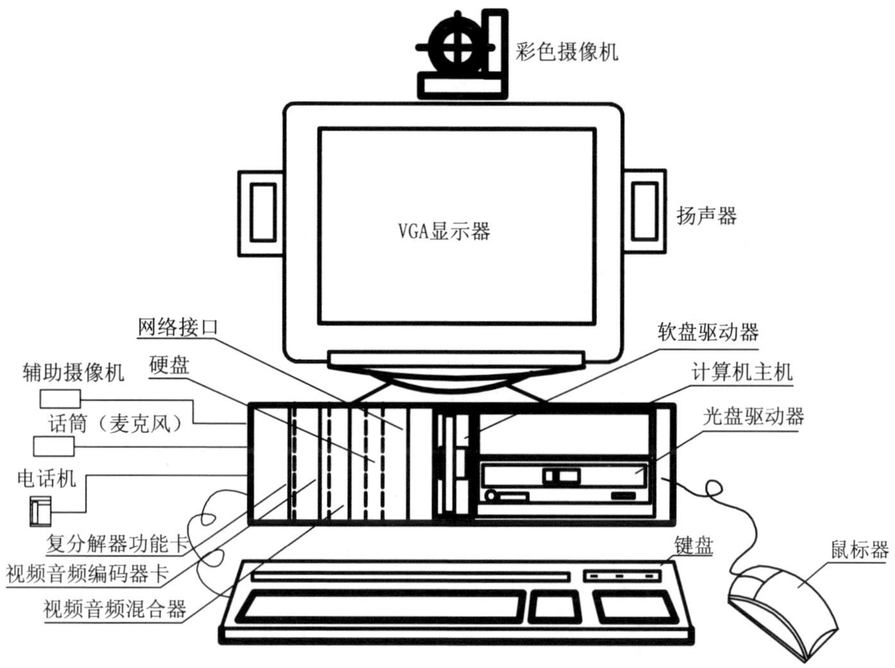

图5-6 桌面型会议电视系统

系统稳定性测试等项内容，均以“系统”为计量单位计算。会议电视设备可按“插控设备安装调试”分部分项工程项目编制，其项目编码为“030505011”，应注意其名称、功能和规格等项目特征，工作内容包括本体安装、系统调试以及功能的检测等。

会议电话和会议电视的音频终端，如调音设备、回声控制器、扬声器，执行《全国统一安装工程预算定额》第十三册《建筑智能化系统设备安装工程》，在陕西省范围内可参考执行《陕西省安装工程消耗量定额》（2004）第十二册《建筑智能化系统设备安装工程》第六章的相应项目，而视频终端（如摄像机、录像机、投影机、分画面视频处理器等）应执行该册第九章的相应项目。

5.3 建筑设备监控系统安装

随着我国经济建设和科学技术的发展，人们对建筑内部的各种机电设备的控制、管理提出了更高要求，从而极大加速了建筑设备监控系统的发展。建筑设备监控系统是以计算机技术为核心，以计算机局域网络为通信基础，对建筑物内电力、照明、通风空调、给水排水、消防、保安、运输等建筑设备进行全面的运行管理、数据采集和过程控制。通过对建筑设备的自动化管理控制，使建筑设备安全可靠运行，节约能耗，为人们提供优良的服务。

本章所介绍的建筑设备监控系统安装工程消耗量定额，只适用于楼宇建筑设备监控系统（其中包括多表远传系统和楼宇自控系统）的安装调试工程。设备安装所用的支架、支座等制作，应执行《全国统一安装工程预算定额》第二册《电气设备安装工程》中相应的项目。线缆布放项目应执行本章第5.1节中综合布线的相应工程项目。全系统的调试费可按其总人工费的30%计取。

5.3.1 多表远传系统

1. 远传基表及控制设备安装

远传基表分为冷/热水表、脉冲电表、煤气表和冷/热计量表四大类，再配以用户采集器、管理中心服务器、微机中心等，就构成了智能建筑耗能表远程抄表智能系统，如图5-7所示。其原理是将耗能表（水、电、气、热）的数据转换成脉冲信号，由用户采集器进行实时采集、处理、存储，并通过系统总线将脉冲信号传输到楼宇管理中心服务器，再经通信接口（适配器）集成于物业管理微机中心，进行实时能耗表数据自动处理。同时电力、煤气、自来水和热力公司可通过Internet（LAN）网络直接读取各小区物业管理中心数据，发出收费通知，从而实现对耗能计量的高效管理。

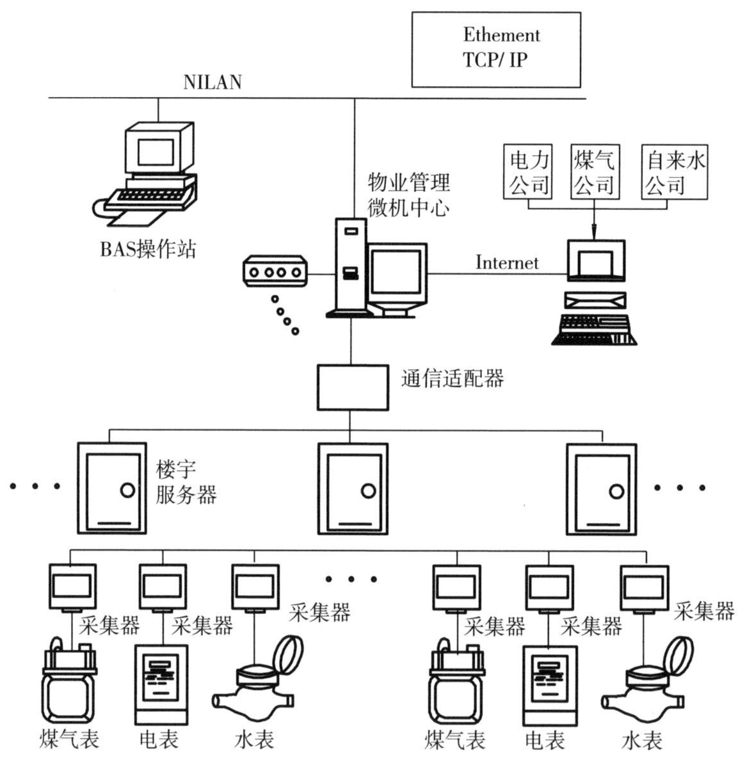

图5-7 远传基表总线式抄表智能系统

远传基表工作内容主要包括开箱检查、切管、套螺纹、制垫、加热、安装、接线和水压试验等，应注意区分基表的类型（水、电、气、热），以“个”为计量单位计算。各种耗能计量表的费用另行计算。远传基表可按“传感器”的分部分项工程项目名称编制，其项目编码为“030503006”，其工作内容包括本体安装、连接，通电检查、单体调整测试和系统联调等。

控制设备又称作执行机构，是自动控制系统中不可缺少的重要组成部分。例如，在自动控制系统中，控制设备（执行器或执行机构）接收到来自控制器的指令（控制信号），可转换成位移输出，并通过相应的调节装置改变流入、流出被控对象的物质或能量，从而实现控制调节温度、压力、流量、液位和湿度等参数的目的。电动阀也称作电动调节阀，为一种流量调节装置，根据用途可分为燃气用电动阀和冷/热用电动阀，口径均为 ϕ32mm 以内，以“个”为计量单位计算，电动阀的费用另行计算。其分部分项工程项目编码可套电动调节执行机构“030503007”或电动、电磁阀门“030503008”，其工作内容主要包括电动阀的本体安装和连线、单体调试等。

2. 抄表采集系统和中心管理系统安装调试

采集器具有实时采集、处理和存储数据的功能。采集器分为电力载波抄表采集器、集中式远程总线抄表采集器、分散式远程总线抄表采集器三种，其中电力载波抄表通信采集系统是采用220V电力线路作为数据传输介质，水、暖、电气耗能表的数据存储在电力载波抄表采集器中，每个采集器可连接不小于16个耗能表，电力载波采集系统又可连接不超过255个电力载流采集器。此系统通信多采用Lonworks，这样，与其他采用Lonworks的系统连接起来，就可构成一个数据采集控制网络，如图5-8所示，小区管理中心计算机可以定时查阅用户的耗能数据，以便计费及供用户查询。

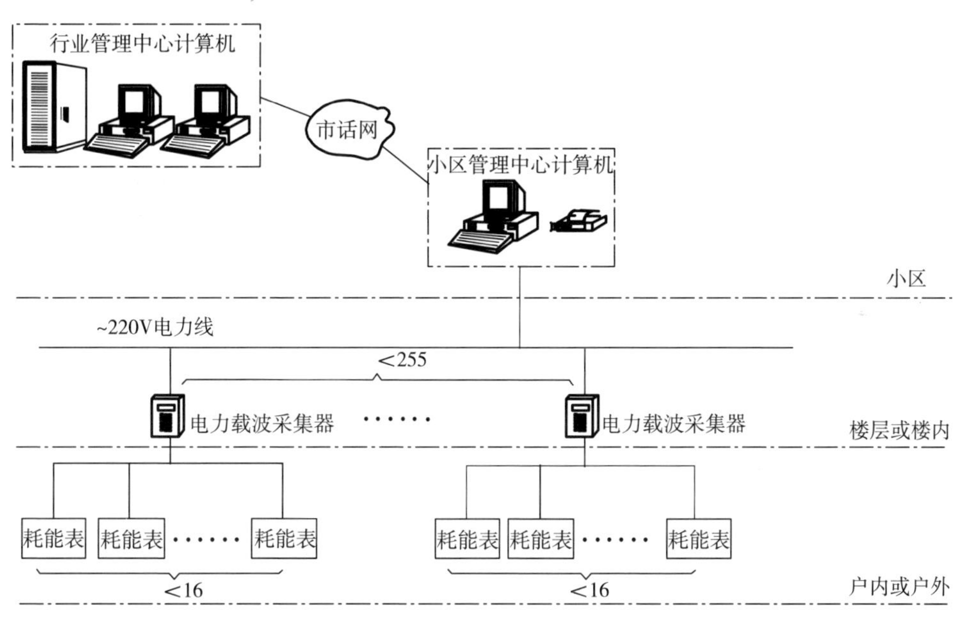

图5-8 电力载波自动抄表系统

抄表采集系统设备的安装工程消耗量定额是按墙上明装考虑的，其中抄表采集器安装工程量应区分类型，以“个”为计量单位计算。集中式和分散式远程总线抄表采集器的配套抄表主机以及抄表控制器、多表采集智能终端（含控制器）、多表采集智能终端调试、读表器、通信接口等，均以“个”为计量单位计算。抄表采集系统设备可按分部分项工程项目“通信接口输入输出设备”编制，项目编码为“030504003”，其工作内容主要包括抄表采集系统设备的本体安装和调试。

中心管理系统包括多表采集中央管理计算机、抄表数据管理软件系统和通信接口转换器等，主要工作内容包括设备开箱检查、安装就位、跳线制作、连接以及软件的安装调试等。多表采集中央管理计算机安装调试和抄表数据管理软件系统联调，均以“台”为计量单位计算，其分部分项工程项目编码套用“030503002”，工作内容包括本体安装、软件安装、单体调试、联调联试和接地等。通信接口转换器应以“个”为计量单位计算，其分部分项工程项目编码按第三方设备通信接口“030503005”套用。其工作内容为通信接口转换器的本体安装连接、接口软件安装调试、单体调试和联调联试等。

5.3.2 楼宇自控系统

楼宇自控系统（Building Automation System）主要通过对建筑物内的变配电设备、应急备用电源设备（如柴油发电机组）、蓄电池、不停电源设备（双路电源自动切换装置）以及空调系统、给水排水系统、消防系统、保安系统等进行监视测量与控制，以实现节约能源和人力资源，提高物业管理水平，为用户创造更舒适、更安全的工作生活环境。

1. 楼宇自控系统的组成

BAS 通信是一个集散型或分布开放型系统，多采用分层分布式结构，第一层是中央计算机系统，由多台分散计算机和区域智能分站（网络控制器）经互联网络连接而成。系统中各区域智能分站既相互协调又高度自治，可在全系统范围内实现资源管理，动态进行任务和功能的分配，执行分布式程序。

第二层是智能分站，如传感器接收到现场设备物理量变化信号，输入给智能分站或子站直接数字控制器（DDC），再由控制器输出控制信号使控制执行器工作，使物理量按照一定的规律变化。所以，智能分站的任务是：①对现场监测点数据进行周期性采集；②对采集数据进行滤波、放大、转换；③对现场设备运行状态进行检查和报警处理，进行连续调节和顺序逻辑控制运算；④控制与数据网络转换，与其上一级管理计算机进行数据交换，传送现场各项采集数据和设备的运行状态信息，接收上一级管理计算机的实时指令或对参数设定、修改等。

第三层是数据采集与控制终端，其监测对象为温度、湿度、有害气体、火灾探测和流量、压力等，称为监测输入点（IP）；其受控对象为水泵、阀门、执行开关等，称为受控输入点（OP）。各类传感器将被监测对象的实时状态转变成电流（4～20mA）或电压（0～10V）传送给区域智能分站，再由区域智能分站输出 4～20mA 或 0～10V 的控制信号调节相应的受控设备（例如调节风阀开启度的大小等）。

综上所述，楼宇自控系统的基本构件主要包括：网络管理操作站（即中央计算机系统）、基本节点控制器、通信接口适配器、路由器、网桥和重发器、远程通信部件、网络安装和维护工具等。图 5-9 所示为德国西门子楼宇控制系统 Apogee 的三层网络结构。采用共享总线型网络拓扑结构的以太网，使传输速度达 10Mpbs，为集散型控制系统。

安装于现场的直接数字控制器 MBC（楼宇控制器）、MEC（模块设备控制器）等可对现场设备进行控制，系统通过总线 MLN、BLN、FLN 实现集中管理功能。系统中的 LON 总线增强了系统的开放性，可实现对 LON 功能产品的兼容和互换。

管理级网络（MLN）采用标准 TCP/IP 网络通信协议和先进的 WEB 技术和 Windows 2000/NT 操作平台；楼宇级网络（BLN）接收 MBC、MEC，每个楼宇级网络最多可达 100 个节点，每个 Insight 工作站最多可有 4 个独立的楼宇级网络，其网络速度可达 115.2kpbs；楼

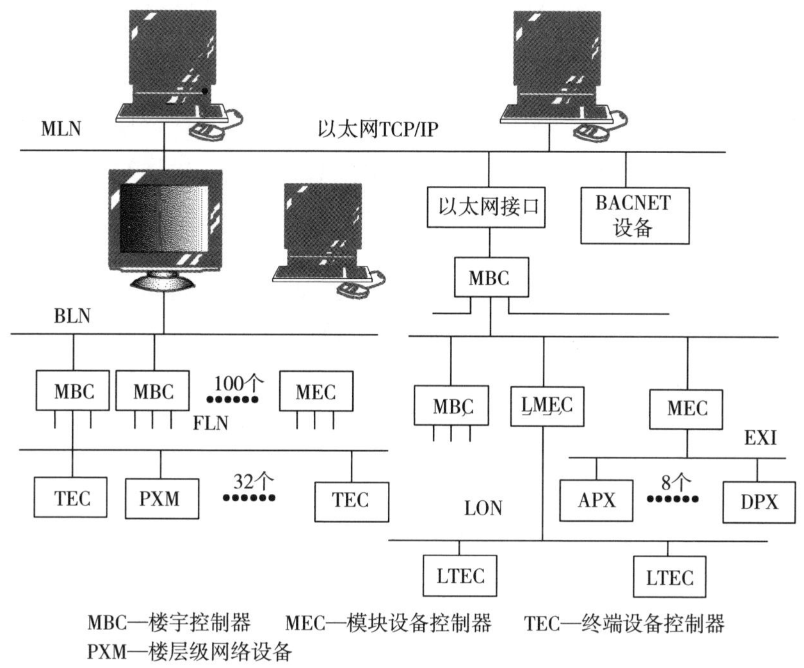

图5-9 西门子楼宇控制 Apogee 的三层网络结构

层级网络（FLN）中，每个楼宇控制器 MBC 均支持3条 FLN 总线，每条 FLN 总线上最多可接入32台楼层级网络设备（终端设备）控制器 TEC。

2. 中央管理系统

中央管理系统包括计算机安装，系统调试和用户调试等项目，工作内容主要包括设备开箱检查、现场安装就位、连接、软件功能检测调试和现场测量、记录等。在计算机安装调试中，其中央站计算机安装调试消耗量是以“台”为计量单位计算，而楼宇自控系统调试应区分控制点数，分为1000点以内、2000点以内、5000点以内和5000点以上四个等级，以“系统”为计量单位计算。用户调试则区分网卡的安装调试和楼宇自控用户调试等两个项目内容，均以“套”为计量单位计算。在进行楼宇自控用户调试工程消耗量定额计算时，还须区分其控制点数（划分为1000点以内、2000点以内、5000点以内和5000点以上四个等级）。

中央管理系统安装调试的分部分项工程项目编码为“030503001”，从以上对系统介绍可知，在进行其分部分项工程量清单编制时应注意其名称和控制点数量等项目特征，工作内容主要包括设备硬件的本体安装、连接、系统软件安装、单体调试、系统联调和接地等。

3. 控制网络通信设备

控制网络通信设备包括控制网络路由器、中继器、连接器、接口机、接口卡和适配器等。其工作内容为设备开箱检查、现场安装就位、连接件检测和调试等。对于路由器、中继器和连接器，还需要进行设备绝缘测试及外壳接地等工作。

控制网络路由器、干线连接器、干线隔离器/扩充器和控制网络中继器等均以“台”为计量单位计算，终端电阻则以“个”为计量单位计算。

对于通信接口机、通信电源、计算机通信接口卡、调制解调器接口卡、控制网络分支器和适配器等也均以“台”为计量单位计算，设备费用均另行计算。以上介绍的各种控制网络通信设备分部分项工程项目编码均仍按“030503002”编制，工作内容主要包括设备本体安装和调试等。

4. 控制器

智能控制分站是一种微处理器控制的直接数字控制器（Direct Digital Control，缩写为DDC），即采用数字计算技术，通过对数字量的运算而产生控制信号。DDC可作为独立控制器执行控制作用，如可进行比例（P）、微分（I）、积分（D）等控制、报警和监测；它还具有很强的通信能力，可组成网络实现高速运算，可有几路模拟量和数字量的输入和输出。例如模拟量输入（AI），有温度、压力、液位等传感器经变送器输出的相应信号；数字量输入（DI），有接点闭合、断开等；模拟量输出（AO），可用于操作调节阀、送风阀等；数字量输出（DO），则用于电动机的起、停控制等。当DDC带有数字量累计接口时，还可以输入低频脉冲信号，实现对用电量、用水量的积累。图5-10为控制器对冷水机组的监测与自动控制原理图。

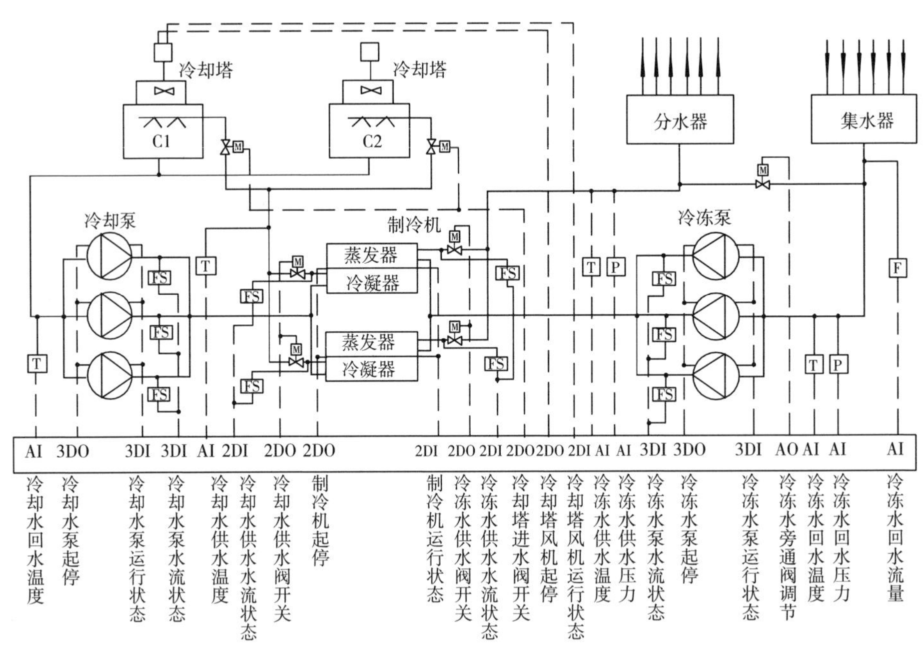

图5-10 控制器对冷水机组的监测与自动控制原理图

从图5-10可见，冷冻站一般由一台或多台冷水机组及其辅助设备组成，并分为冷冻水系统和冷却水系统。冷冻水系统是将冷水机组所制的冷冻水经冷冻泵送入分水器，由分水器再将冷冻水供给各空调分区的盘管风机、新风机组或空调机组，经管网返回集水器，温度较高的水再经冷水机组制冷，如此循环往复即称作冷冻水环路。冷却水系统是由冷却水泵将冷却水送入冷冻机组进行热交换后，温度较高的水进入冷却塔进行冷却处理后再流回冷却水泵，如此循环往复称作冷却环路。为了保证机组安全运行，应对冷水机组及辅机实施起停连锁控制，即起动顺序控制要求为：冷却塔→冷却水泵→冷冻水泵→冷水机组；停机顺序控制要求为：冷水机组→冷冻水泵→冷却水泵→冷却塔。冷水机组的运行参数及工况检测一般包括以下内容：

(1) 冷却机组出水口冷冻水温度检测、分水器供水温度检测、冷却水泵进水口水温度检测、冷水机组冷却水出水口水温度检测和集水器回水温度检测等，均分别采用装于管网上的水管式温度传感器检测。

(2) 冷冻水回水流量检测采用流量计测量。

(3) 分水器、集水器压力检测采用压力传感器或压差传感器，分别测量分水器的进水口、集水器的出水口的压力和压力差。

(4) 冷却塔风机、冷水机组的运行检测，其工况信号通常取自其电气主回路接触器的辅助接点。

(5) 冷冻水泵、冷却水泵的运行检测，其工况信号通常取自水泵出水管上安装的水流指示器。

(6) 冷水机组、冷冻水泵、冷却水泵和冷却塔风机故障检测，其报警信号一般取自其主回路中热继电器的辅助触点。根据以上检测控制要求归纳统计控制、检测点，并按数字信号和模拟信号加以区分，冷水机组检测、控制点归纳统计见表 5-1。

表 5-1　冷水机组检测、控制点归纳统计表

控制点描述	AI	AO	DI	DO	接 口 位 置
冷水机组开/关控制				✓	DDC 数字量输出接口
冷水机组运行状态			✓		动力箱内主电路接触器辅助触点
冷水机组故障状态			✓		动力箱内主电路热继电器辅助触点
冷水机组手动/自动状态			✓		动力箱内控制回路（可省略）
冷冻水泵开/关控制				✓	DDC 数字量输出接口
冷冻水泵运行状态			✓		冷冻水泵出水口水管上的水流指示器
冷冻水泵故障状态			✓		动力箱内主电路热继电器的辅助触点
冷冻水泵手动/自动状态			✓		动力箱内控制回路（可省略）
冷冻水压差旁通阀		✓			DDC 模拟量输出接口
冷冻水供水温度	✓				分水器进水口水管温度传感器
冷冻水供水/回水压差	✓				分水器进水口与集水器之间压差传感器
冷冻水回水温度	✓				集水器出水口水管温度传感器
冷冻水总回水流量	✓				集水器出水口电磁流量计
冷却水泵开关控制				✓	DDC 数字量输出接口
冷却水泵运行状态			✓		冷却水泵出水口水管上的水流指示器
冷却水泵故障状态			✓		动力箱内主电路热继电器辅助触点
冷却水泵手动/自动状态			✓		动力箱内控制回路（可省略）
冷却水泵出水口水压	✓				冷却水泵出水口压力传感器（可省略）
冷却塔风机开关控制				✓	DDC 数字量输出接口
冷却塔风机运行状态			✓		动力箱内主电路接触器的辅助触点
冷却塔风机故障状态			✓		动力箱内主电路热继电器辅助触点
冷却塔风机手动/自动状态			✓		动力箱内控制回路（可省略）
冷却塔进水口水温	✓				冷却塔进水管温度传感器
冷却塔回水口水温	✓				冷却塔回水管温度传感器
合　　计	7	1	12	4	

直接数字控制器（DDC）安装及接线应按控制点数多少划分等级（分为 20 点以内，40

点以内和60点以内等三个等级），以“台”为计量单位计算。

在直接数字控制器（DDC）用户软件功能调试中，其中DDC用户软件功能检测调试按20点以内、40点以内和60点以内划分为三个等级，以“套”为计量单位计算。远程模块也称作远程通信部件，是连接远程节点控制器或控制网络的通信部件，楼宇自动监控系统采用LON接口的电话线路或扩频无线Modem，可以实现远距离的节点控制器和控制网络的通信连接。远端模块按12点以内、24点以内划分为二个等级，也以“套”为计量单位计算。

其他控制器则包括独立控制器、压差控制器、温度控制器、盘管风机控制器和房间空气压力控制器等，其安装工程消耗量定额均以“台”为计量单位计算。此外，对于房间空气压力，控制器还应区分电子输出式和气动输出式。气动输出模块、手操器等以“台”为计量单位计算。

以上各种控制器分部分项工程项目编码均按“030503003”编制，工作内容包括控制器本体安装、软件安装、单体调试、联调联试和接地等。

5. 第三方设备通信接口

第三方设备通信接口主要是指设备接口和门禁系统接口。其中设备接口有电梯接口、冷水机组接口、智能配电设备接口和柴油发电机组接口等，均应按设备接口控制点数（分为20点以内、50点以内和80点以内等三个等级）多少划分等级，以“个”为计量单位计算。其工作内容主要包括开箱检查、固定安装接线和通电调试等。

门禁系统一般由计算机、控制器、读卡器、电子门锁等组成，可对重要通行口、门、出入通道和电梯等进行人员出入监视和控制。门禁系统接口的工作内容包括开箱检查、固定安装接线、单体及联网调试等，也以“个”为计量单位计算。

第三方设备通信接口的工作内容包括其本体安装连接、接口软件安装调试、单体调试和联调联试等。在编制其分部分项工程项目清单时，应按其名称和类别顺序列项，项目编码为“030503005”。

6. 温度、湿度、压力传感器和电量变送器

温度传感器通常以铂、镍、热敏电阻或热电偶作为传感元件，来采集被控环境（部位）的温度变化。通过将阻值变化信号经线性化处理，再由放大单元转换成温度变化成比例的DC 0~10V或4~20mA的输出信号。温度传感器可用于测量室内、室外、风管、水管的平均温度。湿度传感器采用阻性疏松聚合物技术来测量室内外和管道的相对湿度，并匹配二极管加以湿度补偿，以保证相对湿度测量的精度，其输出信号通常为4~20mA。压力、压差传感器是将空气压力或液体压力转换成DC 0~10V或4~20mA的输出信号；压差开关是随着空气或液体的流量、压力或压差引起开关动作的装置。

温度、湿度传感器按安装位置和用途分为风管式温度传感器、风管式湿度传感器和风管式温湿度传感器，室内壁挂式温度传感器、室内壁挂式湿度传感器和室内壁挂式温湿度传感器，室外壁挂式温度传感器、室外壁挂式湿度传感器和室外壁挂式温湿度传感器，液体浸入式温度传感器（如水管温度传感器等又分为普通型、本安型和隔爆型三种），均以“支”为计量单位计算（定额编号为12-507~12-518）。其工作内容包括开箱清点、检验、开孔、安装接线和调整测试等。

压力传感器分为水道压力传感器、压差传感器、液体流量开关、空气压差开关等，均以

“支”为计量单位计算。

静压压差变送器和风管式静压变送器，以“支”为计量单位计算。

电量变送器是一种将各种电量（如电压、电流、功率和频率等）转换为标准输出信号（DC 0～110V 或4～20mA），一般用于变配电系统中各种电量的监测记录。电量变送器按功能分为电流、电压、有功功率、无功功率和有功、无功等类型的变送器，还有功率因数变送器、相位角变送器、有功电度变送器、无功电度变送器、频率变送器及电压、频率变送器等，均以“支”为计量单位计算。

7. 其他传感器和变送器

（1）传感器、探测器和开关安装　传感器按安装位置分为风道式空气质量传感器、室内壁挂式空气质量传感器、室内壁挂式气体传感器和风速传感器、光照度传感器等，探测器分为风道式烟感探测器和风道式气体探测器，还有防霜冻开关、液位开关等，均以“支”为计量单位计算。其工作内容包括开箱检查、划线定位、安装接线及测试等。

（2）静压液位变送器、液位计和流量计安装　静压液位变送器和液位计安装工作内容包括开箱检查、装配、现场二次搬运、划线固定和安装接线、测试等。静压液位变送器和液位计均应区分普通型、本安型和隔爆型，以“支”为计量单位计算。流量计安装工作内容包括开箱检查、搬运、划线定位、安装固定和接线测试等，区分流量计类型，分为电磁流量计、涡街流量计、超声波流量计、弯管流量计、转子流量计等，均以“台”为计量单位计算。

以上所介绍的各种传感器、开关和变送器，在编制分部分项工程量清单时，应按控制系统的名称、类别、功能和规格，如空调系统传感器及变送器、照明及变配电系统传感器及变送器、给水排水系统传感器及变送器，均按分部分项工程项目名称“传感器”编制，其项目编码为“030503006”，以“支”或“台”为计量单位计算，工作内容为本体安装和连接、通电检查、单体调整测试和系统联调等。

8. 阀门及电动执行机构

阀门及电动执行机构简称为执行器，是构成自动控制系统不可缺少的重要组成部分。在系统中执行接受来自控制器的控制信号，转换成位移输出，并通过调节机构改变流入、流出被控对象的物质或能量，达到控制温度、压力、流量、液位和空气湿度等参数的目的。执行器分为电动、气动和液动等三种类型，目前建筑物自控系统中常用电动执行器。例如电动调节阀就是一种流量调节机构，它与电动执行器可以组成温度调节控制装置；电动风门是由风门和风门执行器（驱动器）组成，可进行风量调节。

（1）调节阀及执行机构　调节阀及执行机构安装工作内容包括开箱检查、搬运、法兰焊接、制垫固定、安装接线、水压试验和测试等。按类型可分为电动二通、三通调节阀及执行机构、电动碟阀及执行机构和电动风阀及执行机构等四种。其中电动二通、三通调节阀及执行机构按其管道口径（公称直径）≤50mm、100mm、200mm 划分为三种规格，电动蝶阀及执行机构按管道口径≤100mm、250mm、400mm 划分为三种规格，电动风阀及执行机构则不区分规格等级，均以“个”为计量单位计算（12-565）。

（2）水泵、风机起动柜接点接线和变压器温度计接线　水泵、风机起动柜接点接线工作内容有开箱检查、搬运、套螺纹连接、接线、水压试验、绝缘及性能测试等。其中二通电动阀应区分其管道口径（20mm 以内、25mm 以内等2个规格），水泵、风机起动柜楼控接点接线则区分控制点数，分为5点以内、10点以内、20点以内、35点以内等四个等级，均以

“个”为计量单位计算。

变压器温度计接线工作内容包括开箱检查、搬运、固定安装、接线、接地和测试等，不分规格大小，均以“个”为计量单位计算。

以上所介绍的阀门及电动执行机构等的分部分项工程项目编码均按电动调节阀执行机构“030503007”编制，独立安装的电动阀门则按项目编码“030503008”编制。在编制时应注意其名称、类型、规格和功能等项目特征，均以“个”为计量单位计算，工作内容包括本体安装、连线和单体测试。

5.4 有线电视设备安装调试

5.4.1 有线电视系统的组成

有线电视系统主要由信号源、前端设备、干线传输系统、用户分配网络等组成，如图5-11所示。

1. 信号源

信号源包括有线电视网络、共用天线电视、卫星电视和自办电视节目等。其中有线电视网络正在向多频道、多功能和高速的综合网络方向发展，使用户和前端可实现双向通信，即成为能传输图像、声音和数据的多功能服务网络。

无线电波通常按频率的大小划分波段，例如长波为低频频率（30～300kHz），用LF表示，波长为1000～10000m；中波为中频频率（300～3000kHz），用MF表示，波长为100～1000m；短波为高频频率（3～30MHz）用HF表示，波长为10～100m；超短波为甚高频频率（30～300MHz），用VHF表示，波长为1～10m；分米波为特高频频率（300～3000MHz），用UHF表示，波长为10～100cm；厘米波为超高频频率（3～30GHz）用SHF表示，波长为1～10cm。我国规定一个频道的电视信号占用频带宽度为8MHz，伴音信号的载频比图像信号载频高6.5MHz。这样按1～68频道范围共划分为5个频段，Ⅰ频段为电视广播1～5频道，Ⅱ频段为调频广播和通信专用频段，Ⅲ频段为电视广播6～12频道，Ⅳ频段为电视广播13～24频道，Ⅴ频段为电视广播25～68频道。其中Ⅰ、Ⅲ频段为电视广播1～12频道，即为甚高频（VHF），Ⅳ、Ⅴ频段电视广播13～68频道为特高频（UHF），特高频属于微波。

总之，闭路电视信号（包括DVD、VCD、录像机、摄像机、电影电视转播机、电视广播和微波传输、卫星电视等空中电视信号等）经过相应的解调器后进入到前端设备。

2. 前端设备

前端设备主要包括频道放大器、频道变换器、导频信号发生器、调制器、混合器和连接电缆等部件。频道放大器即为单频道放大器，是用来放大某一频道全电视信号的放大器，使混合之前各频道的信号电平基本接近。频道转换器就是将电视信号频道在前端进行频道变换处理，以改善由于离电视台较近、场强较高地区带来的电视图像重影问题。导频信号发生器是供干线放大器的自动增益和自动斜率控制的标准信号发生器。调制器是将录像机、摄像机和卫星电视接收设备等所输出的视频图像信号及伴音信号调制到某一频道的高频载波上，成为全电视信号后再进入共同天线电视系统（Community Antenna Television，缩写为CATV）。

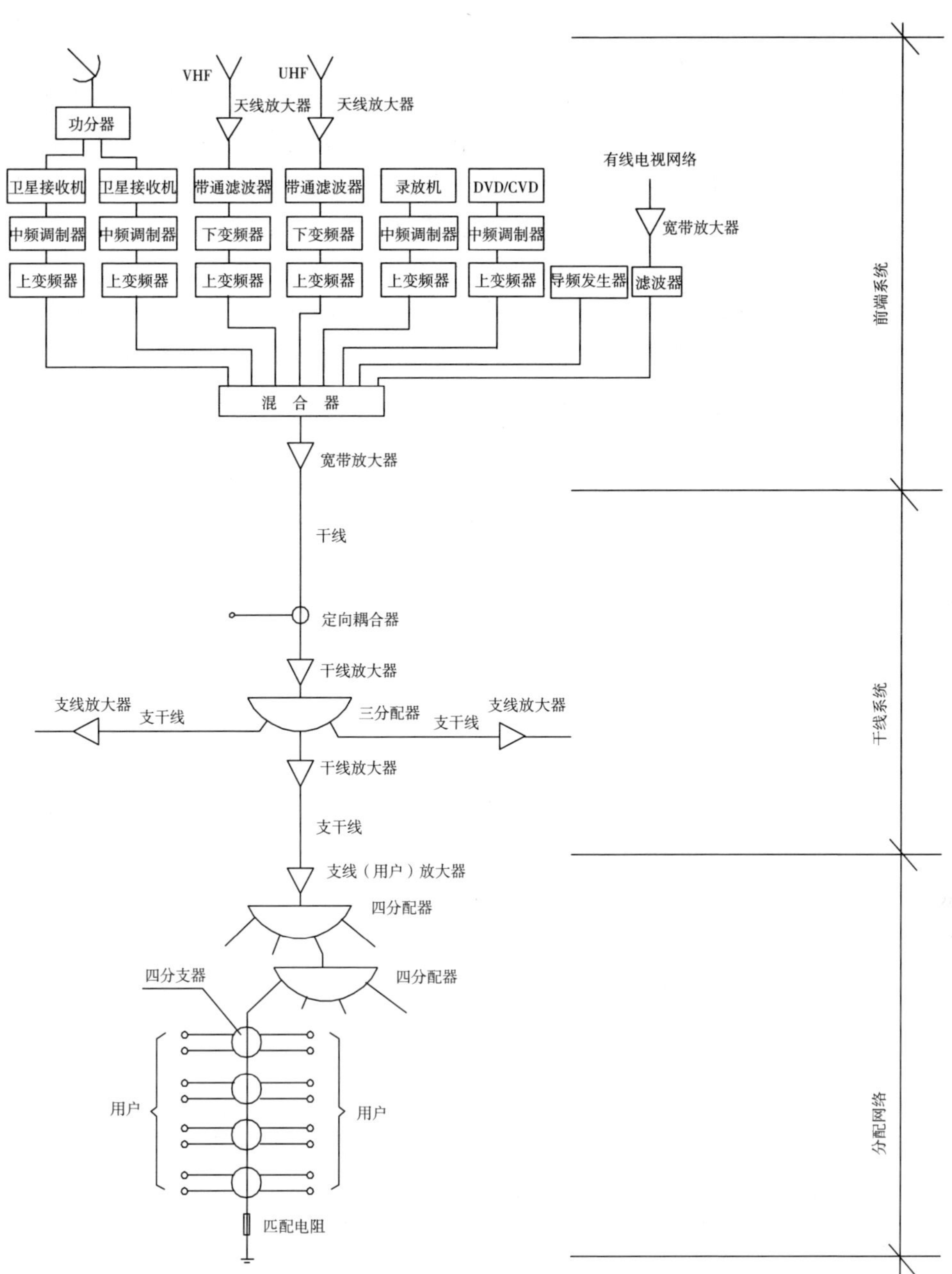

图 5-11 有线电视前端系统和用户分配系统

混合器则是将多路不同频道的电视信号混合成一路信号的装置，同时还可消除同一信号经过不同天线接收而产生的重影，滤除干扰杂波，具有一定的抗干扰能力。

由此可见，前端设备的作用就是将经过处理的各路信号进行混合，转换成一路含有多套电视节目的宽带复合信号，再经过放大、分配处理后变成设计所要求的电平宽带复合信号再传送给干线传输系统。

3. 干线传输系统

干线传输系统包括干线电缆、干线放大器、均衡器、电源装置、分支器和分配器等一系列传输设备。干线电缆多采用同轴电缆，由单股实芯和屏蔽筒（其轴心与缆芯轴芯重合，故称为同轴电缆）构成，二者之间用绝缘体隔开，也称为射频同轴电缆。常用射频同轴电缆型号有 SYV-75-9、SYV-75-7、SYV-75-5，耦芯同轴电缆型号有 SDVC-75-9、SDVC-75-7、SDVC-75-5 等。对于大型电缆传输系统，由于同轴电缆是一种有耗传输线，在电缆中传送的信号会随着传输距离增加和信号频率不断受到衰减损耗导致不能使用，所以要在传输分配系统中设置放大器，用以补偿干线的电平损失。干线放大器也称作宽带放大器。

由于同轴电缆对电视信号的衰减随着频率及温度变化而变化波动，所以传输距离增加和放大器级数增多也将带来电视信号的非线性失真及信噪比的恶化，因此 CATV 系统已广泛采用光缆作为干线传输媒介，即由光发射机、光分波器、光合波器、光接收机和光缆等组成的光缆干线传输系统。光缆具有传输损耗小、速率快、频带宽、质量好、传输保密性好等特点，同时还具有体积小、重量轻、易于维护敷设和使用寿命长等优点。

均衡器是用来解决电缆衰减特性所造成的高端频道信号电平衰减大、低端频道信号电平衰减小的高低端电平差问题。选用适当斜率的均衡器接入线路之中，用以补偿电缆对各频道信号衰减的不均匀性。

4. 用户分配网络

用户分配网络是 CATV 系统中直接与用户端连接的部分，主要由分配器、分支器、串接单元、用户终端盒及线缆等组成。其作用是将干线传输系统提供的信号电平均匀分配给各个用户接收机。

分配器是将一路电视信号能量均匀或不等的分配成几路输出的无源传输器，它保证传输干线及各输出端之间有良好的隔离度。分配器按输出端数分有二、三、四、六分配器等。分配器的型号含义为：

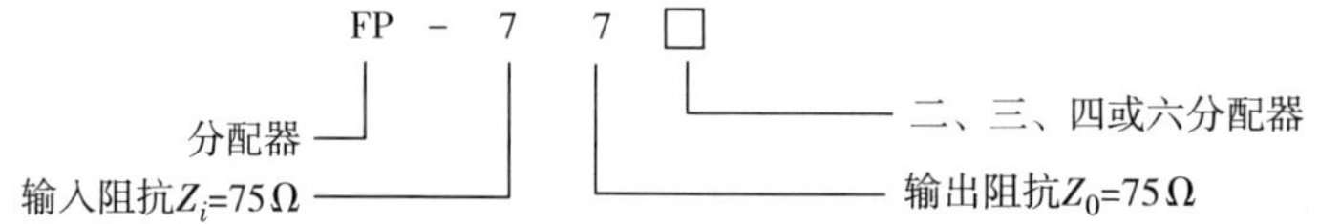

分支器是从干线或支线上取出信号送给电视机或分支线路。其中连接用户线与分支线的装置称为用户分支器，简称分支器。如不需要用户线而直接与接收机引入线相连接，且又能构成分支通路的装置称为“串接单元”。分支器通常串联接入分支线路中，将分支信号能量的一部分取出来馈送给电视接收机。分支器有一个主输入端和一个主输出端，或有一个主出入端和多个分支输出端，按分支器输出端分可分为一分支器、二分支器和四分支器。分支器也属于无源传输器件，分支端子间相互隔离，以抑制各接收装置之间的相互干扰。

分支器的型号含义为：

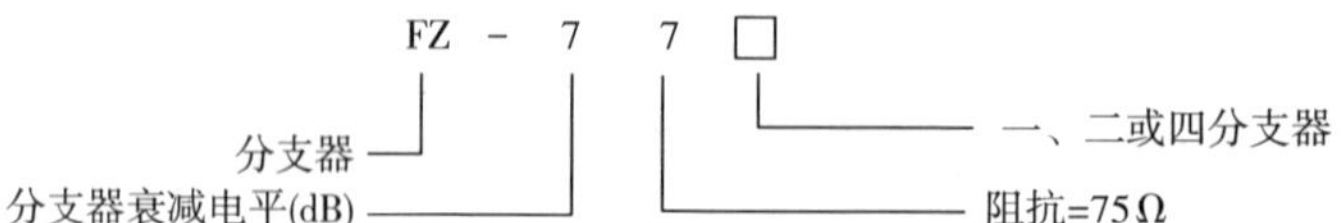

如上所述串接单元有两种，一种是一个一个串入分支线中，又称为一分支器或一分支终端器，是将分支器与用户插座组合为一体。另一种是本身带一个插座，还能分出一路再接一个用户插座，称为二分支串接单元或二分支终端器。

用户终端盒又称用户电视插座盒、终端盒或用户盒，它是将分支器信号与用户接收机相连接的装置，即电视插座。用户电视信号电平一般设计为70dB ±5dB。

5.4.2 前端设备安装调试

1. 电视共用天线安装调试

如前所述，电视广播1~12频道的频段为甚高频（VHF），13~68频道的频段为特高频（UHF）。天线安装需分频道（频段），即分为1~12频道和13~57频道，以“付”为计量单位计算消耗量定额。57频道以上的天线安装也按13~57频道的天线安装定额计算。

电视共用天线是按成套供应考虑的，故天线杆塔基础和天线杆塔安装均分别以“套”为计量单位计算。电视设备箱是指已组装好的电视设备箱或未安装电视设备的空箱，电视设备箱不分规格大小和安装方式，以“台”为计量单位计算。

电视共用天线安装调试工作内容包括检查天线杆塔基础，安装天线杆塔、天线，电视设备箱和现场清理等，其各种设备（材料）费均另行计算。

电视共用天线安装调试分部分项工程量清单的项目编码为“030505001”，其工作内容包括以上各项目的本体安装和单体调试等。

2. 射频传输电缆敷设

射频传输电缆敷设分为室内、室外敷设两种。室内穿放、布放射频传输电缆工作内容包括开箱检查、编号安装和断线固定、临时封头、清理场地等。应区分射频传输电缆在线管、暗槽内穿放和在线槽、桥架、支架活动地板内明布放等不同敷设方式，按电缆的规格大小划分等级（分为ϕ9mm以内和ϕ9mm以上），以“100m”为计量单位计算，主材费另行计算。

室外架设射频传输电缆则分为在电线杆上架设和沿墙加设，根据电缆的规格大小划分等级，也以“100m”为计量单位计算，主材费另计。

射频电缆接头制作应区分在地面上制作和架空（空中）制作，以“10个头”为计量单位计算，F型插头（75-7及其以上）的主材费应另行计算。

如图5-11所示，干线设备（如干线放大器、分配器等）安装调试，按项目编码“030505012”编制，以“个”为计量单位计算，工作内容包括本体安装和系统调试。分配网络设备（包括支线放大器、分配器和分支器等）则按“030505013”编制，以“个”为计量单位计算，工作内容包括本体安装、电缆接头制作与布线以及单体试验等。

3. 卫星天线安装调试

卫星天线安装调试工作内容包括搬运、吊装、安装就位、调正方位和俯仰角、调试、紧固天线各部件、补漆以及吊装设备的安装拆除等。卫星天线安装调试工程消耗量定额计算应区分在楼顶（距地面≤20m）的天线架上、在地面水泥底座上及天线架上吊装，并按天线直径规格大小划分等级（天线直径共分为2m以内、3.2m以内、4m以内、6m以内、7.2m以内、15m以内等6个等级），以“付”为计量单位计算，天线及配套附件费用另行计算。

值得注意的是，天线（包括电视共用天线和卫星天线）在楼顶上吊装是按楼顶距地面不大于20m考虑的，超过20m时，应计取高层建筑增加费。

4. 设备安装

（1）前端机柜及卫星地面站接收设备安装调试　前端机柜（卫星接收机柜）一般为落地式安装，柜高1.6～2m。其工作内容包括开箱清理、搬运、组装、就位固定、制作、安装接地线、接机柜电源线和施工现场清理等，以“个”为计量单位计算安装工程消耗量。

前端机柜的安装工程分部分项工程项目编码为“030505003”，工作内容有本体安装、连接电源和接地等。

卫星地面站接收设备安装调试按设备类型［有接收机、解码器（解压器）、数字信号转换器、制式转换器、功分器］，以“台”为计量单位计算。其分部分项工程项目编码按微型地面站接收设备“030505008”套用，工作内容包括接收设备的本体安装、单体调试和全站系统调试等。

（2）电视墙及前端射频设备安装调试　所谓电视墙是指监控室内的抽屉式分隔柜中装设的多台电视机，也称监视器。电视墙安装按电视机（监视器）12台以内和24台以内，以“套”为计量单位计算。其工作内容主要包括开箱检查、机架组装、就位固定、安装机架电源、电视信号分配系统、监视器以及机架接地安装等。

前端射频设备安装调试则区分全频道前端、邻频前端和挂式邻频前端等三种，其中全频道前端又分为“10个频道”、“每增加一个频道”，邻频前端和挂式邻频前端则分为“12个频道”、“每增加一个频道”，均分别以“套”为计量单位计算。其工作内容包括开箱清点、通电检查、安装就位、制作接头、校线标记、扎线和清理现场以及调试各频道的输入、输出幅度、射频参数、填写调试报告等。

电视墙安装分部分项工程项目编码为“030505004”，应注意其名称和监视器数量等项目特征，工作内容有机架、监视器安装、电视信号分配系统安装以及连接电源和机架接地等。

前端射频设备安装工程分部分项工程项目编码为“030505007”，除了注意设备名称和类别以外，不需考虑频道数量。其工作内容包括本体安装和单体调试。

5. 光端设备的安装调试

在光缆干线传输系统前端设备中，光发射机有模拟光发射机、FM光发射机、数字光发射机、反向光发射机等，其中模拟光发射机又分为直接调制和外调制式，以上光系统前端设备安装工程均分别以“套”为计量单位计算安装消耗量，而终端盒（12芯）则以“盒”为计量单位计算安装消耗量。各类光发射机和终端盒的调试均以“套”为计量单位计算。

光端设备安装调试分项工程项目编码为“030505009”，工作内容包括光端设备的本体安装和单体调试。

6. 有线电视系统管理设备和播控设备的安装调试

有线电视系统管理设备安装调试工作内容包括搬运、开箱检查、划线定位和安装固定、做接线标志等。有线电视系统管理设备主要包括寻址控制器、视频加密器、数据通道调制器、数据分支器、数据控制器和网络（费）管理控制器等。各种管理控制设备的安装均分别以“台”为计量单位计算，设备费用另行计算。

此外，收费管理系统和网络管理系统的调试应另行计算，其调试工程消耗量分别以“台”为计量单位计算（定额编号为12-627、12-628）。

播控设备安装调试的工作内容包括搬运、开箱检查、安装固定、调试接地和做标志、清理现场等。其中播控台的安装应根据播控台的长度划分规格（划分为长度≤1.6m、≤2m、≤1.2m组合式等三种规格），以“台”为计量单位计算，但是播控台调试则不分规格，以“台”为计量单位计算。

常用播控设备有电源控制器、矩阵切换器、时钟控制器、电平循环监测报警器、台标发生器、时标发生器、字幕叠加器、监视器、视（音）频处理器、时钟校正器、视频分配器和画中画播出器等多种，其安装均不分设备的规格大小和安装方式，分别以“台”为计量单位计算。

上述介绍的有线电视系统管理设备分部分项工程量清单项目编码为“030505010”，根据管理设备的名称、类别等项目特征确定，其工作内容包括有线电视管理系统设备的安装及系统调试。

播控设备安装调试的项目编码为“030505011”，同样要根据播控设备的名称、功能和规格等项目特征来编制，工作内容为播控台和各种播控设备安装以及播控台的系统调试等。

5.4.3 干线设备安装调试

1. 干线设备安装

光缆干线传输系统在5.4.2节中已做简单介绍，在前端设有光发射机，在光缆干线上和接收端还需设光接收机和放大器、供电器和无源器件等。

（1）光接收机、放大器安装 光接收机和放大器安装工作内容主要是开箱检验、清理搬运、组装保护箱（地面）及内部器件、安装紧固、固定尾纤（或尾缆）箱壳接地、加接电源和设备调试、做标记等。光接收机安装分室外、室内安装，室外安装又分为地面安装和架空安装，均以“个”为计量单位计算。

放大器安装则分为光放大器安装和线路放大器安装，线路放大器安装也分为室外和室内安装，室外安装又分为地面安装和架空安装，以“个”为计量单位计算。

（2）供电器、无源器件安装 供电器为干线传输系统中的专用直接稳压电源装置，其安装工作内容包括开箱检验，清理搬运，组装保护箱（室外）、安装紧固、接线、装插头取电、接地和做标记等。无源器件安装的工作内容为器件检验、安装固定和做接头等。供电器和无源器件安装均应区分室内、室外安装，室外安装又分为地面安装和架空（电杆上）安装，均分别以“个”为计量单位计算。

2. 干线设备调试

干线设备调试主要是指对放大器（如光放大器、线路放大器）和供电器进行调试。其中放大器调试应区分单向放大器和双向放大器，单向放大器和双向放大器的调试又分为在地面上调试和在电杆上（架空）调试，均以“个”为计量单位计算调试消耗量。其工作内容包括测试输出电平（dB）、调整衰耗、均衡和测试记录等。

供电器调试则区分10台以内供电器调试和10台以上供电器调试，同时又都分为地面上调试和电杆上调试，均分别以“个”为计量单位计算。其调试工作内容包括测试供电器的输出电压、电流，测试其负责供电的放大器供电电压，并做记录。

干线设备安装调试一般可按项目编码“030505012”编制，而对于光接收机、光放大器等，则应按光端设备安装调试的项目编码“030505009”编制。工作内容包括设备的本体安装、系统或单体调试等。

5.4.4 分配网络

1. 放大器、分支器、分配器、均衡器、用户终端盒和暗盒安装

分配网络中的放大器一般常用分配放大器、分支放大器和线路延长放大器等。分配放大器装设在干线或支线的末端，以供2~4路分配线路输出，它由一个线路放大器和一个分配器组合而成。分支放大器也是安装在干线或支线的末端，有一个输入端和一个干线或支线输出端，还可从干线或支线输出端的定向耦合器取出信号作为支线输出端。线路延长放大器安装于支线上，用以补偿分支器插入损耗和电缆的传输损耗。

放大器安装不分型号、规格和性能，但区分安装方式（明装、暗装），以“10个”为计量单位计算。工作内容包括开箱检查、固定保护箱、安装放大器和引入工作电源等。

用户分支器、分配器安装需区分安装方式（明装、暗装），均衡器和衰减器则不分安装方式，它们均以“10个”为计量单位计算。工作内容为器件检查，清理暗盒、端口，做接头和布线等。衰减器多串入放大器的输入端，以保证输入电平不超过放大器的最大输入电平，以防止放大器过载。注意放大器、用户分支器、分配器、均衡器和衰减器等的费用均应另行计算。

用户终端盒安装也应区分明装、暗装，以“10个”为计量单位计算。工作内容为器件检查、安装固定、做接头、接线和清理暗盒、连线调试等，其主材费另行计算。

暗盒多用作暗埋设的插座盒、接线盒等，暗盒埋设工作内容包括剔槽（孔、洞）、埋管、清管、埋设暗盒等。应区分暗盒的规格尺寸大小（一种规格为86mm×86mm和75mm×100mm，另一种规格为200mm×150mm），以“10个”为计量单位计算，主材费另行计算。

2. 楼板、墙壁穿洞

在敷设管线过程中，如果线管、线槽或电缆穿过楼板、墙壁时，需要在楼板、墙壁的适当位置处打孔洞。其工作内容为定位、打孔和清理等。

在楼板上打孔应区分预制楼板和混凝土楼板（现场浇筑的钢筋混凝土楼板），按孔径大小（分为孔径ϕ25以内和ϕ35以内）划分规格，以“个”为计量单位计算，在墙壁上打孔，也应区分砖墙和混凝土墙，按墙的厚度划分规格（砖墙厚度分为240mm和370mm两种规格，混凝土墙厚度分为≤180mm和>180mm两种规格），以“个”为计量单位计算。

3. 网络终端调试

网络终端调试工作内容包括放大器调试、测试和整理记录；测试用户终端、机上变换器、服务器和音箱等，记录整理资料，预置用户电视频道等。

放大器测试和用户终端（户）调试，均以“个”为计量单位计算。

如前所述，分配网络中各种设备的安装调试，可按分配网络项目编码“030505013”编制。其工作内容包括分配网络中各种设备的安装、电缆接头制作、布线和单体调试等。而用户终端调试则应按项目编码“030505014”编制。

练习思考题5

1. 智能建筑的定义是什么？
2. 综合布线系统PDS中常用的传输介质有哪几种常用线缆？
3. 穿放、布放双绞线缆工程消耗量计算应注意区分什么？有何规定要求？

4. 穿放、布放光缆工程计算应区分什么？穿放布放光缆、布放光缆护套和光纤束等工程消耗量计算都有何规定要求？

5. 通信线路网络施工中，穿放、布放电话线缆工程的工程消耗量计算有何规定要求？在编制分部分项工程量清单时，应根据什么套用相应的项目编码？

6. 穿放、布放广播线的工程消耗量计算应注意区分什么？其工程计算都有何规定要求？

7. 程控数字交换机（以及程控数字用户交换机）安装调试主要包括哪些主要工作内容？其工程消耗量计算都有何规定要求？程控数字交换机和程控数字用户交换机应套用什么分部分项工程项目编码？其工作内容主要包括什么？

8. 公用型会议电视系统主要包括哪些数据终端设备？桌面型会议电视系统能满足什么要求？会议电视设备安装调试中，其多点控制器及编解码器等的工程量计算有何规定要求？会议电话和会议电视的音频终端（如调音设备、回声控制器和扬声器等）、视频终端（摄像机、录像机、监视器、投影机、分画面视频处理器等）应分别执行什么定额项目？

9. 在智能化小区物业管理系统中，其中远传基表分为哪几大类？智能建筑耗能表远程抄写智能系统是如何构成的？简述其工作原理。远传基表的工程量计算有何规定要求？各种远传基表的分部分项工程项目编码如何套用？其工作内容主要包括什么？

10. 多表采集中央管理计算机安装调试和抄表数据管理软件系统联调工程项目如何计算？主要包括什么工作内容？

11. 楼宇自控系统的基本构件主要包括哪些部分？各有什么主要功能？

12. 在进行中央管理系统安装调试分部分项工程量清单编制时应注意哪些项目特征？主要包括什么工作内容？

13. 控制网络通信设备包括哪些设备？其安装消耗量定额中主要包括什么工作内容？各种控制网络通信设备分部分项工程项目编码如何套用？主要包括什么工作内容？

14. 控制器安装及接线及控制器（DDC）用户软件功能调试中，应如何进行安装工程消耗量计算？如何套用分部分项工程项目编码？

15. 对温度、湿度、压力传感器和电量变送器的工程消耗量计算有何规定要求？如何套用分部分项工程项目编码？

16. 有线电视系统主要由哪几部分组成？各部分各起什么作用？各部分工程消耗量如何计算？

第 6 章　基本建设及工程造价管理

6.1　基本建设的分类和基本建设程序

基本建设是指形成固定资产的生产过程，或是对一定固定资产的建筑、安装以及相关联的其他工作的总称，即行政主管部门或建设单位和施工单位为建立和形成固定资产所进行的一种综合性经济活动，是固定资产扩大再生产的新建、扩建、改建、恢复工程及其相关的工作，是将一定数量的建筑材料（如钢筋、水泥、木材等）、机械设备等，通过购置、建造和安装调试活动，使之成为固定资产，形成新的生产能力和使用效益的过程。固定资产，一般来说其使用期可超过一年，是单位价值较高（在企业规定的限额以上）的劳动资料；或使用期可超过两年，单位价值在 2000 元以上，且不属于劳动资料范围的非生产经营用的房屋设备。总之，固定资产是可供长期使用、并在其使用过程中仍可保持其原有物质形态的各种生产工具、机械设备以及为保证生产正常进行所必需的建筑物、构筑物、运输工具等。对于建筑物和构筑物而言，包括建筑工程、输配电线路和各种管路的敷设、给水排水工程、暖通工程、动力照明工程等。

6.1.1　基本建设项目的分类

基本建设是一种宏观的经济活动，从基本建设的总体来看，由若干个基本建设工程项目组成的。基本建设工程项目，又简称为建设工程项目，是指为完成依法立项的新建、扩建、改建等各类工程而进行的，有起止时间的，并达到规定要求的，包括策划、勘察、设计、采购、施工、试运行、竣工验收、考核评价和交付使用等相互关联的受控活动过程。通俗的说，就是按照总体设计和计划任务书，经济上实行独立核算，管理上具有独立组织形式的基本建设单位所进行施工的建设工程。在民用建设中，学校、医院、房地产商开发的住宅小区等即为一个建设工程项目。对于建设工程项目一般可做以下分类：

按照建设工程项目的性质划分，可分为新建项目、扩建项目、改建项目、恢复项目和迁建项目。

按照建设工程项目的投资作用划分，可分为生产性建设工程项目和非生产性建设工程项目。生产性建设工程项目包括工业、农业、交通运输、邮电通信、商业和物资供应等建设项目，而非生产性建设工程项目则包括住宅、公共事业设施、文教卫生和科研机构等建设项目。

按照建设工程项目的建设过程划分，可分为筹建项目、在建项目和投产项目。筹建项目是指在计划年度之内，只进行建设项目的准备工作，而未开工的项目；在建项目是指正在进行施工建设的项目；而投产项目是指建设项目已竣工，且投产使用的项目。

按照建设工程项目的投资规模划分，可分为大型项目、中型项目和小型项目，以利于对建设工程项目进行分级管理。

按照建设工程项目投资的来源划分，可分为政府投资项目和非政府投资项目。例如，政府投资项目包括国家投资或国有资金为主的建设项目；非政府投资项目包括银行信用贷款筹资的建设项目、自筹资金的建设项目、引进外资的建设项目和资金市场筹资的建设项目等。

按照建设工程项目的隶属关系划分，可分为部直属项目、地方项目和某企业、事业单位的建设项目。

按照建设工程项目的投资效益划分，又可分为竞争性项目、基础性项目和公益性项目，等等。

为了实现对基本建设分级管理，统一基本建设过程中的各项管理工作，国家统计部门还统一规定将基本建设工程划分为建设项目、单项工程、单位工程、分部工程和分项工程。

1. 建设项目

建设项目是指基本建设工程中按照总体设计进行施工，并且在经济上实行独立核算，在行政上具有独立组织形式的建设工程。即建设项目也可以称作建设单位，也是编制和执行基本建设计划的单位。如上所述，工厂、学校、科研所、医院等单位均可作为一个建设项目。

2. 单项工程

单项工程是建设项目的组成部分。凡是具有独立的设计文件，建成后可以独立发挥生产能力或效益的一组配套齐全的工程项目，称为一个单项工程。一个建设项目，可以由一个或多个单项工程组成。在工业建设项目中，如各个独立的生产车间、实验大楼等；在民用建设项目中，如学校的教学楼、住宅楼、图书馆、食堂、影剧院、商场等，这些都各自为一个单项工程。

3. 单位工程

单位工程是单项工程的组成部分。凡是具有独立的施工图设计，具有独立的施工组织条件和专业施工特点，并能独立施工和具有独立使用功能，可单独作为计算成本的对象，但完工后不能独立发挥生产能力或效益的工程，称为单位工程。一个单项工程可划分一个或多个单位工程。如房屋建筑中的电气照明工程、暖通工程、给水排水工程、土建工程、工业管道安装工程等。

4. 分部工程

分部工程是单位工程的组成部分。一般按单位工程中的结构部位、专业结构特点或设备材料的种类和型号的不同等，将一个单位工程划分为多个分部工程。如防雷接地、电缆工程、照明工程和电梯工程等。

5. 分项工程

分项工程是分部工程的组成部分。一般是指按照不同的施工方法、施工工艺和设备材料型号规格，将分项工程分为不能再分的、最基本的单位内容，即属于子目工程。如变配电工程由变压器安装、高低压柜安装、母线安装等分项工程组成。

由此可见，我们可以将一个建设项目划分为若干个单项工程，将一个单项工程划分为若干个单位工程，将一个单位工程再划分为若干个分部工程，再将一个分部工程划分为若干个分项工程，从而在工程设计和施工建设活动中，为工程计划、统计、技术、工程质量、设备材料供应等工作的决策、管理和要求提供了方便条件。

6.1.2 基本建设的程序

基本建设程序是指在整个建设过程中，建设项目从策划评估决策、工程设计、施工、竣工验收、交付使用或投入生产的各项工作必须遵循的先后顺序。因此，基本建设程序是人们通过长期的基本建设经济活动，对基本建设过程的客观规律和方法所作的科学总结的结果。基本建设程序一般包括投资决策阶段、工程项目设计阶段、施工阶段和竣工验收交付使用及生产准备阶段等内容，如图 6-1 所示。

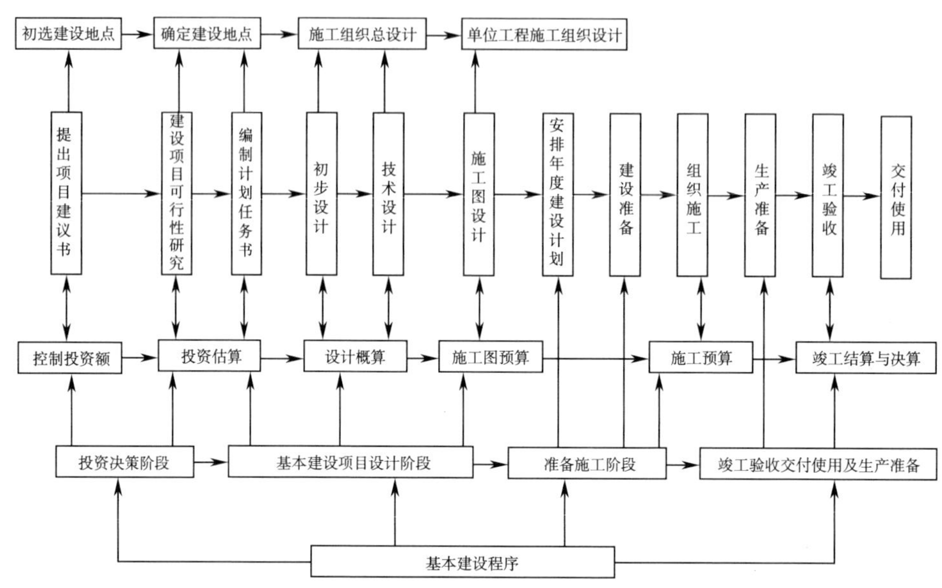

图 6-1 基本建设程序

1. 投资决策

(1) 提出项目建议书 项目建议书是对拟建项目通过科学论证而提出的轮廓设想，即是根据国民经济和社会发展的现行条件和长远规划、行业规划、地区规划要求，经过调查、预测和分析后提出的建设某一工程项目的建议文件，因此是确定建设项目和建设方案的重要文件，也是编制设计文件的重要依据。项目建议书的主要内容如下：

1) 项目提出的必要性和依据。

2) 产品方案、生产方法、拟建规模和建设地点的初步设想。

3) 资源条件、建设条件、协作关系。如果是引进国外的技术和设备项目，还需要进行国别、厂商的可行性论证初步设计。

4) 投资所需资金的初步估算和资金筹措设想。

5) 项目的建设工期进度安排。

6) 经济效果和社会效益的初步预计，设想可以达到的技术水平、生产能力以及对环境影响的初步评价。

根据“国务院关于投资体制改革的决定”（国发［2004］20 号），对于政府性投资的建设项目，应按规定要求编制项目建议书，并根据建设规模和限额划分标准报送有关部门审批，经报批后再进行详细的可行性研究工作。对于非政府投资的建设项目，则不再进行投资决策性质的审批，只须实行项目核准制或登记备案制，企业不用编制项目建议书而直接编制可行性研究报告即可。

（2）建设项目可行性研究 根据国民经济发展规划及项目建议书，对建设项目的投资建设，从技术和经济两个方面进行研究、分析、论证，以判断技术上是否可行，经济上是否合理，并预测其投产后的经济效益和社会效益。建设项目可行性研究多用于新建、扩建和技术改造项目。

（3）编制设计任务书，选定建设地点 设计任务书是确定建设项目和建设方案的基本文件，是对可行性研究最佳方案的确认，也是编制设计文件的主要依据。大中型工业建设项目的计划任务书一般应包括以下内容：

1）建设项目提出的背景、建设项目的必要性和经济意义以及建设项目投资的目的和依据。

2）建设规模、产品方案、生产工艺或方法以及市场需求情况的预测。

3）矿产资源、水文地质、燃料、水、电、运输条件。

4）建设项目选址方案建设条件以及初步确定的建设项目的工程地点及占用土地的估算。

5）资源综合利用，环境保护及排污处理方案、城市规划、防震、防空、防洪、劳动保护及可持续发展的要求。

6）建设工期和实施进度。

7）投资估算和资金筹措。

8）生产组织和劳动定员的编制以及人员培训计划安排等。

9）预期技术水平、经济效益和社会效益的评价等。

建设项目立项后，建设单位提出建设用地申请。设计任务书经报批后，必须附有城市规划行政主管部门的选址意见书。建设地点的选择要考虑工程地质、水文地质等自然条件是否可靠；水、电、运输条件是否落实；项目建设投产后的原材料、燃料等是否具备；对于生产人员的生活条件、生产环境以及环保措施等也应全面考虑。在认真细致调查研究的基础上，从几个方案中选出最佳推荐方案，编写选址报告。

2. 设计工作

设计工作是指在可行性研究报告及工程项目选址报告经有关部门审批后，由设计单位负责编制出设计文件。建设项目一般包括两个阶段，即初步设计（或扩大初步设计）和施工图设计。重大项目或技术复杂项目，则包括初步设计、技术设计和施工图设计等三个阶段。

（1）初步设计 初步设计是根据已获得审批的可行性报告、工程项目选址报告和必要的设计基础资料，对设计对象进行总体规划性质的轮廓设计。主要包括建设工程项目的规模，原材料和燃料、动力等需用量及其来源，产品方案、工艺流程、设备选型及数量，主要建筑物和构筑物的功能和布置位置、建设工期，劳动定员，“三废”治理方案等。在初步设计过程中，还应编制出建设项目总概算，以确定建设工程项目的总投资。由此可见，初步设计方案和总概算一旦经过审批后，将成为编制基本建设投资计划、签订工程总承包合同和贷款合同、控制工程造价、组织主要设备订货及施工准备等的主要依据。

（2）技术设计 技术设计是对初步设计的进一步深化，是根据已经过审批的初步设计文件进行编制的。内容主要包括总布置图，生产流程、运输、动力、给水排水、采暖通风、人员及住宅生活区、房屋建筑物、施工组织和技术经济分析等。技术设计的目的就是进一步解决确定初步设计所采用的建筑结构、工程流程等方面存在的主要技术问题，校正初步设计中对设备选择和建筑物设计方案及其他重大技术问题，并编制经修正后的建设项目的总概算。同样，技术设计和修正后的建设项目总概算，也需经有关主管部门或地方有关部门审批。

（3）施工图设计　施工图设计应根据已审批的初步设计的技术设计文件进行设计。即是将初步设计，技术设计中所确定的设计原则和设计方案，根据建设工程项目的实际要求更进一步具体化，将工程和设备各构成部分的布局、尺寸和主要施工方法等，以工程施工图纸的形式加以确定的设计文件。因此，施工图设计也是施工单位组织施工和编制工程造价的基本依据。施工图设计主要内容包括：

1）建设工程总平面图，单位建筑物、构筑物和公用设施的平面图、立面图及剖面图，总体平面布置详图。

2）生产工艺流程图、设备管路布置和电气系统等的平面图、系统图、剖面图。

3）各种标准设备的型号、规格、数量及各种非标准设备加工制作图等。

4）编制施工图造价和施工组设计等。

3. 施工阶段

施工是设计意图的实现，也是整个投资意图的实现阶段。施工阶段可由年度建设计划，施工准备和组织施工等环节组成。

（1）年度建设计划　一个建设工程项目，在完成初步设计、技术设计、施工设计以及确定的总工程造价和总施工工期，并报请有关主管部门审批后，建设单位即可着手编制企业的年度基本建设计划，以报请国家有关部门列入国家年度固定资产投资计划，从而达到合理分配各年度的投资额，使每年的建设内容与当年的投资额及设备材料分配额相适应。配套项目应同时安排，相互衔接，以保证施工的连续性。

（2）建设工程项目的施工准备　建设工程项目的施工准备工作是建设项目顺利实施的基本保证，主要包括以下内容：

1）完成建设工程项目征地和拆迁工作。

2）组织设计文件的编审，编制建设工程实施方案，制订年度基本建设计划。

3）组织设计的招标，选择设计单位。

4）申报物资采购计划，提出大型专用设备和特殊设备、材料的采购订货详单。

5）组织招投标，选择施工单位，签订施工承包合同。

6）进行“四通一平”，建造临时设施。落实水通、电通、电话、电视、宽带等通信网络通、路通和施工场地平整等外部建设条件，且“四通一平”工作应由建设单位负责完成。

7）落实建筑材料、施工机械，组织进货。

8）提供必要的勘察测量技术资料，准备必要的施工图纸。

9）申请贷款，签订货款协议、合同等。

（3）组织施工　建设工程项目的施工准备工作完成后，就可以提出开工报告，经政府有关部门批准后，即可开始施工。首先建设单位要采用招标方式选定施工单位并签订合同。施工单位根据设计单位提供的计划和设计文件的规定，编制施工组织设计及施工预算。根据施工图纸，有计划地按照施工程序合理进行施工，确保工程质量并按期完工。

建设工程项目开工建设时间是指工程项目设计文件中规定的任何一项永久性的工程第一次正式破土开槽开始施工的时间，如土建工程一般是指破土开槽动工时间，电气工程则通常是指第一次进入工地配合土建施工埋设线管、开沟槽或敷设接地装置等施工的时间。

4. 竣工验收交付使用及生产准备

竣工验收是建设工程项目施工过程的最后一个程序，是全面考核建设成果、检查建设项目是否符合设计要求和施工质量检验标准的重要环节，也是建设投资成果转入生产或使用的标志。根据国家规定，国家对建设项目竣工验收的组织工作，一般按隶属关系和建设项目的重要性而定，通常由建设单位、施工单位、工程监理部门和环境保护部门等共同进行工程验收。竣工验收既可以是单项工程验收，也可以是全部工程验收。对于不合格的建设项目，不能办理验收和移交手续。

另外，生产准备是衔接工程建设和生产的重要环节，也是尽快回收投资的重要措施，因此建设单位要根据工程项目的生产技术特点，在建设项目进入施工阶段以后，在加强施工管理的同时，做好生产准备工作，保证工程一旦竣工，即可投入生产。特别是对一些现代化的大型项目来说，生产准备工作显得尤为重要。

生产准备的主要内容有：

1）招收和培训必要的生产人员和技术工人，在他们掌握了一定的技能之后，组织参加生产设备的安装、调试和验收工作。

2）组织工具、器具和备品的制作与供应，落实生产用原材料、协作产品、燃料、水、电、气和其他协作配合条件。

3）要建立健全各级生产管理机构，制订生产管理和安全操作等规章制度。

6.2 基本建设的工程造价管理

工程造价就是工程的实际建造总价格。从投资者或业主来讲，工程造价就是工程投资费用，即工程造价是指建设一项固定资产工程的预期开支或实际开支的全部投资费用，它包括建筑工程、安装工程、设备及其他费用，是一项工程通过建设而形成的相应固定资产和无形资产所需花费的一次性费用总和。从建设市场经济来讲，工程造价就是工程的承包或发包价格。即通过工程招投标、承发包和其他交易方式，由需求主体（建设单位）和供给主体（施工单位）共同认定的、由建设市场形成的价格。这就是说工程造价是指为建成一项工程，预计或实际在土地市场、设备市场、技术劳务市场以及承包市场等交易活动中所形成的建筑安装工程的价格和建设工程总价格。

建设工程造价管理是合理确定和控制工程造价，是运用科学的原理和方法，确定工程造价目标、制定工程费用支出计划，在整个建设工程过程中对工程造价实施有效控制，是为确保工程的经济利益对工程造价所进行各项工作的总称。建设工程造价管理是一门综合性的学科，是以国家有关工程建设的方针、政策作为规范准则，并涉及和运用到其他技术经济学科的成果，是一项政策性、技术性、经济性和实践性都很强的工作。所以在市场经济体制日趋完善、投资日趋多元化的今天，迫切需要培养出大量为项目投资提供科学决策依据的造价工程师。即需抓好以下几个环节：①建立独立的工程造价咨询机构，在业主（建设单位）与承包商（施工单位）之间起中介作用。为业主提供全面、优质、方便的造价管理服务，也为政府部门提供专业化的工程造价咨询服务；②由于工程造价是一门实践性很强的专业，因此要注意加强工程造价资料的积累分析，不断提高工程造价的编制水平；③不断完善工程造价专业的高级教育及造价人员的培养提高工作，提高工程造价管理人员的素质，为工程造价领域高级人才的成长创造条件；④工程造价专业人员应认真抓紧自身的学习，扩大专业知识面，努力提高业务水平和综合素质，编制出高水平的工程造价，做好工程造价控制工作，为我国现代化建设发挥应有的作用。

从事工程造价管理的专业人员有注册造价工程师和建设工程造价员。注册造价工程师是指通过全国造价工程师执业资格统一考试或资格认定、资格互认而取得中华人民共和国造价工程师执业资格，并经注册取得“造价工程师注册执业证书”和执业印章，从事工程造价活动的专业人员。建设工程造价员是指通过省级工程造价管理主管部门组织的统一考试，取得“全国建设工程造价员资格证书”和执业印章，并从事工程造价活动的专业人员。注册造价工程师和建设工程造价员均不允许注册及受聘于两个或两个以上单位。

建设工程造价管理主要包括投资费用管理和建设工程价格管理两种。建设工程投资费用管理是为了达到建设工程投资的预期效果，在经批准确定的基本建设规划、设计方案等条件下，预测计算和监控工程造价的确定及变动的情况。建设工程价格管理是生产企业为实现价格管理目标，充分了解市场价格信息，对成本控制、计价和竞价等进行的管理工作，也是政府根据经济发展的要求，利用法律、经济和行政等手段实现对建设工程价格的管理和调控，以规范市场的主体价格行为。也就是说，工程建设从开始筹建到竣工投产的整个过程中，要始终抓住工程造价管理这一环节，加强工程造价的全过程动态管理，强化工程造价约束机制，以达到规范价格行为、维护有关各方的经济利益关系和有效控制、确定工程造价的目的。

6.2.1 工程造价的合理确定

所谓工程造价的合理确定，就是在项目建设的各个阶段，根据有关计价依据和特定的方法，对建设过程中所支出的各项费用进行准确合理的计算和确定，即在建设程序的不同阶段需分别确定投资估算、设计概算、施工图预算（中标价或承包合同价）、施工预算、工程结算和竣工结算等。即建设工程造价具有分段计价、由粗到细的特点，工程造价的合理确定与其控制还存在着既相互关联又彼此独立的关系。各阶段工程造价的计价依据及用途见表6-1。

表6-1 建设工程各阶段的工程计价依据及用途

建设阶段	投资决策	规划设计		施工	验收	竣工
		初步设计	施工图设计			
计价名称	投资估算	设计概算	施工图预算	施工预算	工程价款结算	竣工结算
计价依据	估算指标 概算指标	概算指标 概算定额	预算定额	预算定额 施工定额	预算定额	有关文件
用途	1. 估算投资额 2. 控制总投资 3. 编制计划任务书	1. 确定项目投资额 2. 编制建设计划 3. 考核设计及建设成本 4. 招标	1. 工程预算造价 2. 拨、贷款依据 3. 编制施工计划 4. 招、投标 5. 获得中标价或承包合同价 6. 结算	1. 班组承包 2. 企业内部经济核算	1. 工程实际造价 2. 结算价款，完成财务手续 3. 成本分析	1. 建设项目总价 2. 形成固定资产 3. 考核投资效果

1. 投资估算

投资估算是指在整个投资决策过程中，依据现有的资料（如估算指标或概算指标）和一定的方法，对建设项目的投资数额进行估算，编制完成工程投资计划任务书，以控制总投资数额。投资估算的主要作用是：①在规划阶段所进行的投资估算，主要作为决定一个项目是否继续进行研究的依据之一；②项目建议书阶段编制的投资估算，作为有关部门审批项目建议书的依据之一，经批准后，作为拟建项目列入国家中长期计划和开展项目前期工作中控制工程造价的依据；③可行性研究阶段的投资估算可对项目是否可行做出初步的决定；④可行性研究报告的投资估价经有关部门审批后，可作为对项目是否可行的决策依据，也是编制投资计划，进行资金筹措及申请贷款的主要依据和控制初步设计概算的依据。

2. 设计概算

设计概算是指在基本建设项目的初步设计（或扩大初步设计）阶段，由设计单位根据建设项目的性质、规模、内容、要求、技术经济指标等各项要求所绘制的初步设计图纸，参考概算定额或概算指标、设备材料的市场信息价格，各项费用定额或取费标准，建设地区的技术经济条件等资料编制而成的工程建设费用文件。设计概算也称作工程概算，是用来确定基本建设项目总造价的技术经济文件，即包括建设项目从筹建到竣工验收的全部建设费用。

设计概算的主要编制依据是：①设计工程图纸、设计说明书和设备材料表；②参考国家或所在省、自治区、直辖市颁发的概算定额或概算指标；③安装设备、材料的市场信息价格或概算价格；④费用定额及其他有关文件资料。设计概算按其编制程序，可分为单位工程概算、单项工程综合概算和建设项目总概算。

设计概算费用经过有关部门审批后，就成为该建设项目投资的最高限额。如年度基本建设投资计划安排、建设银行拨款和贷款以及施工图预算和竣工结算等，在一般情况下均不得突破设计概算费用。对于计划部门编制建设项目年度固定资产投资计划、物资供应计划等，也需根据有关主管部门审批的设计概算进行编制。没有设计概算的建设项目，不能列入年度基本建设计划。

此外，设计概算也是确定设计方案是否经济合理的依据。在相同资金、相同经济指标的控制下，不同的设计方案将反应不同的经济效果和资金使用效果。所以参考设计概算限额，及时对设计不够合理、不够经济的方案进行修改，以获得最佳的设计方案，达到节约基本建设投资的目的。总而言之，设计概算在工程造价管理中的作用是非常重要的，它不仅是确定和控制建设项目总投资和编制基本建设计划的依据，也是建设单位与施工单位、建设单位与银行等签订施工合同、施行投资包干和办理拨款、贷款等的依据，是选择最优设计方案和评价设计方案的经济合理性的重要标准，是控制施工图预算、考核建设工程项目造价和投资效果以及编制工程招标控制价和投标报价的依据。

3. 施工图预算

施工图预算是指在施工图设计完成后，根据预算定额、取费标准、施工组织设计、地区建设材料信息价格以及其他有关规定等编制的，用来确定建筑安装工程全部建设费用的文件。施工图预算按建设项目组成可分为单位工程施工图预算、单项工程综合施工图预算和建设项目施工图总预算。按建设项目费用组成可分为建筑工程施工图预算，设备安装工程施工图预算、设备购置费用预算和工程建设其他费用预算。施工图预算的主要作用是：①可作为落实和调整年度基本建设计划的依据；②可作为确定建筑安装工程造价和实行招标、投标的依据；③可作为签订建设工程承发包合同的依据；④可作为办理工程价款结算、财务拨款和工程贷款的依据；⑤可作为设计单位评价、衡量设计方案是否经济合理的依据；⑥可作为建设单位或发包单位编制招标工程标底（即最高工程限价）和施工单位投标报价以及进行经济核算、考核成本和加强企业经营管理的依据。

4. 施工预算

施工预算是指在施工之前，根据施工图纸、施工企业定额、施工组织设计所采取的施工方案、技术组织措施、施工现场平面布置图及其实际情况等，由施工单位负责编制的完成某单位工程所需费用的文件。即从施工企业加强内部经济核算出发，在施工图预算的控制下，结合本企业的实际情况，计算拟建工程所需人工、材料、施工机械台班等数量和费用，达到节约增效的目的。由此可见，施工预算在施工企业内部具有十分重要的作用。其主要作用可归纳为以下几个方面：①施工预算是施工企业进行施工准备、编制施工作业计划和加强企业内部经济核算的依据；②施工预算是向施工班组签发施工任务单、考核单位用工、限额报领施工材料的依据；③施工预算是进行“两算”（即施工预算与施工图预算）对比的依据，其目的是及时发现工程超支或节约的原因，提出解决措施；如果发现施工预算存在问题，则及时修正施工预算；发现施工图预算存在问题（如存在漏算或高估冒算等），则及时更正施工图预算，以防止人工、材料、施工机械台班等费用超支而导致工程成本增加，造成企业亏损；④施工预算可对施工中工料消耗进行有效的控制；⑤施工预算可促进企业现代化管理，促进技术革新，改进和完善施工措施计划，从而达到降低成本和增效的目的；⑥施工预算还是进行班组承包核算的依据，是企业经济核算的基础和根本保证。

5. 工程价款结算

工程价款结算是指施工企业对已完成的工程报经有关单位验收合格后，依据施工图预算与合同约定，向建设单位进行工程预付备料款、工程进度款、工程竣工价款等的结算工作。工程价款结算依据主要包括以下内容：①施工单位与建设单位双方签订的合同或协议书；②施工进度计划和施工工期；③施工现场有关工程变更费用签证；④施工图纸及图纸会审纪要、设计变更通知书等；⑤消耗量定额及其配套的定额价目表、工程量清单计价规范、材料预算价格表和各项费用的取费基础和费率标准；⑥工程设计概算、施工图预算等文件资料以及年度建筑安装工程量等；⑦国家和地方的有关政策法规。工程价款的结算方式分为期中结算、终止结算和竣工结算。期中结算又称中间结算，包括月度、季度、年度结算和形象进度结算。其中“月度、季度、年度结算”是由施工企业按已完成的工程报表及其工程价款结算单，经建设单位签证，通过有关银行办理工程价款结算。“形象进度结算”也称作“分段结算”是将某单项工程或单位工程，根据工程的性质和特点，将施工过程按施工形象进度划分为几个施工阶段，按施工阶段办理工程价款结算。即完成阶段工程施工后，经建设单位签证，再通过有关银行办理该阶段工程结算。“终止结算”是指合同解除后的结算。“竣工结算”则是指工程竣工验收合格后，发、承包双方依据合同约定办理的工程结算，是期中结算的汇总。竣工结算又分为单位工程竣工结算、单项工程竣工结算和建设项目竣工结算。建设项目竣工结算由单项工程竣工结算组成，而单项工程竣工结算则由单位工程竣工结算组成。

6. 工程竣工结算

工程竣工结算是基本建设新增固定资产价值和办理固定资产交付使用的依据，是考核竣工项目概预算编制水平和基本建设计划执行情况的基本资料。工程竣工结算价是承包人在完成合同约定的整个建设项目或单项工程的全部承包内容，发包人依法组织竣工验收，且验收合格后，发、承包按照合同约定的工程造价条款，即已签约的合同价、合同价款调整内容（包括工程变更、索赔和现场签证）等项而确定的最终工程造价。工程竣工结算内容包括竣工结算报表、竣工结算报告说明书、竣工结算工程造价比较分析和竣工工程平面图等。其主要作用是：①工程竣工结算可作为固定资产价值核定和交付使用的依据；②工程竣工决算是考核竣工项目概（预）算、执行基本建设计划情况和分析投资效果的依据；③工程竣工决算是检查竣工项目财务收支情况和财务管理工作的依据；④工程竣工决算是进一步修订概（预）算定额和制定降低建设成本措施的依据。

合同工程完工后，承包人应在经发承包双方确认的合同工程期中价款结算的基础上汇总编制完成工程竣工结算文件，并应在提交竣工验收申请的同时向发包人提交竣工结算文件。由此可见，工程竣工结算应由施工单位（承包人）或由受其委托具有相应资质的工程造价咨询人编制，由建设单位（发包人）或由受其委托具有相应资质的工程造价咨询人核对，并经建设单位审批，再通过银行办理工程价款结清手续。建设工程工程量清单计价规范中规定：工程完工后，发、承包双方应在合同约定时间内办理工程竣工结算。发包人在收到承包人递交的竣工结算书后，应按合同约定时间完成核对。且同一工程竣工结算核对完成，发、承包双方签字确认后，禁止发包人又要求承包人与另一个或多个工程造价咨询人重复核对竣工结算，承包人也不得要求发包人重复核对竣工结算。如果承包人未在合同约定时间内提交竣工结算文件，经发包人催告后14d内仍未提交或没有明确答复的，发包人有权根据已有资料编制竣工结算文件，作为办理竣工结算和支付结算款的依据，承包人应予以认可。发包人在收到承包人提交的竣工结算文件后的28d内核对，发认为承包人还应进一步补充资料和修改结算文件时，应在上述规定的28d内向承包人提出核实意见。承包人在收到核实意见后的28d内应按照发包人提出的合理要求补充资料和修改竣工结算文件，并再次提交给发包人复核批准，并将复核结算通知承包人。工程竣工结算编制的主要依据是：①《建设工程工程量清单计价规范》GB 50500—2013、地方颁布的建设工程工程量清单计价规则；②施工合同的有关条款；③招、投标文件；④竣工图纸及其相关资料；⑤施工设计图纸及设计施工说明；⑥设计变更通知单；⑦由承包人提出，由发包人和设计单位会签的施工技术问题核定单，以及工程现场签证单；⑧材料代用核定单以及合同双方对材料价格变更要确认的文件；⑨合同双方确定认的工程量；⑩经合同双方协商同意并办理的索赔签证，以及其他依据。由此可见，编制工程竣工结算是一项细致、政策性强的工作，为了正确反应工程的实际造价，要认真贯彻“遵循客观、实事求是和公平公正”的原则，对办理工程竣工结算的工程项目应进行全面清点。所以，在编制工程竣工结算时一定要全面了解有关竣工结算的原始资料和工程图纸，一般按分部分项工程顺序进行。在此基础上，核对竣工工程图纸，如与原始资料、工程图纸不一致时应做好记录，并查对设计变更图纸和施工变更的有关签证，计算增减工程量，以便在工程竣工结算时作出合同价款调整。

确定工程竣工结算价款一般按下式计算：

$$Z_{\sum} = Z + \Delta Z - Z_1 - Z_2 - Z_B \tag{6-1}$$

式中 $Z_{\sum}$——工程竣工结算款额；

Z——合同价款（或称作中标价款）；

ΔZ——合同价款调整款额，调增取正值，调减取负值；

Z_1——预付工程备料款，元；

Z_2——在施工过程中已结算支付的工程价款；

Z_B——工程质保金，一般按合同价款的5%计算。

6.2.2 预付工程备料款额的确定

预付工程备料款是指施工企业承包工程、组织施工、提前储备一定数量的设备、材料等所需要一定数额的资金。所以确定工程备料款的数额，应以保证施工所需材料、构件等正常储备，保证施工得以顺利进行为原则，一般按年度安装工程量、年度施工日历天数（施工工期）、主要材料和构件费用占年度安装工程量的百分比、以及材料、构件等的储备时间等因素确定，也称作影响因素法。可按下式计算预付工程备料款：

$$M = \frac{PN}{T}t \tag{6-2}$$

式中 M——预付工程备料款的款额；

P——年度安装工程量（即合同约定价或工程中标价）；

N——主要材料、构件占年度安装工程量的百分数；

T——年度施工日历天数（或年度施工工期）；

t——材料、构件等的储备时间。

有时为了简化预付工程备料款的计算，也可采用额度系数法确定预付工程备料款：

$$q = \frac{M}{P} \times 100\% \tag{6-3}$$

式中 q——预付工程备料的额度；

M——预付工程备料款的款额；

P——年度安装工程量。

安装工程的工程备料款额度一般取10%左右，材料费占比例较大的安装工程，工程备料款额度可取15%。

我们知道，预付工程备料款是建设单位预支给施工单位的垫款，以保证施工生产的顺利进行。当工程项目施工进行到一定程度时，材料、构件等的储备量将随工程的进行而减少，所需要的工程备料款也将随之减少。因此，业主和承包商双方应该在合同专用条款中约定预付工程备料款的扣回时间和比例，约定抵扣方式，并在工程进度款中进行抵扣，在工程竣工时，须将预付工程备料款全部扣回。根据合同专用条款的合同价款结算办法，应在工程状态达到工程备料款的起扣点时，从办理结算的工程价款中扣还工程备料款。工程备料款起扣点可按下式计算：

$$Q = P - \frac{M}{N} \tag{6-4}$$

式中 Q——工程备料款起扣点；

P——年度安装工程量；

M——预付工程备料款；

N——主要材料、构件占年度安装工程量的百分数。

所谓预付工程备料款起扣点 Q 是指工程项目进度状态或累计完成建筑安装工程量已达到开始扣还工程备料款的款额水平。确定工程备料款起扣点的原则是保证未完成的施工工程所需要的主要材料、构件的费用应等于工程备料款的款额。

【例题 6-1】 某安装工程项目承包合同价款为 960 万元，预付工程备料款额度为 25%，主要材料款额占工程造价的 60%。合同工期 5 个月，每月实际完成工程量及竣工结算时合同价款调整款额（由于变更签证等增加的费用）如表 6-2 所示，试计算：该工程项目的预付工程备料款、工程备料款起扣点、每月应结算工程价款和工程竣工结算价款各为多少万元？

表 6-2 每月实际完成工程量及合同价款调整款额

月份	7月	8月	9月	10月	11月	合同价款调整款额
完成工程量/万元	140	180	210	200	230	80

解：1）该工程项目预付备料款由式 6-3 求得：

$$M = Pq = 960 \times 25\% \text{ 万元} = 240 \text{ 万元}$$

2）该工程项目的预付备料款起扣点由式 6-4 求得：

$$Q = P - \frac{M}{N} = 960 - \frac{240}{60\%} = 560 \text{ 万元}$$

即当完成建筑安装工程达到 560 万元时，开始扣还工程备料款。

3）该工程项目每月应结算的工程价款

① 7 月份完成工程量为 140 万元，小于工程备料款起扣点，故不应扣还工程备料款，7 月份应结算的工程价款为 140 万元，累计拨款额为 140 万元。

② 8 月份完成工程量为 180 万元，累计完成安装工程量 =（140 + 180）万元 = 320 万元，小于工程备料款起扣点，故不应扣还工程备料款。

8 月份结算工程价款为 180 万元，累计拨款额 =（140 + 180）万元 = 320 万元。

③ 9 月份完成工程量为 210 万元，累计完成安装工程量 =（320 + 210）万元 = 530 万元，小于工程备料款起扣点，故不应扣还工程备料款。

9 月份结算工程价款为 210 万元，累计拨款额 =（320 + 210）万元 = 530 万元。

④ 10 月份完成工程量为 200 万元，累计完成安装工程量 =（530 + 200）万元 = 730 万元，大于工程备料款起扣点，故从本月起开始扣还工程备料款。

10 月份累计完成安装工程量超过工程备料款起扣点为：

$$\Delta Q_{10} = (730 - 560) \text{ 万元} = 170 \text{ 万元}$$

这样，从 $\Delta Q_{10} = 170$ 万元中扣 60% 的工程备料款，即十月份扣还工程备料款为：

$$M_{10} = \Delta Q_{10} \times 60\% = 170 \times 60\% \text{ 万元} = 102 \text{ 万元}$$

从而得到：10 月份应结算的工程价款 =（200 − 102）万元 = 98 万元；

10 月份累计拨款额 =（530 + 98）万元 = 628 万元

⑤ 11 月份完成工程量为 230 万元，又增加超出工程备料款起扣点 $\Delta Q_{11} = 230$ 万元，应从中扣 60% 的工程备料款，即 11 月份扣还工程备料款为：

$$M_{11} = \Delta Q_{11} \times 60\% = 230 \times 60\% \text{ 万元} = 138 \text{ 万元}$$

从而得到：11 月份应结算的工程价款 =（230 − 138）万元 = 92 万元；

11 月份累计拨款额 =（628 + 92）万元 = 720 万元

累计扣还工程备料款 $=M_{10}+M_{11}=$ （102 + 138）万元 = 240 万元，

由此可见，当累计完成安装工程量达到工程备料款起扣点时，其工程备料款的扣还是随工程价款的结算，以冲减工程价款的方法逐渐抵扣，待到工程竣工时，全部工程备料款应抵扣完毕，并且每次扣还工程备料款的数额大小应通过计算合理确定。

4）该工程竣工结算价款

工程质保金按合同价款的5%计算，即 $Z_B=960\times5\%$ 万元 = 48 万元；合同价款调整款额 $\Delta Z=80$ 万元；预付工程备料款 $Z_1=M=240$ 万元；已结算工程价款 $Z_2=720$ 万元。则由式 6-1 计算该工程竣工结算价款（即还应支付给施工单位的款额）为：

$$Z_{\sum}=Z+\Delta Z-Z_1-Z_2-Z_B$$

$$=960+80-240-720-48=32\text{ 万元}$$

该工程竣工结算总价款 = 720 + 240 + 80 = 1040 万元。

6.2.3 合同价款调整款额

由于建设工程的特殊性，在工程项目的实施过程中往往会发生以下事项：①法律法规变化；②工程变更；③项目特征与实际施工要求不符；④工程量清单缺项；⑤工程数量偏差；⑥发包人对承包人发出新的计日工通知；⑦物价变化；⑧暂估价；⑨不可抗力；⑩提前竣工而增加赶工被偿；⑪误期赔偿；⑫索赔；⑬现场签证；⑭暂列金额；⑮发承包双方约定的其他调整事项等，这些会造成合同价款的调整。当出现上述合同价款调整事项（不包括工程数量偏差、发包人对承包人发出新的计日工通知、现场签证、索赔）后的 14d 内，承包人应向发包人提交合同价款调整报告及其相关资料；若承包人在 14d 内未提交合同价款调整报告，则应视为承包人对该事项不存在调整价款的请求。在发（承）包人收到承（发）包人的合同价款调整报告及其相关资料后的 14d 内，应对其核实确认，并应书面通知承（发）包人。若存在疑问时，应及时向承（发）包人提出协商意见。承（发）包人在收到发（承）包人的合同价款调整报告或协商意见后的 14d 内，既不确认也未提出不同意见，则应视为发（承）包人已对合同价款调整报告或协商意见已被承（发）人认可。

部分合同价款调整款额事项（ΔZ）主要包括以下内容：

1）法律法规变化：参照 FIDIC 合同条件这一国际通行规定，将招标工程在投标截止日之前 28 天、非招标工程在签订合同之前 28 天作为“基准日”。在“基准日”之后如果国家的有关法律、法规、规章和政策发生变化而影响到工程造价时，应按所在省级建设主管部门或其授权的工程造价管理机构发布的有关规定要求，对合同价款进行调整。例如根据当前建筑劳务市场综合人工单价上涨的实际情况，陕西省住房和城乡建设厅曾先后五次发布文件对该省现行建设工程（建筑工程、安装工程、市政工程、园林绿化工程）的综合人工单价进行调整：陕建发［2011］277 号文件规定综合人工单价由原 42.00 元/工日调整为 55.00 元/工日，从 2011 年 12 月 1 日起执行；……，陕建发［2018］2019 号文件规定综合人工单价调整为 120.00 元/工日，从 2018 年 12 月 1 日起执行。值得注意的是，综合人工单价调整后的调增部分计入差价，而不得计入人工费之中。由综合人工单价调整政策而产生的人工差价可按下式计算：

$$\text{可能发生的人工差价}=\frac{\text{应调整差价的人工费之和}}{\text{合同约定的综合人工单价}}\times\text{政策性规定的综合人工单价之差} \tag{6-5}$$

【例题6-2】 经过工程招投标，某安装公司承包一栋中学教学楼的电气安装工程，该公司与校方签订了工程施工合同。合同约定：

（1）本工程于2017年3月15日开工，2019年12月25日竣工。

（2）执行建设行政主管部门发布的有关工程价格调整文件。

已知中标文件中，电气安装项目的人工费为215200.00元，综合人工单价为38.50元/工日。在施工期间，陕西省住房和城乡建设厅先后发布了陕建发［2017］270号和陕建发［2018］2019号调价文件。经发、承包双方施工现场代表签字确认：在2017年7月1日之前所完成进度工程量中的人工费合计为49800.00元，2018年12月1日之前所完成进度工程量中的人工费合计为179600.00元，该工程按期竣工。试计算竣工结算时应支付给承包人的人工差价。

【解】：本工程于2017年3月15日开工，应认为该安装公司在投标报价时已经按陕建发［2015］319号调价文件计算过人工差价，即将人工费从42.00元/工日调整到82.00元/工日。

根据式（6-5），计算该工程竣工结算的人工差价有两种方法。

方法1：

① 先按陕建发［2017］270号调价文件计算应调整增加的人工差价为：

$$\Delta R_1 = (215200.00-49800.00)\div 38.50\times(90.00-82.00)\text{元}=34368.83\text{元}$$

② 再按陕建发［2018］2019号调价文件计算应调整增加的人工差价为：

$$\Delta R_2 = (215200.00-179600.00)\div 38.50\times(120.00-90.00)\text{元}=27740.26\text{元}$$

③ 计算竣工结算价款中的总人工差价为：

$$\Delta R=\Delta R_1+\Delta R_2=(34368.83+27740.26)\text{元}=62109.09\text{元}$$

方法2：

① 2017年7月1日至2018年11月30日期间的安装工程，应执行陕建发［2017］270号调价文件，则计算应调整增加的人工差价为：

$$\Delta R_1' = (179600.00-49800.00)\div 38.50\times(90.00-82.00)\text{元}=26971.43\text{元}$$

② 2018年12月1日以后的安装工程，应同时执行陕建发［2017］270号和陕建发［2018］2019号调价文件，则计算应调整增加的人工差价为：

$$\Delta R_2' = (215200.00-179600.00)\div 38.50\times(120.00-82.00)\text{元}=35137.66\text{元}$$

③ 计算竣工结算价款中的总人工差价为：

$$\Delta R=\triangle R_1'+\triangle R_2'=(26971.43+35137.66)\text{元}=62109.09\text{元}$$

2）项目特征与实际施工要求不符：项目特征是构成分部分项工程量清单项目、措施项目自身价值的本质特征，是确定综合单价的基础。发包人在工程量清单中对项目特征的描述，应被认为是准确和全面的，并且与实际施工要求相符合。在施工过程中，当出现实际施工图纸与工程量清单中所描述的项目特征不一致时，应按实际施工的项目特征确定新的综合单价，但须经发包人确认后再对工程合同价款调整。

3）工程量清单缺项及工程量偏差：工程量清单缺项是指分部分项工程量清单项目和措施项目存在漏项或新增加的项目，或出现非承包人原因的工程变更（Variation order）。工程变更是指在合同工程实施过程中由发包人提出或由承包人提出经发包人批准，对合同工程中的某一项工作进行增、减、取消或对施工工艺、顺序进行改变；对设计图纸修改、施工条件改变以及招标工程量清单的错、漏等问题而引起合同条件改变或工程量的增减变化。而工程量偏差（discrepancy in BQ quantity），是指承包人按照合同工程的图纸实施，按照现行国家计量规范规定的工程量计算规则计算得到的实际完成合同工程项目的工程量与相应招标工程量清单项目的工程量之间的量差。在工程竣工结算时均应按实际调整工程合同价款，而不是单方面的依据工程量清单所列工程量计算，必须体现工程量清单计价风险分担的原则。即发包人承担工程量清单计量不全、不准以及工程变更引起工程量变化的风险，发包人既不得在招标文件中规定或在合同中约定由承包人承担工程量的风险，也不得在合同履行过程中利用发包方的主导地位向承包方转移工程量的风险。对于施工过程中产生的新工程量清单项目，其相应的综合单价应按以下方法确定：①合同中已有适用的综合单价，应按合同中的综合单价确定；②合同中已有类似适用的综合单价，应参考合同中类似适用的综合单价确定；③合同中若没有适用或类似适用的综合单价时，则先由承包人提出综合单价，再由发包人确认，据此对合同价款调整。④对于非承包人原因而引起工程量增减时，工程量应按实际调整。当工程量增减幅度范围超过15%时，可对其综合单价调整。即当工程量增加15%以上时，所增加部分的工程量的综合单价应予适当调低；当工程量减少15%以上时，则减少后剩余部分的工程量的综合单价应予适当调高。同样应先由承包人提出，再由发包人确认，据此对合同价款调整。这样将有利于保护发包、承包阶段的竞争成果，维护发包人的合法权益，而不允许不管工程量增减多少，均对其综合单价进行调整。

4）物价变化：在施工期间，若材料、设备的价格异常波动，实际采购价格（或称作市场价格）超出合同约定幅度时，其超出部分应按差价调整工程价款。若合同中没有对材料、设备的价格波动幅度约定或约定不明确时，其实际采购价格与约定价（即中标价）之间的全部价差由发包人承担。由此可见，承、发包双方均应增强风险防范意识，充分考虑主要建筑材料价格涨落对工程质量、施工安全、施工工期和工程造价的影响，必须在施工合同中明确约定主要建筑材料价格风险控制的条款，包括风险范围、风险幅度以及超过风险范围和幅度的调整方法。主要材料的种类也应由承、发包双方在合同中约定，价格风险幅度宜控制在合同约定价格（或中标价）的±5%以内。材料差价可按下式计算：

主要材料差价＝材料消耗量×［双方确认实际采购单价－合同约定单价×（1＋合同约定幅度）］ (6-6)

【例题6-3】 某工程项目敷设焊接钢管SC100共计2368.5m，砖混结构暗配，安装双管链吊式荧光灯、组装型共计188套，焊接钢管SC100和组装型双管链吊式荧光灯的合同约定单价分别为4250.00元/t和318.00元/套，确认实际采购单价分别为3820.00元/t和345.00元/套。合同约定主要材料价格变化幅度为±6%，试计算焊接钢管SC100和双管链吊式荧光灯的差价（注：荧光灯具单价包括灯管的价格）。

【解】：

（1）焊接钢管SC100差价：

焊接钢管SC100的定额含量为103m，单位长度理论重量为10.85kg/m，则其消耗量为：

$$G = 10.85 \times \frac{2368.5}{100} \times 103 \div 1000 = 26.47\text{t}$$

由式6-6计算焊接钢管SC100的主材竣工结算差价为：

$$\Delta Z_1 = 26.47 \times [3820.00 - 4250.00 \times (1 - 6\%)] = -4632.25\text{ 元}$$

注意材料单价上涨时，约定幅度取正值，材料单价下落时，约定幅度取负值。所计算的材料竣工结算差价为负值，表示承包人应退还发包人的材料价款额。

（2）组装型、双管链吊式荧光灯差价：

荧光灯具的定额含量为10.1套，则其消耗量为：

$$n = \frac{188}{10} \times 10.1 = 189.88\text{套}$$

则由式6-6计算组装型、双管链吊式荧光灯的主材竣工结算差价为：

$$\Delta Z_2 = 189.88 \times [345.00 - 318.00 \times (1 + 6\%)] = 1503.85\text{元}$$

5）措施项目费是工程招投标活动中最具竞争性的项目之一，其费用是工程量清单计价和合同价款的重要组成部分，因此一般不作调整，其目的是为了强化、保护建筑市场竞争机制及通过招投标活动而形成的工程造价成果。但对于非承包人原因而使措施项目费用增减时，则应予以调整。例如在合同履行过程中，发包人更改已审定的施工方案而引起措施项目费用增加时予以增加，减少时不予减少；若发生工程增减时，引起措施项目费用增加时予以增加，减少时予以减少。这样将有效限制发包人随意变更施工方案，更改工程设计和增减工程量。

一旦发生对措施项目费用调整的情况，应依据合同价或原中标价的计算方法对措施项目费用调整。即合同价中的措施项目费如果是按综合单价计算的，则应参考本节“3）”所介绍的计算方法先对其综合单价调整，再计算调整该项措施项目费；若合同价中的措施项目费是按取费基础乘以相应费率计算的，则均应按原合同价中的措施项目费的报价费率计算。

【例题6-4】 计算榆林市某中学教学大楼电气照明工程竣工结算价款

（1）该教学楼为5层框架结构，高度20m，建筑面积12500m^2。招标文件要求暂按不计差价进行投标报价，待竣工结算时再按有关规定计算。该安装工程于2019年4月15日招投标工作完成，4月25日开工，同年11月28日竣工。施工合同价款的分部分项工程费为689600.00元，其中含人工费96500.00元，投标报价人工费单价为40元/工日。按合同约定的材料价格变化幅度计算主材差价（焊接钢管SC80除外合计）为28633.00元；其他项目费为54980.00元，其中含暂列金额为32000.00元。

（2）建设工程施工合同中约定：主要材料价格变化在±5%以内时，其风险由施工单位承担，在±5%以外时，其风险由建设单位承担。工程质保金按合同价款的5%计算，保修期为三年。养老保险费由建设单位代缴，工程预付备料款为213082.70万元。

（3）投标单位报价时，施工单位决定对该教学楼电气照明工程中的措施项目费，除了安全文明施工措施费以外，其余各项措施项目费均按相应规定费率下浮8%计取。

（4）该教学楼电气照明工程中的电气配管采用焊接钢管，砖混结构暗配。合同约定焊接钢管单价为4200.00元/t，工程竣工后甲、乙双方确认焊接钢管主材单价为4700.00元/t。

问题1. 该教学楼电气照明工程的工程量清单中，其中敷设焊接钢管SC80，砖混结构暗配，工程量为156.8m，按有关规定及给出的条件，计算焊接钢管SC80竣工结算材料差价。

问题2. 该教学楼电气照明工程的措施项目清单见表6-3，请按给出的条件计算结算价款中的措施项目费。

问题3. 本工程所在地为陕西省榆林市城区，并且在施工过程中已支付给承包人工程结算价款为54万元，请根据本题目所给条件计算工程竣工结算价款。

表 6-3 措施项目清单

工程名称：某中学教学大楼电气照明工程

序号	项目编码	项 目 名 称	计量单位	工程数量
01	031302001001	安全文明施工措施费	项	1
02	031302002001	冬雨季、夜间施工措施费	项	1
03	031302004001	二次搬运费	项	1
04	031301018001	其他措施—测量放线、定位复测、检验试验费	项	1
05	031301017001	脚手架搭拆综合费	项	1

【解】

（1）计算焊接钢管 SC80 的竣工结算材料差价

从附录 B 查得焊接钢管 SC80 的理论重量为 8.34kg/m，则

$$消耗数量 = 8.34 \times 156.8 \times 1.03\text{kg} = 1346.94\text{kg}$$

按式（6-6）计算焊接钢管 SC80 的主材差价为：

$$\Delta C_f = 1346.94 \times [4.70 - 4.20 \times (1 + 5\%)]\ 元 = 390.61\ 元$$

（2）计算结算价款中的措施项目费

注意除了安全文明施工措施费以外，其余各项措施项目费均按相应规定费率下浮 8%计取。

1）冬雨季、夜间施工措施费 Q_{22}

$$Q_{22} = 96500.00 \times 3.28\% \times (1 - 8\%)\ 元 = 2911.98\ 元$$

2）二次搬运费 Q_{23}

$$Q_{23} = 96500.00 \times 1.64\% \times (1 - 8\%)\ 元 = 1455.99\ 元$$

3）测量放线、定位复测、检验试验费 Q_{24}

$$Q_{24} = 96500.00 \times 1.45\% \times (1 - 8\%)\ 元 = 1287.31\ 元$$

4）脚手架搭拆综合费 Q_{25}

脚手架搭拆费 $m_j = 96500.00 \times 7\%\ 元 = 6755.00\ 元$

其中人工费 $R_j = 6755.00 \times 25\%\ 元 = 1688.75\ 元$

则项目管理费 $m_{jg} = 1688.75 \times 20.54\% \times (1 - 8\%)\ 元 = 319.12\ 元$

项目利润 $m_{jl} = 1388.75 \times 22.11\% \times (1 - 8\%)\ 元 = 343.51\ 元$

则脚手架搭拆综合费 $Q_{25} = m_j + m_{jg} + m_{jl} = (6755.00 + 319.12 + 343.51)\ 元 = 7417.63\ 元$

因为本工程于 2019 年 4 月 25 日开工，则应同时执行陕建发［2018］2019 号调价文件，计算脚手架综合人工费单价调增的差价，即为措施项目费可能发生的差价应为：

根据式 6-5 计算措施项目费可能发生的差价

$$\Delta Q_2 = (1688.75/40) \times (120.00 - 42)\ 元 = 3293.06\ 元$$

则措施项目费（不含安全文明施工措施费）小计：

$$\sum Q_2 = (2911.98 + 1455.99 + 1287.31 + 7417.63)\ 元 + 3293.06\ 元 = 16365.97\ 元$$

5）安全文明施工措施费 Q_{21}

① 结算的分部分项工程费 $Q_{1\Sigma}$

由本题给出的已知条件可知：合同价款的分部分项工程费 $Q_1 = 689600.00$ 元；主材差价

ΔC = 28633.00 元；焊接钢管SC80的主材差价 ΔC_f = 390.61 元；另外，由于本工程于2019年4月25日招标投标工作已经完成，并且招标文件要求在投标报价时暂时不计算差价，待在竣工结算时再进行计算。因此根据陕建发［2018］2019号调价文件计算人工差价 ΔR =（96500.00/40.00）×（120.00－42.00）元 = 188175.00 元。从而得到结算分部分项工程费为：

$$Q_{1\sum} = (689600.00 + 28633.00 + 390.61 + 188175.00)\ 元 = 906798.61\ 元。$$

② 结算其他项目费为：

$$Q_{3\sum} = (54980.00 - 32000.00)\ 元 = 22980.00\ 元$$

③ 计算安全文明施工措施费

根据陕建发［2017］270号调价文件，其费率增加扬尘污染治理费0.2%，即安全文明施工措施费费率由原3.8%调整为4.0%。

$$Q_{21} = (Q_{1\sum} + \sum Q_2 + Q_{3\sum}) \times 4.0\%$$
$$= (906798.61 + 16365.97 + 22980.00) \times 4.0\%\ 元 = 37845.78\ 元$$

根据各项措施项目费的综合单价的计算结果编制措施项目清单计价表，见表6-4。

表6-4 措施项目清单计价表

工程名称：某中学教学大楼电气照明工程

序号	项目编码	项目名称	计量单位	工程数量	金额/元	
					综合单价	合价
01	031302001001	安全文明施工措施费	项	1	37845.78	37845.78
02	031302002001	冬雨季、夜间施工措施费	项	1	2911.98	2911.98
03	031302004001	二次搬运费	项	1	1455.99	1455.99
04	031301018001	其他措施—测量放线、定位复测、检验试验费	项	1	1287.31	1287.31
05	031301017001	脚手架搭拆综合费	项	1	7417.63	7417.63
06		根据综合人工单价调整文件，计算人工差价				3293.06
07		02+03+04+05+06				16365.97
08		01+07				54211.75

从措施项目清单计价表得到结算的措施项目费 $Q_{2\sum}$ = 54211.75 元。

（3）计算工程竣工结算价款

前面已计算出结算分部分项工程费 $Q_{1\sum}$ = 906798.61 元；结算措施项目费 $Q_{2\sum}$ = 54211.75 元；结算其他项目费 $Q_{3\sum}$ = 22980.00 元，则

① 计算工程结算规费 Q_4 为：

$$Q_4 = (Q_{1\sum} + Q_{2\sum} + Q_{3\sum}) \times 4.67\% = (906798.61 + 54211.75 + 22980.00) \times 4.67\%\ 元$$
$$= (983990.36 \times 4.67\%)\ 元 = 45952.35\ 元$$

其中含养老保险费：Q_{41} = 983990.36×3.55%元 = 34931.66 元

② 计算工程竣工结算税金 S_j 为：

由于本工程2019年4月25日开工，同年11月28日竣工，故竣工结算税金计算应执行陕建发［2019］45号文件《建设工程计价依据的通知》，税前工程造价综合系数 ζ =

0.9437，增值税销项税额税率 $\eta_Z=9\%$，则增值税前工程造价：

$$Z_P=(Q_{1\sum}+Q_{2\sum}+Q_{3\sum}+Q_4)\zeta=(906798.61+54211.75+22980.00+45952.35)\times 0.9437\text{元}$$
$$=1029942.71\times 0.9437\text{元}=971956.94\text{元}$$

增值税销项税额 S_{jz}：

$$S_{jz}=Z_P\eta_{jz}=971956.94\times 9\%\ \text{元}=87476.12\text{元}$$

附加税 S_{jf}：

$$S_{jf}=(Q_{1\sum}+Q_{2\sum}+Q_{3\sum}+Q_4)\eta_{jf}=1029942.71\times 0.48\%\ \text{元}=4943.73\text{元}$$

则该工程结算价款中的税金 S_J：

$$S_j=S_{jz}+S_{jf}=(87476.12+4943.73)\text{元}=92419.85\text{元}$$

③ 单位工程项目质保金：因为工程项目质保金是按合同约定价款的5%计算的，故需计算出施工合同约定价款。

（a）施工合同价款的分部分项工程费 $Q_1=689600.00$ 元。

（b）施工合同价款的其他项目费 $Q_3=54980.00$ 元。

（c）施工合同价款的措施项目费 Q_2：除安全文明施工措施费以外，其他各项措施项目费用与上述措施项目清单计价表中的相应费用相同，根据招标文件要求，人工差价暂时不计，则措施项目费（不含安全文明施工措施费）为：

$$\sum Q_2=(2911.98+1455.99+1287.31+7417.63)\text{元}=13072.91\text{元}$$

所以安全文明施工措施费 Q_{21} 为：

$$Q_{21}=(Q_1+\sum Q_2+Q_3)\times 3.8\%=(689600.00+13072.91+54980.00)\times 4.0\%\ \text{元}$$
$$=(757652.91\times 4.0\%)\text{元}=30306.12\text{元}$$

则措施项目费 $Q_2=(13072.91+30306.12)$ 元 $=43379.03$ 元

（d）合同价款的规费 Q_4：

$$Q_4=(Q_1+Q_2+Q_3)\times 4.67\%=(689600.00+43379.03+54980.00)\times 4.67\%\ \text{元}$$
$$=(787959.03\times 4.67\%)\text{元}=36797.69\text{元}$$

（e）合同价款中的税金 S_j：

同样，本工程项目应执行陕建发［2019］45号文件《建设工程计价依据的通知》。增值税前工程造价综合系数 $\zeta=0.9437$，增值税销项税额税率 $\eta_{jz}=9\%$，则增值税前工程造价：

$$Z_P=(Q_1+Q_2+Q_3+Q_4)\zeta=(689600.00+43379.03+54980.00+36797.69)\times 0.9437\text{元}$$
$$=824756.72\times 0.9437\text{元}=778322.92\text{元}$$

增值税销项税额 S_{jz}：

$$S_{jz}=Z_P\eta_{jz}=778322.92\times 9\%\ \text{元}=70049.06\text{元}$$

附加税 S_{jf}：

$$S_{jf}=(Q_1+Q_2+Q_3+Q_4)\eta_{jf}=824756.72\times 0.48\%\ \text{元}=3958.83\text{元}$$

则该工程合同价款中的税金 S_j：

$$S_j=S_{jz}+S_{jf}=(70049.06+3958.83)\text{元}=74007.89\text{元}$$

（f）合同约定价款 Z：

$$Z=Z_P+S_j=(778322.92+74007.89)\text{元}=852330.81\text{元}$$

（g）工程质保金 Z_B：

$$Z_B = Z \times 5\% = 852330.81 \times 5\% \text{ 元} = 42616.54 \text{ 元}$$

最后编制单位工程竣工结算汇总表，见表6-5。

表6-5 单位工程竣工结算造价汇总表

工程名称：榆林市×××中学教学大楼电气照明工程

序号	项 目 名 称	造价/元
1	分部分项工程费	906798.61
2	措施项目费	54211.75
3	其他项目费	22980.00
4	规费 = [（1）+（2）+（3）]×4.67%	45952.35
41	其中含养老保险费 = [（1）+（2）+（3）]×3.55%	34931.66
5	税前工程造价 = [（1）+（2）+（3）+（4）]×0.9437	971956.94
6	税金 =（61）+（62）	92419.85
61	增值税销项税额 =（5）×9%	87476.12
62	附加税 = [（1）+（2）+（3）+（4）]×0.48%	4943.73
7	竣工结算造价 =（5）+（6）	1064376.79
8	扣除工程项目质保金	42616.54
9	扣除已支付的工程预付备料款 $M = Pq = 852330.81 \times 25\%$	213082.70
10	扣除已支付的工程结算价款	540000.00
11	扣除由建设单位代缴的税金	92419.85
12	扣除由建设单位代缴的养老保险费	34931.66
13	还需一次性支付给施工单位的竣工结算价款 =（7）-（8）-（9）-（10）-（11）-（12）	141326.04

注：1. 因为养老保险费（或称作劳保统筹基金）和税金均由建设单位代缴，故在计算结算工程价款时，应将养老保险费从工程竣工结算造价中扣除。

2. 工程项目质保金按政策规定从工程竣工结算价款中扣除，待合同规定工程质保期3年到期，在扣除工程质保期内的发生的各项工程维修费用后，再将余额一并返还给承包方。

6.3 建设工程招标与投标报价

随着我国市场经济的发展和完善，尤其是我国加入世界贸易组织以后，建筑工程造价管理体制也逐渐与国际接轨，由传统的定额计价模式转向国际上惯用的工程量清单计价模式。《建设工程工程量清单计价规范》《建筑工程施工发包与承包计价管理办法》《中华人民共和国招标投标法》和《中华人民共和国合同法》等文件，为规范建设工程量清单计价行为，推行建设工程实行公开招标、投标起着根本保证作用。所谓“招标投标”，就是由唯一的买主设定标的，招请三个及以上的卖主通过秘密报价进行竞争，从中选择优胜者并与之达成交易协议（即签定合同），按协议规定实现标的。例如建设项目采取建设工程工程量清单计价，推行建设工程公开招标、投标，通过建筑市场，由业主选择承包商，也就是招标方（业主）与投标方（承包商）之间通过建筑市场进行公开市场交易的一种方式。通过充分的市场竞争实现招标标定价，从而大大提高了招标、投标活动的透明度，提高了建设工程的投资效益和降低实际成本。尤其是2012年2月1日起颁布实施的《中华人民共和国招标投标法实施条例》，该条例针对实践中存在的规避公开招标、搞“明招暗定”的虚假招标以及串通招标等问题，进一步完善了保证公开、公正、公平原则和预防、惩治腐败，维护招投标活动的正常秩序的规定。在条例中充分细化了禁止以不合理条件和不规范的资格审查办法限制、排斥投标人投标的规定；不得对不同的投标人采取不同的资格审查或评标标准；不得设定与招标项目具体特点和实际需要不相适应或与合同履行无关的资格审查和中标条件；不得设置特定业绩、奖项等内容作为中标条件；也不得设置限定特定的专利、商标、品牌或材料设备供应商。在条例中充分明确了招标人与投标人串通投标的具体表现形式及认定条件，为依法认定和严厉惩治这类违法违规行为提供了明确的执法依据。此外条例还明确禁止在招标结束之后，出现违反招标文件规定和更改中标人的投标承诺而签订合同的违规行为，防止招标人与中标人相互串通搞权钱交易，也进一步完善了防止和严惩串通投标、弄虚作假骗取中标行为的有关规定。进一步激活和净化了建设市场环境，加快建筑业的蓬勃健康发展。

6.3.1 建设工程招标

《招标投标法》规定：①大型基础设施、公用事业等社会公共利益、公共安全的项目；②全部或者部分使用国家资金投资或者国家融资的项目；③使用国际组织或者外国政府贷款、援助资金的项目等均必须进行招标。但对于采用特定专利或专有技术的，或对建筑艺术造型有特殊要求的建设项目的勘察、设计等，经项目主管部门批准后可不进行招标。任何单位和个人不得将依法必须进行招标的项目化整为零或者以其他任何方式规避招标。

建设工程招标分为建设项目总承包招标（又称为全过程招标）、勘察设计招标、材料设备供应招标、工程施工招标、建设工程监理招标等。其中全过程招标是指从项目建议书、可行性研究、勘察设计工作、设备材料订货采购和施工准备、工程施工、生产准备直到竣工交付使用等，实行全面招标，即所谓“交钥匙工程”。

所谓招标，是指建设单位将拟建工程的工程概况、标准、要求等信息在公开媒体上刊登，招请具备法定条件的承包商或施工单位投标，称为招标。即是招标方（业主）与投标方（承包商或称作施工单位）进行建筑市场公开交易的一种方式。建设工程项目招标，可以根据项目的性质、规模、复杂程度及其他客观条件，采取公开招标方式和邀请招标方式。依法必须招标项目在投标截止时提交投标文件的投标人少于 3 个时，招标人应当重新组织招标。

1. 公开招标

公开招标是由招标人（或称为业主或发包人）以招标公告的方式邀请不特定的法人或其他组织投标。发包人是指具有工程发包主体资格和支付工程价款能力的当事人以及取得该当事人资格的合法继承人，在建设工程施工招标时又称之为招标人或项目业主。招标公告应当通过国家指定的报刊、信息网络或其他媒体发布，其中应当载明招标人的名称、地址、招标项目的性质、数量、实施地点和时间以及获取招标文件的办法等事项。

公开招标的程序分为建设项目报建，编制招标文件，投标人资格预审，发售招标文件，开标、评标与定标，签订合同等内容。这样就完成了招标工作的全过程。如前所述，对于国家重要建设工程项目和省、自治区、直辖市、政府确定的地方重点建设工程以及全部使用国有资产投资或控股的建设工程项目，均应采取公开招标方式。

2. 邀请招标

邀请招标是招标人以投标邀请书的方式邀请特定的法人或者其他组织投标。“招标投标法实施条例”规定：对于全部使用国有资金投资或国有资金投资占控股、主导地位的依法必须招标项目，以及法律、行政法规或者国务院规定应当公开招标的其他项目，应当公开招标，但是有下列情形之一的，可以进行邀请招标：①涉及国家安全、国家秘密不适宜公开招标的；②项目技术复杂、有特殊要求或者受自然地域环境限制，只有少量几家潜在投标人可供选择的；③采用公开招标方式的费用占招标项目总价值的比例过大的；④法律、行政法规或者国务院规定不宜公开招标的。招标人采用邀请招标方式时，应当向 3 个以上具备承担招标项目能力、资信良好的特定法人或者其他组织发出投标邀请书，其内容与上述招标公告相似。招标公告发布或投标邀请书从发出之日起到递交资格预审申请文件截止日，不得少于 5 个工作日；到提交投标文件截止日，一般不得少于 30 个工作日。

招标文件是招标人根据建设工程项目的特点和需要而编制的。招标文件一般应包括投标人须知、对投标人的资格审查标准、投标报价要求，以及拟签合同通用条款、合同专用条款。投标文件格式、工程量清单、招标项目技术条款和有关技术规范、设计图纸、评标标准和方法、投标辅助材料，如各种担保或保函的格式等内容，也可归纳为投标人所需了解并遵守的规定内容和投标者所需要提供的文件投标等两方面的内容。

另外，建设工程招标必须具备以下条件：对于建设单位来说必须是法人或依法成立的其他组织；有与招标工程相适应的经济、技术、管理人员；有编制招标文件的能力；有审查投标单位资质的能力；有组织开标、评标、定标的能力。也可以委托具有相应资格的招标代理机构办理招标事宜。招标代理机构是依法设立、从事招标代理业务并提供相关服务的社会中介机构。对于拟招标的工程项目，必须要达到以下条件：①概算已获批准；②建设项目已正式列入国家、部门或地方的年度固定资产投资计划；③建设用地的征用工作已经完成；④有能够满足施工需要的施工图和技术资料；⑤招标项目的建设资金或者资金来源已经落实，并在招标文件中如实载明；⑥按照国家有关规定需要履行项目审批手续的招标项目，已履行审批手续并获批准，例如已获建设项目所在地规划部门批准；⑦施工现场的“四通一平”已经完成或一并列入施工招标的范围。

建设单位在完成招标文件的编制后，还要必须进行招标控制价的编制。工程招标控制价也称为招标最高限价。在工程招标发包过程中，由招标人根据国家或省级、行业建设主管部门颁发的有关计价依据和计价办法，按设计施工图纸计算的对招标工程限定的最高工程造价。所编制的招标最高限价原则上不应超过项目批准的概算，否则应由招标人报有关部门审核。招标最高限价的作用是防止投标人相互串通抬高投标报价，保护招标人的合法权益和经济利益。招标最高限价也是招标人对招标工程的预期价格，是招标人对招标工程所需费用的自我测算和控制。招标最高限价应由具有管理工程建设项目实施能力，并且有已在本单位注册的造价工程师或中级造价员编制，或由具有编制能力的招标人自行编制。如果建设单位没有注册的造价工程师或中级造价员，则不能自行编制招标最高限价，应委托具有相应资质的工程造价咨询人或工程招标代理人编制。编制招标最高限价时必须要正确处理招标人与投标人的利益关系，坚持客观、公正、公平和实事求是的原则，应力求与建筑市场的实际情况相吻合。招标最高限价的编制依据和内容必须与招标文件相一致，作为招标“栏标价”而具有权威性。注意一个工程项目只能编制一个招标最高限价。招标最高限价编制主要包括以下内容：

（1）招标工程综合说明：包括招标工程名称、建筑总面积、工程施工质量要求、计划工期天数和计划开竣工日期等。

（2）招标工程一览表：包括单项工程概况（包括工程名称、建筑面积、结构类型、建筑物层数、檐高等）、室外管线工程、庭园绿化工程等。

（3）招标最高限价价格计算费用表：根据《建设工程工程量清单计价规范》（GB 50500—2013）要求，采用工程量清单计价，计算用表应采用标准表格格式。应由分部分项工程费、措施项目费、其他项目费、规费、税金以及一定范围内的风险费用组成，即确保招标最高限价的完整性。

（4）招标最高限价附件：招标控制价编制单位的资质证书、造价人员及其执业证书等有关资料。

招标最高限价的编制依据主要包括以下内容：

（1）《建设工程工程量清单计价规范》（GB 50500—2013）、《通用安装工程工程量计算规范》（GB 50856—2013）以及国家或省级、行业建设主管部门颁发的有关建设工程工程量清单计价规则、建设工程工程量清单计价费率和计价方法。

（2）国家或省级、行业建设主管部门发布的建设工程消耗量定额及其配套的“定额价目表”。

（3）省、市工程造价管理机构发布的建设工程造价管理信息及主要材料价格信息，对于未发布的主要材料价格信息者，应参考市场价格。

（4）与本招标建设工程项目相应的设计施工规范、工程技术标准和资料等。

（5）工程招标文件及其工程量清单，有关补充通知、会议答疑纪要等。

（6）建设工程设计文件（工程设计图纸及有关资料）和常规施工设计方案。

（7）其他相关资料。

在明确招标控制价（招标最高限价）编制依据的基础上，编制招标控制价时还应注意以下问题：

（1）在进行分部分项工程项目和措施项目中的综合单价组价时，应根据招标文件和工程量清单中对相应清单项目的项目特征描述来确定综合单价。综合单价中应包括招标文件中划分的应由投标人承担的风险范围及其费用。如果招标文件中未明确时，不论是招标人还是委托工程造价咨询人或工程招标代理人编制的招标文件，均应由招标人予以明确。

分部分项工程（work sections and trades）项目综合单价计算中，综合单价中的材料费项目，如果招标工程量清单中已列出了某种材料、工程设备的暂估单价，则必须按照规定的暂估价计算主材费，而综合单价中的人工费、辅助材料费、机械费均应按安装工程消耗量定额及其配套价目表，并结合建筑市场实际价格合理确定；管理费、利润应按国家或省级、行业建设主管部门规定的计价费率和计价办法计算。

措施项目（preliminaries）的综合单价应根据招标文件及常规的施工方案计算，由于安全文明施工措施费属于不可竞争的费用，必须按国家或省级、行业建设主管部门的有关规定计算。其他措施项目的综合单价均应按国家或省级、行业建设主管部门规定的计价费率标准和计价办法计算。

（2）在其他项目费计算中，暂列金额和专业工程暂估价均应按招标工程量清单中列出的金额填写。而计日工（dayworks）则应按招标工程量清单中列出的项目和数量，根据工程特点、项目特征和有关计价依据，并结合建筑市场实际价格确定综合单价计算。根据总承包服务费（main contractor's attendance）应按招标工程量清单中列出的服务项目内容和提出的要求，按省级、行业建设主管部门规定的计价费率和计价办法合理估算。

（3）规费（statutory fee）和税金（tax）均为不可竞争的费用，故必须按国家或省级、行业建设主管部门的有关规定计算。

（4）招标人应按招标工程量清单与计价表中列明的项目填写，并且一个工程项目只能编制一个招标控制价。根据其编制依据编制的招标控制价，应按规定的计价程序计算，当某项费用的计算是利用前面的某费用作为取费基础时，其取费基础必须前后数据大小一致。投标总价应当与分部分项工程费、措施项目费、其他项目费、规费和税金的合计金额一致。招标控制价应在招标时公布，且不得上浮或下调。

6.3.2 建设工程投标

所谓投标，是指承包人（投标人或称施工企业）在报送申请，并通过资格预审后，领取（或购买）招标文件，按照招标文件的要求编制并报送标函（投标文件），进行工程投标报价和提供有关资料，通过竞争取得对该工程的承包权。实质上投标的目的就是竞争承包权。所谓承包人，是指被发包人接受的具有工程施工承包主体资格的当事人，以及取得该当事人资格的合法继承人，在工程施工招标发包中，投标的承包人又称为投标人或施工企业。而“投标报价”是指在工程招标发包过程中，由投标人按照招标文件的要求，必须按照招标工程量清单填报价格，其项目编码、项目名称、项目特征、计量单位、工程数量等必须与招标工程量清单一致，不得作任何修改。报价时应根据工程实际和本企业的施工技术、装备和管理水平，依据有关计价规定自主确定的工程造价，也是投标人期望的工程承包交易价格。要求投标人自主报出的工程造价，必须低于招标控制价，但不得低于工程成本价时才有可能中标。在我国，凡持有营业执照和资质证书，并符合招标文件规定条件的企业的均可参加投标。由投标人编制的投标文件一般应包括以下基本内容：①综合说明及投标单位规模、资质（包括法定代表人资格证明书、企业资质等级等）、技术力量、近年来工程施工业绩及受表彰等情况，一般称作投标函；②工程投标总报价及报价单，投标报价是关系投标成败的关键因素，对控制工程造价，维护企业利益也具有重要作用；③施工组织设计，包括计划开竣工日期和主要形象进度，工程质量标准及保证措施，主要施工方案、施工方法和施工机械的投入等；④商务和技术偏差表。⑤投标书附录；⑥投标保证金；⑦授权委托书；⑧辅助资料表及资格审查表；⑨对招标文件中的合同协议条款内容的确认和响应；⑩招标文件要求提供的其他资料。工程投标程序如图6-2所示。

由图6-2可见，投标的重要环节是投标报价的确定。投标报价的编制依据主要包括以下内容：

（1）《建设工程工程量清单计价规范》（GB 50500—2013）。

（2）国家或省级、行业建设主管部门颁发的计价办法。

（3）企业定额，国家或省级、行业建设主管部门颁发的计价定额和计价办法。

（4）招标文件、招标工程量清单及其补充通知、答疑纪要。

（5）本建设工程设计文件及其相关资料（工程设计图纸、施工设计规范、技术要求等）。

（6）本招标建设工程项目的施工现场情况、工程特点及投标时拟定的施工组织设计或

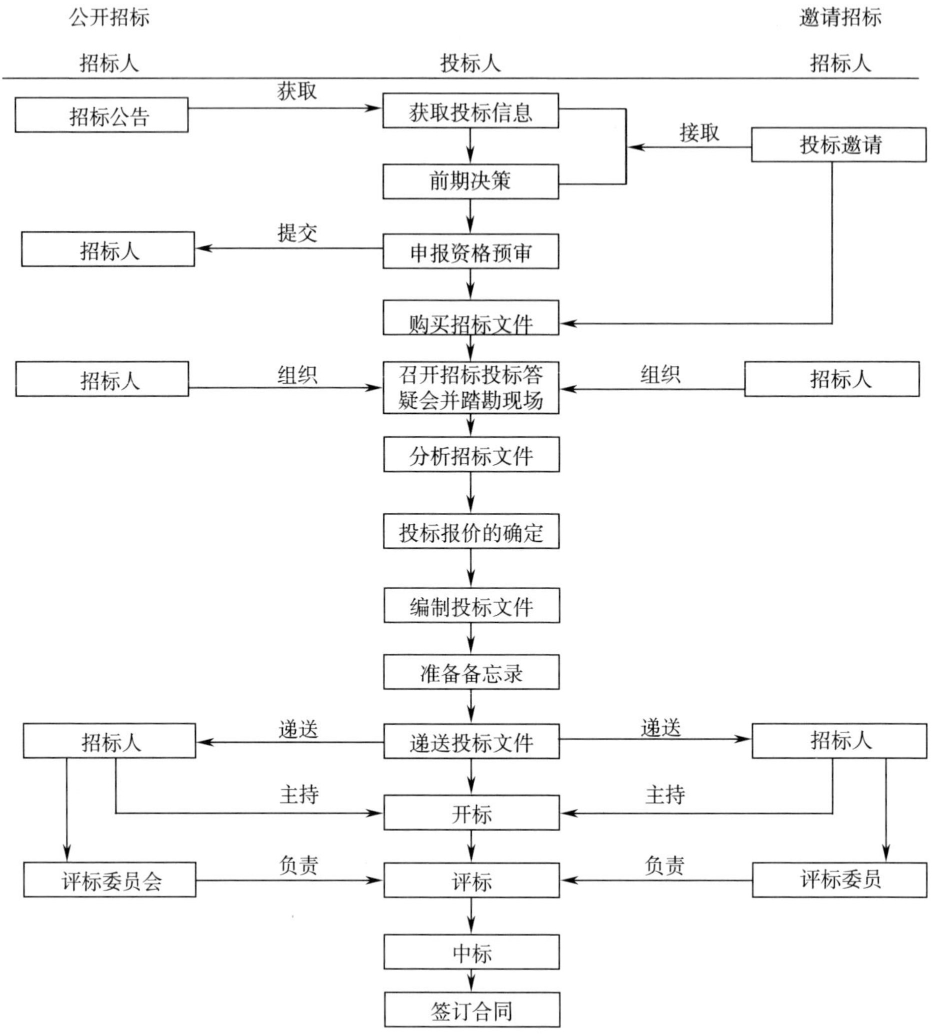

图 6-2 建设工程投标程序

施工方案。

（7）与本招标建设工程项目有关的标准、规范等技术资料。

（8）市场价格信息或工程造价管理机构发布的工程造价信息（如建设工程材料信息价、调价文件等）。

（9）其他有关资料。

编制投标报价与编制招标最高限价的方法基本相同，在明确投标报价编制依据的基础上，编制投标报价时还应注意以下问题：

（1）在进行分部分项工程项目和措施项目中的综合单价组价时，应根据招标文件和工程量清单中对相应清单项目的项目特征描述来确定综合单价，综合单价中应包括招标文件中划分的应由投标人承担的风险范围及其费用。如果招标文件中未明确时，应提请招标人予以明确。

分部分项工程项目综合单价计算中，综合单价中的材料费项目，如果招标工程量清单中已列出了某种材料、工程设备的暂估单价，则必须按照规定的暂估价计算主材费，而综合单价中的人工费、辅助材料费、机械费均应按安装工程消耗量定额及其配套价目表，并结合企业定额自主确定；管理费、利润则应参考国家或省级、行业建设主管部门发布的计价费率和计价办法自主确定。

措施项目的综合单价应根据招标文件及投标时拟定的施工组织设计和施工方案自主确定。由于安全文明施工措施费属于不可竞争的费用，必须按国家或省级、行业建设主管部门的有关规定计算。其他措施项目的综合单价均按国家或省级、行业建设主管部门规定的计价办法，并参考计价费率标由投标人自主确定。

（2）其他项目费报价中，暂列金额和专业工程暂估价均应按招标工程量清单中列出的金额填写。而计日工则应按招标工程量清单中列出的项目和数量，根据工程特点、项目特征和有关计价依据，并结合本企业定额、建筑市场实际价格自主确定综合单价计算。总承包服务费则应按招标工程量清单中列出的服务项目内容和提出的要求自主报价。

（3）规费和税金均为不可竞争的费用，故必须按国家或省级、行业建设主管部门的有关规定计算。

（4）投标人应按招标工程量清单与计价表中列明的项目填写，在报送投标书之前，根据投标策略和投标技巧，可以对投标书进行修改调整，但所报送的投标书只允许有一个报价。若投标人从工程中标可能性的全局考虑而确定不计算某项目的综合单价和合价，或由于工作疏忽而未填写某项目的综合单价和合价，均视为此项目费用已包含在所报价的工程量清单价款之中，并且在该工程竣工结算时，此项目也不得再重新进行组价予以调整。

（5）在投标报价中，应按规定的计价程序计算，对于利用前面某项费用作为后面某项费用计算的取费基础时，其取费基础必须是前后数据大小一致。投标总价应当与分部分项工程费、措施项目费、其他项目费、规费和税金的合计金额一致。

6.3.3 开标、评标和中标

各投标人按照招标文件的要求编制投标文件，经密封后按规定的投标时间将投标文件送达招标单位（项目法人）或依法组建的评标委员会。项目法人负责组建评标委员会，该委员会一般由项目法人、主要投资方、招标代理机构的代表以及聘请技术、经济和法律等方面的专家组成，且人数在5人以上（单数），技术、经济和法律等方面的专家评委应不低于评委总人数的2/3。

1. 开标

所谓开标，是指在招标人的主持下，按照招标文件所规定开标的时间、地点，在所有投标单位和有关管理监督部门的参加下，当众启封标函，宣布各工程投标单位的投标报价、工期、质量保证及其他所需材料等主要内容，现场记录并进行公证，这个过程叫开标。根据建设工程项目的规模及重要程度、工程特点，开标时可以选择不同的开标方式：①公开开标，剔除不符合《建设工程工程量清单计价规范》（GB 50500—2013）和招标文件规定格式及要求的废标，确定预选“中标”单位，但不当场宣布预选“中标”单位的名次；②公开开标，剔除不符合《建设工程工程量清单计价规范》（GB 50500—2013）和招标文件规定格式及要求的废标，确定预选“中标”单位，并按报价高低排列预选“中标”单位的名次，并当场宣布。整个开标过程应当记录，参与开标的人员签字并存档备查。

2. 评标和中标

评标包括技术评标和经济评标两个方面。所谓技术评标是综合分析和评价标函中所采用的施工技术、组织、方案、施工方法、技术装备、施工进度安排以及各项质量保证和安全措施等，标函的编制方法和手段是否先进合理。例如是否采用网络计划，是否采用计算机编制报价等。经济评标主要评价报价的高低，包括对报价计算资料（分析表、汇总表、单价等）进行细致地分析。只有在技术评标和经济评标的基础上，才有可能对投标单位在标函中的各种承诺做出正确的评价。评标由招标人依法组建的评标委员会负责。招标人应采取必要措施，以保证评标过程在严格保密的情况下进行。评标委员会按招标文件规定的评标标准和办法，对预选“中标”单位的标书进行综合评审和比较，对报价、工期、质量保证等条件进行综合分析，以确定符合中标的标书。例如投标应能够最大限度地满足招标文件中规定的各项综合评价标准；能够满足招标文件的实质性要求，且投标报价最低，但不低于成本。目前常用的评标方法是评分法，即从技术和商务两方面设置考核指标，按考核指标的要求分别对各有效投标书进行量化评分，并排出名次。得分最高者即被推荐为中标候选人，经招标人（项目法人）确认，并由招标投标管理机构核准后即为中标人。中标人的最终投标报价即为工程项目中标价。

中标人确定后，招标人向中标人发出中标通知书。招标人和中标人应当自中标通知书发出之日起30天内，依据招标文件和中标人的投标书签订书面合同，中标价即为合同价。

6.3.4 建设施工合同的概念及主要内容

1. 建设施工合同的概念

建设施工合同又称为建设安装工程承包与发包合同，是承包方与发包方之间为完成某一建设工程项目，经商定而共同约定双方权利和义务的协议，是承包方进行工程建设施工，发包方支付工程价款的依据。施工建设的当事人之一是建设单位（即发包人或称为甲方），也可以是取得建设项目总承包资格的项目总承包单位，应是具备法人资格的国家机关、事业单位、国有企业、集体企业、私营企业以及获得甲方资格的合同当事人。施工建设的当事人之二则是施工单位（即承包人或称为乙方），应是具备与工程相应资质和法人资格的、并被发包人接受的合同当事人。建设施工合同是建设工程合同的主要合同，其特点是：①合同标的具有特殊性。施工合同的标的为建筑安装产品（简称建筑产品），而建筑产品和其他产品相比具有产品固定、资金投入较大、生产周期长和流动性大等特点。这些特点决定了施工合同标的的特殊性。②合同的内容繁杂。由于施工合同标的的特殊性，合同涉及多种主体以及他们之间的法律、经济关系，这些方面和关系都要求施工合同内容尽量详细，从而导致了施工合同的内容繁杂。例如。施工合同除了应当具备合同的一般内容外，还应对安全施工、专利技术使用、发现地下障碍和文物、工程分包、不可抗力、工程变更、材料设备的供应、运输、验收等内容作出规定。③合同履行期限长。由于工程建设的工期一般较长，再加上必要的施工准备时间、不可预见的停工或窝工时间、保修期时间和办理竣工结算等，从而决定了施工合同履行期限具有长期性。④合同监督严格。由于施工合同的履行对国家的经济发展，人民的生命财产、工作和生活都有重大的影响，因此国家对施工合同实施有非常严格的监督。在施工合同的订立、履行、变更、终止全过程中，除了要求合同当事人对合同进行严格的管理外，建设单位还要通过招投标聘用相应专业的工程监理公司，为建设单位的工程质量检查负责。在整个施工过程中负责对工程施工质量、设备、材料、工程变更和施工规范、施工工艺的执行等进行全方位的监控，同时合同的主管机关（工商行政管理机构）、建设行政主管机关、金融机构等都要对施工合同进行严格的监督。

2. 合同的计价方式及特点

“合同价”是指在工程发、承包交易完成后，由发、承包双方以合同形式确定的工程承包交易价格，即发、承包双方在施工合同中约定的工程造价。对于招标发包的工程，其合同价实际上就是投标人的中标价。合同计价方式一般可分为总价合同、单价合同和成本加酬金合同等3种合同模式。

（1）总价合同（lump sum contract） 总价合同模式俗称“一口价合同”，即是指以施工图纸、规范为基础，在工程任务内容明确、发包人的要求条件清楚、计价依据和规定要求确定的条件下，发承包双方依据承包人编制的施工图预算商谈确定合同价款。这种合同价款一经约定，除双方合同约定因素发生变化时予以调整外，一律不作调整。目前普遍使用的是建设部与国家工商总局推荐使用的《建设工程施工合同》1999文本，通用条款第1.11款将合同价款定义为：“指发包人、承包人在协议书中约定，发包人用以支付承包人按照合同约定完成承包范围内全部工程并承担质量保修责任的款项”。总价合同适用于设计图纸齐全、工作内容和技术经济指标规定比较明确的项目。总价合同有利于工程管理，合同签订后管理人员的主要精力全部用在质量管理上，从而可大大减少工程变更，有利于对投资进行宏观控制。但是，由于招投标周期较长，在竞争不充分时易造成工程报价偏高，合同制订不完善时容易引起工程纠纷。因此在招、投标过程中应尽量考虑以下因素的影响：①材料价格浮动因素的影响。甲乙双方应在签定合同时就工程设计变更，调整材料、设备种类，价格标准，价格调整幅度等作出详细约定。将材料、设备价差约定在风险包干范围以内，且能保障承发包双方的利益，充分体现公平、公正、合理的原则。②工程变更的影响。发包方在招标时应全面详细地提供施工设计图纸及施工设计说明、施工要求，并给投标人足够的投标咨询答疑时间和编制投标报价时间，以确保投标人充分了解和勘踏施工现场环境条件，理解施工设计意图，明确施工设计要求，并在合同中约定允许工程量调增的范围以及价格的处理方法等。③工程承包范围的影响。在招标时，发包方应将投标人报价的招标范围、包括的工作内容、工程量清单项目名称及其包括的工作内容、费用项目等，在招标文件中均应一一加以明确。总之，发包和承包双方要慎重对待“总价合同”的性质及其所带来的风险，特别是承包方在签定总价合同时要对建设市场环境、生产要素、设备材料价格浮动变化、成本核算等进行通盘考虑。发包方和承包方应对合同价款中的风险范围、风险费用的计算方法、风险范围以外合同价款的调整方法等条款内容作出详细约定，从而实现有效避免施工合同纠纷。

（2）单价合同（unit rate contract） 单价合同是指发承包双方约定以工程量清单及其综合单价进行合同价款计算、调整和确认的建设工程施工合同。单价合同模式适用于在施工图不完整或准备发包的工程项目内容、技术经济指标的规定暂时还不够明确、具体时采用。单价合同招投标周期较短，在不能精确地计算工程量的情况下，可以避免使发包方或承包方承担过大的风险。但由于合同留下大量变动的空间，而使得承包方可能会寻找造价增长的空间，这就给发包方的管理提出了更高的要求。如果发包方无较高安装工程施工的管理水平，则容易使投资失去控制而造成经济损失。

（3）成本加酬金合同（cost plus contract） 成本加酬金合同是指发承包双方约定以施工

工程成本再加合同约定酬金进行合同价款计算、调整和确认的建设工程施工合同。成本加酬金合同模式主要适用于工作内容特别复杂，工程技术、结构方案不能预先确定，或者不可能进行竞争性的招标活动，即投标报价的依据还不够充分，还适用于发包方因工期要求紧迫而必须发包的工程，如抢险、救灾工程。成本加酬金合同模式要求发包方对承包方的工程业绩调查了解得较全面充分，对承包方具有高度的信任，或承包方在某些方面具有独特的专业技能和施工经验。由于成本加酬金合同中的承包人不承担任何价格变化和工程量变化的风险，易造成发包方对工程造价不能实施有效地控制，因此这种合同模式的使用范围极其有限。

综上所述，在现实的工程实施过程中，首先要充分认识工程管理水平的高低和施工组织工作的缜密程度对工程造价控制的重要性，还要充分了解合同计价的方式及特点。由于单价合同模式对招标前的设计图纸等准备工作要求较低、准备时间较短，所以目前单价合同模式在建筑市场上应用的较多，在施工过程中发生的工程变更也较多，这样就给工程造价控制带来了极大的压力，这是使工程竣工结算造价超过合同价较多、或形成工程造价失控的一个重要原因。而总价合同则需要周密的组织和大量的施工图招标准备工作，必须要在施工图完善的情况下才可进行，故使得招投标周期较长。但采用施工图招标，运用总价合同模式却能有效地压缩在工程实施过程中的工程变更，因此可以有效实现工程投资控制，工程竣工后的结算造价一般不会超过合同价款的5%。由此可见，在提高施工图设计水平的前提下，以施工图为基础，通过工程招投标签定总价合同，并注意在工程实施过程中努力加强合同管理，将对工程造价控制产生极其重要的作用。

3. 施工合同的主要条款

施工合同签定应遵守国家的有关法律、法规和国家计划，遵循平等、自愿、公平和诚实守信的原则；签定施工合同应经过要约和承诺两个阶段。所谓“要约”，是指合同当事人的甲方（或乙方）向乙方（或甲方）提出签定合同要求，并列出具体合同条款，要求在限定的时间内做出承诺表态。而“承诺”是指施工合同当事人的乙方（或甲方）对甲方（或乙方）发来的要约在限定的时间内做出完全同意要约的表态。“要约”和“承诺”均属于一种法律行为，依法成立的合同自合同双方签字之日起即生效，并受到法律保护。施工合同的主要条款包括：

（1）工程名称、地点、范围。

（2）建设工期及开工、竣工时间要求。

（3）中间工程的开工、竣工时间要求。

（4）工程质量要求、质量保证期和工程竣工验收条件。

（5）工程质量保证期（简称质保期）及其保证条件。

（6）设计文件、设计资料等规定的提交时间。

（7）材料、设备的供应方、供应办法及其进施工现场的时间。

（8）工程造价、付款方式及结算方法。

（9）设计变更及其处理办法。

（10）甲方、乙方相互协作的其他事项。

（11）违约责任及处理办法。

（12）发生合同争议的解决方式和方法。

施工合同主要条款中的“违约责任”，是指合同当事人因违反法律的规定及合同约定所应承担的继续履行、采取补救措施或赔偿损失等民事责任。构成违约责任必须同时具备

“行为、过错、事实和因果关系”等条件。①行为：是指一方当事人必须有不履行合同义务，或者在履行合同义务过程中不符合合同约定的行为。显而易见，违约行为发生的前提是当事人双方已经存在着合同关系，否则就不会存在违约行为。②过错：是指一方当事人在主观上有过错而造成违约时，应承担违约责任。如果属于地震、洪涝等不可抗力或对方发生违约等原因而引起一方当事人违约的，则不应承担违约责任。③事实：是指一方当事人的违约行为已造成了损害事实，即一方当事人违约给另一方当事人造成财产损失和其他不利的后果。例如发包方不按合同约定支付工程价款而造成窝工或延误工程进度等经济损失。④因果关系：是指违约行为与损害结果之间存在着因果关系。违约行为所造成的损害包括直接损害和间接损害，这两种损害违约人都应给予赔偿。这就是说，违约人要承担因其违约而给另一方当事人造成的各种损失。

综上所述，由于工程建设项目从投资决策阶段到竣工验收交付使用及生产准备需要较长的建设期，如图6-1所示。因此，最终工程造价的确定要经历招标控制价、投标价、合同价和竣工结算价等4个计价阶段，反映出工程造价的计价具有动态性和阶段性的特点。在整个工程项目建设期内，构成工程造价的任何因素发生变化都将影响到最终工程造价的确定。因此，需要对建设程序的各个阶段进行计价，以使工程造价逐步深化接近和切合实际，保证工程造价确定和控制的科学性，从而得到最终工程造价，即竣工结算价。

【例题6-5】西安市市区某综合楼七层砖混结构，层高3m，该楼电气照明安装工程于2018年7月15日中标，7月20日开工，无其他项目费，其中标合同价2100万元。除了工程变更确定安装的灯具以外，其余各项电气安装项目均于2018年11月30日之前竣工。在施工过程发生如下变更及合同调整的内容。

问题1：施工中将原设计不安装灯具，变更为安装580套型号为$YG_{2-2}2\times40W$吸顶式成套荧光灯，其市场采购价310元/套（含采购、保管及运费），40W荧光灯管市场采购价12.75元/根，并于2018年12月31日竣工。

问题2：经发包、承包双方核对施工图纸，工程量清单中的工程量误差如下：SC15焊接钢管少计算610m，而SC20焊接钢管多计算350m。

问题3：该工程所用焊接钢管主材用量总计30t（含问题2中的工程量误差部分），焊接钢管实际采购价为5100元/t（含采购、保管及运费）。合同约定以下部分内容：

（1）变更新增工程量，如中标合同价无相同或相近综合单价的，按该省现行计价依据及有关规定计算。

（2）工程量清单中的工程量误差应按有关规定进行调整。已知合同约定（即投标中标价）中的两种焊接钢管的综合单价如表6-6所示。

表6-6 焊接钢管综合单价分析表

定额编号	项目名称	其中/（元/100m）							综合单价/（元/m）
		人工费	材料费	机械费	主材费	管理费	利润	风险	
2-1030	钢管SC15	269.34	60.93	34.86	584.01	48.48	53.87	—	10.51
2-1031	钢管SC20	287.28	72.53	34.86	755.51	51.71	57.46	—	12.59

（3）主要材料价格风险在合同单价的±5%以内时，由承包人承担，而超过±5%时，则按材料实际价差调整工程造价。

（4）合同约定执行国家和省级有关调价政策。

根据上述给定条件回答计算以下问题：

（1）计算吸顶式成套荧光灯 $YG_{2-2}2\times40W$ 安装项目的综合单价和该分项工程费。

（2）计算合同约定执行国家或省级有关调价政策而产生的综合人工费差价。

（3）计算工程量清单中工程量误差而产生的差价。

（4）计算本工程所用焊接钢管材料价格变化的差价。

（5）措施项目清单见表6-7，计算竣工结算调整增加的措施项目费。

（6）计算调整后的含税工程造价。

【解】：

（1）计算吸顶式成套荧光灯 $YG_{2-2}2\times40W$ 安装项目的综合单价和该分部分项工程费

参考本地区安装工程消耗量定额及其配套价目表，根据企业定额和问题1给出的条件计算 $YG_{2-2}2\times40W$ 吸顶式成套荧光灯的综合单价。设从该施工企业安装工程定额中查得吸顶式成套型双管荧光灯定额，见表6-8。据此得吸顶式成套荧光灯 $YG_{2-2}2\times40W$ 综合单价分析表见表6-9。

表6-7 措施项目清单

工程名称：×××综合楼电气照明安装工程

序号	项目编码	项目名称	计量单位	工程数量
01	031302001001	安全文明施工措施费	项	1
02	031301018001	其他措施—测量放线、定位复测、检验试验费	项	1
03	031302002001	冬雨季夜间施工措施费	项	1
04	031302004001	二次搬运费	项	1
05	031301017001	脚手架搭折综合费	项	1
06	031302007001	高层施工增加综合费	项	1

表6-8 荧光灯具安装定额价目表

工程名称：×××综合楼电气照明安装工程

定额编号	项目名称	计量单位	基价	人工费	材料费	机械费	定额含量
2-1582	荧光灯具安装、成套型、吸顶式、双管	10套	138.04	103.14	34.90	—	10.1套

表6-9 分部分项工程量清单项目综合单价分析表

工程名称：×××综合楼电气照明安装工程　　综合单价：357.16元/套

定额编号	项目名称	单位	数量	合价	其中		
					人工费	材料费	机械费
2-1582	成套型双管吸顶式荧光灯	10套	58	8006.32	5982.12	2024.20	—
	成套型双管吸顶式荧光灯 YG2-2 2×40 主材费，单价：310.00元/套	套	585.8	181598.00		181598.00	
	荧光灯管40W主材费，单价：12.75元/根	根	1177.4	15011.85		15011.85	
	项目管理费 5982.12×20.54%元			1228.73			
	项目利润 5982.12×22.11%元			1322.65			
	小计	套	580	207167.55	5982.12	198634.05	—

则吸顶式成套型荧光灯 $YG_{2\text{-}2}2\times40W$ 综合单价为：

$$综合单价=207167.55/580元/套=357.16元/套。$$

安装吸顶式成套型荧光灯 $YG_{2\text{-}2}2\times40W$ 的分部分项工程费为：

$$\Delta Q_{11}=357.16\times580元=207152.80元$$

（2）计算合同约定执行国家或省级有关调价政策而产生的人工差价

本工程项目合同约定执行国家和省级有关调价政策，工程所在地为西安市市区，因为吸顶式成套荧光灯 $YG_{2\text{-}2}2\times40W$ 是在 2018 年 12 月 1 日以后安装施工的，故应执行陕建发［2018］2019 号调价文件，对其综合人工单价进行调整。根据企业定额，人工费投标报价为 38.00 元/工日，则按式 6-5 计算人工差价为：

$$\Delta R=(5982.12/38)\times(120.00-42)元=12279.09元$$

（3）计算工程量清单中工程量误差而产生的差价

由表 6-6 可知两种焊接钢管的综合单价分别为：

焊接钢管 SC15 的综合单价为：10.51 元/m，其工程量少算 610m；

焊接钢管 SC20 的综合单价为：12.59 元/m，其工程量多算 350m。

则因工程量清单中的工程量误差而产生的差价为：

$$\Delta Q_{12}=(10.51\times610)元+(-12.59\times350)元=2004.60元$$

（4）分析焊接钢管价格变化幅度是否超过合同约定幅度 ±5%，并计算主材价格变化调整增加的差价

① 分析焊接钢管价格变化幅度是否超过合同约定幅度 ±5%：

已知钢管的实际采购价是 5100 元/t，即 5.1 元/kg；由附录 B 查得 SC15 、SC20 的单位长度理论重量分别为 1.26kg/m 和 1.63kg/m。结合表 6-6 中的主材费报价，则合同中焊接钢管 SC15 的主材单价为：

$$584.01/103/1.26元/kg=4.5元/kg$$

焊接钢管 SC20 的主材单价为：

$$755.51/103/1.63元/kg=4.5元/kg$$

即焊接钢管 SC15、SC20 的主材单价均为 4.5 元/kg。则其价格增加幅度为：

$$\Delta f=(5.1-4.5)/4.5=13.33\%$$

由此可见焊接钢管价格增加幅度 $\Delta f=13.33\%$ 已超过 ±5%。

② 按式（6-6）计算焊接钢管价格波动超过约定幅度而调整增加的主材差价：

$$\Delta C_1=材料消耗量\times[双方确认实际采购单价-合同约定单价\times(1+合同约定幅度)]$$
$$=30\times1.03\times[5100-4500\times(1+5\%)]元=11587.50元$$

则分部分项工程费调整增加的款额为：

$$\Delta Q_{1\Sigma}=\Delta Q_{11}+\Delta Q_{12}+\Delta R_1+\Delta C_1$$
$$=(207167.55+2004.60+12279.09+11587.50)元=233038.74元$$

（5）计算竣工结算调整增加的措施项目费

措施项目清单见表 6-7，在工程招投标阶段，措施项目费是工程量清单项目中最具竞争性的项目，其费用也是合同价款的重要组成部分。根据《建设工程工程量清单计价规范》（GB 50500—2013）或本地区“建设工程工程量清单计价规则”对措施项目合同价款的调整原则及方法，为了充分体现建筑市场竞争机制，保护通过工程招、投标活动而形成工程造价

成果，对措施项目费一般不作调整。但出现以下情况时可进行调整：①发包人更改了已审定的施工方案（对施工方案的局部错误进行修正者除外），若引起措施项目费用增加时予以增加，但减少时不予减少；②由于发生工程量变化而引起措施项目费用增加时予以增加，减少时予以减少。从上述计算得知，调整后分部分项工程费中增加的人工费为：

$$\Delta R_{1\Sigma}=5982.12+269.34\times6.1-287.28\times3.5=6619.61\text{ 元}$$

则参考本地区“建设工程工程量清单计价费率”及计算方法，各项措施项目的综合单价计算如下：

① 测量放线、定位复测、检验试验费 ΔQ_{22}：

$$\Delta Q_{22}=\Delta R_{1\Sigma}\times k_{22}=6619.61\times1.45\%\text{ 元}=95.98\text{ 元}$$

② 冬雨季夜间施工措施费 ΔQ_{23}：

$$\Delta Q_{23}=\Delta R_{1\Sigma}\times k_{23}=6619.61\times3.28\%\text{ 元}=217.12\text{ 元}$$

③ 二次搬运费 ΔQ_{24}：

$$\Delta Q_{24}=\Delta R_{1\Sigma}\times k_{24}=6619.61\times1.64\%\text{ 元}=108.56\text{ 元}$$

④ 脚手架搭拆综合费 ΔQ_{25}：

脚手架搭拆费 $m_{\mathrm{j}}=\Delta R_{1\Sigma}\times k_{25}=6619.61\times7\%\text{ 元}=463.37\text{ 元}$

其中含人工费 $R_{\mathrm{j}}=463.37\times25\%\text{ 元}=115.84\text{ 元}$

项目管理费 $m_{\mathrm{jg}}=115.84\times20.54\%\text{ 元}=23.79\text{ 元}$

项目利润 $m_{\mathrm{jl}}=115.84\times22.11\%\text{ 元}=25.62\text{ 元}$

则脚手架搭拆综合费 $\Delta Q_{25}=m_{\mathrm{j}}+m_{\mathrm{jg}}+m_{\mathrm{jl}}=463.37+23.79+25.62\text{ 元}=512.77\text{ 元}$

⑤ 高层施工增加综合费 ΔQ_{26}：

高层施工增加费 $m_{\mathrm{h}}=\Delta R_{1\Sigma}\eta_{\mathrm{h}}=6619.61\times18\%\text{ 元}=1191.53\text{ 元}$

其中含人工费 $R_{\mathrm{h}}=m_{\mathrm{h}}\xi_1=1191.53\times10\%\text{ 元}=119.15\text{ 元}$

项目管理费 $m_{\mathrm{hg}}=R_{\mathrm{h}}K_{\mathrm{hg}}=119.15\times20.54\%\text{ 元}=24.47\text{ 元}$

项目利润 $m_{\mathrm{hl}}=R_{\mathrm{h}}K_{\mathrm{hl}}=119.15\times22.11\%\text{ 元}=26.34\text{ 元}$

则高层施工增加综合费 $\Delta Q_{26}=m_{\mathrm{h}}+m_{\mathrm{hg}}+m_{\mathrm{hl}}=1191.53+24.47+26.34\text{ 元}=1242.34\text{ 元}$

⑥ 安全文明施工措施费 ΔQ_{21}：

由于安全文明施工措施费为不可竞争的费用，故其取费基础及费率标准应按“计价规则”、“计价费率”的有关规定和计算方法计取。

（a）分部分项工程费调整增加的款额 $\Delta Q_{1\Sigma}=233038.74$ 元。

（b）同样根据本工程项目执行国家和省级有关调价政策的合同约定，工程所在地为西安市市区，应按当地发布的陕建发［2018］2019 号调价文件，计算人工差价。

上面已计算出脚手架费和高层施工增加综合费中含可调整差价的综合人工费 $R_{\mathrm{j}}=115.84+119.15=234.99$ 元，则按式 6-5 计算其产生的差价为：

$$\Delta R_{\mathrm{j}}=(234.99/38)\times(120.00-42)\text{ 元}=482.35\text{ 元}$$

（c）不含“安全文明施工措施项目费”的措施项目费增加为：

$$\begin{aligned}\Delta Q_{2\Sigma}&=\Delta Q_{22}+\Delta Q_{23}+\Delta Q_{24}+\Delta Q_{25}+\Delta Q_{26}+\Delta R_j\\&=(95.98+217.12+108.56+512.77+1242.34+482.35)\text{ 元}\\&=2659.12\text{ 元}\end{aligned}$$

其他项目费不计，则安全文明施工措施费为：

$$\Delta Q_{21} = (\Delta Q_{1\sum} + \Delta Q_{2\sum}) \times k_{21} = (233038.74 + 2659.12) \times 4.0\% 元$$
$$= 235697.86 \times 4.0\% 元 = 9427.91 元$$

根据所计算的各项措施项目的综合单价及其措施项目费可能发生的差价，列出措施项目清单计价表6-10。求得竣工结算调整增加的措施项目费为 $\Delta Q_{2\sum} = 9538.27$ 元。

表 6-10 措施项目清单计价表

工程名称：×××综合楼电气照明安装工程

序号	项目编码	项 目 名 称	计量单位	工程数量	金额/元	
					综合单价	合价
01	031302001001	安全文明施工措施费	项	1	9427.91	9427.91
02	031301018001	其他措施—测量放线、定位复测、检验试验费	项	1	95.98	95.98
03	031302002001	冬雨季夜间施工措施费	项	1	217.12	217.12
04	031302004001	二次搬运费	项	1	108.56	108.56
05	031301017001	脚手架搭拆综合费	项	1	512.77	512.77
06	031302007001	高层施工增加综合费	项	1	1242.34	1242.34
07		可能发生的差价（人工差价）				482.35
08		合计				12087.03

（6）计算调整后的含税工程造价

竣工结算调整增加的分部分项工程费为 $\Delta Q_{1\sum} = 235697.86$ 元。

竣工结算调整增加的措施项目费为 $\Delta Q_{2\sum} = 12087.03$ 元，其他项目费不计。则规费调增为：

$$\Delta Q_4 = (\Delta Q_{1\sum} + \Delta Q_{2\sum}) \times k_4 = (235697.86 + 12087.03) \times 4.67\% 元 = 11571.55 元$$

由于本工程设计变更要求安装580套吸顶式、成套型荧光灯 $YG_{2-2}-2\times40W$，其安装工期为2018年12月1日~12月31日，故应执行陕建发［2018］84号文件“关于调整陕西省建设工程计价依据通知”计算税金。从该文件查得税前工程造价综合系数 $\zeta = 92.42\%$，增值税销项税额税率 $\eta_Z = 10\%$。则计算税前工程造价为：

$$Z_P = (\Delta Q_{1\sum} + \Delta Q_{2\sum} + \Delta Q_{3\sum} + \Delta Q_4)\zeta = (235697.86 + 12087.03 + 0 + 11571.55) \times 92.42\% 元$$
$$= 259356.44 \times 92.42\% 元 = 239697.22 元$$

增值税销项税额 ΔS_{jz}：

$$\Delta S_{jz} = Z_P\eta_{jz} = 239697.22 \times 10\% 元 = 23969.72 元$$

附加税 ΔS_{jf}：

$$\Delta S_{jf} = (\Delta Q_{1\sum} + \Delta Q_{2\sum} + \Delta Q_{3\sum} + \Delta Q_4)\eta_{jf} = 259356.44 \times 0.48\% 元 = 1244.91 元$$

计算应调整增加的税金为：

$$\Delta S_j = \Delta S_{jz} + \Delta S_{jf} = (23969.72 + 1244.91) 元 = 25214.63 元$$

则计算因设计变更而增加的竣工结算造价为：

$$\Delta Z_{\sum} = Z_P + \Delta S_j = (239697.22 + 25214.63) 元 = 264911.85 元$$

据此编制该综合楼综合楼电气照明安装工程竣工结算造价汇总表，见表6-11。

表 6-11 单位工程竣工结算造价汇总表

工程名称：×××综合楼电气照明安装工程

序号	项 目 名 称	造价/元
1	工程中标合同价款	21000000.00
2	计算设计变更安装 580 套吸顶式、成套型荧光灯 YG_{2-2}—2×40W 结算造价	
21	分部分项工程费调增	235697.86
22	措施项目费调增	12087.03
23	其他项目费	0
24	规费调增 = [（21）+（22）+（23）]×4.67%	11571.55
25	税前工程造价 = [（21）+（22）+（23）+（24）]×92.42%	239697.22
26	增值税销项税额调增 =（25）×10%	23969.72
27	附加税调增 = [（21）+（22）+（23）+（24）]×0.48%	1244.91
28	设计变更工程结算造价 =（25）+（26）+（27）	264911.85
11	工程竣工结算造价 =（1）+（28）	21264911.85

练习思考题 6

1. 基本建设的概念是什么？基本建设项目是如何分类的？

2. 什么是工程造价？基本建筑工程划分为哪五级，各级的基本概念是什么？

3. 试叙述基本建设的程序。建设工程项目的施工准备主要包括哪些工作内容？

4. 什么是建设工程造价管理？其基本内容有哪些？工程造价管理有什么意义？

5. 什么是设计概算和施工图预算？各有什么主要作用？

6. 什么是公开招标、邀请招标？对于要进行招标的工程项目有什么条件要求？

7. 什么是开标、评标和中标？

8. 工程竣工结算的编制人是谁？工程竣工结算内容的主要作用是什么？最终工程造价要经历哪几个计价阶段，为什么？

9. 什么是建设施工合同？合同计价有哪几种方式，各有什么优缺点？

10. 施工合同包括哪些主要条款？什么是要约与承诺？

11. 如何避免总价合同带来的风险和施工合同纠纷？

12. 什么是工程控制价和投标报价，二者有什么区别？

13. 学生公寓楼电气安装工程，共 8 层，层高 3m，2019 年 8 月 15 日中标，工程中标合同价为 80 万元，其中 300 套双管成套型吊管式荧光灯中标价格为 26204.70 元，2018 年 8 月 20 日开工。由于甲方在施工现场签证的原因，造成除灯具未安装外，其余项目均于 2018 年 11 月 30 日之前完工。合同约定执行国家有关调价政策，主要材料认质认价。请根据下列条件编制该工程项目的竣工结算。

① 甲方要求在 2018 年 12 月 1 日之后继续完成双管成套型吊管式荧光灯的安装工作，其主材中标价为 120 元/套，荧光灯管为 6.10 元/根；而荧光灯实际采购到工地的价格为 180 元/套，荧光灯管价格为 12.75 元/根。

② 原投标中报价执行《陕西省安装工程价目表》（2009），管理费、利润均按人工费的

18%计取；措施项目费（除脚手架费、安全文明施工措施费以外）合计按人工费的5%计取，不计其他项目费；规费、安全文明施工费和税金等均按有关规定计取。

请计算该公寓楼电气安装工程调整后的竣工造价为多少？

14. 计算某生活小区变配电工程的措施项目费

（1）安康市市区某生活小区变配电工程于2019年8月15日招标，某投标单位投标报价，参考《陕西省安装工程定额价目表》（2009）和《陕西省建设工程工程量清单计价费率》（2009），通过计算得知分部分项工程费中的人工费为19210.00元，材料费为128590.00元，机械费为18256.00元。其他项目费为12356.00元。

（2）该生活小区变配电工程措施项目清单见表6-12。

表6-12 措施项目清单

工程名称：某生活小区变配电工程

序 号	项目编码	项目名称	计量单位	工程数量
01	031302001001	安全文明施工措施费	项	1
02	031302002001	冬雨季、夜间施工措施费	项	1
03	031302004001	二次搬运费	项	1
04	031301018001	其他措施—测量放线、定位复测、检验试验费	项	1
05	031301017001	脚手架搭拆综合费	项	1

（3）根据招标文件规定和施工现场实际情况，该生活小区变配电工程项目的管理费、利润费率按20%计取，措施项目中除安全文明施工措施费按规定计取外，其他的措施项目的费率均按相应规定费率下浮9%计取。

（4）请按编制投标报价要求计算该生活小区变配电工程的措施项目费。

15. 什么是工程预付备料款和工程备料款起扣点？其数额如何计算？

16. 在工程量清单计价中，“可能发生的差价”一般会发生哪些差价？如果某工程项目发生差价，在计算措施项目费时，是否应计算由此引起的相应差价？

17. 某工程项目年度建筑安装工程量为1850万元，主要材料占建筑安装工程量的60%，年度施工日历天数为200天，材料正常储备时间为50天，该工程预付备料款的起扣点为多少万元？

第7章　电气安装工程消耗量定额

7.1　定额的概念、性质与作用

7.1.1　定额的概念

定额是指在生产经营活动中，根据一定的技术组织条件，在规定的时间内完成某一单位合格产品所必须耗费的人力、物力和财力的数量标准，即定额的实质是质与量的统一指标或称作额度。而在建筑工程生产过程中，要完成某单位分部分项工程任务，就必须消耗一定的人工工日、材料和机械台班数量。因此，为了计量考核完成某分部分项工程消耗量的标准而制定出相应的建筑工程消耗量定额。建筑安装工程消耗量定额是指安装施工企业在正常的施工条件下，完成某项工程任务，即生产单位合格建筑安装产品所消耗的人工、材料和机械台班的数量标准，即规定的额度。

在安装工程消耗量定额中，不仅规定了完成单位数量工程项目所需要的人工、材料、机械台班的消耗量，还规定了完成该工程项目所包含的主要施工工序和工作内容，对全部施工过程都做了综合性的考虑。另外，定额具有针对性和权威性，属于完成单位工程数量的工程项目所需要的推荐性经济标准。经过必要的技术程序，在规定的适用范围内也具有法令性。不同的施工内容或产品都有不同的质量要求，因此不能把定额看成是单纯的数量标准关系，也就是说，定额除了规定各种资源消耗的数量标准外，还具体规定了完成合格产品的规格和工作内容以及质量标准和安全方面的要求等。所以，经过考察总体生产过程的各个生产因素，应对于不同的定额、不同的适用范围来确定不同的编制原则，即所编制的定额应首先确定定额水平。定额水平是指完成单位合格产品时，由定额规定的各种资源消耗的数量标准来衡量定额消耗量高低的指标，也是制定定额的基础。目前定额水平分为社会平均水平和平均先进水平两类，平均先进水平一般适用于企业内部管理，而社会平均水平则应能反映出一定时期生产施工过程中的机械化程度、技术水平、管理水平、新材料、新工艺和新技术的应用程度以及职工素质、业务能力等，能归纳出社会平均必须的数量标准，能反映一定时期内社会生产力的水平。

7.1.2　定额的性质与作用

1. 定额的性质

（1）定额具有法令性　定额的法令性是指定额是国家或其授权的主管部门组织编制的。定额一经国家或授权机关颁发就具有法律效力，在其执行范围内必须严格遵守和执行，不得随意修改或变更定额内容与水平，以保证全国或某一地区范围有一个统一的核算尺度，从而使比较、考核经济效果和进行监督管理有了统一的依据。值得提出的是，在社会主义市场经济条件下，对定额的法令性不应绝对化。随着我国工程造价管理制度的改革，定额将更多地体现出指导性或参考性的作用，各企业可以根据市场的变化和自身情况，编制出更符合本企业情况和更具有竞争力的企业定额，自主地调整本企业的决策行为。

(2) 定额具有科学性和先进性　定额所规定的人工、材料及施工机械台班消耗数量标准，是考虑在正常条件下，大多数施工企业经过努力能够达到的社会平均先进水平。这充分表明定额具有科学性和先进性，是在研究客观规律和总结生产实践的基础上，用科学的态度制定定额，采用可靠的数据和科学的方法编制定额；在制定定额的技术方法上，利用现代科学管理的成就，形成了一套行之有效的、完整的方法；在定额制定与贯彻方面，制定的定额为贯彻执行定额提供了依据，科学地贯彻执行定额又是为了实行管理的目标并实现对定额的信息反馈，为科学制定定额提供了基础数据资料。定额的先进性是体现在定额水平的确定上，应能反应先进的生产经验和操作方法，并能从实际出发，综合各种有利与不利的因素，因而定额还具有先进性和合理性，可以更好地调动企业与工人的积极性，不断改善经营管理，加强对企业工程技术人员和工人的业务技术培训，改进施工方法，提高生产率，降低原材料和施工机械台班的消耗量，降低成本，取得更好的经济效益，为国家创造更多的财富。

(3) 定额具有相对稳定性和时效性　任何一种定额都是反应一定时期内社会生产力的发展水平，反应先进的生产技术、机械化程度、新材料和新工艺的应用水平。定额在一段时期内应是稳定的。保持定额的稳定性，是定额的法令性所必需的，同时也是更有效的执行定额所必需的，如果定额处于经常修改的变动状态中，势必造成执行中的困难与混乱。此外，由于定额的修改与编制是一项十分繁重的工作，它需要动用和组织大量的人力和物力，而且需要收集大量资料、数据，需要反复地研究、试验、论证等，这些工作的完成周期很长，所以也不可能经常性地修改定额。

但是，定额也不是长期不变的，因为随着科学技术的发展，新材料、新工艺和新技术的不断出现，必然对定额的内容和数量标准产生影响。这就要求对原定额进行修改和补充，制定和颁发新定额。也就是说，定额的稳定性是相对的，任何一种定额仅能反应一定时期内的生产力水平。由于生产力始终处于不断地发展变化之中，当生产力向前发展了许多，定额水平就会与之不相适应，定额就无法再发挥其作用，此时就需要有更高水平的定额问世，以适应在新生产力水平下企业生产管理的需要。所以，定额又具有时效性。

(4) 定额具有灵活性和统一性　安装工程定额的灵活性，主要是指在执行定额上具有一定的灵活性。国家工程建设主管部门颁发的全国统一定额是根据全国生产力平均水平编制的，是一个综合性的定额。由于全国各地区科学技术和经济发展不平衡，国家允许省（直辖市、自治区）级工程建设主管部门，根据本地区的实际情况，在全国统一定额基础上制定地方定额，并以法令性文件颁发，在本地区范围内执行。由于电气安装工程具有生产的特殊性和施工条件不统一的特点，使定额在统一规定的情况下又具有必要的灵活性，以适应我国幅员广阔，各地情况复杂的实际情况。因此，为使工程投标竞标成功，投标企业应根据工程实际和本单位的管理能力水平、施工技术力量、人力物力及财力情况，并对其他竞标单位进行考察比较，对定额作出必要的调整。另外，如果某工程项目在定额中缺项时，也允许套用定额中相近的项目或对相近定额进行调整、换算。如无相近项目，企业可以编制补充定额，但需经建设主管部门备案批准。由此可见，具有法令性的定额在某些情况下还具有较强的适应性和有限的灵活性。

对于定额的统一性，主要是由国家对经济发展有计划的宏观调控职能决定的。为了使国家经济能按照既定的目标发展，需要借助于定额，对生产进行组织、协调和控制，于是定额必须在全国或一定的区域范围内是统一的，只有这样，才能用一个统一的标准对决策与经济活动作出分析与评价。同时也提高了工程招标标底编制的透明度，为施工企业编制企业定额和工程投标报价提供了统一的参考计价标准。

除此之外，定额的编制也要体现群众性，即群众是编制定额的参与者，也是定额的执行者。定额产生于生产和管理的实践中，又服务于生产，不仅符合生产的需要，而且还必须要具有广泛的群众基础。

2. 定额的作用

（1）定额是编制计划的基础　建筑安装企业无论是长期计划、短期计划、综合技术经济计划或施工进度计划、作业计划的编制，都是直接或间接地用各种定额作为计算人工工日、材料和机械台班等消耗量的依据，所以定额是编制各种计划的重要基础和可行性研究的依据，是节约社会劳动，提高劳动生产率的重要手段，定额也是国家宏观调控的重要依据。

（2）定额是确定安装工程成本的依据　如前所述，定额水平是指在某一时期内定额的人工工日、材料和机械台班等消耗量高低的指标。所以，在某一时期内，任何一个工程的安装施工所消耗的人工工日、材料、机械台班的数量，是根据定额决定的。因此消耗量定额是确定安装施工成本的主要依据，是确定工程造价和选择最佳设计方案的依据，也是工程项目预算、竣工结算的依据，是编制地区建设工程定额价目表、建设工程概算及概算指标的基础。

（3）定额是加强企业经营管理的重要工具　定额标准具有法令性，起着一种严格的经济监督作用，它要求每个执行定额的人，必须自觉地遵循定额的要求，确保安装工程施工中的人工、材料和施工机械使用不超过定额规定的消耗量，提高劳动生产率，降低工程成本。因此，定额是衡量工人的劳动成果和创造经济价值多少的尺度，也是推行按劳取酬分配原则的依据。此外，对安装企业工程项目投标，在生产经营管理中要计算、平衡资源需要量，组织材料供应，编制施工作业进度计划，签发施工任务单，实行承包责任制，考核工料消耗等一系列管理工作都要以定额为标准进行量化，所以定额是加强企业经营管理的重要工具和进行经济核算的依据。

（4）定额是先进生产方法的手段　定额是在先进合理的条件下，通过对生产施工过程的观察、测定、分析、研究、综合后制定的，它可严格、准确地反映出生产技术和劳动的先进合理程度，因此，我们可以用标定定额的方法作为手段，对同一操作下的不同生产施工方法进行观察、测定、分析和研究，从而得出一套比较完整、先进的生产施工方法，作为推广的范例，通过试验再在施工生产中推广应用，使劳动生产率获得普遍提高，所以定额又是推动技术革新和先进生产方法的手段，是组织和协调社会化大生产的工具，是加强企业人才培养和充分发挥其在工程建设中经济管理作用的重要保证。

7.2 定额的分类

建设工程定额种类很多，按生产要素、编制程序及用途、专业和费用性质、主编单位及适用范围等因素，可将定额划分为四大类，如图 7-1 所示。

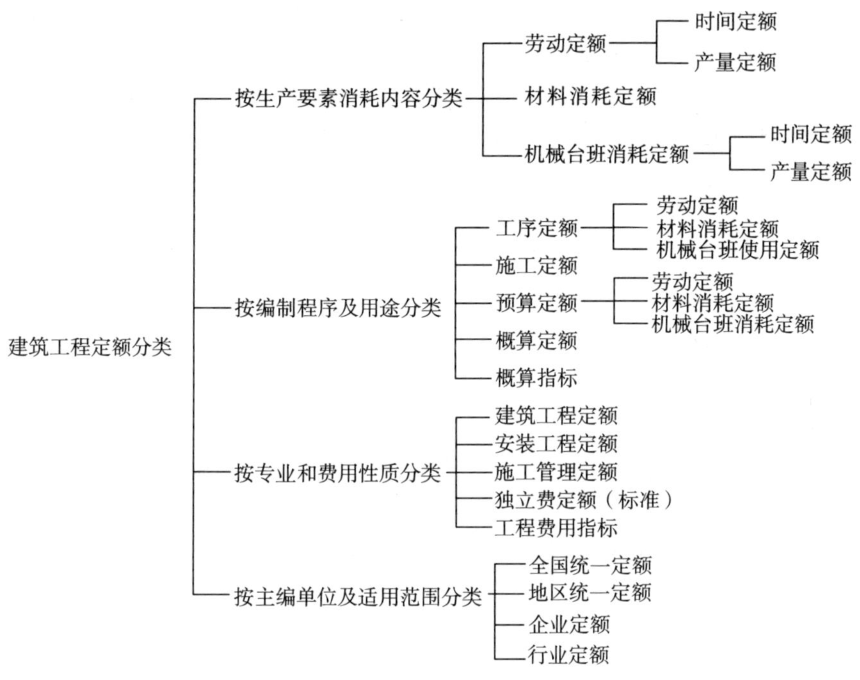

图 7-1 建设工程定额分类框图

7.2.1 定额按生产要素消耗内容分类

如图 7-1 所示，建设工程定额按生产要素消耗内容划分，可分为劳动定额、材料消耗定额和机械台班消耗定额，这也是生产单位合格产品所必须具备的“三要素”。其中劳动定额和机械台班消耗定额又可分为时间定额和产量定额。这是最基本的定额分类方法，它直接反应生产某种单位合格产品所必须具备的基本生产要素。因此，劳动定额、材料消耗定额和施工机械消耗定额是其他各种定额最基本的组成部分。

1. *劳动定额*

劳动定额又称为人工工时定额，它反映人们的劳动生产率水平，表明在正常施工条件下，某等级工人（一般指四级工）在单位时间内生产单位合格产品消耗的人工工时的数量标准。由于劳动定额表现形式的不同，分为时间定额和产量定额两种。

（1）时间定额　是指某种专业、技术等级的工人班组或个人在合理的劳动组织、合理地使用材料、合理的机械配合条件下，完成单位合格产品所必需的工作时间额度。时间定额主要包括基本生产时间、人工必要的休息时间和不可避免的中断时间。基本工作时间是生产合格产品所必需的时间，其中含生产准备结束时间和辅助生产时间。工人必要的休息时间是为了恢复体力而需要暂短休息的时间。不可避免的中断时间则是在生产施工过程中，由于组织管理、技术、材料、机械、动力等方面的原因而引起的、不可避免的中断时间。时间定额可按式（7-1）计算：

$$t_E = \sum R/M \tag{7-1}$$

式中 t_E——时间定额（工日/单位合格产品）；

$\sum R$——生产合格产品所消耗总工日，一个工日为8h，每个星期为5个工作日；

M——生产合格产品总数量。

（2）产量定额 是指某种专业、技术等级的工人班组或个人在合理的劳动组织，合理地使用材料、合理的机械配合条件下，在单位工日中所完成的合格产品数量额度。其计算方法可按式（7-2）计算：

$$M_E = M/\sum R \tag{7-2}$$

式中 M_E——产品产量定额（合格产品数量/单位工日）；

M——生产合格产品总数量；

$\sum R$——生产合格产品所消耗的总工日。

由此可见，$t_E = 1/M_E$，即时间定额与产量定额是互为倒数的关系。时间定额是以“工日/单位合格产品”为计量单位，便于综合计算某工程项目的总用工工日，故获得普遍采用。而产量定额是以“合格产品数量/单位工日”为计量单位，常用于分配施工任务和考核生产效率。

综上所述，劳动定额是反应在生产合格产品中劳动力消耗的数量标准，是施工定额中的重要组成部分。劳动定额也是制定施工定额、预算定额或消耗量定额的基础，是衡量工人劳动生产率、贯彻按劳分配原则的依据，是施工企业编制施工组织计划、进行经济核算的依据。

2. 材料消耗定额

材料消耗定额是指在合理施工、节约和合理使用材料的前提下，生产单位合格产品所必须消耗的一定品种规格的原材料或成品、半成品、配件以及水、电等动力资源的数量标准。材料消耗定额中的材料消耗量包括直接消耗在工作内容中的主要材料、辅助材料和零星材料等，并计入了相应损耗。材料的消耗定额（或净耗量额度）可按式（7-3）计算：

$$P_N = P_1 + \Delta P \tag{7-3}$$

式中 P_N——材料消耗量额度，即材料消耗定额；

P_1——直接用于工程的材料净用量；

ΔP——材料损耗量。材料损耗量主要包括从工地仓库、现场集中堆放地点或现场加工地点到操作或安装地点的运输、施工操作和施工现场堆放等的损耗。

通常材料损耗用损耗率表示，即

$$\eta = \frac{\Delta P}{P_1 + \Delta P} \times 100\% = \frac{\Delta P}{P_N} \times 100\% \tag{7-4}$$

或

$$P_N = P_1/(1 - \eta) \tag{7-5}$$

材料损耗率 η 可从《全国统一安装工程预算定额》（2000）或各省、自治区、直辖市编制的安装工程消耗量定额的总说明中查得，部分常用材料损耗率在表7-1中列出。而对于周转性使用的材料消耗定额，则应按材料多次使用、分次摊销的方法确定的。如脚手架、穿引线钢丝等均属于周转性材料，即在建筑安装工程中不直接构成工程实体，可多次周转使用的工具性材料，每次使用后均有一定程度的损耗，经过修复可再投入使用。

表 7-1 部分常用材料损耗率表

序号	材料名称	损耗率（%）	序号	材料名称	损耗率（%）
01	裸软导线（包括铜、铝、钢线、钢芯铝绞线）	1.3	10	拉线材料（包括钢绞线、镀锌铁线）	1.5
02	绝缘导线（包括橡皮或塑料、绝缘的铜、铝线、软花线）	1.8	11	照明灯具及辅助器具（成套灯具、镇流器、电容器等）	1.0
03	电力电线	1.0	12	荧光灯管、高压汞灯、氙气灯等灯泡	1.5
04	控制电缆	1.5	13	白炽灯泡	3.0
05	硬母线（包括钢、铝、铜带型、管型、棒型和槽型等）	2.3	14	开关、灯头、插座	2.0
			15	型钢	5.0
06	管材、管件（包括无缝焊接钢管及电线管）	3.0	16	油类	1.8
07	金具（包括耐张、悬垂、并沟、吊接等线夹及连板）	1.0	17	塑料制品（包括塑料槽板、塑料板、塑料管）	5.0
			18	铁壳开关	1.0
08	低压电瓷制品（包括鼓绝缘子、瓷夹板、瓷管）	3.0	19	玻璃灯罩	5.0
09	低压保险器、瓷闸盒、胶盖闸刀	1.0	20	混凝土制品（包括电杆、底盘、卡盘等）	0.5

注：1. 绝缘导线、电缆、硬母线和用于母线的裸软导线，其损耗率中不包括为连接电气设备、器具而预留的长度，也不包括因各种弯曲（弧度）而增加的长度。这些长度均应计算在工程量的基本长度中。

2. 10kV 以下架空线路中的裸软导线的损耗率中已包括因弧垂及因杆位高低差而增加的长度。

3. 拉线用的镀锌铁线损耗率中不包括为制作上、中、下把所需的预留长度。计算用线量的基本长度时，应以全根拉线的展开长度为准。

材料消耗定额是施工企业确定材料需要量、储备量以及施工班组签发限额领料单和考核材料使用情况的依据，是企业编制材料需要量计划和实行材料核算、推行经济责任制的重要手段，是衡量企业生产技术和管理水平的重要标志。

3. 机械台班消耗定额

机械台班消耗定额简称为机械台班定额，是指在正常的施工条件下，采用先进合理的劳动组织和生产管理，由熟练工人班组或技术工人操纵机械设备，完成单位合格产品所必须消耗的某种施工机械的工作时间标准，或在单位时间内完成所规定的合格产品的数量标准。

机械台班定额按其表现形式不同，可分为时间定额和产品定额。

（1）时间定额　是指在规定正常条件下，生产机械生产单位合格产品所需消耗的时间标准，即：

$$t_{JE} = \sum J / M_J \tag{7-6}$$

式中　t_{JE}——时间定额（机械台班/单位合格产品）；

$\sum J$——消耗总机械台班，一台机械工作8h为一个台班；

M_J——合格产品总数。

（2）产量定额　是指在规定正常条件下，生产机械在单位时间内所应生产出的合格产品的数量标准，即

$$M_{JE} = M_J / \sum J \tag{7-7}$$

式中　M_{JE}——产品定额（合格产品数量/单位机械台班）；

M_J——合格产品总数量；

$\sum J$——消耗的总机械台班。

由此可见，生产机械时间定额 t_{JE} 与产品定额 M_{JE} 也互为倒数关系，即 $t_{JE} = 1/M_{JE}$。机械台班定额在考核生产机械工作效率、编制施工作业计划、签发施工任务书以及在合理组织施工生产和按劳分配等方面都起着十分重要的作用。

7.2.2　定额按编制程序和用途分类

建设工程定额按编制程序和用途分类，又可分为工序定额、施工定额、预算定额、概算定额和概算指标等。

1. 工序定额

工序是指在组织上不可分开，在工作之间相互关联，在操作上有一定的步骤程序的某同一项施工过程。工序定额是以工序为测定对象，以工程施工工序为基础标定的定额。工序定额的主要作用是：①工序定额是形成子目（或分项）工程定额的基础；②工序定额是完成某一工序所需要时间的消耗标准，是用来确定整个施工过程所需时间消耗量；③工序定额是编制施工定额的原始基础资料，是研究和总结先进操作方法而制定出先进定额的基础，是构成一切工程定额的基本元素。工序定额多用于企业内部经济核算或某施工任务单的制订签发。

2. 施工定额

施工定额是以同一性质的施工过程为标定定额对象，以工序定额为基础综合而成。即指建筑安装企业以《电气装置安装工程施工及验收规范》、《安全操作规则》等为依据，在正常施工技术和施工组织条件下，完成某一计量单位的电气安装工程所规定的人工、材料和机械台班消耗的数量标准。例如护套线明敷设安装工程，其施工定额包括测位、划线、打眼、埋设穿墙套管、装订压线卡、安装接线盒、敷线以及焊（压）接线端子、包头等工序。上述各工序所需人工工日、材料和机械台班等的总消耗量标准，即为该安装工程施工定额。施工定额是企业内部使用的定额，是直接用于建筑工程施工管理的一种定额。施工定额即是施工企业投标报价的依据，也是施工企业控制施工成本和加强企业管理的基础。

施工定额的编制应体现平均先进性和简明适应性，并贯彻以专家编制为主并具有广泛群众基础的原则。所谓平均先进性是指在正常施工条件下，绝大多数施工班组或个人经过业务技术培训和努力能够达到或超过的定额指标。简明适用性则要求施工定额内容应简单明了，

容易被人掌握使用，而且能够满足组织施工生产和计算工人劳动报酬等多方面的需要，应具有较强的适用性。另外施工定额编制应具有较强的专业技术性和政策性，所以必须由专业技术强、实践经验丰富和具有一定政策水平的专家来编制，同时还要走群众路线，广泛收集和听取群众的意见，编制出切实可行的施工定额。

施工定额通常可采用以下两种编制方法，一种是实物法，由劳动定额、材料消耗定额和机械台班定额等三部分组成。另一种是单价法，由劳动定额、材料消耗定额和机械台班定额等所规定的消耗量乘以相应的单价，即构成施工定额单价。其主要作用是：①施工定额是施工企业编制施工组织计划和施工作业计划的依据；②施工定额是实行工程承包制、向施工班组签发施工任务书、限额领料单和计算工人劳动报酬的依据；③施工定额是编制工程预算定额和制订安装工程单位估价表的依据；④施工定额是推广先进施工技术，提高生产率的重要手段；⑤施工定额是编制施工预算、加强企业管理和经济核算的基础。

3. 预算定额

建设工程预算定额是将建筑安装工程实体分为各个分项工程作为研究对象，确定完成一个规定计量单位的分项工程或结构构件所需消耗的物化劳动和活劳动数量的标准。即以某分项工程为测定对象，完成规定计量单位所需人工、材料和机械台班消耗量的数量标准，它是以施工定额为基础编制而成的综合扩大定额。预算定额的主要作用是：①是对工程设计方案进行技术经济评价的依据；②是编制施工图预算、结算以及施工准备计划、施工作业进度计划的依据；③是确定工程预算造价和编制工程概算、概算指标的基础；④是考核企业内部各项经济技术指标，进行经济核算和评定劳动生产率的主要依据；⑤是控制工程造价和编制招标最高限价的依据；⑥是编制竣工结算和竣工决算的依据。预算定额作为确定工程产品的管理工具，必须保证预算定额的质量和便于使用。所以在编制预算定额时，应遵照价格规律的客观要求进行编制，其内容应简明、适用、准确，且技术先进和经济合理。编制预算定额的依据包括：

（1）国家和有关职能部门颁发的现行全国通用的设计规范、施工及验收规范、操作规程、质量评定标准和安全操作规程等。编制预算定额时，根据这些文件和要求，确定完成各分项工程所应包括的工作内容、施工方法和质量标准等。

（2）现行的全国统一劳动定额、施工材料消耗定额和施工机械台班使用定额。

（3）有关通用的标准图集、定型设计图纸和有代表性的设计图纸或图集等。

（4）技术上已成熟并推广使用的新技术、新材料、新工艺和先进的施工方法。

（5）有关可靠的科学试验、测定、统计和经验分析资料等。

（6）现行的各省、自治区、直辖市的建筑安装工人工资标准、材料预算价格以及机械台班预算价格等。

（7）参考过去曾颁布的预算定额及有关预算定额编制的基础资料。

4. 概算定额

建筑安装工程概算定额简称概算定额。概算定额是完成一定计量单位建筑或设备安装、扩大结构、分项工程所需的人工、材料及施工机械台班消耗量的标准。概算定额以预算定额为基础，根据通用设计图或标准图等资料，经过适当综合扩大编制而成。即按主要分项工程规定的计量单位及综合相关工序的劳动、材料及机械台班消耗的数量标准，或者说一个扩大分项工程概算定额综合了若干分项工程预算定额。所以概算定额与预算定额比较，更加综合扩大。概算定额是国家或其授权部门为编制设计概算而编制的定额，其主要作用是：①是设计部门编制扩大初步设计概算，进行方案技术经济比较的依据；②是编制初步设计概算和修正概算，控制工程项目投资规模的重要依据；③是编制基本建设计划的依据，也是施工单位编制主要材料计划的依据，是主要材料用量的计算基础。

建筑安装工程工期定额是根据国家建筑工程质量检验评定标准施工及验收规范，结合实际施工条件，在保证工程质量、工程进度和经济合理的前提下制定出来的。这就是说，工期定额是在一定生产技术和实际施工条件下，完成某个单位工程所需要的标准天数。工期定额可作为编制施工组织设计、施工进度计划安排和考核施工工期的依据，也是编制工程招标标底、工程投标标书和签订安装工程施工合同的重要依据。

5. 概算指标

建设安装工程概算指标是在建筑或设备安装工程概算定额的基础上，以主体工程项目为主，合并相关部分进行综合、扩大而成。即以某一通用设计的标准预算为基础，以整个建筑物为依据编制的人工、材料、机械台班消耗数量的定额指标。概算指标的单位是单位立方米或平方米的工程造价。概算指标是概算定额的进一步综合扩大，所以也称为扩大定额。它是以整个建筑物（或构筑物）为依据，确定其按规定计量单位所需消耗人工、材料、机械台班的数量标准，所以概算指标可作为编制初步设计概算的依据，是在初步设计阶段编制工程概算所采用的一种定额，使工程概算造价计算更为简化。

在编制工程概算指标时，应首先对设计资料进行严格审查，提出审查修改意见；然后计算工程量，编写单位工程造价书，据以确定单位面积或单位体积的人工、材料、机械台班消耗量指标及单位造价指标。如根据工程图纸和预算定额，计算出建筑面积及各分部分项工程量，并按编制方案规定的项目进行合并，再计算单位建筑面积（或其他单位）所包含的工程量指标，即以“m^2”、“m^3”或座等为计量单位规定人工、材料、机械台班消耗用量的数量标准。

【例题 7-1】 计算某住宅设计工程量，已知需照明灯具 $YG_{2\text{-}2}$-2×40W 双管链吊式荧光灯 800 套，建筑总面积为 4000m^2，计算其工程量指标。

解：

每 100m^2 的建筑面积工程量指标为：

$$(800/4000)\times 100\ 套/100m^2 = 20\ 套/100m^2$$

根据计算出的工程量和预算定额等资料，编制出单位工程造价书，即可求出每 100m^2 建筑面积的人工、材料、施工机械费用和主要材料消耗量指标，从而形成概算指标。

7.2.3 按定额编制管理部门和适用范围分类

按颁布定额的政府部门及其适用范围，可划分为全国统一定额、地区统一定额、行业统一定额和企业定额等四种。

1. 全国统一定额

全国统一定额是综合全国建筑安装工程的生产技术和施工组织管理的一般情况编制的，是由国家主管部门或授权机关制定颁发的定额。如《全国统一安装工程预算定额》（2000），它反映了全国建筑安装工程生产力水平的发展状况，使建筑安装工程在造价与换算、计划、统计、产品价格、成本核算等方面，在全国范围内具有统一的参考尺度。所以，《全国统一安装工程预算定额》（2000）是编制地区统一定额、行业统一定额和企业定额的重要依据和基础，具有指导和参考作用。

2. 地区统一定额

按照国家定额分工管理的有关规定，地区统一定额是由省、自治区、直辖市建设行政主管部门根据本地区的自然气候、经济技术发展情况、地方物质资源和交通运输等条件的特点，并参照全国统一定额水平编制的，可在本地区范围内使用。如陕西省建设厅定额总站编制的《陕西省安装工程消耗量定额》（2004）只限陕西省范围内使用。由此可见，地区定额更能准确地反映本地区生产力水平，是对全国统一定额的补充。

3. 行业统一定额

按照国家定额分工管理的有关规定，行业统一定额是考虑各行业（专业）的管理和生产技术特点，参照全国统一定额的水平而编制的，一般只在本行业范围内执行。如铁道部编制的《铁路建设工程定额》，原煤炭工业部编制的《矿井建设工程定额》，石油总公司编制的石化建设工程定额、电力工程造价与定额管理总站编制的《电力建设工程预算定额》、交通运输部发布的《公路工程预算定额》等都属于行业统一定额。

4. 企业定额

企业定额是建筑安装企业根据本企业的施工技术和管理水平以及专业施工作业对象和工艺难易程度等，参考《全国统一安装工程预算定额》、本地区统一定额或行业统一定额，以及有关典型的工程造价文件资料等编制完成的。实际上，企业定额是一个广义概念，是专指施工企业的施工定额，可以反映出企业的施工水平、管理水平和生产机械设备的先进水平，可作为考核本企业劳动生产和管理水平的尺度，也是确定工程施工成本和工程投标报价的依据。

另外，按照定额所适应的专业工程又分为：建筑工程定额、安装工程定额、市政工程定额、建筑装饰工程定额、房屋修缮工程定额、城市电网建设与改造工程定额、水利工程定额、铁路工程定额等。各专业定额均在规定的适用范围内执行。

7.3 安装工程消耗量定额

编制确定安装工程造价又分为招标最高限价的编制和投标报价的编制。招标最高限价应由具有编制能力的业主（即招标人）或受其委托具有相应资质的工程造价咨询人、工程招标代理人编制。即根据安装工程消耗量定额及其配套的定额价目表，建设工程工程量清单计价规范、计价规则、计价费率及其相关的计价依据和计价办法，工程招标文件、工程量清单、建设工程设计文件及其有关资料和会议答疑纪要，省级工程造价管理机构发布的工程造价信息、调价政策，以及与建设项目有关的标准、规范，常规的施工方案和其他相关技术资料等，确定单位工程的安装工程造价，作为业主编制的工程招标最高限价或称为招标控制价。而投标报价则是以工程量清单及招标文件为依据，其工程造价计算方法与上述计算工程招标最高限价的方法基本相同，区别仅在于除规费、安全文明施工措施费和税金以外，其他费用计算均为投标单位自主报价。由此可见，工程造价人员学习掌握和正确理解各工程子目的人工工日、材料和机械台班等工程消耗量定额及其使用方法，是正确编制施工图预算造价的前提和基础。

如前所述，建设工程工程消耗量定额是由建设行政主管部门根据合理的施工方法，在正常施工条件下制定的，生产某一规定计量单位合格产品所需人工、材料、机械台班的社会平均消耗量。工程消耗量定额也是建设工程中一项重要的技术经济法规，它的各项消耗指标，反映了国家允许施工企业和建设单位在完成施工任务中，消耗的活劳动和物化劳动的最高额度，是招投标活动中编制工程造价控制线的重要依据。施工企业则应参考工程消耗量定额编制本企业定额，在此基础上建立起生产、施工管理体系，再在实践活动中不断地对生产、施工管理体系进行优化，以适应经济发展和建筑市场的竞争机制，参与工程投标（竞标）等活动。

7.3.1 工程消耗量定额的作用

工程消耗量定额在我国基本建设中起着十分重要的作用，主要有以下几个方面：

（1）工程消耗量定额是编制安装工程施工图预算的基本依据。工程消耗量定额具体规定了完成某一计量单位分项工程消耗的人工、材料和施工机械台班的数量标准，据此计算出该分部分项工程相应的人工费、材料费、施工机械使用费；再根据有关建设工程工程量清单计价费率标准和计算方法，计算出其管理费、利润和风险费，从而得到该分部分项工程综合单价。施工图预算中的每一计量单位的分部分项工程的费用，都是先按照《建设工程工程量清单计价规范》（GB 50500—2013）、《通用安装工程工程量计算规范》（GB 50856—2013）、施工图纸和工程消耗量定额规则计算出的工程数量，据此得到分部分项工程量清单的工程数量，再将分部分项工程量清单的工程数量乘以相应综合单价，从而计算出分部分项工程量清单的项目费用，因此，工程消耗量定额是编制施工图预算的依据。

（2）工程消耗量定额是工程价款结算的依据。工程消耗量定额规定了完成各种分项工程的全部工序，任何已完成工程都必须符合预算定额关于工程内容的规定。按照现行规定，施工企业向建设单位结算工程价款是按已完成的工程分期结算的。分期结算的数额应按照已完成的工程数量和分项工程综合单价确定，以保证国家建设资金的合理使用。

（3）工程消耗量定额是施工企业经济核算与编制施工作业计划的重要参考文件和依据。首先，工程消耗量定额规定的人工、材料和施工机械台班消耗量的指标，是作为安装施工企业在施工中的人工、材料和机械台班消耗的最高标准，企业为了完成生产任务并向国家上交利税，就必须按照经济规律办事，努力提高劳动生产率，降低材料和施工机械台班消耗量，合理地应用工程消耗量定额。因此，工程消耗量定额对于企业加强经济核算，改善经营管理等，有着积极的促进作用。

（4）工程消耗量定额是编制概算定额和概算指标的基础。工程消耗量定额是确定一定计量单位分项工程的人工、材料和施工机械台班消耗的标准，它是确定扩大分项工程直接工程费和编制概算的主要依据。概算定额是根据工程消耗量定额编制原则，在工程消耗量定额的基础上综合而成的，每一分项概算定额都包括了数项工程消耗量定额。

概算指标较之概算定额具有更大的综合性，概算指标是依据预算定额、设计图纸施工图预算而编制的。

综上所述，工程消耗量定额对合理确定安装工程造价，实行计划管理，竣工结算，促进企业施行经济核算，改善基本建设经济管理工作等都具有重要的作用，是国家在基本建设中实行科学管理和有效监督的重要手段之一。

7.3.2 安装工程消耗量定额的构成及其适用范围

国家为了进一步完善建设工程工程消耗量定额的编制和改进定额管理工作，使之更进一步适应生产力和经济建设的发展，由原电力工业部和黑龙江省建委主编，经原建设部批准，于2000年3月17日发布建标［2000］60号文，颁发施行《全国统一安装工程预算定额》(2000)。该定额是依据现行有关国家的产品标准、设计规范、施工及验收规范、技术操作规范、质量评定标准和安全操作规程编制的。它是统一全国安装工程预算工程量计算规则、项目划分、计量单位的依据，也是编制概算定额、投资估算指标的基础，还可以作为制订企业定额和投标报价的重要参考资料。

1. 《全国统一安装工程预算定额》(2000) 的组成

《全国统一安装工程预算定额》(2000) 共分十三册。包括：

第一册　机械设备安装工程　GYD—201—2000；
第二册　电气设备安装工程　GYD—202—2000；
第三册　热力设备安装工程　GYD—203—2000；
第四册　炉窑砌筑工程　GYD—204—2000；
第五册　静置设备与工艺金属结构制作、安装工程　GYD—205—2000；
第六册　工业管道工程　GYD—206—2000；
第七册　消防及安全防范设备安装工程　GYD—207—2000；
第八册　给排水、采暖、燃气工程　GYD—208—2000；
第九册　通风空调工程　GYD—209—2000；
第十册　自动化控制仪表安装工程　GYD—210—2000；
第十一册　刷油、防腐蚀、绝热工程　GYD—211—2000；
第十二册　通信设备及线路工程　GYD—212—2000；
第十三册　建筑智能化系统设备安装工程　GYD—213—2003。

在《全国统一安装工程预算定额》中，电气安装工程主要使用以下四册定额：

第二册《电气设备安装工程》。内容分为十四章，依次是变压器，配电装置，母线、绝缘子，控制设备与低压电器，蓄电池，电机，滑触线装置，电缆，防雷及接地装置，10kV以下架空线路，电气调整试验，配管、配线，照明器具，电梯电气装置等。

第七册《消防及安全防范设备安装工程》。内容分为六章，依次是火灾自动报警系统安装，水灭火系统安装，泡沫灭火安装，消防系统调试，安全防范设备安装等。

第十册《自动化控制仪表安装工程》。内容分为九章，依次是过程检测仪表，过程控制仪表，集中检测装置及仪表，集中监视与控制装置，工业计算机安装与调试，仪表管路敷设、伴热及脱脂，工厂通信、供电，仪表盘、箱、柜及附件安装，仪表附件制作安装等。

第十三册《建筑智能化系统设备安装工程》。内容分为十章，依次是综合布线系统工程，通信系统设备安装工程，计算机网络系统设备安装工程，建筑设备监控系统安装工程，有线电视系统设备安装工程，扩声、背景音乐系统设备安装工程，电源与电子设备防雷接地装置安装工程，停车场管理系统设备安装工程，楼宇安全防范系统设备安装工程，住宅小区智能化系统设备安装工程等。

如前所述，地区统一定额是由国家和地方政府授权的主管部门，在充分考虑本地区自然气候、经济技术发展、地方物质资源和交通运输等条件的情况下，并参照全国统一定额水平编制的。例如《陕西省安装工程消耗量定额》（2004）是根据《全国统一安装工程预算定额》（2000），并依据现行有关国家产品标准、设计规范、施工及验收规范、技术操作规程、质量评定标准和安全操作规程，同时在参考行业、地方标准以及有代表性的工程设计、施工资料和其他资料的基础上编制的，共分为十四册。与《全国统一安装工程预算定额》（2000）相比，其中对个别册作了调整，如第七册为《消防设备安装工程》，第十一册为《通信设备及线路工程》，第十二册为《建筑智能化系统设备安装工程》，第十三册为《长距离输送管道工程》，第十四册为《刷油、防腐蚀、绝热工程》。它是完成每计量单位分项工程计价所需人工、材料和施工机械台班消耗量的标准，是规定安装工程消耗量计算规则、项目划分及其包括的工作内容、计量单位的依据，是编制地区安装工程单位价目表、施工图预算、招标最高限价、确定工程造价的依据；是编制概算定额、概算指标、投资估算指标的基础；也是制定该地区内企业定额和投标报价的基础和重要参考资料。

2. 定额的基本内容

《全国统一安装工程预算定额》（2000）共十三册（《陕西省安装工程消耗量定额》（2004）共十四册），各册定额的内容均由目录、总说明、册说明、章说明、定额项目表、附注和附录等部分组成。

（1）总说明　主要概述了编制安装工程消耗量定额的基本内容、适用范围、编制依据、施工条件、工程消耗量定额的作用及其人工、材料和机械台班等消耗量的确定条件，并明确定额中包括和不包括的内容，对定额中有关的费用按系数计取的规定及其他有关问题的说明等。

（2）册说明　是对本册定额共同性问题所作的说明。侧重介绍了该册定额的作用和适用范围，该册定额编制的主要依据和参考的有关标准、规范和规定。本册定额与其他册定额的划分界线和相互借用的规定，此外还规定了脚手架搭拆费、高层建筑增加费、安装与生产同时进行增加费、有害人身体健康环境施工增加费以及工程超高增加费等项目的取费条件、取费系数和计算方法等。

（3）章说明　章说明主要介绍该章定额的适用范围，各分项工程的工程量计算规则、主要工作内容以及定额中未包括的工作内容等。

（4）定额项目表及附注　定额分项工程项目表进一步说明其工作包括的主要内容，并以表格形式列出各分项工程的定额编号、项目名称、计量单位、人工综合工日、材料消耗量、机械台班消耗量和未计价材料（主材）定额含量（或称作消耗系数）等；还可分项列出相应的定额基价及其包括的人工费、材料费和机械费的单价，或称作定额价目表，见表7-2、表7-3。

在定额项目表下方还列有个别分项（或称作子目）工程附注，以便对该分项工程的工作内容、取费调整等作进一步的说明。

表7-2 安装工程消耗定额的表格形式（吸顶灯具）

工作内容：测定、划线、打眼、埋螺栓、上木台、灯具安装、接线、接焊包头（计量单位：10套）

编号			2-1364	2-1365	2-1366	2-1367	2-1368	2-1369	2-1370
项目名称			圆球吸顶灯		半圆球吸顶灯			方形吸顶灯	
			灯罩直径（mm以内）					矩形罩	大口方罩
			250	300	250	300	350		
	名称	单位	数量						
人工	综合工日	工日	2.16	2.16	2.16	2.16	2.16	2.16	2.51
材料	成套灯具	套	(10.10)	(10.10)	(10.10)	(10.10)	(10.10)	(10.10)	(10.10)
	圆台 $\phi150\sim\phi250$	块	10.500	—	10.500	—	—	—	—
	圆台 $\phi275\sim\phi350$	块	—	10.500	—	10.500	—	—	—
	圆台 $\phi375\sim\phi425$	块	—	—	—	—	10.500	—	—
	方木台 200×350	个	—	—	—	—	—	10.500	—
	方木台 400×400	个	—	—	—	—	—	—	10.500
	BV-2.5mm^2	m	3.050	3.050	7.130	7.130	7.130	7.130	7.130
	伞形螺栓 M6-8×150	套	20.400	20.400	20.400	20.400	20.400	—	—
	膨胀螺栓 M6	套	—	—	—	—	—	20.400	20.400
	木螺钉 $\phi2\sim\phi4\times6\sim65$	10个	5.200	5.200	4.160	4.160	4.160	4.160	4.160
	冲击钻头 $\phi6\sim\phi12$	个	—	—	—	—	—	0.140	0.140
	瓷接头（双）	个	—	—	—	—	—	10.300	10.300
	其他材料（占材料费）	%	4.850	4.600	4.890	4.640	4.310	2.110	1.320

表7-3 安装工程价目表（吸顶灯具）

工作内容：测定、划线、打眼、埋螺栓、上木台、灯具安装、接线、接焊包头（计量单位：10套）

编号		2-1364	2-1365	2-1366	2-1367	2-1368	2-1369	2-1370
项目名称		圆球吸顶灯		半圆球吸顶灯			方形吸顶灯	
		灯罩直径（mm以内）					矩形罩	大口方罩
		250	300	250	300	350		
基价/元		176.73	205.19	184.55	213.00	234.30	181.94	270.73
其中	人工费/元	90.72	90.72	90.72	90.72	90.72	90.72	105.42
	材料费/元	86.01	114.47	93.83	122.28	143.58	91.22	165.31
	机械费/元	—	—	—	—	—	—	—
材料	成套灯具/套	10.100	10.100	10.100	10.100	10.100	10.100	10.100

注：选自《陕西省安装工程价目表》(2009)—第二册，电气设备安装工程。

（5）附录　在每册定额中一般都列有附录，主要包括“主要材料损耗率表”和“工程计算规则”以及有关安装工程图例（或图集）等。

3. 安装工程消耗量定额的使用方法

为了熟练正确地选用或参考安装工程消耗量定额，正确编制施工图工程造价、编制施工作业计划和工程招、投标书以及进行工程设计技术经济分析等，要求有关从事工程造价的人员应努力学习掌握安装工程消耗量定额和有关建设工程工程量清单计价规则。

（1）学习了解定额的有关说明　要认真学习工程消耗量定额的总说明、册说明、章说明，充分学习了解说明中有关定额的编制原则、编制依据、所涉及的有关标准、规范和适用范围，以及定额中包括和未包括的工作内容；学习了解有关取费条件的规定，以及某些分项工程定额换算的方法要求等。

（2）学习掌握有关定额项目的工作内容　要学习掌握有关定额项目表中常用分项工程定额所包括的工作内容、计量单位以及未计价材料的定额含量或损耗率。要通过工作实践不断加深对分项工程定额的理解，达到正确套用定额和运用自如的目的，以避免对某一分项工程项目中已包括的工作内容、未包括的工作内容等出现重复计算或漏算的错误。

（3）学习掌握各分项工程量的计算规则及其计量单位　只有在正确理解和熟练掌握工程消耗量定额的基础上，才能根据工程图纸迅速、准确地确定工程子目，正确地选择计量单位，根据有关工程量计算规则计算工程量，选用或换算定额单价，防止错套、重套和漏套有关定额，真正做到正确使用预算定额。

7.4 安装工程人工、材料和机械台班单价的确定

各地区编制的安装工程消耗量定额中的人工费、材料费和机械台班费，是在《全国统一安装工程预算定额》（2000）规定各分项工程（子目）的人工工日、材料和机械台班等消耗量的基础上，结合本地区经济发展和科学技术水平等综合因素而计算出相应的工人、材料、施工机械台班等定额单价。

7.4.1 综合人工工日和人工单价的确定

1. 综合人工工日的确定

预算定额中的人工消耗量（人工工日）是指完成某一计量单位的分项工程或结构构件所需的各种用工量总和。原建设部批准颁布的《全国统一施机械台班费用定额》（2000）中规定，定额人工工日不分工种、技术等级，一律以综合人工工日表示。综合人工工日由基本用工、超运距用工、辅助用工和人工幅差等组成，即

$$R=\sum(R_j+R_l+R_f)(1+\eta) \tag{7-8}$$

式中　R——综合人工工日；

R_j——劳动定额基本用工；

R_l——超运距用工；

R_f——辅助用工；

η——人工幅度差系数，国家现行规定取 $\eta=10\%\sim15\%$。

劳动定额基本用工是指完成规定计量单位的分项工程或结构构件最基本的主要用工量。基本用工是按综合取定的工程量和现行全国建筑安装工程统一劳动定额中的时间定额为基础计算的，即基本用工工日数量 = ∑（时间定额 × 工序工程数量）。超运距用工是指定额中选

定的材料、成品或半成品等运距一般规定在300m以内，如超过劳动定额规定的运距时，应适当增加用工量，即称作超运距用工。在计算超运距用工时，应先计算每种材料、设备的超运距离，在此基础上根据劳动定额计算出超运距时间定额，从而计算超运距用工。即超运距用工＝∑（时间定额×超运距的材料设备的数量）。辅助用工是指劳动定额中未包括的各种辅助工序用工，如加工某种材料等的用工。可按所加工材料数量和相应的时间定额进行计算。即辅助用工数量＝∑（时间定额×加工材料的数量）。人工幅度差是指在劳动定额中未考虑，而在一般正常施工条件下又不可避免发生，且无法计量的用工。人工幅度差按基本用工、超运距用工、辅助用工之和乘以人工幅度差系数计算。《全国统一安装工程预算定额》各分项工程中的综合人工工日就是根据式（7-8）分析计算得到的。如定额编号2-1030，钢管SC15砖混结构暗配，其100m配管工作内容包括测位、划线、锯管、套螺纹、摵管、配管、接地和刷漆等，综合人工工日测定为7.088工日。

2. 综合人工单价

人工费是指直接从事建筑安装工程施工的生产工人完成某一计量单位的分项工程或结构构件所需开支的各项费用，即由完成设计文件规定的全部工程内容所需的综合工日数乘以综合人工单价计算而成的。综合人工单价反应生产工人的日工资水平，是企业支付给生产工人的基本工资和其他各项费用之和，主要包括生产工人的基本工资、工资性津贴、辅助工资、职工福利费、劳动保护费以及实行社会保障保险（规费）按规定应由职工个人缴纳的部分。即

$$\begin{aligned}\text{综合人工单价} =& \text{生产工人基本工资} + \text{工资性津贴} + \text{辅助工资} + \text{职工福利费} + \text{劳保保护费} \\ &+ \text{规定应由职工个人缴纳的部分社会保障保险(规费)}\end{aligned} \tag{7-9}$$

例如《陕西省建设工程工程量清单计价费率》（2009）中规定，建筑工程、安装工程、市政工程、园林绿化工程综合人工单价为42.00元/工日，装饰工程人工工日单价为50.00元/工日。则安装工程定额价目表中的人工费可按下式计算：

$$\text{人工费} = \text{综合人工单价} \times \text{相应消耗量定额子目的人工工日} \tag{7-10}$$

7.4.2 材料消耗量和材料单价的确定

1. 材料消耗量的确定

预算定额中材料消耗量的确定方法主要有观测法、试验法、统计分析法和理论计算法等。

如表7-2所示，材料消耗量包括直接消耗在安装工程内容中的未计价材料（简称主材）、辅助材料（简称辅材）和零星材料等，并计入了相应的损耗。其内容和范围包括从工地仓库、现场集中堆放地点或现场加工地点到操作或安装地点的运输损耗、施工操作损耗、施工现场堆放损耗等。其中对“基价”影响很小、用量又很少的零星材料合并到辅助材料中，并计入材料费内，但材料费中不包括主材的价格，主材费应根据定额中规定的定额量（或称作消耗系数）计算主材用量，例如定额编号为2-1030的钢管SC15砖混结构暗配，其100m配管规定消耗管接头ϕ15为16.48个，塑料护口ϕ15为15.45个，镀锌锁紧螺母3×15为15.45个。圆钢5.5-9为0.73kg，焊条ϕ3.2为0.69kg，镀锌铁丝1317号为0.6kg，锯条为3根，醇酸防锈漆C53-1为0.75kg，溶剂汽油200#为0.2kg，其他材料费为3.38元。《陕西省安装工程价目表》就是依据上述辅材消耗量及市场平均材料价格费用编制的。

2. 材料单价的确定

预算定额中的材料单价，是指完成某一计量单位分项工程所需耗费材料的总价格。这些材料、成品或非成品的单价，是指其由交货地点运至工地仓库后的出库价格。各种材料从交货地点到施工现场入库及保管的过程中，要经过订货、采购、装卸、运输、包装、保管等环节，在这个过程中发生的一切费用，构成了建筑材料的价格。由此可见，材料、成品或非成品材料的预算价格主要由市场价格组成，但还须考虑材料的运杂费、材料的运输损耗，材料的采购及保管等方面的费用支出，因此，建筑材料、成品及非成品的预算价格应由材料供应价（或材料原价）、运杂费、运输损耗费、采购及保管费包装费和检验试验费等构成。即

材料价格可按式（7-11）计算：

$$\text{材料价格}=[(\text{材料供应价}+\text{运杂费}+\text{包装费}+\text{检验试验费})\times(1+\text{运输损耗率}\ \%)]\times(1+\text{采购保管费率}\ \%) \tag{7-11}$$

而安装工程定额价目表中的材料费为已计价材料费，或称作辅助材料费，可按式（7-12）计算：

$$\text{已计价材料费}=\sum\text{材料单价}\times\frac{\text{相应消耗量定额项目的辅助}}{\text{材料消耗量}} \tag{7-12}$$

未计价材料也称作主材，是指在消耗量定额表中只列出了定额含量（即消耗量），但在定额基价中未包含其价格。因为同样型号规格的材料，由于生产厂家不同，供货渠道不同，其价格也不同，所以一般要参考当地发布的建设材料信息价或通过市场询价来确定未计价材料的价格，未计价材料费可按式（7-13）计算，即：

$$\text{未计价材料费}=\frac{\text{材料信息价或}}{\text{市场价格}}\times\frac{\text{相应消耗量定额项目计量}}{\text{单位的工程数量}}\times\text{定额含量} \tag{7-13}$$

定额含量为某分项工程的计量单位与（1+损耗率）的乘积。故分项工程材料费为未计价材料费与已计价材料费之和，即

$$\text{分项工程材料费}=\frac{\text{未计价材料费}}{\text{（主材费）}}+\frac{\text{已计价材料费}}{\text{（辅材费）}} \tag{7-14}$$

7.4.3 机械台班消耗量及其单价的确定

1. 机械台班消耗量的确定

预算定额中的机械台班消耗量是指在合理使用机械和合理组织施工条件下，按机械正常使用配置综合确定的完成定额计量单位合格产品所必须消耗的机械台班数量标准。这个标准是在劳动定额或施工定额中相应项目的机械台班消耗量指标基础上编制的，并增加了一定的机械幅度差。所谓机械幅度差是指在劳动定额或施工定额中所规定的范围内没有包括，而在实际施工中又不可避免产生的、影响机械效率或使机械停歇的时间。

施工机械台班消耗量是根据正常的机械配备和大多数施工企业的机械化装备程度综合取定的。如定额编号为2-1030的钢管SC15砖混结构暗配，以“100m”为计量单位，确定使用21kV·A交流电焊机，施工机械台班消耗量为0.35台班。定额编号为2-262的成套配电箱安装，落地式，以“台”为计量单位，确定使用5t汽车起重机、4t载重汽车和21kV·A交流电焊机，施工机械台班消耗量分别为0.100台班、0.060台班和0.100台班。

2. 机械台班单价的确定

施工机械台班预算单价又称机械台班使用费，简称机械费，是指某种施工机械在一个台班内，为了正常运转所必须支出和分摊的各项费用之和。其内容包括机械设备折旧费、大修费、经常修理费、安拆费及场外运输费、燃料动力费、人工费（机上司机和其他操作人员的人工费）、养路费及车船使用税等。编制预算时，机械费可按式（7-15）计算：

$$\text{分项工程机械费} = \text{机械费单价} \times \begin{matrix}\text{相应消耗量定额项目的}\\ \text{工程数量}\end{matrix} \tag{7-15}$$

以上介绍的人工费、材料费（包括主材费和辅材费）、机械费分别计算后求和，称为直接工程费，即：

$$\text{分项工程直接工程费} = \begin{matrix}\text{分项工程}\\ \text{人工费}\end{matrix} + \begin{matrix}\text{分项工程}\\ \text{材料费}\end{matrix} + \begin{matrix}\text{分项工程}\\ \text{机械费}\end{matrix} \tag{7-16}$$

7.4.4 安装工程消耗量定额及其价目表的格式

如前所述，《全国统一安装工程预算定额》、地区安装工程消耗量定额及其价目表主要由总说明、册说明、章说明、定额价目表和附录等内容组成，在附录中详细介绍了各章的有关工程量计算规则。各章消耗量定额内容一般为：

1. 分项（子目）工程名称及工作内容

把各章分部工程划分为若干个分项工程，并规定各分项工程的工作内容及工程计量单位。凡是分项工程中包括的工作内容，均不得再另行计算工程量和计价。

2. 表头及表格形式

表头主要由定额编号、分项工程项目名称、计量单位、人工工日综合、材料和机械台班等基本内容组成，或以人工费、材料费、机械费的形式表示。在各项子目中还规定了计算主材量的定额含量（或称为消耗系数），见表7-2、表7-3。

在使用《全国统一安装工程预算定额》和地区统一定额及其价目表时，必须全面了解其总说明、册说明和章说明，明确定额适用范围，各分项工程的工作内容，工程量计量单位、工程量计算规则和主材定额含量等，正确套用定额，避免出现工程量漏算、重复计算和错套定额等问题出现。在编制工程招标标底时，一切安装工程项目均应执行所规定的安装工程消耗量定额及其价目表；而在编制工程投标报价时，则一切安装工程项目只能参考执行有关安装工程消耗量定额及其价目表，而执行本企业定额，由投标单位自主报价竞标。

练习思考题7

1. 什么是定额，它有什么主要作用？

2. 定额是如何分类的？定额的性质是什么？

3. 什么叫材料的损耗率和定额含量（或称为消耗系数），二者有何不同？计算主材量时应注意什么问题？

4. 什么叫安装工程消耗量定额、预算定额、概算定额和概算指标？各有什么作用？

5.《全国统一安装工程预算定额》（2000）有多少册？本省（自治区或直辖市）的安装工程消耗量定额有多少册？各册定额的主要内容是什么？定额一般由什么组成？

6. 某工程要安装半圆球吸顶灯250套，其灯罩直径260mm，试计算安装费和主材费用

(设每套灯具的信息价格为 125 元)。

7. 架空进户线及重复接地装置一般应统计哪些子目的工程量，各子目（分项工程）中应包含有哪些工作内容？试套用定额？

8. 什么是企业定额，编制企业定额的主要参考依据是什么？有什么主要作用？

9. 人工单价、材料单价和机械台班单价分别由哪些费用项目组成的？

10. 安装工程消耗量定额及其价目表的格式如何？使用有关定额和定额价目表时应注意什么问题？

11. 什么是基本用工、超运距用工、辅助用工和人工幅度差？应如何进行计算？

第8章　电气安装工程计价书的编制及计价软件的操作

8.1　电气工程施工图计价

电气安装工程计价书的编制是一项政策性和技术性都很强的工作，编制工程计价书就是要确定某项安装工程的计价。由于安装工程所在地区不同，采用施工图纸及工程施工特点也不同，因而不可能制定出一种产品价格和安装工程费用标准，因此，必须根据《建设工程工程量清单计价规范》（GB 50500—2013）、《通用安装工程工程量计算规范》（GB 50856—2013），所在省、自治区、直辖市颁布的建设工程工程量清单计价规则、安装工程量消耗定额等，由具有建设项目管理能力的业主、承包商或具有相应资质的工程造价咨询人，根据施工图纸完成该工程项目的工程量清单和计价工作，通过市场竞争形成工程造价。在完成工程量清单和计价工作中，还需注意要符合国家及地区的有关法律、法规、标准和规范等的规定。所以要求造价人员不但要具备一定的专业理论和技术知识，还要具有较高的工程造价业务水平和政策水平。造价人员包括造价工程师和造价员，均为从事建设工程造价业务活动的专业技术人员。人事部、建设部“关于印发《造价工程师执业制度暂行规定》的通知”（人发［1996］77号）规定，在建设工程计价活动中，工程造价人员实行执业资格制度。造价工程师必须经过全国统一考试合格取得造价工程师执业资格证书，并按《注册造价工程师管理办法》（建设部第150号令）要求注册，才能从事建设工程造价业务活动。即按规定要求注册后，造价工程师（cost engineer）只允许受聘于一个工程造价咨询企业或者工程建设领域的建设、建筑勘察设计、施工、招标代理、工程监理、工程造价管理等单位，并在其所承担的工程造价成果文件上签字和加盖执业专用章。注册造价工程师的执业范围主要包括：①建设项目建议书、可行性研究投资估算、工程概算、工程预算、工程结算和工程竣工结算（决算）等的编制与审核、工程项目经济评价；②工程量清单、招标控制价（或称作招标最高限价）、投标报价的编写与审核，工程合同价款的签订、变更、调整、工程索赔及工程价款支付等费用的计算；③建设工程项目管理过程中的设计方案优化方面的工程造价分析与控制，工程保险理赔核查等；④工程经济纠纷的鉴定等。而造价员（cost engineering technician）则是按照《全国建设工程造价管理暂行办法》（中价协［2006］013号）的规定，通过各省、自治区、直辖市工程造价主管部门组织的统一考试合格，取得“全国建设工程造价人员资格证书”，才允许受聘于一个单位，从事其本人取得“全国建设工程造价员资格证书”专业相符合的建设工程造价工作，并在其所承担的工程造价业务文件上签字和加盖执业专用章。

施工图计价是确定安装工程人工、材料、机械消耗量的重要依据，即是在施工图设计完成后，以施工图为依据，根据安装工程量消耗定额和取费标准以及地区人工、材料和机械台班的参考定额价格进行编制的。投标中标后，施工图计价书就成了施工企业合理编制施工作业计划，加强经营管理，考核工程成本的依据；是建设单位通过银行给施工企业拨付工程价款和工程竣工结算的依据，是建设银行监督基本建设投资的依据；也是建设单位通过施工图计价书考核施工图纸的设计是否经济合理和优化的依据。

我们知道，安装工程是指各种设备、装置的安装工程。一个安装工程建设项目一般由多个单位工程组成。电气安装工程造价的编制，也应按各个单位工程各自独立编制，最后利用汇总表形成电气安装工程的总造价。分项工程的划分，通常以施工图设计划分为准，如果电气工程中子系统较多，例如一个大型的高层建筑可能有变配电系统、低压配电系统、照明系统、自动消防系统、自动控制系统、通信系统、电视电缆系统、防雷接地系统、防盗监控系统、楼宇自控系统等，则编制施工图预算时最好也按子系统分类编制。其目的是为了便于安排工程施工计划、统计工程进度和进行经济核算分析，同时也为工程建设实施、投资控制等提供了方便。

要完成好编制建设工程分部分项工程量清单任务，就必须深入学习《建设工程工程量清单计价规范》（GB 50500—2013）、《通用安装工程工程量计算规范》（GB 50856—2013）以及所在省、自治区、直辖市的“建设工程工程量清单计价规则”，学习掌握“分部分项工程量清单项目”所包括的项目特征、计量单位、工作内容和工程量计算规则，并熟悉分部分项工程是由哪些工程子目构成的。同时还应学习掌握有关安装工程知识，学习掌握工程量计算的有关规则。对安装工程消耗量定额中有关分项或子目工程的内容及型号、规格等应能正确地区分和理解，这就要求了解定额的性质，掌握定额的工作内容；要求掌握分部分项工程量清单、措施项目清单、其他项目清单、规费项目清单和税金项目清单的表格形式。此外，在日常工作中还应注意不断总结施工技术、施工管理和灵活使用安装工程消耗定额的经验，不断完善企业内部定额，广泛收集设备、材料的市场价格信息，以提高编制工程招标最高限价和工程投标报价的水平。概括起来，工程量清单计价的基本过程是：由具有编制能力的招标人或受其委托，具有相应资质的工程造价咨询人或工程招标代理人依据《建设工程工程量清单计价规范》（GB 50500—2013）、《通用安装工程工程量计算规范》（GB 50856—2013）和“建设工程工程量清单计价规则”，国家省级主管部门颁发的计价依据和办法，建设工程设计文件（即工程图纸等资料），与建设工程项目有关的标准、规范、技术资料，招标文件中对工程量清单编制的有关要求，施工现场情况、工程特点以及常规的施工方案和其他相关资料等编制出工程量清单造价书。

综上所述，工程造价书的编制工作是一项安装施工技术与经济效益相联系、国家利益与企业利益相联系的工作，也是反映我国安装施工技术水平和管理水平的工作，是推动企业参与市场竞争和促进企业发展的一项十分重要的工作。例如业主编制工程量清单出现漏项等错误时，将由业主（建设单位）承担经济责任，而投标人无权更改清单项目内容和数量，也不承担由此而引发的经济责任。如果投标人（施工企业或承包商）在工程量清单报价时出现漏项或报价过低，发生经济亏损，将由投标人承担经济责任。所以安装工程造价书的编制过程是确定电气安装工程这个特殊商品价格的基础，要求工程造价编制人员必须精通工程造价业务，严格执行有关政策法令，实事求是，尽量做到项目全、计价准、速度快、不重不漏、不高估冒算，编制出质量较高的工程造价书。

8.2 建设工程工程量清单

在全面总结《建设工程工程量清单计价规范》（GB 50500—2003）和《建设工程工程量清单计价规范》（GB 50500—2008）实施以来的经验和存在问题的基础上，经过反复修订和协调，2012年12月25日住房和城乡建设部又颁布了新的国家标准《建设工程工程量清单计价规范》（GB 50500—2013）、《通用安装工程工程量计算规范》（GB 50856—2013），从而进一步提高了计价规范的质量，为规范建设工程造价计价行为，统一建设工程计价文件的编制原则和计价方法，将起到根本保证，也进一步改革和完善了工程价格管理体制，为建设市场的交易双方提供了一个遵循客观、公正、公平原则的平台。同时在采用工程量清单计价活动中，对于如何编制工程量清单、招标最高限价、投标报价、合同价款约定以及工程计量与价款支付、工程价款调整、索赔、竣工结算、工程计价争议处理等内容，均有明确的规定和要求。实行建设工程工程量清单计价规范，将进一步加快建筑行业的市场化改革进程，为引入市场竞争机制，增加建设工程招标、投标工作的透明度，规范建设工程工程量清单的编制和计价方法等将起到极大的促进作用，也为建设市场与国际接轨起着根本的保证作用。

8.2.1 建设工程工程量清单的概念与作用

建设工程工程量清单（bills of quantities）是建设工程实行工程量清单计价的专用名词，表示拟建工程的分部分项工程项目、措施项目的名称及其相应数量和其他项目、规费项目、税金项目的明细清单，是工程计价的依据。因此，采用工程量清单计价时，建设工程造价将由分部分项工程费、措施项目费、其他项目费、规费和税金等五部分组成，如图8-1所示。根据工程发承包的不同阶段，又将工程量清单分为“招标工程量清单”和“已标价工程量清单”。所谓招标工程量清单是指招标人依据国家标准、招标文件、设计文件以及施工现场实际情况编制的，且随招标文件发布的供投标报价的工程量清单。已标价工程量清单是指构成合同文件组成部分且投标文件中已标明价格，并经算术性错误修正且承包人已确认的工程量清单。招标工程的全部项目和内容，依据统一的工程量计算规则和项目编制要求，并由具有编制能力的招标人，或由受其委托的具有相应资质的工程造价咨询人或工程招标代理人进行编制。所谓“工程造价咨询人”（cost engineering consultant），是指已取得工程造价咨询资质的等级证书，接受委托从事建设工程造价咨询活动的当事人以及取得该当事人资格的合法继承人，并要求在其资质等级允许的范围内从事工程造价咨询活动。而“工程招标代理人”，是指已取得工程建设项目招标代理机构资格等级证书，接受委托从事工程建设项目招标代理活动的企业。所编制出的工程量清单是由招标人发布包含拟建工程的实物工程名称、性质、特征、单位、数量及开办项目、税费等相关表格组成的文件，即以表格为主要表现形式。采用工程量清单方式招标，工程量清单是招标文件的重要组成部分，也是施工合同的重要内容之一。值得注意的是，工程量清单的准确性和完整性是由招标人负责的。

工程量清单主要包括工程量清单总说明和工程量清单表两部分，工程量清单总说明是由招标人对拟招标工程项目介绍工程量清单的编制依据、工程图纸、施工现场实际情况、有关规范规定要求、政策法规等。因此工程量清单是工程量清单计价的基础，应作为编制招标控制价（即招标最高限价）、投标报价、计算工程量、支付工程价款、调整合同价款、办理竣

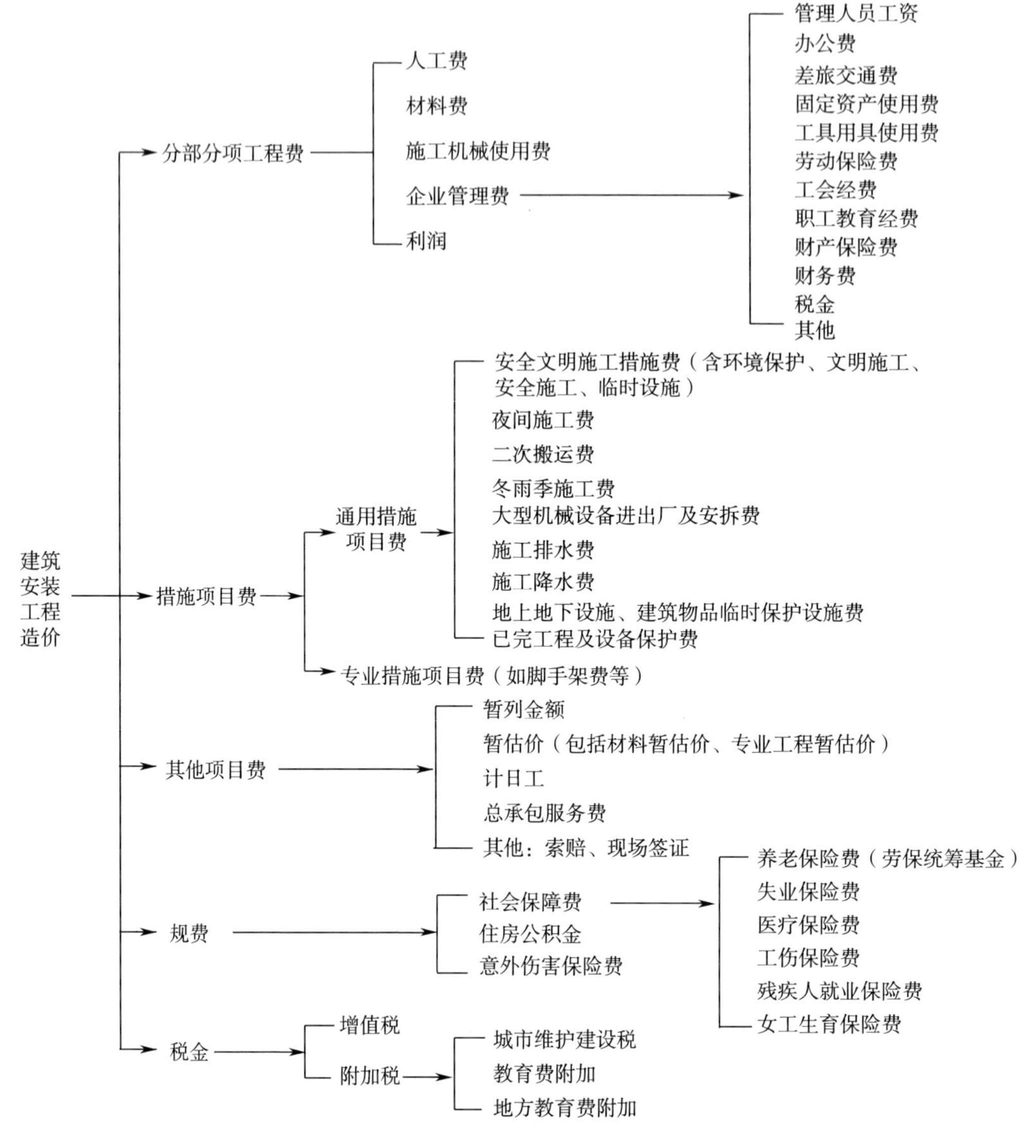

图 8-1　工程量清单计价费用的构成

工结算以及工程索赔等的依据之一。也就是说，工程量清单在整个工程量清单计价活动中起着重要的基础性作用，是重要的计价依据之一，且贯穿于整个施工过程之中。由此可见，工程量清单项目设置是否合理和工程量计算是否准确，将直接关系和影响到工程建设实施的各个阶段。工程量清单的编制应遵循以下依据：①建设工程工程量清单计价规范（GB 50500—2013）；②国家或省级行业建设主管部门颁发的计价规则和计价办法（如各省、自治区、直辖市发布的本地区建设工程工程量清单计价规则和建设工程工程量清单计价费率）；③建设工程设计文件及其相关资料（如工程设计施工图等）；④与建设工程项目有关的标准、规范、技术资料；⑤招标文件及其补充通知、会议答疑纪要；⑥施工现场情况、工程特点及常规施工方案；⑦其他相关资料。

8.2.2 工程量清单的组成及格式

工程量清单主要由工程量清单封面、总说明、分部分项工程量清单、措施项目清单、其他项目清单、规费项目清单、税金项目清单以及所必要的附表等组成。工程量清单各种表格作为清单项目和工程数量的载体，是工程量清单的重要组成部分，是编制招标最高限价和投标报价的依据，是签订工程合同、调整工程量和办理竣工结算的基础。

在编制工程量清单时，应注意采用统一格式，一般应由下列内容组成：

1. 封面

封面应由招标人按规定的内容填写、签字、盖章。由造价员编制的工程量清单的编制与核对应由具有资格的工程造价专业人员（造价员或造价工程师）承担，并由具有造价工程师（或中级造价员）资质人员负责审核，并签字盖章。其格式如图 8-2、图 8-3 所示。

____________________工程

招标工程量清单

招标人________________
（单位盖章）

造价咨询人：____________
（签字或盖章）

年　　月　　日

图 8-2　招标工程量清单封面格式

____________________工程

招标工程量清单

招标人____________ （单位盖章）	工程造价咨询人：____________ （单位资质专用章）
法定代表人 或其授权人：____________ （签字或盖章）	法定代表人 或其授权人：____________ （签字或盖章）
编制人：____________ （造价人员签字盖专用章）	复核人：____________ （造价工程师签字盖专用章）
编制时间：　年　月　日	复核时间：　年　月　日

图 8-3　招标工程量清单封面扉页格式

2. 总说明内容

实行工程量清单计价的招标项目，在编制工程量清单时，其总说明应按单位工程编写。工程量清单的总说明一般应包括以下内容：

（1）工程概况：包括建设规模、工程特征、计划工期、施工现场实际情况、交通运输情况、自然地理条件和环境保护要求等。

（2）工程招标发包、分包范围。

（3）工程量清单编制依据。

（4）工程质量、材料质量、施工等的特殊要求。

（5）其他需说明的问题

3. 分部分项工程量清单

《建设工程工程量清单计价规范》（GB 50500—2013）和《通用安装工程工程量计算规范》（GB 50856—2013）中对工程量清单项目的设置有明确规定，是编制工程量清单的依据。因此分部分项工程量清单的项目编码、项目名称、项目特征、计量单位和工程量计算规则均应按有关规定要求进行编制，并按照工程项目的实际操作程序选择工作内容。做到“五个统一”，即项目编码统一、项目名称统一、项目特征统一（指规定描述项目特征的内容）、计量单位统一、工程量计算规则统一。这就是说分部分项工程量清单是由构成工程实体的各分部分项工程项目组成，规定了构成分部分项工程量清单项目的五个要件，即项目编码、项目名称、项目特征、计量单位和工程数量，五个要件在分部分项工程量清单中缺一不可。分部分项工程量清单与计价表的格式见表 8-1。

表 8-1 分部分项工程量清单与计价表

工程名称： 标段： 第 页 共 页

序号	项目编码	项目名称	项目特征描述	计量单位	工程量	金额（元）		
						综合单价	合价	其中：暂估价
	本页小计							
	合 计							

注：根据建设部、财政部发布的《建筑安装工程费用组成》（建标［2003］206 号）的规定，为计取规费或其他费用，在本表中可增设：“直接费”、“人工费”或“人工费＋机械费”等栏目。

（1）项目编码（item code） 项目编码为分部分项工程量清单项目和措施项目清单项目名称的数字标识，以五级编码设置，用 12 位阿拉伯数字表示，格式为：

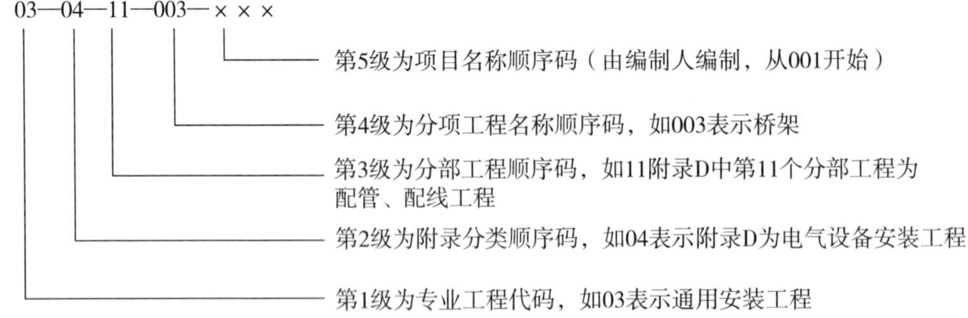

项目编码共分为 5 级，第 1 级（第一、二位）为专业工程代码。即将建设工程划分为：01—房屋建筑与装饰工程；02—仿古建筑工程；03—通用安装工程；04—市政工程；05—园林

绿化工程；06—矿山工程；07—构筑物工程；08—城市轨道交通工程；09—爆破工程。例如本书所介绍的电气安装工造价内容就属于通用安装工程专业范围，故专业工程代码应选择“03”。

第2级（第三、四位）为附录分类顺序码。例如根据工程特点和工程性质，将通用安装工程（03）划分为12个工程类型附录和1个措施项目附录。工程类型附录：01—附录A机械设备安装工程；02—附录B热力设备安装工程；03—附录C静置设备与工艺金属结构制作、安装工程；04—附录D电气设备安装工程；05—附录E建筑智能化工程；06—附录F自动化控制仪表安装工程；07—附录G通风空调工程；08—附录H工业管道工程；09—附录J消防工程；10—附录K给排水、采暖、燃气工程；11—附录L通讯设备及线路工程；12—附录M刷油、绝热工程。措施项目附录：13—附录N措施项目。例如附录分类顺序码“04”，其含意为“电气设备安装工程”。

第3级（第五、六位）为分部工程顺序码。以电气设备安装工程为例，共划分为14项分部工程：01—变压器安装；02—配电装置安装；03—母线安装；04—控制设备及低压电器安装；05—蓄电池安装；06—电机检查接线及调试；07—滑触线装置安装；08—电缆安装；09—防雷接地装置；10—10kV以下架空线路；11—配管、配线；12—照明器具安装；13—附属工程；14—电气调整试验。

第4级（第七~九位）为分项工程顺序码。以分部工程配管、配线（11）为例，又划分为6项分项工程：001—配管；002—线槽；003—桥架；004—配线；005—接线箱；006—接线盒。

第5级（第十~十二位）为清单项目名称顺序码，由编制人员确定。值得注意的是，在编制分部分项工程量清单时，应特别注意项目编码中的第十~十二位不得出现重码。对于项目名称相同，项目特征不同的分部分项工程项目，应按001，002，…，顺序排列编制。如在同一个单位工程中要安装一批型号相同的成套型荧光灯$YG_{2\text{-}1}$ 1×40W，其中有一部分为吸顶安装，另一部分为链吊安装，规范规定其项目名称均称作“荧光灯”，故项目编码应编制为030412005001、030412005002。例如某标段（或合同段）的工程量清单中含有2个单位工程，需安装项目特征完全相同钢制桥架500×150。但在工程量清单中需反映出每个单位工程的桥架安装工程量，以便工程分包、管理、竣工验收和结算。因此在编制分部分项工程量清单时应分别计算各单位工程桥架安装的工程量。若第一个单位工程的桥架安装项目编码为030411003001，则第二个单位工程的桥架安装项目编码应为030411003002。

（2）项目名称（projectname） 项目名称应根据有关专业工程工程量计算规范，并结合拟建工程项目的项目特征实际选择确定。如上所述，《通用安装工程工程量计算规范》（50856—2013）中根据工程特点和工程性质，将通用安装工程（03）划分为12个工程类型附录和1个措施项目附录。在各个附录中，均详细列出各分部分项工程项目的项目编码、项目名称、计量单位、工程量计算规则和施工中可能发生的工作内容，由此可见，《通用安装工程工程量计算规范》中的附录就是确定分部分项工程项目的项目编码和项目名称的重要依据，也是工程量计算和编制分部分项工程量清单的重要依据。由于工程建设中的新材料、新设备、新技术和新工艺等不断涌现，在编制工程量清单时，有可能会出现《通用安装工程工程量计算规范》（GB50856—2013）的附录中未包括的工程项目，编制人可作项目补充。根据规范规定，所补充项目的项目编码由专业工程代码（01、02、03、……、09）加字母B和三位阿拉伯数字组成，即从××B001起顺序编制，并应报当地省级或行业工程造价主管部门备案。值得注意的是，所补充的分部分项项目也必须具备“五要素”，即补充的项目编码、项目名称、项目特征及工作内容、计量单位和工程数量。计量单位也应综合考虑完成该项目的各项工作内容的计量单位，且应尽可能使单位换算方便。

（3）项目特征（item description）　所谓项目特征，是指对项目实体名称、型号、规格、材质、品种、质量和连接方式等作出准确和全面的描述，按不同的工程部位、施工工艺或材料品种、规格等分别列项，它是构成分部分项工程量清单项目、措施项目自身价值的本质特征，是区分清单项目的依据，是履行合同义务的基础，也是确定一个清单项目综合单价不可缺少的重要依据。因此，对各工程项目名称均需要全面了解其项目特征和工作内容。为了达到规范、简捷、准确、全面描述项目特征的要求，须遵循以下原则：①项目名称和项目特征应符合《通用安装工程工程量计算规范》（GB 50856—2013）和本地区“建设工程工程量清单计价规则”所列的附录之规定，并结合拟建工程实际确定，以达到能满足确定综合单价的需要。即必须对体现项目特征并对工程报价有实质性影响的内容进行实事求是和恰如其分的描述。②若采用标准图集或施工图纸，并能够全部或部分满足项目特征描述要求时，项目特征描述也可直接采用详见××图集号××图号的方式；③对不能满足项目特征描述要求的部分，或未描述到的其他独有项目特征，由清单编制人视项目具体情况确定，可应用文字描述，力求达到准确和全面描述工程量清单项目特征的要求。

工作内容是指完成该清单项目可能发生的具体工作内容，可供招标人确定清单项目和投标人投标报价时参考。例如在进行分部分项工程量清单综合单价分析时，就必须以工作内容为依据进行组价。

凡工作内容中未列入且在施工过程中将发生的工作内容，投标人也应按招标文件规定的工作内容编制，不作修改补充。一般应依据工程量清单项目和工程量数量进行工程投标报价。

（4）计量单位（units of measurement）　计量单位应按照《建设工程工程量清单计价规范》（GB 50500—2013）及本地区颁布的“建设工程工程量清单计价规则”，如《陕西省建设工程工程量清单计价规则》中规定的“分部分项工程量清单项目”相应计量单位确定。如果附录中有两个或两个以上计量单位时，应结合拟建工程项目的实际选择确定其中一个计量单位。另外工程量的有效位数应按以下规定确定：例如以重量计算的项目，一般以吨（t）（保留三位小数，第四位四舍五入）或千克（kg）（保留二位小数，第三位四舍五入）为计量单位；以体积计算的项目，一般以立方米（m^3）为计量单位（保留二位小数，第三位四舍五入）；以面积计算的项目多以平方米（m^2）为计量单位（保留二位小数，第三位四舍五入）；以长度计算的项目则以米（m）为计量单位（保留两位小数，第三位四舍五入）；而以自然计量单位计算的项目，一般以个、套、块、樘、组、台等为计量单位，应取整数；没有具体数量的项目，则以系统、项等为计量单位，也应取整数。如果某专业有特殊规定设置专用计量单位时，再另外加以说明。对于编制人所补充的分部分项清单项目，在确定其计量单位时，应综合考虑组成该项目中各工作内容的计量单位，以使其统一或便于换算。

（5）工程量计算规则　工程量计算是指建设工程项目以工程设计图纸、施工组织设计或施工方案及有关技术经济文件，按照国家发布的有关工程量计算规则、计量单位等规定而进行的工程量计算活动。工程量计算规则是指有关定额职能部门对清单项目工程量的计算方法所做出的统一规定，通过有关工程量计算规则计算得到工程数量。除另有说明外，所有清单项目的工程量应以实体工程量为准，注意在实体工程量中一般应包括规范规定的预留、附加工程量。投标人投标报价时，应严格执行工程量清单，在综合单价中应考虑主材损耗需要增加的工程量。

4. 措施项目清单

所谓措施项目（preliminaries），是指为完成某一工程项目施工，发生于该工程施工准备和施工过程中发生的技术、生活、安全、环境保护等方面的不构成工程实体的项目。措施项目分为安全文明施工措施及其他措施项目和专业措施项目，分别在表8-2和表8-3中列出，应根据拟建工程的实际情况选择列项。措施项目费是由国家授权机关根据有关的方针政策，按安装施工过程中可能遇到的一些特殊问题而制订的相应的参考费率。在措施项目中，常列入的项目主要有安全文明施工措施（包括环境保护、安全施工、文明施工和临时设施）、冬雨季夜间施工、二次搬运、脚手架、对已完工程及设备保护等措施。措施项目中的安全文明施工措施费必须按国家或省级、行业建设主管部门的规定计算，为不可竞争的费用。

投标人在投标报价时，除安全文明施工措施费以外，应结合工程实际、企业自身实力和各竞标单位的具体情况，以参考费率为依据重新确定合适的费率来进行措施项目清单计价。

措施项目清单的编制需考虑多种因素，除工程本身的因素以外，还涉及水文、气象、环境和安全等问题。招标人在编制措施项目清单时，应根据拟建工程具体情况，参考表8-2、表8-3对建设工程可能发生的措施项目列项。如出现表8-2、表8-3中未列出的措施项目，可根据工程的具体情况对措施项目清单作补充。对于表8-3中的“其他措施”项目，必须根据实际措施项目名称，明确措施工作内容及包含范围。即凡是能够计算出工程量的措施项目宜采用分部分项工程量清单方式进行编制，并要求列出该措施项目的项目编码、项目名称、项目特征、计量单位和工程量等；而对于不能计算出工程量的措施项目，则以“项”为计量单位进行编制。在投标单位进行投标报价时，所编制的措施项目计价表中的项目名称、计量单位和工程数量必须与措施项目清单一致，也可根据施工组织设计和拟建工程具体情况适当补充措施项目。对于投标人所补充的措施项目，应按招标文件的规定补充于“其他措施”项中，并排列在措施项目清单所列项目之后。如果招标文件无规定时，投标人所补充的措施项目应单列，并在投标书中加以说明。措施项目清单与计价表格式见表8-4和表8-5。

表8-2 安全文明施工及其他措施项目一览表

项目编码	项目名称	工作内容及包含范围
031302001	安全文明施工措施	1. 环境保护；2. 文明施工；3. 安全施工；4. 临时设施
031302002	夜间施工增加	1. 夜间固定照明灯具和临时可移动照明灯具的设置、拆除；2. 夜间施工时，施工现场交通标志、安全标牌、警示灯等的设置、移动、拆除；3. 夜间照明设备及照明用电、施工人员夜班补助、夜间施工劳动效率降低等
031302003	非夜间施工增加	为保证工程施工正常进行，在地下（暗）室、设备及大口径管道内等特殊施工部位施工时所采用的照明设备的安拆、维护及照明用电、通风等；在地下（暗）室等施工引起的人工工效降低以及由于人工工效降低引起的机械降效
031302004	二次搬运	由于施工场地条件限制而发生的材料、成品、半成品等一次运输不能到达堆放地点，必须进行二次或多次搬运

（续）

项目编码	项目名称	工作内容及包含范围
031302005	冬雨季施工增加	1. 冬雨（风）季施工时增加的临时设施（防寒保温、防雨、防风设施）的搭设、拆除；2. 冬雨（风）季施工时，对砌体、混凝土等采用的特殊加温、保温和养护措施；3. 冬雨（风）季施工时，施工现场的防滑处理、对影响施工的雨雪的清除；4. 冬雨（风）季施工时增加的临时设施、施工人员的劳动保护用品、冬雨（风）季施工劳动效率降低等
031302006	已完工程及设备保护	对已完工程及设备采取的覆盖、包裹、封闭、隔离等必要保护措施
031302007	高层施工增加	1. 高层施工引起的人工工效降低以及由于人工工效降低引起的机械降效；2. 通信联络设备的使用

注：1. 本表所列项目应根据工程实际情况计算措施项目费用，需分摊的应合理计算摊销费用；2. 高层施工增加：①单层建筑物檐口高度超过20m，多层建筑物超过6层时；②凸出主体建筑物顶的电梯机房、楼梯出口间、水箱间、瞭望塔、排烟机房等不计入檐口高度。计算层数时，地下室不计入层数；3. 施工排水是指为保护工程在正常条件下施工而采取的排水措施所发生的费用。施工降水是指为保证工程在正常条件下施工而采取的降低地下水位的措施所发生的费用；4. 在编制措施项目清单时，还需参考本省、自治区、直辖市“建设工程工程量清单计价规则”的有关规定，如陕西省将夜间施工和冬雨季施工合并为1项。

表 8-3 部分专业措施项目一览表

项目编码	项目名称	工作内容及包含范围
031301009	特殊地区施工增加	1. 高原、高寒施工防护；2. 地震防护
031301010	安装与生产同时进行施工增加	1. 火灾防护；2. 噪声防护
031301011	在有害身体健康环境中施工增加	1. 有害化合物防护；2. 粉尘防护；3. 有害气体防护；4. 高浓度氧气防护
031301012	工程系统检测、检验	1. 起重机、锅炉、高压容器等特种设备安装质量监督检验检测；2. 由国家或地方检测部门进行的各类检测
031301016	隧道内施工的通风、供水、供气、供电、照明及通信设施	通风、供水、供气、供电、照明及通信设施安装、拆除
031301017	脚手架搭拆	1. 场内、场外材料搬运；2. 搭拆脚手架；3. 拆除脚手架后材料的堆放
031301018	其他措施	为保证工程施工正常进行所发生的费用

注：1. 由国家或地方检测部门进行的各类检测，指安装工程不包括的属经营服务性项目，如通电测试、防雷装置检测、安全、消防工程检测、室内空气质量检测等；2. 脚手架按各专业工程分别列项；3. 其他措施项目必须根据实际措施项目名称确定项目名称，明确描述工作内容及包含范围。

表 8-4 措施项目清单与计价表（一）

工程名称： 标段： 第 页 共 页

项目编码	项目名称	计量单位	工程数量	计算基础	费率（%）	金额/元
031302001001	安全文明施工措施	项	1			
031302002001	冬雨季、夜间施工	项	1			
031302004001	二次搬运	项	1			
031302007001	高层施工增加	项	1			
031301017001	脚手架搭拆	项	1			

（续）

项目编码	项目名称	计量单位	工程数量	计算基础	费率（%）	金额/元
031301018001	其他措施—测量放线、定位复测、检验试验	项	1			
合计						

注：1. 本表适用于以“项”为计量单位计价的措施项目；2. 根据中华人民共和国住房和城乡建设部、财政部发布的《建筑安装工程费用组成》（建标［2003］（206号）的规定，“计算基础”可为“直接费”、“人工费”或“人工费＋机械费”；3. 安全文明施工措施费属于不可竞争的费用，其计算方法是按“（分部分项工程费＋措施项目费（不含安全文明施工措施费）＋其他项目费）×规定费率。

表8-5 措施项目清单与计价表（二）

工程名称： 标段： 第 页 共 页

序号	项目编码	项目名称	项目特征描述	计量单位	工程量	金额（元）		
						综合单价	合价	其中暂估价
本页小计								
合　计								

注：本表适用于以综合单价形式计价的措施项目。

5. 其他项目清单

其他项目清单包括除分部分项工程量清单的项目和措施项目清单的项目以外，为完成工程施工可能发生的费用项目。一般情况下，其他项目清单一般可按以下内容列项：①暂列金额；②暂估价：包括材料暂估价、专业工程暂估价；③计日工；④总承包服务费。由于工程建设项目的标准、复杂程度、工期的长短、工程的组成内容、以及发包人对工程管理的要求等不同，将会影响到其他项目清单列项的内容。这就是说，在进行其他项目清单列项时，上述四项列项内容可作参考，编制还可根据工程的实际情况补充列项内容。其他项目清单与计价汇总表见表8-6，同时还附有暂列金额明细表8-7、材料、设备暂估单价表8-8、专业工程暂估价表8-9、计日工表8-10和总承包服务费计价表8-11等。

表8-6 其他项目清单与计价汇总表

工程名称： 标段： 第 页 共 页

序号	项目名称	计量单位	金额/元	备注
01	暂列金额			明细详见表8-7
02	暂估价			
02-1	材料暂估价		—	明细详见表8-8
02-2	专业工程暂估价			明细详见表8-9
03	计日工			明细详见表8-10
04	总承包服务费			明细详见表8-11
05	其他：			
合计				

注：材料暂估单价计入清单项目综合单价，此处不汇总。

表 8-7 暂列金额明细表

工程名称： 标段： 第 页 共 页

序号	项 目 名 称	计量单位	暂列金额/元	备注
01				
02				
合 计				—

注：此表由招标人填写，如不能详列，也可只列出暂列金额总额，投标人应将上述暂列金额计入投标总价中。

表 8-8 材料、设备暂估单价表

工程名称： 标段： 第 页 共 页

序号	材料、设备名称、规格、型号	计量单位	单价/元	备注

注：1. 此表由招标人填写，并在备注栏内说明暂估价的材料、设备拟用在哪些清单项目上，投标人应将上述材料、设备暂估单价计入投标报价的分部分项工程量清单项目的综合单价中；招标人则应将上述材料、设备暂估单价计入招标最高限价的分部分项工程量清单项目的综合单价中。注意在编制招标最高限价和投标报价时，材料、设备的暂估单价均不得进行调整。

2. 材料应包括原材料、燃料、构配件以及按规定应计入建筑安装工程造价的设备。

表 8-9 专业工程暂估价表

工程名称： 标段： 第 页 共 页

序号	工 程 名 称	工作内容	金额/元	备注
合 计				—

注：此表由招标人填写，投标人则应将上述专业工程暂估价计入投标总价中。

表 8-10 计日工表

工程名称： 标段： 第 页 共 页

编号	项目名称	单位	暂定数量	综合单价	合价
一	人工				
1					
2					
	人工小计				
二	材料				
1					
2					
	材料小计				
三	施工机械				
1					
2					
	施工机械小计				
	总计				

注：此表项目名称、暂定数量由招标人填写。在编制招标最高限价时，招标人应按有关计价规定来确定综合单价；在编制投标报价时，投标人应自主确定综合单价，自主报价，并计入投标总价中。

表 8-11 总承包服务费计价表

工程名称： 标段： 第 页 共 页

序号	项 目 名 称	项目价值/元	服 务 内 容	费率（%）	金额/元
01	发包人发包专业工程				
02	发包人供应材料				
合 计					

（1）暂列金额（provisional sum） 暂列金额是指招标人在工程量清单中暂定并包括在合同价款中的一笔款项，用于施工合同签订时尚未确定或者不可预见的所需材料、设备、服务的采购，施工中可能发生的工程变更、合同约定调整因素出现时的工程价款调整，以及发生的索赔、现场签证确认等的费用。暂列金额主要是根据工程建设的客观规律，工程建设过程中需要对设计不断地进行优化和调整，发包人（业主）可能会随工程建设进展而提出新的设计施工要求，以及在工程建设过程中还存在其他诸多不确定性因素等发生的价格调整所设立的费用，以便合理确定工程造价的控制目标。在投标人编制投标报价或招标人编制招标最高限价时，均应按招标人在其他项目清单中列出的暂列金额填写，不得调整。值得注意的是，在工程竣工结算时，暂列金额应减去工程价款调整与索赔、现场签证金额计算，如有余额归发包人。这就是说，暂列金额列入总价包干合同中也不一定属于中标人所有，暂列金额是否属于中标人将取决于具体合同的约定，只有按照合同约定程序条款实际发生后，才能成为中标人应得款额，并纳入合同结算价款中。工程量清单编制人应尽量做到对暂列金额预测的准确性，在工程建设过程中尽可能减少工程变更签证，以保证合同结算价格不超过合同价格。

（2）暂估价（prime cost sum） 暂估价是指从工程招标阶段至签订合同协议过程中，招标人在招标文件的工程量清单中提供的用于支付必然要发生，但暂时又不能确定价格的材料单价以及需要另行发包的专业工程的金额。即在工程招标阶段预测必然要发生，只是因为标准不明确，或某项工程需要由专业工程承包人完成而暂时无法确定的价格或金额。采用这种价格形式，既与国家发改委、财政部、原建设部等九部委第 56 号令发布的施工合同通用条款中的定义相一致，又可对施工招标阶段中一些无法确定的材料、设备或专业工程分包价格提供了具有可操作性的解决办法。暂估价如属于材料、设备价格时，招标人应根据省、市工程造价管理机构发布的工程造价信息或参照市场价格确定其单价，并应反映当期市场价格的实际水平。投标人编制投标报价或招标人编制招标最高限价时，均应按材料、设备的暂估单价计入到分部分项工程量清单项目综合单价中，且不得随意调整。在施工过程中，发包人与承包人可以通过招标或协商确定材料、设备的实际采购价格，当材料、设备的实际采购单价与发包人提供的材料、设备暂估单价不同时，应在工程结算时将其全部差额以差价方式调整总造价，并由发包人承担全部差价风险。而暂估价为专业工程价格时，则应以“项”为计量单位，应区分不同专业，按有关计价依据估算，且其价格为综合暂估价，并包括除规费、税金以外的管理费和利润等。在投标人编制投标报价或招标人编制招标最高限价时，均应按招标人在其他项目清单中列出的专业工程暂估价的金额填写，不得调整。

（3）计日工（dayworks） 计日工是指在施工过程中，完成发包人提出的施工图纸以外的零星项目或工作，按合同中约定的综合单价计价。也就是说，计日工是为了解决现场发生的零星工作的计价而列出的项目，是以完成某零星工作所需耗费的人工工日、材料数量和机械台班等进行的计量，并按“计日工”表中填报的适用项目的单价进行计价。所谓零星工作，一般是指合同约定以外或因变更而产生的，且工程量清单中没有相应项目的额外工作。应根据工程项目实际和实践经验，在计日工表中应尽可能列全项目，估算出的暂定数量应较准确。由于计日工多为实发性、无法事先商定价格的额外工作，缺少计划性，往往会影响到承包人计划内的工作，还会造成生产资源使用效率降低。另外计日工清单往往忽略给出一个暂定的工程量，无法纳入有效竞争，所以计日工单价水平一般高于工程量清单的价格水平。

（4）总承包服务费（main contractor's attendance） 总承包服务费是指总承包人可配合协调发包人进行的工程分包，对自行采购的设备和材料等进行管理、服务以及施工现场管理、竣工资料汇总整理等服务所需的各项费用。即指在法律、法规允许的条件下，招标人（业主）进行专业工程发包、自行采购材料和设备时要求总承包人为所发包的专业工程提供协调和配合服务；对招标人自行采购的材料、设备提供验收、保管或采购咨询等服务；对施工现场施行统一管理和协调工作；对竣工资料进行统一汇总和整理等工作，由招标人向总承包人支付的费用。一般来说，招标人（或发包人）应在其所编制的招标文件中明确投标人（或总承包人）对专业工程分包、自行采购供应部分的材料、设备等的服务范围及深度。招标人在编制招标最高限价时应根据招标文件中所明确的投标人对专业工程分包、自行采购供应部分的材料、设备等的服务范围及深度，并结合工程实际情况预计该项费用。例如《陕西省建设工程工程量清单计价费率》（2009）中，对编制最高限价时如何计取总承包服务的方法有明确规定，即：

$$\begin{aligned}\text{总承包服务费} = &\ \text{专业工程分包工程造价} \times (2 \sim 4)\% \\ &+ \text{发包人自行采购供应部分的材料、设备款额} \times (0.8 \sim 1.2)\% \end{aligned} \tag{8-1}$$

而投标人则根据招标文件要求的服务项目内容、范围、深度及工程实际情况，自主确定总承包服务费的报价。

6. 规费项目清单

规费（statutory fee）是指根据国家法律、法规的有关规定，由省级政府或省级有关权力部门规定施工企业必须缴纳的，应计入建设安装工程造价的费用。如表 8-12 所示，《建设工程工程清单计价规范》GB 50500—2013 中规定规费项目清单应包括下列内容：①社会保险费：包括养老保障费、失业保险费、医疗保险费、工伤保险费和生育保险费；②住房公积金；③工程排污费。在编制规费项目清单时应结合《建设安装工程费用项目组成》，按照省极政府或省级有关权力部门的规定列项。例如《陕西省建设工程工程量清单计价规则》中规定规费项目清单应按下列内容列项：

1）社会保障费：包括养老保险费、失业保险费、医疗保险费、工伤保险费、残疾人就业保险费、生育保险费。

2）住房公积金。

3）危险作业意外伤害保险费。

政府和有关主管部门将根据我国经济建设的发展、社会保障事业的不断完善和创建以人为本、和谐社会的需要，不断地对规费项目进行调整。在进行规费项目清单列项时，应注意根据省、自治区、直辖市有关主管部门的规定加以补充调整规费项目。

7. 税金项目清单

税金（tax）是指国家以法律手段对一部分社会产品（资金）进行再分配，以无偿方式取得财政收入的一种形式。税金收取具有强制性和可操作性，是以法律形式规定的，是法律的有机组成部分。纳税人必须依法照章纳税，否则将受到法律的制裁，所以税收的强制性和可操作性是国家财政收入的可靠保证。税金收取具有无偿性，国家通过税收的方式将一部分社会产品（资金）收归国家所有，不需要支付任何报酬费用。税金收取还具有固定性，即国家对纳税对象、税额计算办法、税率和纳税时间等均以法律形式作出明确规定，任何单位和个人均不得随意改变。征收税务机关和纳税人共同遵守征税、纳税的有关规定，按标准征收、缴纳税金。

对于“营改增”之前的工程项目，根据《建设工程工程量清单计价规范》GB 50500—2013的规定，应计入建筑安装工程造价内的税金由营业税、城市维护建设税、教育附加和地方教育附加等四部分组成。因此税金项目清单应包括下列内容：

1）营业税；

2）城市维护建设税；

3）教育费附加；

4）地方教育费附加。

表8-12 规费项目清单与计价表

工程名称： 标段： 第 页 共 页

序号	项目名称	计算基础	费率（%）	金额/元
1.1	社会保障费			
(1)	养老保险费	分部分项工程费+措施项目费+其他项目费	3.55	
(2)	失业保险费	分部分项工程费+措施项目费+其他项目费	0.15	
(3)	医疗保险费	分部分项工程费+措施项目费+其他项目费	0.45	
(4)	工伤保险费	分部分项工程费+措施项目费+其他项目费	0.07	
(5)	残疾人就业保险费	分部分项工程费+措施项目费+其他项目费	0.04	
(6)	生育保险费	分部分项工程费+措施项目费+其他项目费	0.04	
1.2	住房公积金	分部分项工程费+措施项目费+其他项目费	0.30	
1.3	危险作业意外伤害保险费	分部分项工程费+措施项目费+其他项目费	0.07	
合 计				

为适应国家税制改革要求，财政部、国家税务总局《营业税改征增值税试点方案》（财税［2011］110号）、《关于简并营业税改并增值税征收率政策的通知》（财税［2014］57号）、《关于全面推开营业税改征增值税试点的通知》（财税［2016］36号），以及住建部办公厅《关于做好建筑业营改增建设工程计价依据调整准备工作的通知》（建办标［2016］4号）等文件，要求将营业税改征增值税，简称为“营改增”，并要求从2016年5月1日起执行。

“营改增”的调整原则是：同一合同工程项目，“营改增”后造价水平保持稳定企业的税赋应有所降低。

实行“营改增”具有以下优点：①“营改增”不仅使结构性减税及税制更加完善，也是配合我国宏观经济形势发展、转变经济增长发展方式的一项改革。通过“营改增”减轻税负，可实现对市场主体的激励，增强税制优化对生产方式的引导；②“营改增”可以从根本上解决多环节经营活动被重复征税的问题，可促进各类纳税人之间的分工协作；③“营改增”可以进一步优化产业结构，将更有利于第三产业随着分工细化而实现规模拓展和质量提升；④“营改增”对投资者而言，相当于降低了投入成本，故有利于扩大投资需求；而对于生产者或消费者而言，在生产及流通领域消除了重复征税而使纳税额降低，即减轻纳税额而扩大了国内需求；⑤“营改增”将实现出口退税，从而改善了外贸出口；⑥“营改增”将促使第三产业发展，带动社会需求，扩大生产供给，从而促进社会就业。

增值税销项税额是指增值税纳税人销售货物、加工修理修配劳务、服务、无形资产或者不动产，按照销售额和税法规定的适用税率计算，并向购买方收取的增值税税额。由此可见，税金由增值税和附加税构成。所谓的“纳税人”是指施工单位，施工单位将其建造并经竣工验收合格的建筑物成品交付给建设单位使用，所以建设单位相当于“购买方”。由施工单位按规定向“购买方”建设单位收取税金（包括增值税和附加税）并上缴给国家有关税务部门，因此建设工程的纳税人实际上是建设单位。

目前，各省、自治区、直辖市都在全面推行国家“营改增”的有关政策法规，并结合本地区计价体系情况，颁布施行建筑行业“营改增”的计价程序及方法。以陕西省为例，为了更好地贯彻执行国家“营改增”的税制改革要求，结合陕西省经济发展和建设工程计价体系情况，先后发布了陕建发［2016］100号、［2018］84号、［2019］45号等三个《关于调整陕西省建设工程计价依据的通知》文件，提出建设工程的计价依据和计价调整方法。就是在现行计价依据不变的前提下，采取过渡性综合系数来计算“营改增”工程造价。所谓“综合系数”，是指工程造价主管部门依据对各类工程项目的测算结果而发布的综合系数值ζ，即将综合系数定义为：

$$Z_P = Z_S\zeta \tag{8-2}$$

式中　Z_P——税前工程造价；

Z_S——分部分项工程费、措施项目费、其他项目费、规费费用之和；

ζ——综合系数。

例如陕建发［2019］45号文件规定安装工程（长距离输送管道土石方工程除外）综合系数$\zeta=94.37\%$，增值税销项税额税率$\eta_Z=9\%$，从2019年4月1日起执行。这样，按照价、税分离的原则，保留分部分项工程费、措施项目费、其他项目费、规费等的计价方法不变，按式（8-2）计算税前工程造价Z_P，再以税前工程造价Z_P为增值税计税基础乘以税率，即：

$$S_{jz} = Z_P\eta_{jz} \tag{8-3}$$

式中　S_{jz}——增值税销项税额；

Z_P——增值税前工程造价；

η_{jz}——增值税税率。

如图8-1所示，施行“营改增”后，附加税由城市维护建设税、教育费附加、地方教育费附加等三项税费组成。附加税按下式计算：

$$S_{jf} = Z_S\eta_{jf} \tag{8-4}$$

式中　S_{jf}——附加税；

Z_S——分部分项工程费（Q_1）、措施项目费（Q_2）、其他项目费（Q_3）、规费（Q_4）之和；

η_{jf}——附加税税率，纳税地点在市区，税率为0.48%；纳税地点在县城、镇，税率为0.41%；纳税地点在市区、县城、镇以外，税率为0.28%。

执行“营改增”征税前、后的计价程序见表8-13和表8-14。由此可见，建筑工程、装饰装修工程、安装工程、市政工程、园林绿化工程等计价程序中，在执行“营改增”后，其分部分项工程费、措施项目费、其他项目费和规费的计算没有变化，只是税金计算不同。

表 8-13 执行“营改增”征税前工程量清单计价程序表

(1)	分部分项工程费	∑(综合单价×工程量)+可能发生的差价
(2)	措施项目费	∑(综合单价×工程量)+可能发生的差价
(3)	其他项目费	∑(综合单价×工程量)+可能发生的差价
(4)	规费	[(1)+(2)+(3)]×规定费率
(5)	税金	[(1)+(2)+(3)+(4)]×规定税率
(6)	工程造价	(1)+(2)+(3)+(4)+(5)

表 8-14 执行“营改增”征税后工程量清单计价程序表

(1)	分部分项工程费	∑(综合单价×工程量)+可能发生的差价
(2)	措施项目费	∑(综合单价×工程量)+可能发生的差价
(3)	其他项目费	∑(综合单价×工程量)+可能发生的差价
(4)	规费	[(1)+(2)+(3)]×规定费率
(5)	增值税下税前工程造价	[(1)+(2)+(3)+(4)]×综合系数
(6)	增值税销项税额	(5)×增值税税率
(7)	附加税	[(1)+(2)+(3)+(4)]×规定税率
8	工程造价	(5)+(6)+(7)

注：根据陕建发[2019]45 号文件“关于陕西省调整建设工程计价依据的通知”，综合系数为 97.37%，增值税税率为 9%。

8.3 建筑电气安装工程造价的组成

根据住房和城乡建设部、财政部《关于印发“建筑安装工程费用项目组成”的通知》建标［2003］206 号，我国现行建筑安装工程费用项目由直接费、间接费、利润和税金组成。如图 8-4 所示。从图 8-1 和图 8-4 可见，二者包含内容并无实质性区别，图 8-1 是根据《建设工程工程量清单计价规范》GB 50500—2013 有关建筑安装工程造价要求和“营改增”政策文件要求，使建筑安装工程在工程交易和工程实施阶段完成工程造价组价，包括合同价款调整等内容。图 8-4 则主要表述建筑安装工程费用项目的组成。所以二者在计算建筑安装工程造价的角度上存在一定的差异，应用时应引起注意。

8.3.1 直接费

直接费是由直接工程费和措施项目费等两项费用构成，是生产完成工程实体（合格产品）所必须耗费的费用。

1. 直接工程费

直接工程费是指在施工过程中耗费的构成工程实体和有助于工程形成的各项费用，主要包括人工费、材料费（包括主材费和辅材费）和施工机械使用费等三项费用，构成工程直接成本。

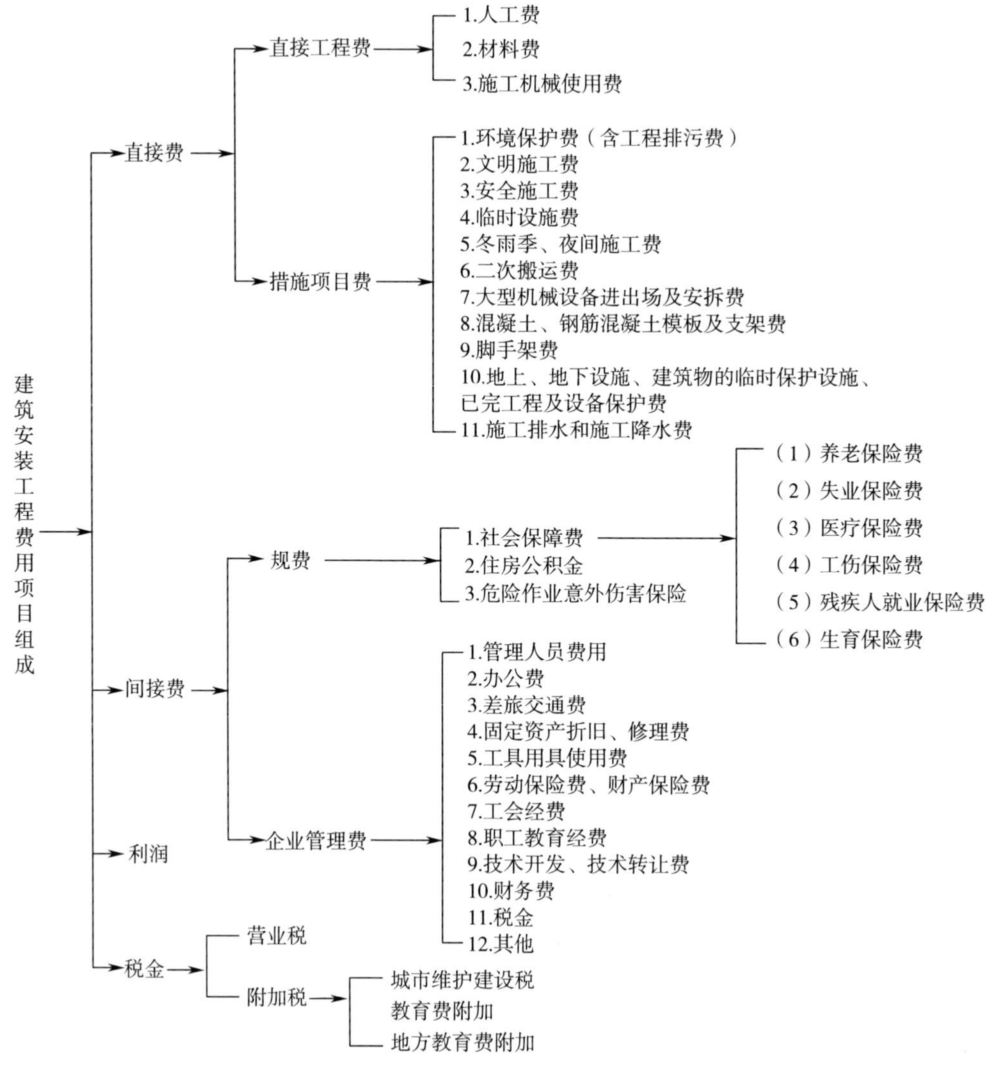

图 8-4　建筑工程费的项目组成框图

（1）人工费　是指直接从事建筑安装工程施工的生产工人开支的各项费用，内容主要包括：生产工人的基本工资、工资性补贴、辅助工资、职工福利费、劳动保护费，以及实行社会保障保险（规费）按规定应由职工个人缴纳的部分等费用。其中：

1）基本工资　是指发放从事工程施工的生产工人的基本工资。

2）工资性补贴　是指按规定标准发放的物价补贴、交通补贴、煤或燃气补贴、住房补贴、流动施工津贴和地区津贴等。

3）生产工人的辅助工资　是指生产工人在年有效法定施工天数以外的非作业天数的工资，其中主要包括职工学习、培训期间的工资、调动工作、探亲和休假期间的工资，客观存在气候影响而停工停产的工资，女职工哺乳期间的工资，病假在6个月以内时间的工资以及婚、产、丧假期间的工资。

4）职工福利费　是指按规定标准计提的职工福利费。

5）生产工人劳动保护费 是指按规定标准发放的劳动保护用品的购置费和维修费、徒工服装补贴费、防暑降温费用、有害环境中施工的保健费用等。

6）社会保险费（规费）按规定应由职工个人缴纳的部分 社会保险费是指在社会保险基金的筹集过程当中，雇员和雇主按规定的数额和期限向社会保险管理机构缴纳的费用，它是社会保险基金的主要来源，也可认为是社会保险的保险人（国家）为了承担法定的社会保险责任，而向被保险人（包括雇员和雇主）收缴的费用。“社会保险费（规费）按规定应由职工个人缴纳的部分”是指采用雇主、雇员分摊保险费用的方法，应由职工个人缴纳的部分。该项费用是以职工个人的工资收入为基础，规定一定的百分率来计收的费用，并作为人工费的组成项目之一。一般情况下，人工费约占直接工程费的7%～11%左右，占总工程造价的4%～6%左右。

（2）材料费 是指施工过程中耗用的构成工程实体的原材料、辅助材料、构配件、零件和半成品的费用。其内容包括材料原价或供应价、包装费、材料运杂费、运输损耗费、采购及保管费、检验试验费六部分。

1）材料原价（或材料供应价格） 材料原价或供应价是指材料出厂价或市场批发牌价。在材料原价中，还包括由生产厂家负责包装产品的包装费，即该材料的包装费不得再另行计算。

2）包装费 为了便于运输和保护材料，需对材料进行包装而所需的费用支出。包装费包括包装品的费用和材料包装所需的费用。

3）材料运杂费 是指材料自来源地运至施工工地仓库或指定堆放地点所发生的全部费用，包括运输费、装卸费、供销部门手续费用等。

4）运输损耗费 是指材料在运输装卸过程以及运输途中发生不可避免的损耗产生的费用。

5）采购及保管费 是指为组织采购、供应和保管材料过程中所需要的各项费用，包括采购费、仓储费、工地保管和仓储损耗等。

6）检验试验费 是指对建筑材料、构件和建筑安装设备进行一般鉴定和检查时所发生的费用，包括在实验室进行试验时所耗用的材料和化学药品等费用，不包括新结构、新材料的试验费和建设单位对具有出厂合格证明的材料进行检验，对构件做破坏性试验及其他特殊要求的检验试验费用。材料费可按式（8-5）计算：

$$C_F = \sum(CV_1 + TV_2) \tag{8-5}$$

式中 C_F——分项工程材料费；

C——定额材料、构配件、零件和半成品等用量；

T——定额规定周转材料中的各种摊销材料用量；

V_1——材料、构配件、零件和半成品等的相应预算价格；

V_2——各种推销材料的相应预算价格。

在一般工业与民用建筑的安装费用中，材料费应为主材（未计价材料）和辅材费用之和，约占直接工程费的75%～86%，占总工程造价的60%～65%左右。

（3）施工机械使用费 简称机械费，是指单位工作台班中为使施工机械正常运转所分摊和支出的各项费用。内容包括机械折旧费、大修理费、经常修理费、安拆费及场外运输费、机上人工费、机械燃料动力费及车船使用税等七部分。

1）折旧费　是指施工机械在规定的使用年限内，陆续收回其原价值及购置资金的时间价值。

2）大修理费　是指施工机械按规定的大修理间隔台班所进行必要的大修理，以便恢复施工机械正常功能而发生的费用。

3）经常修理费　是指施工机械除大修理以外的各级保养和临时故障排除所需的费用。包括为保障机械正常运转所需替换设备与随机配备工具附具的摊销和维护费用，机械运转中日常保养所需润滑与擦拭等耗材的费用以及机械停歇期间的维护和保养费用等。

4）安拆费及场外运输费　其中安拆费是指施工机械在现场进行安装与拆卸所需的人工、材料、机械和试运转费用以及机械辅助设施的折旧、搭设、拆除等费用；而场外运输费则是指施工机械整体或分体从停放地点运至施工现场，或由一施工工地运至另一施工工地的运输、装卸、辅助材料及架线等费用。

5）机上人工费　是指机上司机和其他操作人员的人工费以及在施工机械规定的年工作台班以外的人工费。

6）燃料动力费　是指施工机械在运转作业中所消耗的固体燃料（煤炭、木柴）、液体燃料（汽油、柴油）水、电力、风力等所需的费用。

7）车船使用税等　是指施工机械按照国家和有关部门规定应缴纳的车船使用税、保险费及年检费等。

机械费可按式（8-6）计算：

$$J_F = \sum BV_3 \tag{8-6}$$

式中　J_F——分项工程机械台班使用费；

B——分项工程施工机械台班消耗量；

V_3——分项工程相应的施工机械台班价格（单价）。

在一般工业与民用建筑的安装费用中，分项施工机械使用费为换算成定额计量单位后的工程数量与相应子目的机械费单价的乘积。机械费约占直接工程费的5%～8%左右，约占总工程造价的4%～6%左右。

2. 措施项目费

如前所述，措施项目费是指与建筑安装施工生产的个别产品无关，但又是企业生产全部产品所必需，为企业经营管理必须发生的各项费用开支之和。即为完成工程项目施工，发生于该工程施工准备和施工过程中的技术、生活、安全、环境保护等方面非工程实体项目的费用。例如在安装施工中采取的安全文明施工措施（含环境保护、文明施工、安全施工、临时设施等），冬雨期、夜间施工措施，施工现场二次搬运，对已完工程及设备保护，施工排水，施工降水，地上、地下设施、建筑物的临时保护设施等措施。

（1）安全文明施工措施费（safe and civilized construction measures fee）　是指施工企业在履行合同过程中，按照国家法律、法规、标准等规定，为保证安全施工、文明施工，保护施工现场内外环境和搭拆临时设施等而发生的费用。安全文明施工措施费包括环境保护、文明施工、安全施工和临时设施等费用。

① 环境保护费　环境保护费中包含工程排污费，是指施工现场为达到环保部门要求，如防尘、防噪声、建筑垃圾处理和排污等工作所需要的各项费用及施工现场按规定缴纳的工程排污费。

② 安全文明施工费 是指施工现场安全施工和文明施工所需要的各项费用。其中安全施工费由临边、洞口、交叉、高处作业安全防护费，危险性较大工程安全措施费及其他费用组成。文明施工费则包括现场围挡墙面及临时设施等的装饰美化，施工现场的消毒、洗浴、饮水、餐厅等设施的卫生要求，以及施工现场宣传标语、绿化等所需的费用。

③ 临时设施费 是指施工企业为进行建筑安装工程施工所必须搭设的用于生活和生产的临时建筑物、构筑物和其他临时设施费用等。临时设施包括：临时宿舍、文化福利及公用事业房屋与构筑物、仓库、办公室、加工厂、规定范围内的道路、水、电、管线等临时设施和小型临时设施的搭设、维修、拆除或摊销等项费用。临时设施费由施工企业统筹安排，包干使用不作调整，按专用款项核算管理。

（2）冬雨季、夜间施工措施费 是指按照施工验收规范所规定的冬雨季、夜间施工的要求，为保证工程质量和安全生产所需增加的费用以及由于工程性质、工种之间的施工配合（如钢筋混凝土浇筑及电气配管工程之间的配合）和工程进度要求等，需要夜间施工而应增加的费用。例如在冬雨季施工期间为确保工程质量，冬季施工需对工程采取保温，雨季施工需采取防雨等技术措施及施工降效所发生的费用；夜间施工所发生的夜班补助费、夜间施工照明设备摊销及照明用电等费用、夜间施工降效补偿费用等。

（3）二次搬运费 是指因施工现场狭小或运输中有障碍物而不能一次通过等特殊情况，需要二次装卸而发生的材料二次搬运的费用；或将需要安装的设备从施工现场仓库或者现场指定堆放点搬运到设备安装位置而发生的搬运费用。厂区内设备或材料运输距离是按工地仓库至安装地点（包括水平距离与垂直距离）300m以内计算的，当实际搬运距离小于规定距离时也不作调整。

（4）施工机械安拆及场外运输费 是指施工机械在施工现场进行安装和拆卸所需的人工费、材料费、机械费和试运转费、机械辅助设施的折旧、搭设、拆除等费用，以及施工机械整体或分体自停放地点运至施工现场，或由一个施工地点运至另一个施工地点的运输、装卸、辅助材料和架线等的费用。

（5）脚手架费 是指施工需要的各种脚手架搭拆费、运输费用、脚手架的摊销（或租赁）费用，还包括施工企业对脚手架的管理费和所获得利润等方面的费用。

（6）测量放线、定位复测、检验试验费 是指对建筑材料、构件和建筑安装物做一般鉴定、检查以及工程放线、复测定位等所发生的费用，包括本单位实验室进行试验所耗材料和化学药品费用以及技术革新和研究试验试制费，但不包括结构、新材料的试验费，不包括建设单位要求对具有生产厂家的产品出厂合格证、产品生产许可证、产品质量三包证的材料的检验费用，也不包括对构件破坏性试验及其他特殊要求进行检验试验的费用。

（7）施工排水和降水费 是指将施工期间有碍施工作业和影响工程质量的水，排到施工场地以外。排除地面水可采用设置水沟、截水沟或修筑土堤等设施来进行。基坑施工降水（lowering of water level in foundation pit）是指在开挖基坑时，为防止地下水渗入和确保基坑边坡稳定，创造干燥、安全的施工环境而采取的措施。降低地下水位可采用集水井降水法和井点降水法。集水井降水法是在基坑开挖过程中，在基坑底设置集水井，并在基坑底四周或中央开挖排水沟，使水流入集水井内，然后用水泵将积水抽出。井点降水法是在基坑开挖前，在基坑四周埋设一定数量的滤水管（井），再利用抽水设备将积水抽出，使基坑施工环境始终保持无积水状态。井点降水法所采用的井点类型有轻型井点、喷射井点、电渗井点、管井井点、深井井点等。由此可见，施工排水和降水费就是为确保工程在正常的条件下施工，采取各种排水、降水措施所发生的费用。

（8）施工影响场地周边地上、地下设施及建筑物安全的临时保护措施，以及对已完工程和设备的保护措施等所需要的费用。

8.3.2 间接费

间接费是指建筑安装施工企业为组织和管理建筑安装工程施工而发生的各项非生产性开支，是企业为完成建设项目生产任务而不可缺少的费用。间接费由企业管理费和规费组成。其主要作用是：间接费是编制安装工程图预算造价和办理工程结算的依据之一，是建筑安装企业贯彻经济核算制，控制企业行政管理工作所需各项费用开支的依据。

1. 企业管理费

企业管理费是指施工企业为组织施工生产、经营活动而发生的管理费用。其内容包括以下几点：

（1）管理人员费用　是指管理人员（包括施工企业行政管理部门的行政、经济、技术、试验、警卫、消防、炊事员、勤杂人员以及行政管理部门汽车司机等）的基本工资、工资性补贴及按规定计提的职工福利费用和劳动保护费等。

（2）差旅交通费　是指企业行政管理部门职工因公出差、工作调动的差旅费、住宿补贴费、市内交通及误餐补助费，职工探亲路费，劳动力招聘费，离退休职工一次性路费，交通工具的燃油、牌照和养路费用等。

（3）办公费　是指企业管理公用文具、纸张、账表、印刷、邮电、会议、水电、燃（煤）气等项费用。

（4）固定资产折旧、修理费　是指企业行政管理部门、试验部门等使用属于固定资产的房屋、设备、仪器等折旧及维修费等。

（5）工具用具使用费　是指企业管理使用不属于固定资产的生产工具、器具、家具、交通工具、检验、试验、消防等用具的购置摊销及维修费用。

（6）工会经费　是指企业按规定计提的工会经费，一般为其职工工资总额的2%。

（7）职工教育经费　是指企业为职工学习先进技术和提高文化、爱岗敬业等综合素质，按规定计提的费用。根据财政部有关规定，按职工工资总额的1.5%计提职工教育经费。

（8）财产保险费和劳动保险费　财产保险费是指企业财产保险、管理用的车辆保险等项费用。劳动保险费则是指离退休职工异地安家补助费、职工离退休的各项经费、6个月以上的病休人员工资、职工丧葬补助费和抚恤金费用等。

（9）财务费　是指施工企业进行财务管理，如购买账表、纸张、财务软件及专业人员工资等费用，企业筹集资金发生的费用等。

（10）税金　是指企业按规定须交纳的房产税、车船使用税、土地使用税以及印花税等。

（11）技术开发、技术转让费等。

（12）其他费用　是指上述项目以外的其他必要的费用支出。例如有正常业务招待、绿化、广告、审计、咨询、公证、法律顾问等项费用。

根据《建设工程工程量清单计价规范》（GB 50500—2013）和省、自治区、直辖市所颁布的“建设工程工程量清单计价规则”和建设工程工程量清单计价费率的有关规定，安装工程管理费用计算不再区分工种类别，安装工程以统一的企业管理费费率标准，以分部分项工程直接工程费（即人工费、材料费与机械费之和），或以人工费与机械费之和，或以人工费为取费基础计算该分部分项工程的管理费，并计入该分部分项工程项目综合单价之中。综合单价计算可采用工程量清单综合单价分析表表 8-15 或表 8-16 格式组价。《陕西省建筑工程工程量清单计价费率》（2009）中规定：企业管理费的计算是以该分部分项安装工程项目中所包含的人工费作为取费基础，乘以规定的企业管理费率，即：

$$m_g = rk_g \tag{8-7}$$

式中 r——分项工程人工费；

k_g——安装工程企业管理费率。

例如《陕西省建设工程工程量清单计价费率》（2009）规定：在编制安装工程招标最高限价时，取 $k_g = 20.54\%$；在投标报价时，则由施工企业自主确定管理费率，并承担全部风险。

表 8-15 工程量清单综合单价分析表

工程名称： 专业： 第 页 共 页

序号	项目编码	项目名称及项目特征	单位	数量	组价依据	综合单价/元						
						人工费	材料费	机械费	管理费	利润	风险	合计

注：表中材料费由主材费和辅材费组成。

2. 规费

所谓规费（statutory fee），是指根据国家法律、法规的有关规定，由省级政府或省级有关行政主管部门按照地区的经济发展水平和对工程施工的实际测算而规定施工企业必须缴纳的费用类型及计算标准，为不可竞争的费用项目，并应计入建筑安装工程造价之中。《建设工程工程量清单计价规范》GB 50500—2013 及省、自治区、直辖市发布的建设工程工程量清单计价规则均有明确规定，规费主要包括：①社会保障费（含养老保险、失业保险、医疗保险、工伤保险、残疾人就业保险、生育保险等）；②住房公积金；③危险作业意外伤害保险费等，均为必须缴纳的费用。规费属于工程间接成本，为不可竞争的费用，即工程招标、投标双方均应严格执行所规定的各项费率标准和取费基础，不得随意变动。各地区对各项规费的费率标准均根据本地区的经济发展水平做出了不同的规定，如《陕西省建设工程工程量清单计价费率》（2009）对各项规费费率标准做出的规定见表 8-17。

表 8-16 工程量清单综合单价分析表

工程名称： 标段： 第 页 共 页

<table>
<tr><td colspan="2">项目编码</td><td colspan="2"></td><td colspan="2">项目名称</td><td colspan="3"></td><td colspan="2">计量单位</td><td>工程数量</td></tr>
<tr><td colspan="12">清单综合单价组成明细</td></tr>
<tr><td rowspan="2">定额编号</td><td rowspan="2">定额名称</td><td rowspan="2">定额单位</td><td rowspan="2">数量</td><td colspan="4">单价</td><td colspan="4">合价</td></tr>
<tr><td>人工费</td><td>材料费</td><td>机械费</td><td>管理费和利润</td><td>人工费</td><td>材料费</td><td>机械费</td><td>管理费和利润</td></tr>
<tr><td></td><td></td><td></td><td></td><td></td><td></td><td></td><td></td><td></td><td></td><td></td><td></td></tr>
<tr><td></td><td></td><td></td><td></td><td></td><td></td><td></td><td></td><td></td><td></td><td></td><td></td></tr>
<tr><td colspan="2">人工单价</td><td colspan="6">小　计</td><td></td><td></td><td></td><td></td></tr>
<tr><td colspan="2">元/工日</td><td colspan="6">未计价材料费</td><td colspan="4"></td></tr>
<tr><td colspan="8">清单项目综合单价</td><td colspan="4"></td></tr>
<tr><td rowspan="5">材料费明细</td><td colspan="5">主要材料名称、规格、型号</td><td>单位</td><td>数量</td><td>单价/元</td><td>合价/元</td><td>暂估单价/元</td><td>暂估合价/元</td></tr>
<tr><td colspan="5"></td><td></td><td></td><td></td><td></td><td></td><td></td></tr>
<tr><td colspan="5"></td><td></td><td></td><td></td><td></td><td></td><td></td></tr>
<tr><td colspan="7">其他材料费</td><td>—</td><td></td><td>—</td><td></td></tr>
<tr><td colspan="7">材料费小计</td><td>—</td><td></td><td>—</td><td></td></tr>
</table>

注：1. 如不使用省级或行业建设主管部门发布的计价依据，可不填定额名称、编号等。

2. 招标文件提供了暂估单价的材料，按暂估的单价填入表内“暂估单价”栏及“暂估合价”栏。

表 8-17 工程间接成本中部分规费的费率标准（%）

取费基础	养老保险费（劳保统筹基金）	失业保险	医疗保险	工伤保险	残疾人就业保险	生育保险	住房公积金	危险作业意外伤害保险
分部分项工程费 + 措施项目费 + 其他项目费	3. 55	0. 15	0. 45	0. 07	0. 04	0. 04	0. 30	0. 07

（1）养老保险费　养老保险费或称为劳保统筹基金。根据《中华人民共和国劳动法》第 72 条规定：用人单位和劳动者必须依法参加社会保险，缴纳社会保险费。国务院《关于建立统一的企业职工基本养老保险制度的决定》（国发［1997］26 号）第 3 条规定：企业缴纳基本养老保险费的比例，一般不得超过企业工资总额的 20%（包括划入个人账户的部分），具体比例由省、自治区、直辖市人民政府确定。养老保险费包括基本养老统筹和劳保基金两部分，是企业按规定标准为职工缴纳的基本养老保险费。

按照建设部和中国人民建设银行建标（1993）894 号文的精神，职工养老保险费应列入“间接费”内。例如陕建发［2009］199 号文，《陕西省建设工程工程量清单计价费率》（2009）中规定，养老保险即为劳保统筹基金，为社会保障保险的重要费用项目之一。目前参照《建设工程工程量清单计价规范》（GB 50500—2013），应按以下规定执行：

1）养老保险费，或称为劳保统筹基金，用于统筹离退休人员的养老金（不含医疗费）和在职职工的养老保险金积累的费用。

2）施工企业各专业均以单位工程的总分部分项工程费、措施项目费、其他项目费之和作为取费基础，按表8-17给定的标准费率计算养老保险费，即：

$$Q_{41} = (Q_1 + Q_2 + Q_3)k_{41} \tag{8-8}$$

式中 Q_1、Q_2、Q_3——分别为单位工程的分部分项工程费、措施项目费、其他项目费；

k_{41}——养老保险费费率（$k_{41}=3.55\%$）。

注意将养老保险统筹费计入不含税工程造价之中，由建设单位代为施工企业按此标准将养老保险统筹费上缴到建设行业劳保统筹管理部门，所以在工程竣工结算时，应从总工程造价价款中扣除此项费用。

（2）四项保险费 是指企业按照国家规定标准为企业职工缴纳的四项保险费用款额，由失业保险费、工伤及意外伤害保险费、医疗保险和残疾就业保险费等四项费用组成。四项保险费应列入规费项目之中，计入不含税工程造价之内。其取费基础均为单位工程的总分部分项工程费、措施项目费、其他项目费之和，费率分别按表8-17规定标准计取。

由表8-17可知，以上四项保险费的费率合计为0.78%。凡是施工企业参加了保险的均可计算上述四项保险费用，参加几项保险则计取几项费用，而未参加保险的施工企业不得计取此项费用，所以四项保险费属于工程竣工结算项目。四项保险费可按式（8-9）计算：

$$Q_{42} = (Q_1 + Q_2 + Q_3)k_{42} \tag{8-9}$$

式中 Q_1、Q_2、Q_3——分别为单位工程的分部分项工程费、措施项目费、其他项目费；

k_{42}——四项保险费费率总和（$k_{42}=0.78\%$）。

此外，在规费中还有住房公积金和女工生育保险费用项目。陕西省将工程排污费归入到安全文明施工措施费之中。住房公积金是根据《住房公积金管理条例》（国务院令第262号）而确定的费用项目。在第十八条中规定：职工和单位住房公积金的缴存比例均不得低于职工上一年度月平均工资的5%；有条件的城市，可以适当提高缴存比例。具体缴存比例由住房公积金管理委员会拟订，并交给本级人民政府审核后，再报省、自治区、直辖市人民政府批准。女工生育保险是指适龄女工生育、哺乳期内，按有关政策规定支付给母子的保险费用，是进一步提高我国妇女地位、进一步加强保护妇女儿童工作和妇幼保健工作的重要举措。女工生育保险费和住房公积金的计算方法与上述介绍的养老保险费、四项保险费的计算方法相同，故不赘述。

由此可见，随着我国改革开放的不断深入和《中华人民共和国劳动合同法》的发布实施，将使养老保险、失业保险、工伤及意外伤害保险、医疗保险、残疾人就业保险和女工生育保险等社会保障制度逐步完善和加强，也是党和政府为进一步提高广大人民的生活水准和社会保障制度的重要政策和措施。

8.3.3 利润

利润（profit）是指施工企业完成承包工程所获得的建筑产品价格与成本间的差额，即为承包人完成合同工程所获得的盈利。也就是说，建筑安装企业在工程竣工结算时，从结算工程总造价中扣除工程生产费用的各项开支和税金以后所剩的余额（盈利）。利润是建筑安装工人为社会劳动创造的剩余产品价值，表现为企业的纯收入。利润的多少，在结算工程总价一定的条件下，取决于工程成本的高低，它同建筑安装企业管理工作水平、增产节约的成效有直接的关系。

为深化建筑行业改革，适应招标投标竞争的需要和改善企业经营管理，建立责、权、利相结合的经营机制，国家计委、中国人民建设银行计标（1985）352号文规定，以人工费为取费基础，计划利润为直接工程费中人工费的85%。例如2001年《陕西省房屋修缮工程、安装工程费用定额》中规定，不分企业性质、级别，均以直接工程费中的人工费为取费基础，按工程类别选取相应的费率，实行差别利润费率计取利润方法。这些规定使施工企业扩大再生产的能力大大增加，同时也使国有企业、集体企业和私营企业均按工程类别标准计取利润，在同一建设行业市场平台上较好实现了市场经济的公平竞争规则，有利于加速企业的现代化管理和技术革新、技术改造的进程，有利于优胜劣汰，提高企业的竞争能力。

为了进一步加快建筑行业市场化改革进程，规范建设工程工程量清单计价行为，推行统一工程量清单的编制和计价计法，引入市场竞争机制使建筑市场与国际接轨，根据《建设工程工程量清单计价规范》（GB 50500—2013）和当地省、自治区、直辖市颁布的"建设工程工程量清单计价规则"和有关费率的规定，与分部分项工程项目管理费的计算方法一样，利润计算也不再区分工程类别，按统一的费率标准，以分部分项工程项目的人工费为取费基础计算该分部分项工程的利润，并作为其综合单价的构组成费用项目之一，见表8-15或表8-16所示。分部分项工程项目利润按下式计算：

$$m_{1r} = r\,k_{1r} \tag{8-10}$$

式中 r——分项工程的人工费；

k_{1r}——安装工程利润的费率。

例如《陕西省建设工程工程量清单计价费率》（2009）规定：在编制工程招标最高限价时，取$k_{1r}=22.11\%$；在投标报价时，承包人应根据自身技术水平、管理和经营状况等，结合市场情况，由承包人（施工企业）自主确定利润费率，并承担全部风险。

8.3.4 税金

税金（tax）就是按照国家税法规定的有关纳税标准，强制地、无偿地要求纳税人缴纳的费用。税金是工程造价的组成部分，其费用内容和计算标准，发包人和承包人都不能自主确定，也不通过市场竞争确定，即为不可竞争的费用。因此，建筑安装工程的生产经营者（单位或个人）应按规定的税率标准及时向国家纳税。各省、自治区和直辖市的税金计算，因受地区经济发展不平衡的影响而有所不同，并按"营改增"政策执行时间（2016年5月1日）的前、后，分别按有关计税办法计税。例如，在2016年5月1日之前的工程项目，应根据《建设工程工程量清单计价规范》（GB 50500—2013）规定，按单位工程的分部分项工程费、措施项目费、其他项目费和规费等四项费用之和所构成的"不含税工程造价"作为取费基础，乘以相应的税率来计算税金，见表8-13，即：

$$S_j = \sum Q\eta = (Q_1 + Q_2 + Q_3 + Q_4)\eta \tag{8-11}$$

式中 $\sum Q$——不含税工程造价（其中Q_1、Q_2、Q_3、Q_4分别为单位工程的分部分项工程费、措施项目费、其他项目费、规费）；

η——纳税人所在地的相应税率（综合税率）；

S_j——纳税额。

在2016年5月1日之后的工程项目，则应按表8-14规定的计税办法计税。根据国家税法和《建设工程工程清单计价规范》GB 50500—2013的有关规定，税金项目清单由营业税、城市建设维护税、教育费附加和地方教育附加等部分组成。而"税改增"则规定营业税改为增值税，附加税则由城市建设维护税、教育费附加和地方教育费附加组成。税金应计入工程造价之内，纳税人为建设单位。

1. 营业税

营业税是指对从事商业、交通运输、通信业、建筑业、制造业及各种服务业的单位和个人等，按其营业收入额征收的一种税种。为了适应基本建设改革，必须按照国际惯例和市场规则，使各类建安企业在平等条件下公平竞争，全面推行建筑业的招标、投标机制，以维护税收政策的统一性和严肃性。我国制定的《中华人民共和国营业税暂行条例》（1983）已于1994年1月1日起施行，并规定建筑安装企业在承包建筑、安装、修缮、装饰及工程作业所得的收入中均应征收营业税。

2. 增值税

在8.2.2中的“税金项目清单”中对增值税已作介绍。所谓“营改增”，就是将原税金中的营业税改为增值税，附加税则由城市建设维护税、教育费附加和地方教育费附加等三项税额组成。“增值税”，是以商品（含应税劳务）在流转过程中产生的增值额作为计税依据，对商品生产、流通、劳务服务等多个环节产生的新增价值或商品的附加值进行征收的一种流转税。增值税也是对销售货物或者提供加工、修理修配劳务，进口货物的单位与个人，就其实现的增值额而征收的一个税种。总之，增值税征收包括了生产、流通、消费过程中的各个环节，是基于增值额或价差为计税依据的中性税种。增值税征收范围很广，主要包括：

（1）交通运输业：陆路运输、水路运输、航空运输、管道运输等。

（2）现代服务业：研发及技术服务、信息技术服务、文化创意服务、商业服务业、物流辅助服务、有形动产租赁服务、鉴证咨询服务、广告服务等，或者按原材料采购、批发、零售与消费等各个环节。

（3）建造矿产业：建筑业、生产制造业、矿业勘测及开采等。

（4）现代农业产业：农业种植业、林业、畜牧业等各个产业领域。

进口增值税则由海关负责征收，税收收入全部作为中央财政收入。除了进口增值税以外，其他增值税一般均由国家税务部门负责征收，其中75%作为中央财政收入，25%作为地方财政收入。

国务院于2017年4月19日常务会议决定：从7月1日起，将增值税税率划分为17%、11%和6%三档。对于销售货物或者提供加工、修理修配劳务以及进口货物、提供有形动产租赁服务等，适用于第一档，税率为17%；对于提供交通运输业服务、建筑业、生产制造业、矿业开采等，以及农产品（含粮食）、自来水、暖气、石油液化气、天然气、食用植物油、冷气、热水、煤气、居民用煤炭制品、食用盐、农机、饲料、农药、农膜、化肥、沼气、二甲醚、图书、报纸、杂志、音像制品、电子出版物等，适用于第二挡，税率为11%；对于提供现代服务业服务（有形动产租赁服务除外），适用于第三挡，税率为6%。根据增值税税率档次划分原则，建筑安装工程适用于第二档，其增值税税率为$6\% < \eta_{jz} \leqslant 11\%$，见表8-14。

3. 城市建设维护税

为了加速城市发展，加强城市的建设维护，扩大和稳定城市建设维护资金的来源，设立城市建设维护税。城市建设维护税有以下特点：

（1）税收专款专用　一般的税收，直接纳入国家和地方政府财政预算管理，用于社会发展建设和各个方面，没有具体的使用范围和方向。而城市建设维护税暂行条例规定，城市建设维护税税款应当保证用于城市的公用事业和公共设施的建设维护以及乡镇的建设维护。

（2）没有特定的征税对象　区别不同税种的主要标志就是征税对象，不同的税种具有不同的征税对象。一般税种都有自己特定的征税对象，而城市建设维护税是以“三税”（包括增值、营业税和消费税）为计税基础，没有特定的征税对象。这就是说，此税种的征税对象较广。

（3）税率根据受益程度确定　城市建设维护税税率的确定不同于其他税种，计税不是依据纳税人经济性质来确定，而是根据纳税人所在地及其所享用的城镇设施情况来确定的，因此，城市市区税率高于县城、镇，而县城、镇又高于乡村。

4. 教育费附加

为了贯彻落实国家关于教育改革的决定，贯彻 2006 年 9 月 1 日起实施的《中华人民共和国义务教育法》，实行九年义务教育制度，国家建立义务教育经费保障机制，保证义务教育制度实施。为了进一步加快发展地方教育事业，扩大地方教育经费的资金来源，加大对教育的投入，规定凡缴纳产品税、增值税、营业税的单位和个人均应缴纳教育费附加。即以单位和个人实际缴纳的产品税、增值税和营业税的税额为征税依据，分别计算缴纳教育费附加。由此可见，教育费附加也是由税务部门代地方征收的一种经费。地方征收的教育费附加按专项基金管理，由教育部门统筹安排，提出分配方案并经同级财政部门审核同意后，用于改善中小学教育设施和办学条件。

5. 地方教育费附加

地方教育附加是指省级政府根据国家有关规定，为实施“科教兴省”战略，拓宽经费来源渠道，多方筹集财政性教育经费，增加地方教育的资金投入，促进省教育事业发展而开征的一项政府基金。2011 年 7 月 1 日发布的《国务院关于进一步加大财政教育投入的意见》要求，全面开征地方教育附加，各地区要加强收入征管，依法足额征收，不得随意减免。

对于执行“营改增”征税之前的工程项目，上述介绍的营业税、城市建设维护税、教育费附加和地方教育费附加等四项的总税率应按纳税人（建设单位）所在地选取。纳税地点在市区，税率为 3.48%，纳税地点在县城、镇，税率为 3.41%，纳税地点在市区、县城、镇以外，税率为 3.28%。其计税基础为分部分项工程费、措施项目费、其他项目费与规费等四项费用之和，见表 8-13。对于执行“营改增”征税之后的工程项目，增值税将取代营业税，而附加税则由城市建设维护税、教育费附加和地方教育费附加等三项税额组成。计税方法参见式（8-2）~（8-4），工程量清单计价程序见表 8-14。

8.4 电气安装工程计价费用的构成

工程造价包括工程成本、利润和税金。电气安装工程量清单计价就是首先要根据《建设工程工程量清单计价规范》（GB 50500—2013）、《建筑工程施工发包与承包计价管理办法》（建设部令第 107 号）以及所在省、自治区、直辖市颁布的“建设工程工程量清单计价规则”、安装工程消耗量定额及其配套的“价目表”、有关工程造价的法律、法规等文件资料，按照电气安装施工图和拟建工程的实际情况，由具有建设工程项目管理能力的招标人（业主）或委托具有相应资质的工程造价咨询人或工程招标代理人编制出工程量清单。然后再依据工程招标文件、工程量清单、有关安装工程消耗量定额及其配套定额价目表进行综合单价分析计算。按有关安装工程计价程序和建设工程工程量清单计价费率标准，结合施工现场实际情况，采取合理的施工方法，按照计价规则要求进行工程量清单计价，即编制工程招标控制价，也称为工程招标最高限价。同样，投标人（工程承包商或施工单位）或委托具有相应资质的工程造价咨询人，依据招标单位发布的工程招标文件，拟建工程项目的工程量清单和有关要求，结合施工组织设计和施工方案，参考有关安装工程消耗量定额及其配套的定额价目表，按照本企业定额和设备材料市场信息价，参考建设工程工程量清单计价费率，对建设工程自主投标报价。值得注意的是，工程量清单计价活动应遵循客观、公正、公平的原则，应符合国家及地区有关法律、法规、标准、规范和规定等方面的要求。要求投标报价不得高于招标最高限价，否则按废标处理；投标报价也不得低于工程成本。

由于“分部分项工程量清单综合单价分析表”和“措施项目费综合单价分析表”均属于施工企业（投标单位）的机密资料，如果业主（招标人）要求施工企业（投标人）提供以上两个分析表时，必须在招标文件中提出。施工企业应将综合单价分析表单独装订，经密封处理后，连同投标文件一起送达招标单位参加投标。

另外，在编制安装工程计价书时，应注意参照国家及本地区（省、自治区、直辖市等）最新发布的有关建设工程工程量清单计价费率、安装工程消耗量定额及其配套的定额价目表和最新发布的有关政策法规、建设工程造价管理信息以及建设工程材料信息价或进行市场询价收集资料。

8.4.1 工程量清单计价的基本内容及计价方法

工程量清单计价具有科学性、实用性和通用性，在国际上采用工程量清单计价的方法已有近百年的历史，国际通行的工程合同文本、工程管理模式等均与工程量清单计价相配套。工程量清单计价方法是市场经济价格体系的具体表现形式，尤其是在我国加入WTO后，必然要引入国际通行的计价模式，在全国推行招投标阶段的工程量清单计价方法。所谓工程量清单计价，是指按照《建设工程工程量清单计价规范》（GB 50500—2013）和地区“建设工程工程量清单计价规则”，根据工程量清单、综合单价分析法、工程造价信息资料和建设工程工程量清单计价费率规定等，对建设工程进行计价的活动，称为工程量清单计价。按用途可分为施工图预算、招标控制限价、投标报价和工程结算（决算）等。

工程量清单计价的项目内容包括分部分项工程费、措施项目费、其他项目费、规费和税金等。综上所述，工程量清单计价过程是根据《建设工程工程量清单计价规范》（GB 50500—2013）和工程施工图纸确定设置工程量清单项目，按照统一的工程量计算规则和方法计算出各个清单项目的工程数量。在编制完成工程量清单的基础上，再编制招标文件。工程量清单计价过程如图8-5所示。

工程量清单计价过程可分为编制工程量清单和编制建设项目招标控制价（招标最高限价）、建设项目投标报价等两个阶段。招标文件中的工程量清单标明的工程数量是设计用量，或称作实用量，一般不包括预留量和材料损耗量。如前所述，工程量清单计价应包括按招标文件规定完成工程量清单所需的全部费用，按用途又分为工程招标控制价编制、投标报价编制、合同价款的调整确定和办理工程结算等。

在进行工程招标控制价（招标最高限价）编制时，应根据招标文件中的工程量清单和

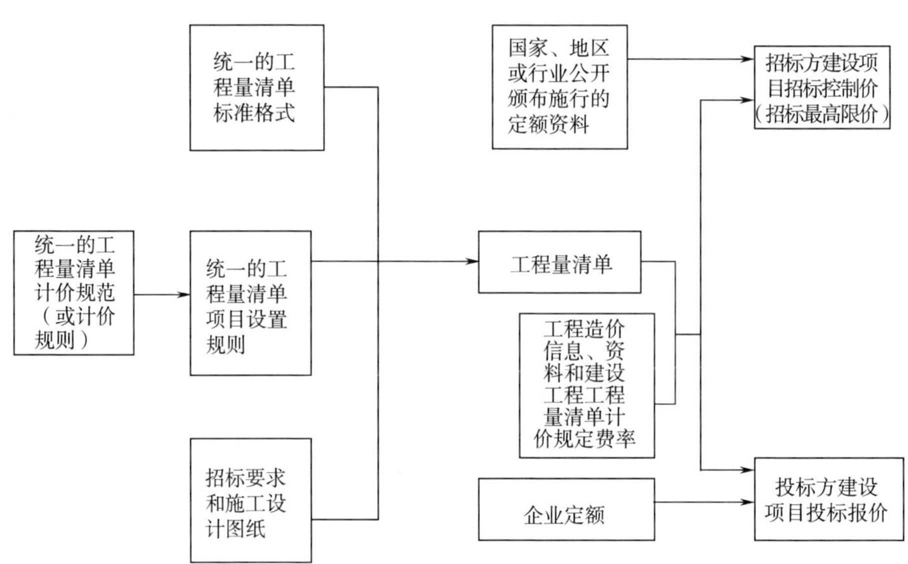

图 8-5　工程量清单计价过程框图

有关要求、施工现场实际情况、合理的施工方法，并按照建设行政主管部门发布的建设工程工程量清单计价费率，执行安装工程消耗量定额及其配套的价目表，按规定的计价程序进行编制。投标报价则应根据招标文件的工程量清单和有关要求、施工现场实际情况及拟定的施工方案或施工组织设计，同时还应根据投标人的企业定额和市场价格信息，并参考建设行政主管部门发布的建设工程工程量清单计价费率、参考安装工程消耗量定额及其配套的价目表，按规定的计价程序进行编制。安装工程量清单计价也应采用统一格式，随招标文件发至投标人，由投标人填写。工程量清单计价格式应由下列内容组成：

1. 封面

封面类型分为招标控制价、投标报价和竣工结算三种，其封面及扉页格式如图 8-6 ~ 图 8-11 所示，封面应分别由招标人、投标人、发包人、承包人 、法定代表人和造价人员、造价工程师按规定的内容填写、签字并盖执业专用章。其招标控制价、投标总价应分别按建设项目招标控制价/投标报价汇总表 8-18 的合计金额填写，竣工结算总价则按工程项目竣工结算汇总表 8-19 的合计金额填写。

____________________工程

招标控制价

招　标　人：____________________

（单位盖章）

造价咨询人：____________________

（单位盖章）

年　　月　　日

图 8-6　招标控制价封面格式

__________________工程

投 标 总 价

投　标　人：__________________
（单位盖章）
年　　月　　日

图 8-7　投标报价封面格式

__________________工程

竣工结算书

发　包　人：__________________
（单位盖章）
承　包　人：__________________
（单位盖章）
造价咨询人：__________________
（单位盖章）
年　　月　　日

图 8-8　竣工结算封面格式

__________________工程

招标控制价

招标控制价（小写）______________________________
（大写）______________________________

招标人：_______________________　造价咨询人：_______________________
（单位盖章）　（单位资质专用章）
法定代表人　法定代表人
或其授权人：____________________　或其受授人：_________________________
（签字或盖章）　（签字或盖章）
编制人：_______________________　复核人：____________________________
（造价人员签字盖专用章）　（造价工程师签字盖专用章）
编制时间：　年　月　日　复核时间：　年　月　日

图 8-9　招标控制价扉页格式

投标总价

招标人：____
工程名称：____
投标总价（小写）：____
（大写）：____
招标人：____
（单位盖章）
法定代表人
或其授权人：____
（签字或盖章）
编制人：____
造价人员签字盖专用章
编制时间：　年　月　日

图 8-10　投标报价扉页格式

______________工程

竣工结算总价

中标价（小写）：______________ （大写）：______________

结算价（小写）：______________ （大写）：______________

发包人：__________ 承包人：__________ 造价咨询人：__________

（单位盖章） （单位盖章） （单位资质专用章）

法定代表人 法定代表人 法定代表人

或其授权人：__________ 或其授权人：__________ 或其授权人：__________

（签字或盖章） （签字或盖章） （签字或盖章）

编制人：______________ 核对人：______________

（造价人员签字盖专用章） （造价工程师签字盖专用章）

编制时间： 年 月 日 核对时间： 年 月 日

图 8-11 竣工结算扉页格式

2. 总说明

总说明格式如图 8-12 所示，其内容主要包括：

1）工程概况：建设规模、工程特征，包括工程项目的结构、建筑面积、层数、层高、功能等。合同工期、实际工期以及施工现场实际情况、交通运输情况、自然地理条件、环境保护要求和施工组织设计的特点等。

2）招标控制价/投标报价包括范围：招标/投标的工程图纸及图纸图号，施工内容等。

3）招标控制价/投标报价编制依据：

（1）招标控制价编制依据主要包括：

① 招标文件、工程量清单及其补充通知、会议答疑纪要、有关计价要求。

②与建设项目相关的标准、规范等技术资料。

③ 工程项目的施工图纸及图纸名称、图号及其他相关资料。

④ 省、自治区、直辖市建设主管部门颁发的建设工程工程量清单计价规则、建设工程消耗量定额和其他相关计价依据、办法、以及有关计价文件、建设工程工程量清单计价费率等。

⑤ 材料价格采用工程所在地区建设工程造价管理机构近期发布的“建设材料信息价”，对于“建设材料信息价”中未包括的材料价格，可参照市场价格合理选择。

（2）投标报价编制依据主要包括：

① 招标文件、工程量清单，投标报价的有关要求及其补充通知、会议答疑纪要等。

② 与建设项目相关的标准、规范等技术资料。

③ 工程施工图纸、施工现场情况、工程特点及工程投标施工组织设计或施工方案。

④ 有关工程施工技术要求、标准、规范、安全管理规定及其他相关资料等。

⑤ 有关省、自治区、直辖市建设主管部门颁发的建设工程工程量清单计价规则，和其他相关计价依据、办法，以及有关计价文件、企业定额或参考建设工程工程量清单计价费率、建设工程消耗量定额等参考资料。

⑥ 材料价格参考工程所在地区建设工程造价管理机构近期发布的“建设材料信息价”，并根据本投标单位经过市场询价自主报价。

总 说 明

工程名称 第 页 共 页

图8-12 总说明格式（正式文件占一页）

3. 建设项目招标控制价/投标报价汇总表

建设项目招标控制价/投标报价汇总表见表8-18，该表适用于建设项目招标控制价或投标报价的汇总。表中的单项工程名称应按照单项工程招标控制价/投标报价汇总表8-19的工程名称填写；造价金额则按单项工程招标控制价/投标报价汇总表8-19的合计金额填写。

表8-18 建设项目招标控制价/投标报价汇总表

工程名称： 第 页 共 页

序 号	单 项 工 程 名 称	金额/元	其 中		
			暂估价/元	安全文明施工费/元	规费/元
合计					

注：本表适用于建设项目招标控制价/投标报价的汇总。

表8-19 单项工程招标控制价/投标报价汇总表

工程名称： 第 页 共 页

序 号	单 位 工 程 名 称	金额/元	其 中		
			暂估价/元	安全文明施工费/元	规费/元
合计					

注：本表适用于单项工程招标控制价/投标报价汇总。其中暂估价包括分部分项工程中的暂估价和专业工程暂估价。

4. 单项工程招标控制价/投标报价汇总表

单项工程招标控制价/投标报价汇总表见表8-19，该表适用于单项工程招标控制价或投标报价的汇总。表中的单位工程名称应按单位工程招标控制价/投标报价汇总表8-20的工程名称填写；造价金额按照单位工程招标控制价/投标报价汇总表 8-20 的合计金额填写；表中的暂估价包括分部分项工程中的暂估价和专业工程暂估价。

表 8-20 单位工程招标控制价/投标报价汇总表

工程名称： 第 页 共 页

序 号	项 目 名 称	金额/元	其中：暂估价/元
1	分部分项工程费		
1.1			
1.2			
2	措施项目费		—
2.1	安全文明施工措施费（含安全文明施工费、环境保护费、临时设施费）		—
3	其他项目费		—
3.1	暂列金额		—
3.2	专业工程暂估价		—
3.3	计日工		—
3.4	总承包服务费		—
4	规费		—
5	税金		—
招标控制价/投标报价合计 =1 +2 +3 +4 +5			

注：本表适用于单位工程招标控制价/投标报价的汇总，如无单位工程划分，单项工程也可使用本表汇总。

5. 单位工程招标控制价/投标报价汇总表

单位工程招标控制价/投标报价汇总表见表 8-20。单位工程造价汇总表中的金额应分别按照分部分项工程量清单与计价表 8-1、措施项目清单与计价表 8-4、表 8-5 和其他项目清单与计价汇总表 8-6、暂列金额明细表 8-7、专业工程暂估价表 8-9、计日工表 8-10、总承包服务费计价表 8-11、规费、税金项目清单与计价表 8-12 的合计金额填写。

6. 分部分项工程量清单计价（Q_1）

分部分项工程量清单与计价表主要包括项目编号、项目名称、项目特征描述、计量单位、工程数量、综合单价、合价以及序号等内容，其格式见表 8-1。分部分项工程费是指完成某工程量清单项目所需要的费用，即通过分部分项工程量清单计价求得，其计算式为：

$$Q_1 = \sum \tau m + \Delta Q_1 \tag{8-12}$$

式中 Q_1——分部分项工程费；

τ——分部分项工程综合单价；

m——分部分项工程量；

ΔQ——可能发生的差价。

分部分项工程项目综合单价 τ 由该分部分项工程的单位人工费、材料费、机械费、管理费、利润和风险等费用组成。综合单价的确定应根据《建设工程工程量清单计价规范》和有关省、自治区、直辖市的“建设工程工程量清单计价规则”的规定进行组价。另外我们知道，在编制招标最高限价时，则需执行本地区发布安装工程消耗量定额及其配套的定额价目表，参考工程造价管理信息及材料信息价，价差部分可列入风险项目之内。在编制投标报价时，应注意参考当地职能部门发布的工程造价管理信息及建设材料信息价，根据本施工企业定额（其人工费、材料费和机械费均为市场价）自主报价。分析确定分部分项综合单价是一项非常重要的工作，是关系到招标最高限价是否准确合理、是否符合工程实际的关键因素，也是关系到投标报价能否中标的基本保证。综合单价一般多以人工费为组价基础，其计算方法见表8-21，也可选用以直接工程费或以人工费与机械之和为组价基础进行计算某分部分项工程量清单项目的综合单价。分部分项工程量清单项目综合单价分析表参见表8-15或表8-16，表中的管理费按式（8-7）计算，利润按式（8-10）计算，分部分项工程量清单计价按表8-1的格式编制。由表8-1可见，综合单价应包括完成一个规定计量单位的工程量清单项目所需的人工费、材料费、机械使用费、管理费和利润，并按省、自治区、直辖市建设主管部门的有关规定，应考虑一定范围内的风险因素。另外，分部分项工程量清单计价表中的序号、项目编码、项目名称、计量单位、工程数量以及对项目特征描述等，必须按分部分项工程量清单中的相应内容填写一致。

差价是指合同约定或政策规定计入工程造价总价，但不计入综合单价的费用。式(8-12)中，分部分项工程费可能发生的差价 ΔQ 是指在履行施工合同期间发生材料、设备价格变化超过合同约定幅度、国家或省级有关工程造价管理机构发布建设工程调价政策等而“可能发生的差价”，见式（6-5）、式（6-6）。为维护发、承包双方的合法权益，不得随意将相关费用纳入差价。一般来说，差价发生于实际施工过程之中，其计价则在工程进度价款结算或竣工结算时进行。

表8-21 以人工费为组价基础计算确定分部分项工程综合单价

费用项目名称	计算式	合价	其中		
			人工费	材料费	机械费
分项直接工程费	$a+b+c$	A	a	b	c
分项管理费	$a\eta_1$	A_1			
分项利润	$a\eta_2$	A_2			
分项风险	$a\eta_3$	A_3			
分项综合单价	$A+A_1+A_2+A_3$				

注：η_1、η_2、η_3 分别为计取分项工程管理费、利润和风险的费率。

7. 措施项目费（Q_2）的计算

如前所述，措施项目是为工程实体施工服务的，不同措施项目的特点和费用确定方法是不同的。招标人在编制招标控制价时，措施项目费可根据合理的施工方案和各项措施项目费用的参考费率及有关规定确定。而投标人在编制措施项目投标报价时，则可根据施工组织设计所采取的具体措施，以招标人提供的措施项目清单为依据，增减措施项目。例如对措施项目清单中列出而实际未采用的措施项目可不进行报价。在安装工程中，措施项目费一般包括安全文明施工措施费（含安全文明施工费、环境保护费、临时设施费），冬雨季、夜间施工措施费，二次搬运费，测量放线、定位复测、检验试验费和脚手架费等。措施项目综合单价的构成与分部分项工程项目单价构成类似，但措施项目费中的安全文明施工措施费为不可竞争费用，应按各省、自治区、直辖市发布的“建设工程工程量清单计价费率”所规定的计价程序和办法及其费率标准计取。措施项目的增减也应符合以下要求：①除安全文明施工措施费（包括环境保护费、安全文明施工费、临时设施费和扬尘污染治理费）为必须确定的措施项目外，其他措施项目则应根据拟建工程的实际情况列项，例如可根据施工组织设计确定冬雨季、夜间施工，二次搬运，测量放线、定位复测和检验试验，脚手架等措施项目；②施工规范及工程验收规范要求而必须发生的技术措施项目；③招标文件中提出的某些必须通过一定的技术措施才能完成的项目或要求；④设计文件中提出的某些需要通过一定的技术措施才能完成的项目或要求。⑤若出现《建设工程工程量清单计价规范》或“计价规则”中未列出的措施项目时，招标人可根据实际情况补充。投标人补充的措施项目，应按招标文件规定补充。若招标文件无具体规定时，所补充的措施项目应单列，并在投标书中加以说明补充项目的原因。措施项目费计算式为：

$$\text{措施项目费}（Q_2）=\sum\text{综合单价}\times\text{工程数量}+\text{可能发生的差价} \quad (8\text{-}13)$$

其措施项目综合单价按相应的计价规则确定，对于按工程数量编制的措施项目，应参照分部分项工程量清单项目综合单价的分析计算方法编制计算措施项目的综合单价，其格式参见表 8-15 或表 8-16。对于以“项”为计量单位编制的措施项目，为了使措施项目综合单价计算简便，如陕西省建设厅发布的《陕西省建设工程工程量清单计价费率》（2009）规定按取费基础和选择相应的参考标准费率计算某措施项目费。部分措施项目费率在表 8-22 中列出，是以单位工程分部分项工程费中的人工费之和作为取费基础计算的，即：

$$Q_{22-24}=\sum R_1 k \quad (8\text{-}14)$$

式中 R_1——单位工程的分部分项工程费中所含人工费之和；

k——某措施项目参考费率；

Q_{22-24}——为表 8-22 中的三项措施项目费之和。

表 8-22 部分措施项目费费率表（%）

取费基础	冬雨季、夜间施工措施费	二次倒运费	测量放线、定位复测及检验试验费
单位工程人工费	3.28	1.64	1.45

然而，在措施项目清单计价中，对于安全文明施工措施费和脚手架费则分别按以下规定计算：

（1）安全文明施工措施费　为了进一步鼓励施工企业实现安全生产及文明施工，为创优质达标工程而采取强有力的措施，《建设工程工程量清单计价规范》（GB 50500—2013），在 3.1.5 条款中规定：措施项目清单中的安全文明施工措施费（含环境保护费、安全文明施工费、临时设施费和扬尘污染治理费）应按照国家或省级、行业建设主管部门的规定计价，为不可竞争性费用。所以必须根据国家或各省、自治区、直辖市的有关文件规定的政策要求进行计取安全文明施工措施费。

随着我国经济建设的飞速发展和建设市场经济的实际情况，为了适应建设市场劳务等实际价格水平，确保建筑行业持续稳定的发展，各省、自治区、直辖市均及时对工程量清单计价作出相应的调整。例如陕西省住房和城乡建设厅根据国家财政部、国家安全生产监督管理局关于印发《高危行业企业安全生产费用管理暂行办法》的通知精神、《建设工程工程量清单计价规范》（GB 50500—2013），在陕西省范围内对于安装工程，安全文明施工措施费按

分部分项工程费、措施项目费（不含安全文明施工费）、其他项目费之和的4.0%。即

$$Q_{21} = (Q_1 + Q_{2\Sigma} + Q_3)\ k_{21} \tag{8-15}$$

式中 Q_1——单位工程的分部分项工程费；

$Q_{2\Sigma}$——措施项目费（不含安全文明施工措施费）；

Q_3——其他项目费；

k_{21}——安全文明施工费费率。对于安装工程，其中安全文明施工费费率为2.6%，环境保护费（含排污）费率为0.4%，临时设施费费率为0.8%，扬尘污染治理费费率为0.2%，总费率 k_{21} =4.0%。

显而易见，安全文明施工措施费的调整充分体现了我国政府坚持以人为本、生产施工安全、工程质量第一的方针政策。如前所述，安全文明施工费属于不可竞争费用，招投标双方均不得改变计费方法和费率标准，并要求承包人对安全文明施工措施费应专款专用，在财务账目中应单独列项备查，不得挪作他用，否则发包人有权要求其限期改正。

安全文明施工措施费应计入不含税工程造价之中，并且发包人应在工程工后的28天内预付不低于当年施工进度计划的安全文明施工措施费总额的60%，其余部分应按照提前安排的原则进行分解，与进度款额同期支付。若发包人未按时支付安全文明施工措施费时，承包人可催告发包人及时支付；发包人在付款期满后的7天内仍未支付的，若发生安全事故时则由发包人承担。在工程竣工结算时，也不管工程否达到安全及文明施工的条件要求，均不应该扣除。如果工程未达到安全及文明施工条件要求，或出现工程质量和工伤事故问题时，则应由有关的职能部门根据有关法律法规或条例的规定，另行作出处理或处罚。

（2）脚手架搭拆　在《通用安装工程工程量计算规范》（GB 50856—2013）中规定脚手架搭拆属于“专业措施”项目。脚手架搭拆综合费（注：为了与按消耗量定额所规定的脚手架搭拆费区分开，本书将含有管理费、利润的脚手架搭拆费称作“脚手架搭拆综合费”）为单位工程脚手架搭拆费及其管理费、利润之和。其项目编码为“0313001017”，工作内容及包含范围是场内、场外材料搬运、搭拆脚手架以及材料堆放等。对于脚手架搭拆费的计算，在《全国统一安装工程预算定额》（2000）以及在《陕西省安装工程消耗量定额》（2004）中都有明确规定，需按有关定额的规定系数计取，包干使用，不作调整。即不论安装工程实际操作物高低，是否搭拆脚手架或搭拆数量多少，均应按规定的取费系数计取脚手架搭拆费用。现行定额各册在测算脚手架搭拆费的取费系数时，已作如下考虑：

1）各专业工程交叉作业施工时，可能会存在可以互相利用或借用脚手架的情况，如土建工程、管道安装、仪表安装、电缆敷设、设备安装、采暖安装、照明安装等专业相互借用脚手架等，所以测算时均已扣除了交叉作业可以相互利用脚手架的费用。

2）安装工程用的脚手架与土建工程所用脚手架不完全相同，因此在测算脚手架搭拆费时，一般是按简易脚手架考虑的。

3）在施工时如果部分或全部使用土建专业或其他施工专业的脚手架，可按安装企业工种之间相互借用有偿使用处理，但安装企业向建设单位收取的脚手架费用不变。《全国统一安装工程预算定额》总说明中规定的脚手架搭拆费计算标准在表8-23中列出。在脚手架搭拆费中，人工费占25%，材料费占65%，机械费占10%。其中脚手架搭拆费中的人工费可作为计取脚手架项目的管理费和利润的取费基础。

表 8-23 安装工程脚手架搭拆费取费系数

<table>
<tr><th colspan="2" rowspan="2">定 额 名 称</th><th rowspan="2">占单位工程的人工费（%）</th><th colspan="3">其 中</th></tr>
<tr><th>人工费占（%）</th><th>材料费占（%）</th><th>机械费占（%）</th></tr>
<tr><td colspan="2">电气设备安装工程（第二册）
自动化控制仪表安装工程（第十册）
消防及安全防范设备安装工程（第七册）
建筑智能化系统设备安装工程（第十三册）</td><td>7</td><td>25</td><td>65</td><td>10</td></tr>
<tr><td rowspan="3">刷油、防腐蚀、绝热工程（第十一册）</td><td>刷油工程</td><td>8</td><td rowspan="3">25</td><td rowspan="3">65</td><td rowspan="3">10</td></tr>
<tr><td>防腐蚀工程</td><td>12</td></tr>
<tr><td>绝热工程</td><td>20</td></tr>
</table>

注：陕西省安装工程消耗量定额第七册为“消防设备安装工程”；第十二册为“建筑智能化系统设备安装工程”；第十四册为“刷油、防腐蚀，绝热工程”。

综上所述，由于安装工程项目零星分散，不可能按每套灯具、每台配电箱、每 100m 线管的安装量分别计取脚手架搭拆费，所以只能采取综合计取的办法，从而达到计算简单、使用方便的目的。所以脚手架搭拆费是针对某单位工程而言，其规定系数也属于综合取费系数，故脚手架搭拆费为

$$m_j = R_1 k_j \tag{8-16}$$

式中 k_j——脚手架搭拆费取费系数（见表 8-23）；

m_j——按规定系数计取的脚手架搭拆费用。

在脚手架搭拆费 m_j 中含人工费为 $R_j = m_j \times 25\%$，则脚手架搭拆综合费中的管理费和利润可按式（8-17）计算：

$$\begin{aligned} m_{jg} &= R_j \cdot k_{jg} \\ m_{jl} &= R_j \cdot k_{jl} \end{aligned} \tag{8-17}$$

式中 m_{jg}——脚手架搭拆管理费；

m_{jl}——脚手架搭拆利润；

k_{jg}——管理费费率（$k_{jg} = 20.54\%$）；

k_{jl}——利润费率（$k_{jl} = 22.11\%$）。

则脚手架搭拆综合费（Q_{25}）为：

$$Q_{25} = m_j + m_{jg} + m_{jl} \tag{8-18}$$

如前所述，在编制招标控制价或编制投标报价书时，还应注意计算当地建设行政主管部门发布的有关调价文件而产生的差价。

在分析计算各措施项目综合单价的基础上，按式（8-13）进行措施项目清单计价，并按表 8-4 或表 8-5 的格式编制。在本节前面已作介绍，应注意在编制措施项目清单计价表时，序号、项目名称以及项目特征描述等，必须按措施项目清单中的相应顺序和内容填写；除了安全文明施工措施费以外，投标人则可根据施工组织设计和施工现场实际情况自主确定增加或减少措施项目，并自主报价。上述所介绍的分部分项工程费和措施项目费中，除了管理费和利润以外，都是属于完成工程实体（即生产合格产品）所必须耗费的费用，故又称为直接费。

对于规费项目清单计价和税金项目清单计价方法，已分别在 8.3.2 节和 8.3.4 节中介绍，故不在赘述。

【例题 8-1】 计算某综合楼火灾自动报警安装工程，其建筑面积为 8892m²，砖混结构，6 层，开工日期为 2019 年 4 月 26 日，合同工期 150 天，工程地点在汉中市城区，已按合同工期竣工。

通过甲乙双方核对并按合同约定进行竣工结算，部分竣工结算计算结果如下：在未计算人工差价和各种材料差价时计算得到分部分项工程费为 382350.90 元，其中人工费为 43215.60 元；各种材料的差价合计为 12468.60 元，其他项目费合计为 25968.90 元。已知合同约定人工单价为 38.00 元/工日。

该综合楼火灾自动报警系统安装工程措施项目清单见表 8-24。除不可竞争费用项目执行《陕西省建设工程工程量清单计价费率》(2009) 以外，根据合同约定：措施项目费中脚手架搭拆综合费给甲方优惠 20%，但执行规定费率，其余措施项目均按规定费率下浮 10% 结算。依据上述条件计算该综合楼火灾自动报警系统安装工程的措施项目费及竣工结算总价。

表 8-24 措施项目清单

工程名称：某建筑火灾自动报警系统安装工程

项目编码	项目名称	计量单位	工程数量
031302001001	安全文明施工措施费	项	1
031302002001	冬雨季、夜间施工措施费	项	1
031302004001	二次搬运费	项	1
031301018001	其他措施—测量放线、定位复测、检验试验费	项	1
031301017001	脚手架搭拆综合费	项	1

1. 分部分项工程费计算

【解】：

因为本工程于 2019 年 4 月 26 日开工，故根据陕建发［2018］2019 号调价文件对综合人工单价调整。由式 (6-5) 计算人工差价为：

$$\Delta R_1 = \frac{43215.60}{38.00} \times (120.00 - 42) = 88705.71 \text{ 元}$$

$$\text{分部分项工程费} = \sum(\text{综合单价} \times \text{工程量}) + \text{可能发生的差价}$$
$$= (382350.90 + 88705.71 + 12468.60) \text{ 元} = 483525.21 \text{ 元}$$

2. 措施项目费计算

计算各项措施项目费的综合单价如下：

(1) 冬雨季、夜间施工措施费 = 43215.60 × 3.28% × (1 − 10%) 元 = 1275.73 元

(2) 二次搬运费 = 43215.60 × 1.64% × (1 − 10%) 元 = 637.86 元

(3) 测量放线、定位复测、检验试验费 = 43215.60 × 1.45% × (1 − 10%) 元
= 563.96 元

(4) 脚手架搭拆费 = 43215.60 × 7% 元 = 3025.09 元

其中人工费 = 3025.09 × 25% 元 = 756.27 元

则项目管理费 = 756.27 × 20.54% 元 = 155.34 元

项目利润 = 756.27 × 22.11% 元 = 167.21 元

本项目要求脚手架搭拆综合费给甲方优惠 20%，则有

脚手架搭拆综合费 = （3025.09 + 155.34 + 167.21） × （1 − 20%） 元 = 2678.11 元

同样根据陕建发［2018］2019 号调价文件，按式（6-5）计算人工差价为：

$$\Delta R_{\mathrm{j}} = \frac{756.27}{38.00} \times (120.00 - 42) = 1552.34 \text{ 元}$$

措施项目费（不含安全文明施工措施费）

= （1275.73 + 637.86 + 563.96 + 2678.11 + 1552.34） 元

= 6708.00 元

（5） 安全文明施工措施费 = （483525.21 + 6708.00 + 25968.90） × 4.0% 元

= 516202.11 × 4.0% 元 = 20648.08 元

根据各项措施项目费综合单价的计算结果编制措施项目清单计价表，见表 8-25

表 8-25 措施项目清单计价表

工程名称：某建筑火灾自动报警系统安装工程

序号	项目编码	项目名称	计量单位	工程数量	金额/元	
					综合单价	合价
01	031302001001	安全文明施工措施费	项	1	20648.08	20648.08
02	031302002001	冬雨季、夜间施工措施费	项	1	1275.73	1275.73
03	031302004001	二次搬运费	项	1	637.86	637.86
04	031301018001	其他措施—测量放线、定位复测、检验试验费	项	1	563.96	563.96
05	031301017001	脚手架搭拆综合费	项	1	2678.11	2678.11
06		人工差价				1552.34
07		02 + 03 + 04 + 05 + 06				6708.00
08		合 计 01 + 07				27356.08

3. 其他项目费

其他项目费共计 25968.90 元。

4. 规费计算

规费 = （483525.21 + 27356.08 + 25968.90） × 4.67% 元

= 536850.19 × 4.67% 元 = 25070.90 元

5. 税金计算

本工程开工日期为 2019 年 4 月 26 日，竣工日期为同年 9 月 23 日，工程地点为陕西省汉中市城区，故应执行该省陕建发［2019］45 号文件之规定，综合系数 ζ = 94.37%，增值税销项税额税率 η_{jz} = 9%，附加税税率 η_{jf} = 0.48%。

（1） 计算税前工程造价

综合系数 ζ = 94.37%，由式（8-2）计算税前工程造价为：

$$Z_{\mathrm{P}} = Z_{\mathrm{S}}\zeta = (Q_1 + Q_2 + Q_3 + Q_4)\zeta = (483525.21 + 27356.08 + 25968.90 + 25070.90) \times 94.37\% \text{ 元}$$
$$= 561921.09 \times 94.37\% \text{ 元} = 530284.93 \text{ 元}$$

(2) 计算增值税销项税额：

按式（8-3）计算增值税销项税额 S_{jz} 为：

$$S_{jz} = Z_P \eta_{jz} = 530284.93 \times 9\% \text{ 元} = 47725.64 \text{ 元}$$

(3) 计算附加税

按式（8-3）计算附加税 S_{jf} 为：

$$S_{jf} = (Q_1 + Q_2 + Q_3 + Q_4)\eta_{jf} = 561921.09 \times 0.48\% \text{ 元} = 2697.22 \text{ 元}$$

则税金 S_j 为：

$$S_j = S_{jz} + S_{jz} = 47725.64 + 2697.22 \text{ 元} = 50422.86 \text{ 元}$$

6. 编制单位工程竣工结算造价汇总表

按照“营改增”计税后的工程量清单计价程序表8-14编制单位工程竣工结算造价汇总表，如表8-26所示。

表8-26 单位工程竣工结算造价汇总表

序号	项目名称	造价/元
1	分部分项工程费	483525.21
2	措施项目费	27356.08
3	其中含安全文明施工措施费 = {(1) + [(2) - (3)] + (4)} ×4.0%	20648.08
4	其他项目费	25968.90
5	规费 = [(1) + (2) + (4)] ×4.67%	25070.90
6	其中养老保险费 = [(1) + (2) + (4)] ×3.55%	19058.18
7	税前工程造价 = [(1) + (2) + (4) + (5)] ×94.37%	530284.93
8	增值税销项税额 = (7) ×9%	47725.64
9	附加税 = [(1) + (2) + (4) + (5)] ×0.48%	2697.22
10	税金 = (8) + (9)	50422.86
11	竣工结算含税工程造价 = (7) + (10)	580707.79

8. 其他项目费计算

如前所述，其他项目费可分为招标人部分和投标人部分。招标人（发包人 employer）部分包括暂列金额、暂估价，是按拟建工程的具体要求或招标文件确定的。如前所述，暂估价所涉及的范围主要包括材料和计入建筑安装工程费的设备，以及拟另行分包的专业工程。其暂估价（prime cost sum）是指从工程招标阶段至签订合同协议过程中，由招标人在工程量清单中提供的用于支付必然要发生，但暂时又不能确定价格的材料、工程设备的单价以及需要另行发包的专业工程金额，是均以估价金额确定的。暂估价项目的设置符合工程计价的实际需要，是发、承包双方规避或减少计价风险的有效措施。专业工程暂估价是指招标人将按国家相关规定准予分包的工程，指定专业分包人施工而暂估的款额，故应根据招标人给出的专业工程暂估价计算。而材料、工程设备暂估价则是指某些材料或计入建筑安装工程费的设备等的型号及单价暂时不能确定，由招标人暂估的单价。凡是由招标人自行采购的材料价款，安装工程、市政工程和园林绿化工程等均要求全部计入其他项目清单之内并计价；而对于建筑工程、装饰装修工程，则要求全部计入分部分项工程量清单项目的综合单价之内。暂列金额是指招标人在工程量清单中暂定并包括在合同价款中的款额，但不直接属于承包人所有。暂列金额（provisional sum）是招标人在工程量清单中暂定并包括在合同价款中的一笔款项。主要用于施工合同签订时尚未确定或不可预见的施工过程中所需材料、设备及服务采购，可能发生的工程变更、合同约定的各种工程价款调整以及发生的索赔、现场签证确认等费用的支出，如有余额仍归招标（发包）人。

投标人（承包人 cotractor）部分则包括计日工和总承包服务费。总承包服务费（main cotractor's attendance）是指为配合协调发包人进行专业工程发包，对发包人自行采购的材料、设备等进行保管以及施工现场管理、竣工资料汇总整理等服务所需的费用。应根据经验及工程分包特点，根据发包人所发包的专业工程和发包人供应材料的价值及其服务内容范围和深度，遵循客观公平、公正的原则选取合适的费率标准计算或按分包项目费用的一定百分比计算总承包服务费。例如《陕西省建设工程工程量清单计价费率》（2009）中规定，在编制招标控制价时应根据招标文件要求的总承包服务内容范围和深度，计取总承包服务费，见式（8-1），计算格式见表 8-11。计日工（dayworks）是指在施工过程中，承包人完成发包人提出的工程合同范围以外的零量项目或工作，是按合同中约定的单价计价的一种方式。例如完成业主提出的在本承包的工程项目以外某处敷设 1 根电缆，安装一段线槽，或装卸货物用工等零星工作项目等，均应以计日工项目的形式列出。计日工费用应通过分析实际施工过程中可能发生的零星工作项目及其工程数量，按照合同中约定的单价以及有关工程清单计价规则分析确定综合单价，并通过计日工表 8-10 计算。最后将以上四项费用（材料暂估单价除外）汇总于其他项目清单与计价汇总表 8-6 中。

8.4.2 按规定系数计取的费用

在《全国统一安装工程预算定额》（2000）中还有几项按规定系数计取的费用，下面分别对这几项按规定系数计取费用的计算方法加以介绍。

1. 高层施工增加费

《通用安装工程工程量计算规范》（GB 50856—2013）中规定，“高层施工增加”属于措施项目费用之一，并且规定高层施工增加费的计算条件是多层建筑超过 6 层（不含 6 层）；单层建筑物的室外设计地坪 ±0. 00 至檐口高度超过 20m（不含 20m）的工业与民用建筑。应注意在计算建筑物的檐口高度时，不包括凸出主体建筑物屋顶水箱间、电梯机房、楼梯出口间、瞭望塔、排烟机房等建筑物；计算层数时，地下室不计入层数。层高在 2. 2m 以下的设备层也不得计入层数。以上两个条件具备之一者均属于高层建筑，应计取高层施工增加费。高层施工增加费的内容包括人工降效、工具垂直运输增加的机械台班费用以及施工用水加压泵的台班费和工人上下楼所乘坐的升降设备台班费用等。高层施工增加费的计算基础是单位工程分部分项工程费中的人工费。高层施工增加费的规定系数可按表 8-27 选择计算。

表 8-27 高层施工增加费规定系数表

层数（层） 计算方法	≤9 （30m）	≤12 （40m）	≤15 （50m）	≤18 （60m）	≤21 （70m）	≤24 （80m）	≤27 （90m）	≤30 （100m）	≤33 （110m）
占工程人工费（%）	18	26	37	43	46	59	67	78	93
其中人工费占（%）	10	12	15	17	19	21	23	26	29
其中机械费占（%）	90	88	85	83	81	79	77	74	71

（续）

层数（层） 计算方法	≤36 (120m)	≤39 (130m)	≤42 (140m)	≤45 (150m)	≤48 (160m)	≤51 (170m)	≤54 (180m)	≤57 (190m)	≤60 (200m)
占工程人工费(%)	110	123	129	139	147	155	163	171	179
其中人工费占(%)	31	33	35	38	40	42	44	46	49
其中机械费占(%)	69	67	65	62	60	58	56	54	51

高层施工增加综合费（Q_{26}）由该分项的高层施工增加费、管理费和利润组成（注：为了与按消耗量定额规定计算的高层施工增加费区分开，本书将含有管理费、利润的高层施工增加费称作“高层施工增加综合费”）。其中高层施工增加费是以该工程量清单的分部分项工程费中包含的总人工费作为取费基础计算的，可按下式计算：

$$m_h = R_1 \eta_h \tag{8-19}$$

式中 m_h——高层施工增加费；

R_1——分部分项工程费中含的人工费之和；

η_h——高层施工增加的规定系数，是针对一个单位工程而言的，故属于综合系数。

在高层施工增加费中含人工费为

$$R_h = m_h \xi_1 \tag{8-20}$$

式中 R_h——高层施工增加费中所含的人工费；

ξ_1——高层施工增加费中含人工费的百分数。

则高层施工增加综合费中的管理费和利润可按下式计算：

$$\left.\begin{aligned} m_{hg} &= R_h k_{hg} \\ m_{hl} &= R_h k_{hl} \end{aligned}\right\} \tag{8-21}$$

式中 m_{hg}——高层施工增加综合费中含的管理费；

m_{hl}——高层施工增加综合费中含的利润；

k_{hg}——管理费费率；

k_{hl}——利润费率。

《陕西省建设工程工程量清单计价费率》(2009) 规定管理费费率 $k_{hg}=20.54\%$，利润费率 $k_{hl}=22.11\%$。另外在高层施工增加综合费中也应考虑风险及差价因素。如果某工程项目既符合高层施工增加费的计算条件，又符合超高增加费的计算条件时，可以同时计算高层施工增加费和超高增加费。值得注意的是，高层施工增加综合费应在措施项目清单中计算。其项目编码为“03132007”，主要工作内容及包括范围是高层施工引起人工降效及机械降效，以及通信联络设备的使用等。

2. *超高增加费*

在安装工程中，如果操作物达到规定高度以上时，应考虑超高施工降效补偿费，即超高增加费，并计入分部分项工程项目综合单价中的人工费之内。在《全国统一安装工程预算定额》(2000) 及各省、自治区、直辖市的地区安装工程预算定额中，都对各类安装工程的“超高降效增加费”计算作出了不同的规定。如《陕西省安装工程价目表》(2009) 第二册“电气设备安装工程”总说明第八条中规定：除了某些分项定额已考虑了高空作业因素以外，凡操作高度离楼地面5m以上的电气安装工程，按超高部分的定额人工费乘以表8-28中的规定系数计算超高增加费；

第七册“消防设备安装工程”总说明第八条中规定：若操作高度距离楼地面超过5m时，按超高部分的定额人工费乘以表8-29中的规定系数计算超高增加费；第十二册“建筑智能化系统设备安装工程”总说明第八条中规定若操作高度离楼地面超过5m时，按其超过部分的定额人工费乘以表8-30中的规定系数计算超高增加费。所谓操作高度是指有楼层的以被安装对象至本楼层地面的垂直距离；无楼层的以被安装对象至本楼地面（设计±0.00）的垂直距离。

表8-28　电气设备安装工程超高系数表

操作高度/m	≤10	≤20	>20
超高系数	1.25	1.35	1.45

表8-29　消防设备安装工程超高系数表

操作高度/m	≤8	≤12	≤16	≤20
超高系数	1.10	1.15	1.20	1.25

表8-30　建筑智能化系统设备安装工程超高系数表

操作高度/m	≤10	≤20	>20
超高系数	1.25	1.4	1.6

应当明确超高增加费是针对安装工程的某个分部分项工程项目（或称作工程子目）而言的，是以该分部分项工程项目中符合超高条件工程量的人工费乘以超高系数计算超高增加费的，所以超高系数属于子目系数。对于大型电气设备的安装，其某些部件在5m以上，而另一些部件在5m以下，应按整台设备计算超高增加费；而对于敷设电气配管、导线和电缆等，在计算其超高增加费时，则应扣除操作高度为5m以下的工程量。综上所述，只有符合超高条件的分项工程项目，才能对其人工费进行调整，调整后的人工费也称作超高增加费。超高增加费可按下式计算：

$$超高增加费=超高部分的分项工程的人工费\times超高系数 \quad (8\text{-}22)$$

显然，要做到正确计算超高增加费，就必须弄清超高工程量与非超高工程量的区别，弄清对具有超高条件分项工程的定额换算方法，还须弄清哪些分项定额已经考虑了高空作业因素，如前面已讲到“路灯、投光灯、碘钨灯、氙气灯、烟囱或水塔指示灯和装饰灯具项目等均已考虑了一般安装工程的超高作业因素，以免出现重复计算或漏算问题。在高层建筑物安装工程中，如有符合超高施工条件时，可同时计算高层建筑增加费和超高增加费。

3. 安装与生产同时进行施工增加费

根据《通用安装工程工程量计算规范》（GB 50856—2013）的规定，将安装与生产同时进行施工增加列入措施项目费，属于专业措施项目之一。其项目编码为“031301010”，工作内容及包括范围有火灾防护和噪声防护等。在施工过程中，因生产操作或生产条件限制，如在易燃易爆场所内、已营业的商场、宾馆饭店内、已投入生产的工厂车间内以及在已通电的电缆沟内施工时，均应进行防火防护和噪声防护，会影响到安装施工的正常进行，故应给予一定的人工降效补偿费用，即可计取安装与生产同时进行施工增加费。但对于安装工作不受影响的安装施工场所不得计算此项费用。另外，在同一施工现场内各工种之间相互交插、配合施工，例如电气配管配线、灯具安装等施工与土建工程、给排水工程、暖通工程以及室内装修工程等工种之间交插作业，也不得计算此项费用。

安装与生产同时进行施工增加费计算，是以分部分项工程的总人工费为取费基础乘以规

定费率，即

$$Q_{27} = R_1\xi_{\Delta 1} \tag{8-23}$$

式中 Q_{27}——安装与生产同时进行施工增加费；

R_1——分部分项工程的总人工费；

$\xi_{\Delta 1}$——定额规定费率标准，取 $\xi_{\Delta 1}=10\%$。

4. 在有害身体健康环境中施工增加费

在有害身体健康环境中施工增加费是指在有害身体健康的环境中施工因工作效率降低而增加的费用。根据《通用安装工程工程量计算规范》（GB 50856—2013）中规定，将在有害身体健康环境中施工增加也列入措施项目费中，属于专业措施项目之一。其项目编码为“031301011”，工作内容及包括范围是对有害化合物防护、粉尘防护、有害气体防护和高浓度氧气防护等。在《民法通则》有关规定允许进行施工工作的环境条件下，在改扩建工程施工现场内，由于有害气体或噪声超过国家有关标准以致影响工人的身体健康，使施工效率降低，故应计算在有害身体健康环境中施工增加费，但不包括劳保条例规定应享受的工种保健费。

在有害身体健康环境中施工增加费的计算，也是以分部分项工程的总人工费为取费基础乘以规定费率，即

$$Q_{28} = R_1\xi_{\Delta 2} \tag{8-24}$$

式中 Q_{28}——在有害身体健康环境中施工降效增加费；

R_1——分部分项工程的总人工费之和；

$\xi_{\Delta 2}$——定额规定的费率标准，取 $\xi_{\Delta 2}=10\%$。

定额中涉及的有害身体健康环境，主要是指非施工单位的原因，其作业环境中存在有害物质、工业粉尘浓度超标、施工环境存在有害气体和空气中含氧量过低等。其危害程度具体数据可查阅《全国统一安装工程预算定额》解释汇编，或由当地政府环保部门做出技术鉴定，以确认是否计算此项费用。

以上介绍的安装与生产同时进行施工增加费、在有害身体健康环境中施工增加费等按规定系数计取的费用，均属于人工降效补偿费，但应注意其是否符合规定的计算条件，只有符合规定条件时才能计算，并计入措施项目费中。

5. 站类工艺系统调整费

站类是指制冷站（库）、空气压缩站、乙炔发生站、水压机蓄势站、制氧站、燃气站、氢气站、氮气站等。在上述站内进行安装施工时，必须符合相应站类的有关施工规范、规程和施工工艺等方面的要求。例如在进行电气动力设备和电气管线安装施工时，应与站类施工的有关专业密切协调配合，采取防火、防爆、防静电、防电磁干扰、防泄漏等措施，以及提出与“站类”内有关设施的安全距离要求等。因此，计算在各类站内安装施工时的“站类工艺系统调整费”，是对站类内安装工程施工的必要补偿。站类工艺系统调整费按各站工艺系统内的全部安装工程（照明系统除外）人工费的35%计取。其中人工费占50%，材料费占15%，机械费占35%。

站类工艺系统调整费的计算，一般只适用于《全国统一安装工程预算定额》（2000）中的“机械设备安装工程”（第一册）、“电气设备安装工程”（第二册）、“静置设备与工艺金属结构制作、安装工程”（第五册）、“工业管道工程”（第六册）、“刷油、防腐蚀、绝热工

程”（第十一册）（注：该册为“陕西安装工程消耗量定额”第十四册）等五册安装工程，并且属于有关“站类”的安装工程时方可计算站类工艺系统调整费。值得注意的是锅炉房、集中空调系统中的循环泵站、热交换站以及深井泵站等均不得计算站类工艺系统调整费。

在按规定系数计取费用的项目中，站类工艺系统调整费应独立设置分部分项工程项目。由于站类工艺系统调整费在《通用安装工程工程量计算规范》（GB50856—2013）中未设置相应的工程项目名称及项目编码，故应按补充的项目名称和项目编码编制，项目编码可按“03B001、03B002、……”的形式编写，并单独对其分部分项工程项目进行综合单价计算。

值得注意的是，高层施工增加综合费、安装与生产同时进行增加施工费、在有害身体健康的环境中施工增加费等，在符合有关计算条件时，才允许计算并计入措施项目费中。而超高增加费，在符合计算条件时，应在相应的分部分项工程项目的综合单价中计算。

【例题 8-2】 某重型机械翻砂铸造车间建筑面积为 1800m^2、层高 21m、砖混结构，室外地坪为 -0.5m。开工日期为 2019 年 10 月 12 日，工程地点在咸阳市永寿县城。现需要在车间不停产的情况下拆除车间内原吸顶式广照防水防尘型工厂灯 90 套，并在拆除的各灯具处安装管吊式混合光源工厂灯，管吊式混合光源工厂灯单价为（含灯泡）550 元/套。按招标控制价最高限价计算分部分项工程费。

【解】

1. 查取吸顶式广照防水防尘型工厂灯、管吊式混合光源工厂灯定额价目表（见表8-31）。

表 8-31 灯具定额价目表

定额编号	项目名称	计量单位	人工费	材料费	机械费	定额含量
2-1594	防水防尘吸顶式工厂灯	10 套	124.32	79.92	—	10.10 套
2-1601	管吊式混合光源工厂灯	10 套	498.96	299.90	69.28	10.10 套

2. 编制分部分项工程量清单和措施项目清单

该翻砂车间层高 21m，为高层建筑，符合高层施工增加条件，故应计取高层增加施工综合费。另外，因为要求在铸造车间在不停产的情况下拆除车间内原吸顶式广照型防水防尘灯工厂灯，车间内存在一定浓度的滞留烟尘有害气体，故应分别计算安装与生产同时进行施工增加费和在有害身体健康环境中施工增加费。而安装管吊是混合光源工厂，其操作高度以达到约 21m，故应按有关规定计算超高增加费。根据《通用安装工程工程量计算规范》（GB50856—2013），并结合表 8-2、表 8-3 和附录 C. D. 12 编制编制分部分项工程量清单和措施项目清单，如表 8-32、表 8-33 所示。

表 8-32 分部分项工程量清单

工程名称：某重型机械厂翻砂车间照明工程 标段： 第 1 页共 页

序号	项目编码	项目名称	项目特征及工作内容	计量单位	工程数量
01	030412002001	工厂灯	管吊式混合光源工厂灯，超高（操作高度约 21m） 工作内容：本体安装	套	90
02	03B001	灯具拆除	拆除防水防尘吸顶式工厂灯，超高（操作高度约 21m） 工作内容：灯具拆除	套	90

表 8-33 措施项目清单

工程名称：某重型机械厂翻砂车间照明工程 标段： 第2页共 页

序号	项目编码	项目名称	工作内容及包括范围	计量单位	工程数量
01	031302007001	高层施工增加	翻砂车间层高21m，为高层建筑 1. 高层施工引起的人工工效降低以及由于人工工效降低引起的机械降效；2. 通信联络设备的使用	项	1
02	031301010001	安装与生产同时进行施工增加	1. 火灾防护；2. 噪声防护	项	1
03	031301011001	在有害身体健康环境中施工增加	1. 有害化合物防护；2. 粉尘防护；3. 有害气体防护	项	1

注：本题对其他措施项目未计。

3. 分部分项工程量清单项目综合单价分析计算

在计算吸顶式广照型工厂灯拆除分部分项工程项目综合单价时，应根据“安装工程消耗量定额”规定：拆除费用按相应定额人工费、机械费的50%、材料费的10%计取。同时由于操作高度超高（约20.5m），故应计算超高增加费，按超高系数1.45对人工费进行调整，与拆除防水防尘吸顶式工厂灯一样，在计算安装管吊式混合光源工厂灯的综合单价时，由于操作高度超高（约20.5m），也应计算超高增加费，按超高系数1.45对人工费进行调整，其综合单价计算见表8-34。

表 8-34 分部分项工程量清单项目综合单价分析表

工程名称：某重型机械厂翻砂车间照明工程 标段： 第3页共 页

项目编码	03B001	项目名称	工厂灯拆除-拆除防水防尘吸顶式工厂灯	计量单位	套

清单综合单价组成明细

定额编号	项目名称	单位	数量	单价						合价					
				人工费	材料费	机械费	管理费	利润	风险	人工费	材料费	机械费	管理费	利润	风险
2-1594	防水防尘吸顶式工厂灯	10套	9	124.32	79.92	—				1118.88	719.28	—			
	拆除费中，其中人工费 =1118.88 ×50%；机械费 =0；材料费 =719.28 ×10%									559.44	71.93		114.91	123.69	—
	操作物高度距离楼地面约20.5m，超高 >20m，则超高人工降效补偿人工费 =559.44 ×0.45									251.75	—	—	51.71	55.66	—
人工单价/（元/工日）				小计						811.19	71.93	—	166.62	179.35	—
42.00				未计价材料费						0					
清单项目综合单价（元/套）										（811.18 +71.93 +0 +166.62 +179.35） ÷90 =1229.09 ÷90 =13.66					

材料费明细表	主要材料名称、型号、规格	单位	数量	单价/元	合价/元	暂估单价/元	暂估单价/元
	其他材料						
	材料费小计						

（续）

工程名称：某重型机械厂翻砂车间照明工程　　标段：　　第 4 页共　页

项目编码	030412002001	项目名称	工厂灯-管吊混合光源工厂灯	计量单位	套

清单综合单价组成明细															
定额编号	项目名称	单位	数量	单价						合价					
				人工费	材料费	机械费	管理费	利润	风险	人工费	材料费	机械费	管理费	利润	风险
2-1601	管吊混合光源工厂灯	10 套	9	498.96	299.90	69.28				4490.64	2699.10	623.52	922.38	992.88	—
	操作物高度距离楼地面约 20.5m，则超高人工降效补偿增加的人工费 = 4490.64 × 0.45									2020.79			415.07	446.80	—
人工单价/（元/工日）				小计						6511.43	2699.10	623.52	1337.45	1439.68	—
42.00				未计价材料费						49995.00					
清单项目综合单价（元/套）										（6511.43 + 2699.10 + 623.52 + 1337.45 + 1439.68 + 49995.00） ÷ 90 = 62606.18 ÷ 90 = 695.62					

材料费明细表	主要材料名称、型号、规格	单位	数量	单价/元	合价/元	暂估单价/元	暂估单价/元
	管吊安装混合光源工厂灯	套	90.9	550.00	49995.00	—	—
	其他材料						
	材料费小计				49995.00		

4. 措施项目清单综合单价分析计算

（1）高层施工增加综合单价计算。

翻砂车间单层层高 21m，故为高层建筑，应计取高层施工增加综合费。由表 8-27 查的高层施工增加费规定系数为 18%，其中人工费占 10%，机械费占 90%。拆除防水防尘吸顶式工厂灯和安装管吊混合光源工厂灯的人工费合计为：R_1 = （811.19 + 6511.43） 元 = 7322.62 元，则按式（8-17）~式（8-19）计算：

高层施工增加费　$m_h = R_1\eta_h = 7322.62 \times 18\%$ 元 = 1318.07 元

其中含　人工费　$R_h = m_h\xi_1 = 1318.07 \times 10\%$ 元 = 131.81 元

机械费　$J_h = m_h\xi_2 = 1318.07 \times 90\%$ 元 = 1186.26 元

则　项目管理费　$m_{hg} = R_h k_{hg} = 131.81 \times 20.54\%$ 元 = 27.07 元

项目利润　$m_{h1} = R_h k_{h1} = 131.81 \times 22.11\%$ 元 = 29.14 元

高层施工增加综合费　Q_{26} = （131.81 + 1186.26 + 27.07 + 29.14） 元 = 1374.28 元

（2）安装与生产同时进行施工增加、在有害身体健康环境中施工增加综合单价计算。

安装与生产同时进行施工增加费、在有害身体健康环境中施工增加费的计算方法相同，均以分部分项工程费的总人工费为取费基础乘以规定费率 10% 计算。由于该两项费用均属于对人工降效补偿的费用，其计算结果均计入到人工费之中，因此还需按规定计算管理费和利润。

措施项目清单清单各项目的综合单价分析计算见表 8-35。

表 8-35 措施项目综合单价分析表

工程名称：某重型机械厂翻砂车间照明工程 标段： 第 5 页共 页

序号	项目编码	项目名称、工作内容及包括范围	计量单位	工程数量	人工费	材料费	机械费	管理费	利润	风险	综合单价
01	031302007001	高层施工增加 工作内容及包括范围： 翻砂车间单层层高 21m 1. 高层施工引起的人工工效降低以及由于人工工效降低引起的机械降效 2. 通信联络设备的使用	项	1	131.81	—	1186.26	27.07	29.14	—	1374.28
02	031301010001	安装与生产同时进行施工增加 工作内容及包括范围： 1. 火灾防护 2. 噪声防护	项	1	732.26	—	—	150.41	161.90	—	1044.67
03	031301011001	在有害身体健康环境中施工增加 工作内容及包括范围： 1. 有害化合物防护 2. 粉尘防护 3. 有害气体防护	项	1	732.26	—	—	150.41	161.90	—	1044.67

5. 编制分部分项工程量清单计价表和措施项目清单计价表

由于本工程地点为咸阳市永寿县城，且开工日期为 2019 年 10 月 12 日，故应执行陕建发［2018］2019 号调价文件，分别计算分部分项工程费和措施项目费中的人工差价。

先计算分部分项工程费中的可调整人工差价的人工费为：

$$\sum R = (811.19 + 6511.43)\text{元} = 7322.62\text{元}$$

则由式（6-5）计算分部分项工程费中的人工差价为：

$$\Delta Q_1 = (\sum R/42) \times (120.00 - 42.00) = (7322.62 \div 42.00 \times 78.00)\text{元} = 13599.15\text{元}$$

根据表 8-32 分部分项工程量清单和表 8-34 计算的综合单价、人工差价，编制分部分项工程量清单计价表如表 8-36 所示。

表 8-36 分部分项工程量清单计价表

序号	项目编码	项目名称	项目特征及工作内容	计量单位	工程数量	金额/元	
						综合单价	合价
01	030213002001	工厂灯	管吊式混合光源工厂灯，超高（约 7m） 工作内容：安装	套	90	695.62	62605.80
02	03B001	拆除灯具	拆除防水防尘吸顶式工厂灯，超高（约 7m） 工作内容：拆除	套	90	13.66	1229.40
03	小计						63835.20
04	可能发生的差价（即人工差价）						13594.15
05	合计						77434.35

同样，再计算措施项目清单中的可调整人工差价的人工费为：

$$\sum R_{措施} = (131.81 + 732.26 \times 2)\text{元} = 1596.33\text{元}$$

计算措施项目费中的人工差价为：

$$\Delta Q_2 = (\sum R_{措施}/42) \times (120.00 - 42.00) = (1596.33 \div 42 \times 78.00)\text{元} = 2964.61\text{元}$$

根据表8-33、表8-35计算的措施项目综合单价以及所计算的人工差价见表8-37。

表8-37 措施项目清单计价表

工程名称：某重型机械厂翻砂车间照明工程　标段：　　　　第2页共　页

序号	项目编码	项目名称	工作内容及包括范围	计量单位	工程数量	金额/元	
						综合单价	合价
01	031302007001	高层施工增加	翻砂车间层高21m，为高层建筑。 1. 高层施工引起的人工工效降低以及由于人工工效降低引起的机械降效； 2. 通信联络设备的使用	项	1	1374.28	1374.28
02	031301010001	安装与生产同时进行施工	1. 火灾防护；2. 噪声防护	项	1	1044.67	1044.67
03	031301011001	在有害身体健康环境中施工增加	1. 有害化合物防护；2. 粉尘防护；3. 有害气体防护	项	1	1044.67	1044.67
04	小计						3463.62
05	可能发生的差价（即人工差价）						2964.61
06	合计						6428.23

注：本题对其他措施项目未计。

根据以上所介绍的“建设工程工程量清单计价费率”的取费标准和计算方法，总结出电气安装工程造价计价程序，见表8-38。

表8-38 电气安装工程造价计算程序表

序号	费用名称	取费基础	计算式	费用说明及费率（%）
一	分部分项工程费（Q_1）		Σ（综合单价×工程数量）+可能发生的差价	
1	其中含人工费（R_1）		$\sum R$	
二	措施项目费（Q_2）		Σ（综合单价×工程数量）+可能发生的差价	
1	安全文明施工措施费（Q_{21}）	$Q_1+Q_{2\Sigma}+Q_3$	$(Q_1+Q_{2\Sigma}+Q_3)\ k_{21}$	$Q_{2\Sigma}$措施项目费（不含安全文明施工措施费），$k_{21}=4.0\%$

（续）

序号	费用名称	取费基础	计算式	费用说明及费率（%）
2	冬雨季、夜间施工措施费（Q_{22}）	R_1	R_1k_{22}	k_{22} =3.28%（陕）
3	二次搬运费（Q_{23}）	R_1	R_1k_{23}	k_{23} =1.64%（陕）
4	测量放线、定位复测、检验试验费（Q_{24}）	R_1	R_1k_{24}	k_{24} =1.45%（陕）
5	脚手架搭拆综合费（Q_{25}）		$m_j+m_{jg}+m_{jl}$	
5.1	脚手架搭拆费（m_j）	R_1	R_1k_j	k_j =7%
5.2	其中含人工费（R_j）	m_j	m_jk_{jR}	k_{jR} =25%
5.3	管理费（m_{jg}）+利润（m_{jl}）	R_j	R_j（$k_{jg}+k_{jl}$）	k_{jg} = 20.54%；k_{jl} =22.11%
6	高层施工增加综合费（Q_{26}）		$m_h+m_{hg}+m_{hl}$	
6.1	高层施工增加费（m_h）		R_1k_h	k_h——规定系数，见表8-27
6.2	其中含人工费（R_h）	m_h	$m_h\xi_1$	ξ_1——规定系数，见表8-27
6.3	管理费（m_{hg}）+利润（m_{hl}）	R_j	R_j（$k_{hg}+k_{hl}$）	k_{hg}=20.54%；k_{hl}=22.11%
7	安装与生产同时进行施工增加费（Q_{27}）	R_1	$R_1\xi_{\Delta1}$	$\xi_{\Delta1}$ =10%
8	在有害身体健康环境施工增加费（Q_{28}）	R_1	$R_1\xi_{\Delta2}$	$\xi_{\Delta2}$ =10%
三	其他项目费（Q_3）		∑（综合单价×工程数量）+可能发生的差价	
1	暂列金额（Q_{31}）			招标人确定，可从工程量清单查得
2	专业工程暂估价（Q_{32}）			为单位工程中的非主要项目分包的费用，由招标人确定，可从工程量清单中查得
3	计日工（Q_{33}）			由投标人自主报价
4	总承包服务费（Q_{34}）		$Ck_{341}+Q_{32}k_{342}$（注：C 为甲供设备、材料价款）	k_{341} =（0.8－1.2）% k_{342} =（2.0－4.0）%，由投标人自主报价

（续）

序号	费用名称	取费基础	计算式	费用说明及费率（%）
四	规费（Q_4）	$Q_1+Q_2+Q_3$	$(Q_1+Q_2+Q_3)\ k_4$	费率 k_4 = 4.67%
1	养老保险费（Q_{41}）	$Q_1+Q_2+Q_3$	$(Q_1+Q_2+Q_3)\ k_{41}$	k_{41} = 3.55%
2	失业保险费（Q_{42}）	$Q_1+Q_2+Q_3$	$(Q_1+Q_2+Q_3)\ k_{42}$	k_{42} = 0.15%
4.3	医疗保险费（Q_{43}）	$Q_1+Q_2+Q_3$	$(Q_1+Q_2+Q_3)\ k_{43}$	k_{43} = 0.45%
4.4	工伤险费（Q_{44}）	$Q_1+Q_2+Q_3$	$(Q_1+Q_2+Q_3)\ k_{44}$	k_{44} = 0.07%
4.5	残疾人就业保险费（Q_{45}）	$Q_1+Q_2+Q_3$	$(Q_1+Q_2+Q_3)\ k_{45}$	k_{45} = 0.04%
4.6	生育保险费（Q_{46}）	$Q_1+Q_2+Q_3$	$(Q_1+Q_2+Q_3)\ k_{46}$	k_{46} = 0.04%
4.7	住房公积金（Q_{47}）	$Q_1+Q_2+Q_3$	$(Q_1+Q_2+Q_3)\ k_{47}$	k_{47} = 0.30%
4.8	危险作业意外伤害保险（Q_{48}）	$Q_1+Q_2+Q_3$	$(Q_1+Q_2+Q_3)\ k_{48}$	k_{48} = 0.07%
五	税前工程造价（Z_P）	$Q_1+Q_3+Q_3+Q_4$	$(Q_1+Q_2+Q_3+Q_4)\ \zeta$	综合系数 ζ = 94.37%
六	税金（S_j）		$S_{jz}+S_{jf}$	
6.1	增值税销项税额（S_{jz}）	Z_P	$Z_P\eta_{jz}$	增值税税率 η_1 = 9%
6.2	附加税（S_{jf}）	$Q_1+Q_3+Q_3+Q_4$	$(Q_1+Q_2+Q_3+Q_4)\ \eta_{jf}$	η_{jf}分别为：纳税地点在市区为0.48%；在县城、镇为0.41%；在市区、县城、镇以外为0.28%。
七	含税工程造价（Z）		Z_P+S_j	

注：1. 安全文明施工措施费 = 安全文明施工费 + 环境保护费（含排污费） + 临时设施费 + 扬尘污染治理费。各项费率分别为：安全文明施工费2.6%；环境保护费（含排污费）0.4%；临时设施费0.8%；扬尘污染治理费0.2%，合计费率为4.0%。

2. 表中安全文明施工措施费、规费、税金等三项均为不可竞争费用。在进行工程招、投标，合同价款约定和工程竣工价款结算时，均必须按规定要求列项，按规定费率或税率及计价程序、计算方法计价。

3. 表中有些项目的计价费率选自《陕西省建设工程工程量清单计价费率》（2009），其他省、自治区、直辖市应注意选择或参考当地省级主管部门规定的计费费率标准计算。

【例题8-3】 长安大学××住宅楼局部电气照明工程的工程量统计如下：照明配电箱2台，500×600×180；MK/KD11P001单联暗装开关120套；MK/C00031单相暗装插座140套；单管链吊荧光灯$YG_{2\text{-}1}$ 1×40W200套；暗装灯头盒、接线盒230个；暗装插座盒、开关盒260个；SC32焊接钢管26m；UPVC16刚性阻燃管1300m；BV-2.5导线4200m；BV-16导线104m；BV-10导线26m，从每台配电箱引入或引出的导线根数分别为21根、4根和1根。开工日期为2019年5月20日。试编制工程量清单并按招标控制价（招标最高限价）计算工程总造价，（注：所有导线工程量中均未计算预留长度）。

解：

1. 编制工程量清单

（1）首先按照图 8-2、图 8-3 的格式要求填写招标工程量清单的封面和扉页。图 8-13、图 8-14 分别为招标人自行编制的招标工程量清单封面和扉页，所以“工程造价咨询人”及其“法定代表人或其授权人”项目不需盖章或签字。如果为招标人委托工程造价咨询人编制工程量清单时，该两个项目应按要求盖章或签字。

长安大学××住宅楼局部电气照明工程

招标工程量清单

招标人：长安大学单位公章

（单位盖章）

造价咨询人：＿＿＿＿＿＿

（单位盖章）

2019 年 5 月 1 日

图 8-13　招标人自行编制的招标工程量清单封面

长安大学××住宅楼局部电气照明工程

招标工程量清单

招标人：长安大学单位公章 （单位盖章）	造价咨询人：＿＿＿＿＿＿ （单位资质专用章）
法定代表人 或其授权人：长安大学法定代表人 （签字或盖章）	法定代表人 或其授权人：＿＿＿＿＿＿ （签字或盖章）
编制人：×××签字，并加盖其造价工程师或中级造价员专用章 （造价人员签字盖专用章）	复核人：×××签字，并加盖其造价工程师专用章 （造价工程师签字盖专用章）
编制时间：2019 年 5 月 1 日	复核时间：2019 年 5 月 3 日

图 8-14　招标人自行编制的招标工程量清单扉页

（2）根据工程项目实际编写总说明，内容包括工程概况、工程招标范围、工程量清单编制依据、工程质量和材料、施工等特殊要求，以及其他需要说明的问题等，如图8-15 所示。

根据《通用安装工程工程量计算规范》（GB 50856—2013）的规定，导线工程量中应含预留长度。所以 BV-2.5 导线工程量为：［4200 +（0.5 +0.6）×21 ×2］m =4246.2m；BV-16 导线工程量为：［104 +（0.5 +0.6）×4 ×2］m =112.8m；BV-10 导线工程量为：［26 +（0.5 +0.6）×1 ×2］m =28.2m。依据该住宅楼部分工程量统计数据列出分部分项工程量清单与计价表，见表 8-39。

总 说 明

工程名称：长安大学××住宅楼部分电气照明工程　　第1页共10页

1. 工程概况

本住宅楼为砖混结构，二层，建筑面积为1000m^2，计划工期为60天，施工地点在长安大学渭水校区，开工日期为2019年5月20日。

2. 工程招标范围

本住宅楼招标范围为电气照明施工图范围内的电气照明安装工程。

3. 工程量清单编制依据

1）本住宅楼电气照明施工图（电施01～电施04）。

2）《建设工程工程量清单计价规范》GB 50500—2013、《通用安装工程工程量计算规范》GB 50856—2013、《陕西省建设工程工程量清单计价规则》（2009）、《陕西省建设工程工程量清单计价费率》（2009）。执行陕建发［2018］2019号、陕建发［2019］45号调价文件。

4. 其他需要说明的问题

1）招标人供应焊接钢管SC32，单价暂定4200元/t。由承包人对招标人供应的焊接钢管进行验收、保存和使用发放。由招标人供应的焊接钢管价款，招标人按发生的金额支付给承包人，再由承包人支付给供应商。

2）进户防盗门及电磁门锁进行专业发包订做安装，承包人应配合专业工程承包人完成以下工作：

① 按专业工程承包人的要求提供施工工作面和电源，并对施工现场进行统一管理，对工程竣工资料进行统一汇总管理。

② 配合专业工程承包人进行通电运行试验，并承担相应费用。

图8-15　总说明的编制内容

表8-39　分部分项工程量清单与计价表

工程名称：长安大学××住宅楼照明工程　　标段：　　第2页共11页

序号	项目编码	项目名称	工作内容及包括范围	计量单位	工程数量	金额/元			
						综合单价	合价	其中	
								人工费	暂估价
01	030404017001	配电箱	照明配电箱HXR-1-07 500×600×180，嵌墙安装 工作内容：1. 本体安装；2. 端子板外部接线2.5mm^2，42个；压铜接线端子≤16 mm^2，10个	台	2				
02	030404034001	照明开关	单联暗装开关MK/KD11P001 工作内容：1. 本体安装；2. 接线	个	120				
03	030404035001	插座	单相暗装五孔插座MK/C00031，10A 工作内容：1. 本体安装；2. 接线	个	140				
04	030411001001	配管	焊接钢管SC32砖混结构暗配 工作内容：1. 电线管路敷设；2. 接地	m	26				

（续）

序号	项目编码	项目名称	工作内容及包括范围	计量单位	工程数量	金额/元			
						综合单价	合价	其中	
								人工费	暂估价
05	030411001002	配管	刚性阻燃塑料管 UPVC16 砖混结构暗配 工作内容：电线管路敷设	m	1300				
06	030411004001	配线	铜芯聚绿乙烯绝缘导线 BV-2.5 管内穿线，照明线路 工作内容：配线	m	4246.2				
07	030411004002	配线	铜芯聚绿乙烯绝缘导线 BV-16 管内穿线 工作内容：配线	m	112.8				
08	030411004003	配线	铜芯聚绿乙烯绝缘导线 BV-10 管内穿线 工作内容：配线	m	28.2				
09	030412005001	荧光灯	单管链吊式荧光灯，成套型，YG_{2-1} 1×40W 工作内容：本体安装	套	200				
10	030411006001	接线盒	塑料灯头盒、接线盒，暗装 86HS6075×75×60 工作内容：本体安装	个	230				
11	030411006001	接线盒	塑料开关盒、插座盒，暗装 86HS6075×75×60 工作内容：本体安装	个	260				
	本页小计								
	合计								

注：本题对其他措施项目未计。

（3）根据本工程具体情况，参考表8-2～表8-4，并结合建设工程工程量清单计价规范或“计价规则”列出措施项目清单，见表8-40。

表8-40 措施项目清单与计价表

工程名称：长安大学××住宅楼照明工程　　标段：　　第3页共10页

序号	项目编码	项 目 名 称	计量单位	工程数量	计算基础	费率（%）	金额/元
01	031302001001	安全文明施工措施费	项	1			
02	031302002001	冬雨季夜间施工费	项	1			

（续）

序号	项目编码	项 目 名 称	计量单位	工程数量	计算基础	费率（%）	金额/元
03	031302004001	二次搬运费	项	1			
04	031301018001	其他措施—测量放线、定位复测、检验试验费	项	1			
05	031301017001	脚手架搭拆综合费	项	1			
06							
合 计							

注：1. 本表适用于以“项”计价的措施项目。

2. 根据建设部、财政部发布的《建筑安装工程费用组成》（建标［2003］206号）的规定，“计算基础”可为“直接费”、“人工费”或“人工费＋机械费”。

(4) 根据本工程实际情况，确定暂列金额为13000.00元，防盗门禁系统工程为12000.00元，并由专业工程公司完成。按照表8-6～表8-11的格式要求，列出其他项目清单及其附表，见表8-41～表8-46。

表8-41 其他项目清单与计价汇总表

工程名称：长安大学××住宅楼照明工程　　标段：　　第4页共10页

序号	项 目 名 称	计量单位	数量	金额/元	备 注
1	暂列金额	项	1	13000.00	明细详见表8-39
2	暂估价			12000.00	
2.1	材料暂估价			—	明细详见表8-40
2.2	专业工程暂估价	项	1	12000.00	明细详见表8-41
3	计日工	项	1		明细详见表8-42
4	总承包服务费	项	1		明细详见表8-43
合 计					

注：材料暂估单价进入清单项目综合单价，此处不汇总。

表8-42 暂列金额明细表

工程名称：长安大学××住宅楼照明工程　　标段：　　第5页共10页

序号	项 目 名 称	计量单位	暂定金额/元	备 注
01	工程量清单中工程量偏差和工程设计变更	项	10000.00	
02	政策性调整和材料价格风险	项	3000.00	
合 计			13000.00	—

表 8-43 材料（工程设备）暂估单价及调整表

工程名称：长安大学××住宅楼照明工程 标段： 第 6 页共 10 页

序号	材料名称、规格、型号	计量单位	单价/元	备 注
01	焊接钢管	t	4300.00	用于砖混结构暗配焊接钢管清单项目

注：1. 此表由招标人填写，并在备注栏目说明暂估价的材料拟用在哪些清单项目上，投标人应将上述材料暂估单价计入工程量综合单价报价中，不得随意修改变动材料暂估单价。

2. 材料包括原材料、燃料、构配件以及按规定应计入建筑安装工程造价的设备。

表 8-44 专业工程暂估价及结算价表

工程名称：长安大学××住宅楼照明工程 标段： 第 7 页共 10 页

序号	工程名称	工作内容	暂估金额/元	结算金额/元	差额/±元	备注
01	防盗门禁系统工程	安装及调试	12000.00			
合计			12000.00			

注：此表由招标人填写，投标人应将上述专业工程“暂估金额”计入投标总价中。结算时按合同约定结算金额填写。

表 8-45 计日工表

工程名称：长安大学××住宅楼照明工程 标段： 第 8 页共 10 页

编号	项目名称	单位	暂定数量	实际数量	综合单价/元	合价/元	
						暂定	实际
一	人工						
1	装卸车零用工	工日	10				
2							
3							
人工小计							
二	材料						
1	借用施工单位的脚手架，15d	根	50				
2							
3							
材料小计							
三	施工机械						
1	借用施工单位的电焊机 21kV·A	台班	5				
2							
3							
施工机械小计							
四	其他						
1	为办公楼安装单管链吊式荧光灯 YG_{2-1} 1×40W	套	20				
2							
五	企业管理费和利润						
总 计							

注：此表项目名称、暂定数量由招标人填写，编制招标控制价时，单价由招标人按有关计价规定确定；投标时，单价由投标人自主报价，按暂定数量计算合价并计入投标总价中。结算时，按发承包双方确认的实际数量计算合价。

表 8-46 总承包服务费计价表

工程名称：长安大学××住宅楼照明工程　　标段：　　第 9 页共 10 页

序号	项目名称	项目价值/元	服务内容	计算基础	费率（%）	金额/元
01	发包人发包专业工程	12000.00	1. 按专业工程承包人要求提供施工作业面，并对施工现场进行统一管理，对竣工资料进行统一整理汇总 2. 为专业工程承包人提供施工工作电源，并承担电费 3. 配合专业工程承包人进行防盗门禁系统安装及调试工作			
合　计						

（5）根据规费、税金项目清单与计价表 8-12，并结合本工程实际情况选择列出规费、税金项目清单与计价表，见表 8-47。

表 8-47 规费、税金项目清单与计价表

工程名称：长安大学××住宅楼照明工程　　标段：　　第 10 页共 10 页

序号	项目名称	计量单位	工程数量	计算基础	费率（%）	金额/元
1	规费					
1.1	社会保障费					
(1)	养老保险费（劳保统筹基金）	项	1			
(2)	失业保险费	项	1			
(3)	医疗保险费	项	1			
(4)	工伤保险费	项	1			
(5)	残疾人就业保险费	项	1			
(6)	生育保险费	项	1			
1.2	住房公积金	项	1			
1.3	危险作业意外伤害保险费	项	1			
2	税金	项	1			
合　计						

注：本工程规费中的工程排污费已计列到安全文明施工措施费项目中。规费和税金均为不可竞争费用项目，应按国家、省级政府及建设主管部门的规定计算。

2. 编制招标控制价

招标控制价应由具有编制能力的招标人或受其委托具有相应资质的工程造价咨询人、工程招标代理人编制。所谓“具有编制能力的招标人”，是指招标人具有管理建设工程项目实施能力，拥有非临时聘用的且在本单位注册的造价工程师或中级造价员。若招标人没有在本单位注册、在职的造价工程师或中级造价员，则不能自行编制招标控制价。招标控制价计价书主要由招标控制价封面、扉页，总说明，工程项目招标控制价汇总表，单项工程招标控制价汇总表，单位工程招标控制价汇总表，分部分项工程量清单与计价表，措施项目清单与计价表，其他项目清单与计价表及其计阶附表，规费、税金项目清单计价表、发包人、承包人分别提供的主要材料和工程设备一览表和综合单价分析表等组成。其他项目清单的计价附表主要包括暂列金额明细表、材料（工程设备）暂估单价及调整表、专业工程暂估价及结算价表、计日工表、总承包服务费计价表等内容。

（1）首先按照招标控制价封面格式图8-6及其扉页格式图8-9的要求填写招标控制价封面及其扉页，如图8-16、图8-17所示为由招标人编制招标控制价的封面及其扉页的填写格式，封面中招标控制价按工程项目招标控制价汇总表的合计金额填写。

长安大学××住宅楼局部电气照明工程

招标控制价

招　标　人：长安大学单位公章

（单位盖章）

造价咨询人：________

（单位盖章）

2019年5月13日

图8-16　招标人编制招标控制价封面

长安大学××住宅楼局部电气照明工程

招标控制价

招标控制价(小写)　135340.37

（大写）　壹拾叁万伍仟叁佰肆拾元叁角柒分

招标人：长安大学单位公章　　　工程造价咨询人：________

（单位盖章）　　　（单位资质专用章）

法定代表人　　　法定代表人

或其授权人：长安大学法定代表人　　　或其授权人：________

（签字或盖单）　　　（签字或盖章）

编制人：×××签字，并盖造价　　　复核人：×××签字，并盖造价

工程师或中级造价员专用章　　　工程师或中级造价员专用章

编制时间：2019年5月10日　　　复核时间：2019年5月12日

图8-17　招标控制价扉面

（2）根据工程量清单总说明和工程项目实际情况，并按总说明格式图8-12的要求编制工程计价总说明。内容主要包括工程概况、招标控制价所包括的范围，招标控制价编制的依据和其他需要说明的问题等，如图8-18所示。

总 说 明

工程名称：长安大学××住宅楼照明工程　　　　第1页共26页

1. 工程概况：

本住宅楼为砖混结构，二层，建筑面积1000m^2，计划工期为60天，施工地点在长安大学渭水校区，开工日期为2019年5月20日。

2. 编制招标控制价所包括的范围

本住宅楼招标控制价主要包括住宅楼电气照明施工图范围内的电气照明安装工程。

3. 编制招标控制价的依据

（1）本住宅楼照明工程的招标文件所提供的工程量清单。

（2）招标文件中规定的有关计价要求。

（3）本住宅楼的电气照明施工图（电施01～电施04）；

（4）省建筑主管部门（如陕西省建设厅）颁发的安装工程消耗量定额及其配套的安装工程价目表（如陕西省安装工程消耗量定额（2004）和陕西省安装工程价目表（2009）），计价管理办法及有关计价文件等，（执行《陕西省建设工程工程量清单计价费率》（2009），陕建发［2018］2019号和陕建发［2019］45号调价文件等费率标准和规定要求）。

（5）《建设工程工程量清单计价规范》（GB 50500—2013）、《通用安装工程工程量计算规范》（GB 50856—2013）及有关省、自治区、直辖市颁布的建设工程工程量清单计价规则。

（6）材料价格采用工程所在地工程造价管理机构发布的最新材料价格信息（如“陕西工程造价管理信息—材料信息价”××××年第×期），工程造价信息中未发布的材料价格信息，则参考材料市场价格来确定材料价格。

图8-18　工程计价总说明的编制内容

（3）根据单项工程招标控制价汇总表的“单项工程名称”、合计金额以及其中包含的暂估价、安全文明施工措施费、规费等编制建设项目招标控制价汇总表，见表8-48。

表8-48　建设项目招标控制价汇总表

工程名称：长安大学　　　　第2页共26页

序号	单项工程名称	金额/元	其中			
			暂估价/元	安全文明施工措施费/元	规费/元	税金/元
1	××住宅楼照明工程	135340.37	12360.36	4812.27	5842.02	11751.61
合计		135340.37	12360.36	4812.27	5842.02	11751.61

注：本表适用于工程项目招标控制价/投标报价的汇总。

（4）根据单位工程招标控制价汇总表中的单位工程名称，合计金额以及其中包含的暂估价、安全文明施工措施费、规费等编制单项工程招标控制价汇总表，见表8-49。

表8-49　单项工程招标控制价汇总表

工程名称：长安大学××住宅楼　　　　第3页共26页

序号	单位工程名称	金额/元	其中			
			暂估价/元	安全文明施工措施费/元	规费/元	税金/元
1	照明工程	135340.37	12360.36	4812.27	5842.02	11751.61
合计		135340.37	12360.36	4812.27	5842.02	11751.61

注：本表适用于单项工程招标控制价/投标报价的汇总，暂估价包括分部分项工程中的暂估价和专业工程中的暂估价。

（5）根据分部分项工程量清单与计价表、措施项目清单与计价表、其他项目清单与计价汇总表以及规费、税金项目清单与计价表的计算结果编制单位工程招标控制价汇总表，见表 8-50。

表 8-50　单位工程招标控制价汇总表

工程名称：长安大学××住宅楼电气照明工程　　标段：电气安装　　第 4 页共 26 页

序号	汇总项目名称	金额/元	其中暂估单价/元
1	分部分项工程费	87576.56	360.36
2	措施项目费	6724.77	
3	措施项目费中含：安全文明施工措施费	4812.27	
4	其他项目费	30817.57	12000.00
5	其他项目费中含：暂列金额	13000.00	
6	专业工程暂估价	12000.00	
7	计日工	5119.20	
8	总承包服务费	360.00	
9	规费	5842.02	
10	规费中含：养老保险费	4441.70	
11	税前工程造价 = [（1）+（2）+（4）+（9）] ζ　　ζ = 94.37%	123588.76	
12	税金	11751.61	
13	税金中含：增值税销项税额	11122.99	
14	附加税	628.62	
15	工程招标控制价 =（11）+（12）	135340.37	12360.36

注：本表适用于单位工程招标控制价/投标报价的汇总，如无单位工程划分，单项工程也可使用本表汇总。

（6）分部分项工程量清单计价

1）选择确定定额价目表：应按照工程所在地的省、自治区、直辖市行政主管部门颁发的安装工程消耗量定额及其配套的价目表查取或参考有关定额费用。例如工程所在地为西安市，则应根据《陕西省安装工程价目表》（2009）第二册“电气设备安装工程”查取有关工程项目的定额，并在表 8-61 中列出。

2）选择确定主材（即未计价材料）单价：应按照或参考工程所在地的省、自治区、直辖市行政主管部门最新发布的“建设工程造价管理信息（材料信息价）”，或经过建设市场询价考查选择确定主材（设备）的单价，部分主要材料（设备）的单价在表 8-62 中列出。值得注意的是，对于工程量清单中给定的材料（设备）暂估单价，则应按该材料（设备）暂估单价计算材料价格，不得随意调整。如焊接钢管 SC32 在工程量清单—材料（设备）暂估单价及调整表 8-43 中确定为 4300 元/t，则应在招标控制价/投标报价的材料（设备）暂估单价及调整表中规定焊接钢管 SC32 为暂估单价的材料，其单价为 4300 元/t，见表 8-55。

3）确定管理费和利润的费率标准：由于要求计算招标控制价，故可按所在省、自治区、直辖市行政主管部门规定的费率标准计算管理费和利润。例如陕西省建设厅发布的

《陕西省建设工程工程量清单计价费率》（2009）中有关“安装工程”的费率标准为：管理费费率为20.54%，利润费率为22.11%，取费计算基础为分部分项工程项目的人工费。

4）根据分部分项工程量清单与计价表8-39中的“项目特征描述”，并结合电气照明施工图纸和建筑工程消耗量定额的计算规则规定，计算分部分项工程项目的辅助工程量，在表8-63中列出。

5）根据工程所在省、自治区、直辖市行政主管部门发布的有关政策文件规定要求，可能会对人工费、材料费和机械费等作出相应调整。本工程于2019年5月20日开工，工程地点在长安大学渭水校区，故应同时执行陕建发［2018］2019号调价文件，其调增部分计入差价。根据此调价文件规定和分部分项工程量清单表8-39、分部分项工程项目辅助工程量表8-63，计算得到分部分项工程量清单综合单价分析表8-60和分部分项工程量清单与计价表8-51。

表8-51 分部分项工程量清单与计价表

工程名称：长安大学××住宅楼照明工程　　标段：　　　　第5页共26页

序序号	项目编码	项目名称	工作内容及包括范围	计量单位	工程数量	金额/元			
						综合单价	合价	其中	
								人工费	暂估价
01	030404017001	配电箱	照明配电箱 HXR－1－07 500×600×180，嵌墙安装 工作内容：1. 本体安装；2. 端子板外部接线 2.5mm²，42个；压铜接线端子≤16 mm²，10个	台	2	1508.82	3017.64	300.89	
02	030404034001	照明开关	单联暗装开关 MK/KD11P001 工作内容：1. 本体安装；2. 接线	个	120	15.03	1803.60	428.40	
03	030404035001	插座	单相暗装五孔插座 MK/C00031，10A 工作内容：1. 本体安装；2. 接线	个	140	20.67	2893.80	646.80	
04	030411001001	配管	焊接钢管 SC32 砖混结构暗配 工作内容：1. 电线管路敷设；2. 接地	m	26	21.80	566.80	106.60	360.36
05	030411001002	配管	刚性阻燃塑料管 UPVC16 砖混结构暗配 工作内容：电线管路敷设	m	1300	8.81	11453.00	4810.00	
06	030411004001	配线	铜芯聚绿乙烯绝缘导线 BV-2.5 管内穿线，照明线路 工作内容：配线	m	4246.2	3.48	14776.78	1872.57	

（续）

序序号	项目编码	项目名称	工作内容及包括范围	计量单位	工程数量	金额/元			
						综合单价	合价	其中	
								人工费	暂估价
07	030411004002	配线	铜芯聚绿乙烯绝缘导线 BV-16 管内穿线 工作内容：配线	m	112.8	18.43	2078.90	54.72	
08	030411004003	配线	铜芯聚绿乙烯绝缘导线 BV-10 管内穿线 工作内容：配线	m	28.2	11.80	332.76	11.82	
09	030412005001	荧光灯	单管链吊式荧光灯，成套型，$YG_{2\text{-}1}$ 1×40W 工作内容：本体安装	套	200	129.71	25942.00	1822.00	
10	030411006001	接线盒	塑料灯头盒、接线盒，暗装 86HS60 75×75×60 工作内容：本体安装	个	230	9.78	2249.40	434.70	
11	030411006001	接线盒	塑料开关盒、插座盒，暗装 86HS60 75×75×60 工作内容：本体安装	个	260	7.73	2009.80	524.16	
	本页小计						67124.48	11012.66	
	合计						67124.48	11012.66	

注：本题对其他措施项目未计。

6）在分部分项工程量清单与计价表 8-51 中，其中所含的人工费可由分部分项工程量清单项目综合单价分析表 8-60 及有关工程量统计求得，即分部分项工程费中含总人工费为：

$$
\begin{aligned}
R &= (300.89 + 428.40 + 646.80 + 106.60 + 4810.00 + \\
&\quad 1872.57 + 54.72 + 11.82 + 1882.00 + 434.70 + 524.16)\text{ 元} \\
&= 11012.66\text{ 元}
\end{aligned}
$$

如前所述，由于本工程开工日期为 2019 年 5 月 20 日，故应按陕建发［2018］2019 号调价文件计算人工差价，并计入分部分项工程费，即人工差价为：

$$\Delta Q_1 = \frac{11012.66}{42} \times (120.00 - 42)\text{ 元} = 20452.08\text{ 元}$$

上式中 ΔQ 为调整增加的总人工差价，则根据式（8-12）计算分部分项工程费为：

$$
\begin{aligned}
Q_1 &= \sum \tau m + \Delta Q_1 \\
&= 67124.48 + 20452.08\text{ 元} \\
&= 87576.56\text{ 元}
\end{aligned}
$$

（7）措施项目清单计价　根据措施项目清单表 8-14 所列的措施项目，并根据式（8-14）~式（8-18）计算各措施项目综合单价分别为：

1）脚手架搭拆综合费由式（8-16）～式（8-18）计算得：

脚手架搭拆费　　$m_j = R_1 k_j = 11012.66 \times 7\%$ 元 $= 770.89$ 元

其中含人工费　　$R_j = m_j \times 25\% = 770.89 \times 25\%$ 元 $= 192.72$ 元

脚手架管理费　　$m_{jg} = R_j k_{jg} = 192.72 \times 20.54\%$ 元 $= 39.58$ 元

脚手架利润　　$m_{jl} = R_j k_{jl} = 192.72 \times 22.11\%$ 元 $= 42.61$ 元

则脚手架综搭拆合费为　　$Q_{25} = m_j + m_{jg} + m_{jl}$

$= (770.89 + 39.58 + 42.61)$ 元

$= 853.08$ 元

由式（8-14）并按表 8-22 费率标准分别计算以下措施项目综合单价：

2）冬雨季、夜间施工增加费　　$Q_{22} = R_1 k_{22} = 11012.66 \times 3.28\%$ 元 $= 361.22$ 元

3）二次搬运费　　$Q_{23} = R_1 k_{23} = 11012.66 \times 1.64\%$ 元 $= 180.61$ 元

4）测量放线、定位复测、检验试验费　　$Q_{24} = R_1 k_{24} = 11012.66 \times 1.45\%$ 元 $= 159.68$ 元

5）安全文明施工措施费　如前所述，安全文明施工措施费包括安全文明施工费、环境保护费（含排污费）、临时设施费和扬尘污染治理费，为不可竞争的费用项目，也是施工企业保证施工安全、施工质量、环境保护，以及具有基本完备的施工生产与生活等临时设施所必须的各项费用，并按式（8-15）计算。

① 分部分项工程费：$Q_1 = 87576.56$ 元

② 措施项目费（不含安全文明施工措施费）：

同样，根据陕建发［2018］2019 号调价文件计算人工差价，并计入措施项目费中。根据本题给出的条件，脚手架搭拆综合费中所含的人工费应为可调整差价的人工费，则人工差价为：

$$\Delta Q_2 = 192.72/42 \times (120.00 - 42) \text{ 元} = 357.91 \text{ 元}$$

则参考式（8-13）计算措施项目费（不含安全文明施工措施费）为：

$$Q_{2\Sigma} = \sum 综合单价 \times 工程数量 + 可能发生的差价 = (Q_{22} + Q_{23} + Q_{24} + Q_{25}) + \Delta Q_2$$
$$= (361.22 + 180.61 + 159.68 + 853.08) + 357.91 = 1912.50 \text{ 元}$$

③ 其他项目费：

由其他项目清单与计价汇总表 8-53 可知，其他项目费为：$Q_3 = 30817.57$ 元。

表 8-52　措施项目清单与计价表

工程名称：长安大学××住宅楼照明工程　　第 6 页共 26 页

序号	项目编码	项目名称	计量单位	工程数量	计算基础	费率（%）	金额/元
01	031302001001	安全文明施工措施费	项	1	87576.56 + 1912.50 + 30817.57	4.0	4812.27
02	031302002001	冬雨季夜间施工费	项	1	11012.66	3.28	361.22
03	031302004001	二次搬运费	项	1	11012.66	1.64	180.61
04	031301018001	其他措施—测量放线、定位复测及检验试验费	项	1	11012.66	1.45	159.68

（续）

序号	项目编码	项目名称	计量单位	工程数量	计算基础	费率（%）	金额/元
05	031301017001	脚手架搭拆综合费（06+08+09）	项	1			853.08
06		脚手架搭拆费			11012.66	7	770.89
07		脚手架搭拆费中含人工费			770.89	25	192.72
08		脚手架项目管理费			192.72	20.54	39.58
09		脚手架项目利润			192.72	22.11	42.61
10		02+03+04+05					1554.59
11		可能发生的差价					357.91
12		10+11					1912.50
		01+12					6724.77

注：1. 本表适用于以“项”为计量单位的措施项目。

2. 根据住房和城乡建设部、财政部发布的《建筑安装工程费用组成》（建标［2003］206号）的规定，计算基础可为“直接费”，“人工费”或“人工费+机械费”。

3. 在各省、自治区、直辖市范围内，应按本地区的有关规定计算安全文明施工措施费。安全文明施工措施费包括环境保护费（含排污费）、安全文明施工费和临时设施费，属于不可竞争的费用项目。《陕西建设工程工程量清单计价费率》（2009）中规定，在陕西省范围内，安全文明施工措施费是以分部分项工程费、措施项目费（不含安全文明施工措施费）、其他项目费之和作为取费基础，乘以规定费率3.8%。

④ 安全文明施工措施费按式（8-15）计算：

$$Q_{21} = (Q_1 + Q_{2\Sigma} + Q_3) \times k_{21} = (87576.56 + 1912.50 + 30817.57) \times 4.0\% \text{元} = 4812.27 \text{元}$$

据此编制措施项目清单与计价表，见表8-52，得到措施项目费 $Q_2 = 5746.40$ 元。

（8）其他项目清单计价　由其他项目清单与计价表8-41可知，其他项目清单包括暂列金额，暂估价、计日工和总承包服务费各一项，在计日工中还补充有可暂估工程量的零星工作项目一项，即为办公楼改造安装单管链吊荧光灯 $YG_{2\text{-}1}1\times40W$，20套。其中暂列金额明细表8-42中列出暂列金额共计13000元；专业工程暂估价及结算价表8-44中列出的是由有关专业工程公司安装调试完成的防盗门禁系统，暂估价为12000元。总承包服务费计价表8-46中列出为安装调试防盗门禁系统的专业工程公司提供施工作业面、进行施工现场管理和施工配合等，为施工提供施工电源并承担电费开支，以及对工程竣工资料进行统一整理和汇总等项工作。

在进行其他项目清单计价时，对于“暂列金额”和“专业工程暂估价”等两项费用只需抄录即可，见暂列金额明细表8-54、专业工程暂估价表8-56。对于计日工表8-45中所列的“装卸车用零工”，则应按当地的社会零用工劳务市场综合单价计算。假设零用工综合单价为160.00元/工日，脚手架钢管租金为0.50元/根·天，交流电焊机租金为110元/台班，对于本工程以外的办公楼改造安装单管链吊荧光灯 $YG_{2\text{-}1}1\times40W$，共计20套，其综合单价可从分部分工程量清单项目综合单价分析表8-60中选取，即其综合单价为129.71元/套，从而可计算得到计日工计价表8-57。对于总承包服务费计价表8-46，则应按所服务项目的服务内容、难易程度、服务周期和服务深度等综合因素，进行合理选择总承包服务费费率。对于专业工程分包的总承包服务费一般按专业工程造价的（2~4)%计取，假设取费率为3%，则以服务项目价值为计算基础，计算求得总承包服务费，见表8-58。

另外，安装单管链吊式荧光灯 $YG_{2\text{-}1}1\times40W$ 共计20套，根据分部分项工程量清单项目综合单价分析表8-60，可计算其可调整差价的人工费为：

$$R = 9.11 \times 20 = 182.20 \text{ 元}$$

根据陕建发［2018］2019号调价文件之规定计算人工差价，并将人工差价计入其他项目费，其人工差价为：

$$\Delta Q_3 = \frac{182.20}{42} \times (120.00 - 42) = 338.37 \text{ 元}$$

在完成其他项目清单中各项计价的基础上，即可编制完成其他项目清单与计价汇总表，见表8-53。

表8-53 其他项目清单与计价汇总表

工程名称：长安大学××住宅楼照明工程　　标段　　第7页共26页

序号	项目名称	计量单位	数量	金额	备注
1	暂列金额	项	1	13000.00	明细详见表8-53
2	暂估价			12000.00	
2.1	材料暂估价			—	明细详见表8-42及表8-54
2.2	专业工程暂估价	项	1	12000.00	明细详见表8-55
3	计日工	项	1	5119.20	明细详见表8-56
4	总承包服务费	项	1	360.00	明细详见表8-57
5	可能发生的差价—人工差价			338.37	
合计				30817.57	

注：材料暂估单价进入清单项目综合单价，故此处不汇总。

表8-54 暂列金额明细表

工程名称：长安大学××住宅楼照明工程　　标段　　第8页共26页

序号	项目名称	计量单位	暂列金额	备注
01	工程量清单中工程量偏差和工程设计变更	项	10000.00	
02	政策性调整和材料价格风险	项	3000.00	
合计			13000.00	

表8-55 材料（工程设备）暂估单价及调整表

工程名称：长安大学××住宅楼照明工程　　标段　　第9页共26页

序号	材料名称、规格、型号	计量单位	单价/元	备注
01	焊接钢管	t	4300.00	用于砖混结构暗配焊接钢管清单项目

注：1. 此表由招标人填写，并在备注栏目说明暂估价的材料拟用在哪些清单项目上，投标人应将上述材料暂估单价计入工程量综合单价报价中。

2. 材料包括原材料、燃料、构配件以及按规定应计入建筑安装工程造价的设备。

表 8-56 专业工程暂估价及结算价表

工程名称：长安大学××住宅楼照明工程　　标段：　　第 10 页共 26 页

序号	工程名称	工程内容	暂估金额/元	结算金额/元	差额/±元	备注
01	防盗门禁系统工程	安装及调试	12000.00			
合计			12000.00			

注：此表由招标人填写，投标人应将上述专业工程“暂估金额”计入投标总价中。结算时按合同约定结算金额填写。

表 8-57 计日工计价表

工程名称：长安大学××住宅楼照明工程　　标段：　　第 11 页共 26 页

编号	项目名称	单位	暂定数量	实际数量	综合单价/元	合价/元	
						暂定	实际
一	人工						
1	装卸车零用工	工日	10		160.00	1600.00	
2							
3							
人工小计						1600.00	
二	材料						
1	借用施工单位的脚手架，15d	根	50		7.50	375.00	
2							
3							
材料小计						375.00	
三	施工机械						
1	借用施工单位的电焊机 21kV·A	台班	5		110.00	550.00	
2							
3							
施工机械小计						550.00	
四	其他						
1	为办公楼安装单管链吊式荧光灯 YG_{2-1}1×40W	套	20		129.71	2594.20	
2							
五	企业管理费和利润						
总　计						5119.20	

注：此表项目名称、暂定数量由招标人填写，编制招标控制价时，单价由招标人按有关计价规定确定；投标时，单价由投标人自主报价，按暂定数量计算合价并计入投标总价中。结算时，按发承包双方确认的实际数量计算合价。

表 8-58 总承包服务费计价表

工程名称：长安大学××住宅楼照明工程 标段 第 12 页共 26 页

序号	项 目 名 称	项目价值	服务内容	费率%	金额/元
01	发包人发包专业工程	12000.00	1. 按专业工程承包人要求提供施工作业面，并对施工现场进行统一管理，对竣工资料进行统一整理汇总 2. 为专业工程承包人提供施工工作电源，并承担电费 3. 配合专业工程承包人进行防盗门禁系统安装及调试工作	3	360.00
合计					360.00

（9）规费计算 在 8.2.2 节中对规费概念及其组成已作介绍，见表 8-12。规费是由社会保障保险费（包括养老保险、失业保险、医疗保险、工伤保险、残疾人就业保险、生育保险），住房公积金和危险作业意外伤害保险等组成，为不可竞争的费用项目。根据表 8-47 规费、税金项目清单与计价表，并按表 8-17 选取相应的费率计算各项规费。

1）社会保障保险费

① 养老保险费：

$$Q_{41} = (Q_1 + Q_2 + Q_3 + Q_4)k_{41} = (87576.56 + 6724.77 + 30817.57) \times 3.55\%$$
$$= 125118.33 \times 3.55\% \text{ 元} = 4441.70 \text{ 元}$$

② 失业保险费：

$$Q_{42} = (Q_1 + Q_2 + Q_3 + Q_4)k_{42} = 125118.33 \times 0.15\% \text{ 元} = 187.68 \text{ 元}$$

③ 医疗保险费：

$$Q_{43} = (Q_1 + Q_2 + Q_3 + Q_4)k_{42} = 125118.33 \times 0.45\% \text{ 元} = 563.03 \text{ 元}$$

④ 工伤保险费：

$$Q_{44} = (Q_1 + Q_2 + Q_3 + Q_4)k_{44} = 125118.33 \times 0.07\% \text{ 元} = 87.58 \text{ 元}$$

⑤ 残疾人就业保险费：

$$Q_{45} = (Q_1 + Q_2 + Q_3 + Q_4)k_{45} = 125293.48 \times 0.04\% \text{ 元} = 50.05 \text{ 元}$$

⑥ 生育保险费：

$$Q_{46} = (Q_1 + Q_2 + Q_3 + Q_4)k_{46} = 125293.48 \times 0.04\% \text{ 元} = 50.05 \text{ 元}$$

则社会保障保险费为：

$$Q_{4\sum} = Q_{41} + Q_{42} + Q_{43} + Q_{44} + Q_{45} + Q_{46}$$
$$= (4441.70 + 187.68 + 563.03 + 87.58 + 50.05 \times 2) \text{ 元} = 5380.09 \text{ 元}$$

2）住房公积金：

$$Q_{47} = (Q_1 + Q_2 + Q_3 + Q_4)k_{47} = 125118.33 \times 0.30\% \text{ 元} = 375.35 \text{ 元}$$

3）危险作业意外伤害保险费：

$$Q_{48} = (Q_1 + Q_2 + Q_3 + Q_4)k_{48} = 125118.33 \times 0.07\% \text{ 元} = 87.58 \text{ 元}$$

则规费为：

$$Q_4 = Q_{4\sum} + Q_{47} + Q_{48} = (5380.09 + 375.35 + 87.58)\text{元} = 5843.02\text{元}$$

所谓"四项保险费"在 8.3.2 节已作介绍，它是由失业保险费、医疗保险费、工伤及意外伤害保险费（由工伤保险费和危险作业意外伤害保险费组成）、残疾人就业保险费等规费项目组成的费用。国家为了推动施工企业职工的社会保障的进程，维护企业职工的切身利益和合法权益，坚持以人为本的原则，采用经济手段要求施工企业积极为本单位职工办理四项保险。即凡是施工企业为本单位职工办理了四项保险的均可在工程竣工结算时计取上述四项保险费用，参加几项保险则计取几项保险费用，施工企业若未参加四项保险则不得计取此费用。由此可见，四项保险费是属于结算费用项目，从经济角度上讲，建设单位对施工企业为本单位职工办理了四项保险也起到了监督和促进作用。本工程项目的四项保险费 $Q_{4(\text{四项})}$ 为：

$$Q_{4(\text{四项})} = Q_{42} + Q_{43} + (Q_{44} + Q_{48}) + Q_{45} = (187.68 + 563.03 + 87.58 \times 2 + 50.05)\text{元}$$
$$= 975.92\text{元}$$

（10）税金计算

该工程项目位于西安市区，于 2019 年 5 月 20 日开工，属于 2019 年 4 月 1 日以后新开工项目，故应执行陕建发［2019］45 号调价文件，综合系数 $\zeta = 94.37\%$，增值税税率 $\eta_{jz} = 9\%$，附加税税率 $\eta_{jf} = 0.48\%$。计算增值税前工程造价为：

$$Z_P = Z_S\zeta = (Q_1 + Q_2 + Q_3 + Q_4)\zeta = (87576.56 + 6724.77 + 30817.57 + 5843.02) \times 94.37\%\text{元}$$
$$= 130961.92 \times 94.37\%\text{元} = 123588.76\text{元}$$

则增值税销项税额为：

$$S_{jz} = Z_P\eta_{jz} = 123588.76 \times 9\%\text{元} = 11122.99\text{元}$$

附加税为：

$$S_{jf} = (Q_1 + Q_2 + Q_3 + Q_4)\eta_{jf} = 130961.92 \times 0.48\%\text{元} = 628.62\text{元}$$

税金 S_j 为：

$$S_j = S_{jz} + S_{jf} = (11122.99 + 628.62)\text{元} = 11751.61\text{元}$$

这样，把规费和税金的计算结果填入规费、税金项目清单与计价表中，见表 8-59。分部分项工程量清单综合单价分析表见表 8-60，部分工程项目定额见表 8-61，主要材料价格表见表 8-62，部分工程项目辅助工程量见表 8-63。

表 8-59 规费、税金项目清单与计价表

工程名称：长安大学××住宅楼照明工程 第 页共 页

序号	项目名称	计算式	税率（%）	金额/元
1	规费 Q_4	（1.1）+（1.2）+（1.3）		5843.02
1.1	社会保障保险费	（1）+（2）+（3）+（4）+（5）+（6）		5380.09
（1）	养老保险费 Q_{41}	$(Q_1+Q_2+Q_3)\ k_{41}$	3.55	4441.70
（2）	失业保险费 Q_{42}	$(Q_1+Q_2+Q_3)\ k_{42}$	0.15	187.68
（3）	医疗保险费 Q_{43}	$(Q_1+Q_2+Q_3)\ k_{43}$	0.45	563.03
（4）	工伤保险费 Q_{44}	$(Q_1+Q_2+Q_3)\ k_{44}$	0.07	87.58
（5）	残疾人就业保险费 Q_{45}	$(Q_1+Q_2+Q_3)\ k_{45}$	0.04	50.05
（6）	生育保险费 Q_{46}	$(Q_1+Q_2+Q_3)\ k_{46}$	0.04	50.05
1.2	住房公积金 Q_{47}	$(Q_1+Q_2+Q_3)\ k_{47}$	0.30	375.35

（续）

序号	项目名称	计算式	税率（%）	金额/元
1.3	危险作业意外伤害保险费 Q_{48}	$(Q_1+Q_2+Q_3)\ k_{48}$	0.07	87.58
2	税前工程造价 Z_P	$Z_S\zeta=(Q_1+Q_2+Q_3+Q_4)\ \zeta$	94.37	123588.76
3	税金 S_j	(3.1) + (3.2)		11751.61
3.1	增值税销项税额 S_{jz}	$Z_P\eta_{jz}$	9	11122.99
3.2	附加税 S_{jF}	$Z_S\eta_{jf}=(Q_1+Q_2+Q_3+Q_4)\ \eta_{jf}$	0.48	628.62

注：原工程排污费已计入到安全文明施工措施费中。

表 8-60 分部分项工程量清单项目综合单价分析表

工程名称：长安大学××住宅楼照明工程　　标段：　　第 14 页共 26 页

项目编码	030404017001	项目名称	配电箱-照明配电箱 HXR-1-07 500×600×180	计量单位	台

清单综合单价组成明细

定额编号	项目名称	单位	数量	单价						合价					
				人工费	材料费	机械费	管理费	利润	风险	人工费	材料费	机械费	管理费	利润	风险
2-265	成套配电箱，半周长≤1.5m	台	2	121.80	41.78	—				243.60	83.56	—			
2-327	端子板外部接线 2.5mm²	10 个	4.2	9.24	11.47	—				38.81	48.17	—			
2-337	压铜接线端子≤16 mm²	10 个	1	18.48	56.68	—				18.48	56.68	—			
人工单价/（元/工日）		小计								300.89	188.41	—	61.80	66.53	—
42.00		未计价材料费								2400.00					
清单项目综合单价/（元/台）										3017.63÷2=1508.82					

材料费明细表	主要材料名称、型号、规格	单位	数量	单价/元	合价/元	暂估单价/元	暂估合计单价/元
	照明配电箱 HXR-1-07 500×600×180	台	2	1200.00	2400.00	—	—
	其他材料						
	材料费小计				2400.00		

注：1. 如果不使用省级或行业建设主管部门发布的计价依据，可不填写定额编号。

2. 招标文件提供了暂估单价的材料，应按暂估单价填写表内“暂估单价”栏及“暂估合价”栏。

（续）

工程名称：长安大学××住宅楼照明工程　　标段：　　　　　　　　　第 15 页共 26 页

项目编码	030404034001	项目名称	照明开关-单联暗装开关 MK/KD11P001	计量单位	个

清单综合单价组成明细

定额编号	项目名称	单位	数量	单价						合价					
				人工费	材料费	机械费	管理费	利润	风险	人工费	材料费	机械费	管理费	利润	风险
2-1651	单联单控板式安装开关	10 套	0.1	35.70	6.81	—				3.57	0.68	—	0.73	0.79	—
人工单价/(元/工日)		小计								3.57	0.68	—	0.73	0.79	—
42.00		未计价材料费								9.26					
清单项目综合单价/（元/个）										15.03					

材料费明细表	主要材料名称、型号、规格	单位	数量	单价/元	合价/元	暂估单价/元	暂估合计单价/元
	单联单控板式安装开关 MK/KD11P001	套	1.02	9.08	9.26	—	—
	其他材料						
	材料费小计				9.26		

注：1. 如果不使用省级或行业建设主管部门发布的计价依据，可不填写定额编号。

2. 招标文件提供了暂估单价的材料，应按暂估单价填写表内“暂估单价”栏及“暂估合价”栏。

（续）

工程名称：长安大学××住宅楼照明工程　　标段：　　　　　　　　　第 16 页共 26 页

项目编码	030404035001	项目名称	插座-单相暗装五孔插座 MK/C00031，10A	计量单位	个

清单综合单价组成明细

定额编号	项目名称	单位	数量	单价						合价					
				人工费	材料费	机械费	管理费	利润	风险	人工费	材料费	机械费	管理费	利润	风险
2-1684	单相暗装五孔插座≤15A	10 套	0.1	46.20	16.16	—				4.62	1.62	—	0.95	1.02	—
人工单价/(元/工日)		小计								4.62	1.62	—	0.95	1.02	—
42.00		未计价材料费								12.46					
清单项目综合单价/（元/个）										20.67					

材料费明细表	主要材料名称、型号、规格	单位	数量	单价/元	合价/元	暂估单价/元	暂估合计单价/元
	单相暗装五孔插座 MK/C00031，10A	套	1.02	12.22	12.46	—	—
	其他材料						
	材料费小计				12.46		

注：1. 如果不使用省级或行业建设主管部门发布的计价依据，可不填写定额编号。

2. 招标文件提供了暂估单价的材料，应按暂估单价填写表内“暂估单价”栏及“暂估合价”栏。

（续）

工程名称：长安大学××住宅楼照明工程　　标段：　　第 17 页共 26 页

项目编码	030411001001	项目名称	配管-焊接钢管 SC32 砖混结构暗配									计量单位		m	
清单综合单价组成明细															
定额编号	项目名称	单位	数量	单价						合价					
				人工费	材料费	机械费	管理费	利润	风险	人工费	材料费	机械费	管理费	利润	风险
2-1033	钢管 SC32 砖混结构暗配	100m	0.01	409.71	154.93	53.75				4.10	1.55	0.54	0.84	0.91	—
人工单价/（元/工日）		小计								4.10	1.55	0.54	0.84	0.91	—
42.00		未计价材料费								13.86					
清单项目综合单价/（元/m）										21.80					

材料费明细表	主要材料名称、型号、规格	单位	数量	单价/元	合价/元	暂估单价/元	暂估合计单价/元
	焊接钢管 SC32（单价：4.3 元/kg × 3.13kg /m =13.46	m	1.03			13.46	13.00
	其他材料						
	材料费小计						13.86

注：1. 如果不使用省级或行业建设主管部门发布的计价依据，可不填写定额编号。

2. 招标文件提供了暂估单价的材料，应按暂估单价填写表内“暂估单价”栏及“暂估合价”栏。

（续）

工程名称：长安大学××住宅楼照明工程　　标段：　　第 18 页共 26 页

项目编码	030411001002	项目名称	配管-刚醒阻燃塑料管 UPVC16 砖混结构暗配									计量单位		m	
清单综合单价组成明细															
定额编号	项目名称	单位	数量	单价						合价					
				人工费	材料费	机械费	管理费	利润	风险	人工费	材料费	机械费	管理费	利润	风险
2-1119	刚醒阻燃塑料管 UPVC16 砖混结构暗配	100m	13	370.00	101.97	—				4810.00	1325.61	—	987.97	1063.49	—
人工单价/（元/工日）		小计								4810.00	1325.61	—	987.97	1063.49	—
42.00		未计价材料费								3260.40					
清单项目综合单价/（元/m）										11447.47/1300 = 8.81					

材料费明细表	主要材料名称、型号、规格	单位	数量	单价/元	合价/元	暂估单价/元	暂估合计单价/元
	刚醒阻燃塑料管 UPVC16	m	1430	2.28	3260.40	—	—
	其他材料						
	材料费小计				3260.40		

注：1. 如果不使用省级或行业建设主管部门发布的计价依据，可不填写定额编号。

2. 招标文件提供了暂估单价的材料，应按暂估单价填写表内“暂估单价”栏及“暂估合价”栏。

（续）

工程名称：长安大学××住宅楼照明工程　　标段：　　第 19 页共 26 页

项目编码	030411004001	项目名称	配线-铜芯聚绿乙烯绝缘导线 BV-2.5 管内穿线，照明线路	计量单位	m

清单综合单价组成明细															
定额编号	项目名称	单位	数量	单价						合价					
				人工费	材料费	机械费	管理费	利润	风险	人工费	材料费	机械费	管理费	利润	风险
2-1160	铜芯导线管内穿线，照明线路 $\leqslant 2.5mm^2$	100m	42.462	44.10	16.60	—				1872.57	704.87	—	384.63	414.03	—
人工单价/(元/工日)		小计								1872.57	704.87	—	384.63	414.03	—
42.00		未计价材料费								13397.60					
清单项目综合单价/（元/m ）										14773.70/4246.2 = 3.48					

材料费明细表	主要材料名称、型号、规格	单位	数量	单价/元	合价/元	暂估单价/元	暂估合计单价/元
	铜芯聚绿乙烯绝缘导线 BV-2.5	m	4925.59	2.72	13397.60	—	—
	其他材料						
	材料费小计				13397.60		

注：1. 如果不使用省级或行业建设主管部门发布的计价依据，可不填写定额编号。

2. 招标文件提供了暂估单价的材料，应按暂估单价填写表内“暂估单价”栏及“暂估合价”栏。

（续）

工程名称：长安大学××住宅楼照明工程　　标段：　　第 20 页共 26 页

项目编码	030411004002	项目名称	配线-铜芯聚绿乙烯绝缘导线 BV-16 管内穿线	计量单位	m

清单综合单价组成明细															
定额编号	项目名称	单位	数量	单价						合价					
				人工费	材料费	机械费	管理费	利润	风险	人工费	材料费	机械费	管理费	利润	风险
2-1181	铜芯导线管内穿线，$16mm^2$	100m	1.128	48.51	20.59	—				54.72	23.23	—	11.24	12.10	—
人工单价/(元/工日)		小计								4810.00	1325.61	—	987.97	1063.49	—
42.00		未计价材料费								1977.24					
清单项目综合单价/（元/m）										2078.53/112.8 = 18.43					

材料费明细表	主要材料名称、型号、规格	单位	数量	单价/元	合价/元	暂估单价/元	暂估合计单价/元
	铜芯聚绿乙烯绝缘导线 BV-16	m	118.44	16.694	1977.24	—	—
	其他材料						
	材料费小计				1977.24		

注：1. 如果不使用省级或行业建设主管部门发布的计价依据，可不填写定额编号。

2. 招标文件提供了暂估单价的材料，应按暂估单价填写表内“暂估单价”栏及“暂估合价”栏。

（续）

工程名称：长安大学××住宅楼照明工程　　标段：　　第 21 页共 26 页

项目编码	030411004003	项目名称	配线-铜芯聚绿乙烯绝缘导线 BV-10 管内穿线	计量单位	m

清单综合单价组成明细															
定额编号	项目名称	单位	数量	单价						合价					
				人工费	材料费	机械费	管理费	利润	风险	人工费	材料费	机械费	管理费	利润	风险
2-1180	铜芯导线管内穿线，$10mm^2$	100m	0.282	41.92	20.21	—				11.82	5.70	—	2.43	2.61	—
人工单价/（元/工日）	小计									11.82	5.70	—	2.43	2.61	—
42.00	未计价材料费									310.08					
清单项目综合单价/（元/m）										332.64/28.2 = 11.80					

材料费明细表	主要材料名称、型号、规格	单位	数量	单价/元	合价/元	暂估单价/元	暂估合计单价/元
	铜芯聚绿乙烯绝缘导线 BV-10	m	29.61	10.472	310.08	—	—
	其他材料						
	材料费小计				310.08		

注：1. 如果不使用省级或行业建设主管部门发布的计价依据，可不填写定额编号。

2. 招标文件提供了暂估单价的材料，应按暂估单价填写表内“暂估单价”栏及“暂估合价”栏。

（续）

工程名称：长安大学××住宅楼照明工程　　标段：　　第 22 页共 26 页

项目编码	030412005001	项目名称	荧光灯-单管链吊式荧光灯，成套型，YG_{2-1} 1×40W	计量单位	m

清单综合单价组成明细															
定额编号	项目名称	单位	数量	单价						合价					
				人工费	材料费	机械费	管理费	利润	风险	人工费	材料费	机械费	管理费	利润	风险
2-1575	单管链吊式荧光灯，成套型	10 套	0.1	91.14	179.53	—				9.11	17.95	—	1.87	2.01	—
人工单价/（元/工日）	小计									9.11	17.95	—	1.87	2.01	—
42.00	未计价材料费									98.77					
清单项目综合单价/（元/套）										129.71					

材料费明细表	主要材料名称、型号、规格	单位	数量	单价/元	合价/元	暂估单价/元	暂估合计单价/元
	单管链吊式荧光灯，成套型，YG_{2-1} 1×40W	套	1.01	85.00	85.85	—	—
	荧光灯管 40W	根	1.015	12.73	12.92		
	其他材料						
	材料费小计				98.77		

注：1. 如果不使用省级或行业建设主管部门发布的计价依据，可不填写定额编号。

2. 招标文件提供了暂估单价的材料，应按暂估单价填写表内“暂估单价”栏及“暂估合价”栏。

（续）

工程名称：长安大学××住宅楼照明工程 标段： 第 23 页共 26 页

项目编码	030411006001	项目名称	接线盒-塑料接线盒、灯头盒，暗装 86HS6075×75×60	计量单位	个

清单综合单价组成明细														
定额编号	项目名称	单位	数量	单价						合价					
				人工费	材料费	机械费	管理费	利润	风险	人工费	材料费	机械费	管理费	利润	风险
2-1324	塑料接线盒、灯头盒，暗装	10 个	23	18.90	25.44	—				434.70	585.12	—	89.29	96.11	—
人工单价/(元/工日)		小计								434.70	585.12	—	89.29	96.11	—
42.00		未计价材料费								1045.30					
清单项目综合单价/（元/个）										（434.70+585.12+89.29+96.11+1045.30）÷230 =2250.52÷230=9.78					

材料费明细表	主要材料名称、型号、规格	单位	数量	单价/元	合价/元	暂估单价/元	暂估合计单价/元
	暗装塑料接线盒、灯头盒，86HS6075×75×60	个	234.6	3.60	844.56	—	—
	其中有 30 个接线盒，接线盒面板也有 30 个 MK/C00531	个	30.6	6.56	200.74		
	其他材料						
	材料费小计				1045.30		

注：1. 如果不使用省级或行业建设主管部门发布的计价依据，可不填写定额编号。

2. 招标文件提供了暂估单价的材料，应按暂估单价填写表内“暂估单价”栏及“暂估合价”栏。

（续）

工程名称：长安大学××住宅楼照明工程 标段： 第 24 页共 26 页

项目编码	030411006002	项目名称	接线盒-塑料插座盒、开关盒，暗装 86HS6075×75×60	计量单位	个

清单综合单价组成明细															
定额编号	项目名称	单位	数量	单价						合价					
				人工费	材料费	机械费	管理费	利润	风险	人工费	材料费	机械费	管理费	利润	风险
2-1325	插座盒、开关盒，暗装	10 个	26	20.16	11.78	—				524.16	306.28	—	107.66	115.89	—
人工单价/(元/工日)		小计								524.16	306.28	—	107.66	115.89	—
42.00		未计价材料费								954.72					
清单项目综合单价/（元/个）										（524.16+306.28+107.66+115.89+954.72）÷260 =2008.71÷260=7.73					

材料费明细表	主要材料名称、型号、规格	单位	数量	单价/元	合价/元	暂估单价/元	暂估合计单价/元
	暗装塑料插座盒、开关盒，86HS60 75×75×60	个	265.2	3.60	954.72	—	—
	其他材料						
	材料费小计				954.72		

注：1. 如果不使用省级或行业建设主管部门发布的计价依据，可不填写定额编号。

2. 招标文件提供了暂估单价的材料，应按暂估单价填写表内“暂估单价”栏及“暂估合价”栏。

表 8-61 部分工程项目定额

定额编号	工程项目名称	计量单位	基价/元	其中			定额含量
				人工费	材料费	机械费	
2-265	成套配电箱悬挂嵌入式安装，半周长≤1.5m	台	163.58	121.80	41.78	—	—
2-327	端子板外部接线 2.5mm^2，无端子	10 个	20.71	9.24	11.47	—	—
2-337	压铜接线端子，导线截面 16mm^2 以内	10 个	75.16	18.48	56.68	—	—
2-1575	成套型吊链式单管荧光灯安装 YG_{2-1}1×40W	10 套	270.67	91.14	179.53	—	10.1 套
2-1651	板式暗装开关（单控）单联 MK/KD 11P001	10 套	42.51	35.70	6.81	—	10.2 套
2-1684	单相暗装插座≤15A，5 孔 MK/C00031	10 套	62.36	46.20	16.16	—	10.2 套
2-1033	焊接钢管 SC32 砖、混结构暗配	100m	618.39	409.71	154.93	53.75	103m
2-1119	刚性阻燃管 UPVC，公称口径 $\phi\leq20$，砖、混结构暗配	100m	471.97	370.00	101.97	—	110m
2-1180	管内穿线，动力线路（铜芯）10mm^2	100m	62.13	41.92	20.21	—	105m
2-1181	管内穿线，动力线路（铜芯）16mm^2	100m	69.10	48.51	20.59	—	105m
2-1160	管内穿线 $S\leq2.5mm^2$，铜芯，照明线路	100m	60.70	44.10	16.60	—	116.0m
2-1324	暗装接线盒	10 个	44.34	18.90	25.44	—	10.2 个
2-1325	暗装开关盒	10 个	31.94	20.16	11.78	—	10.2 个

表 8-62 主要材料价格表

工程名称：长安大学××住宅楼照明工程 标段： 第 25 页共 26 页

序号	材料编码	材料名称	规格型号	单位	单价/元	备 注
01	C001	暗装一位单极大跷板开关	MK/KD 11P001	套	9.08	
02	C002	成套型吊链式单管荧光灯	YG_{2-1}1×40W	套	85.00	40W 荧光灯管 12.73 元/根
03	C003	单相暗装插座≤15A，5 孔	MK/C00031	套	12.22	
04	C004	阻燃塑料管—刚性阻燃管	UPVC16 重型	m	2.28	
05	C005	塑料接线盒、灯头盒、开关盒、插座盒	86HS60 75×75×60	个	3.60	
06	C006	铜芯聚氯乙烯绝缘电线	BV-500V 2.5mm^2	km	2720.00	
07	C007	铜芯聚氯乙烯绝缘电线	BV-500V 10mm^2	km	10472.00	
08	C008	铜芯聚氯乙烯绝缘电线	BV-500V 16mm^2	km	16694.00	
09	C009	焊接钢管	SC32	t	4300.00	材料暂估单价

（续）

序号	材料编码	材料名称	规格型号	单位	单价/元	备注
10	C010	接线盒面板	MK/C00531	个	6.56	
11	C011	照明配电箱，嵌墙暗装	HXR-1-07 550×600×180	台	1200.00	

注：主要材料包括原材料、燃料、构配件以及建筑安装工程造价的设备。

表8-63 分部分项工程项目辅助工程量表

工程名称：长安大学××住宅楼照明工程　　标段：　　第26页共26页

序号	项目名称	计算式	计量单位	工程数量
01	照明配电箱：端子板外部接线，无端子，2.5mm^2	21×2	个	42
02	照明配电箱：压铜接线端子 $S \leqslant 16mm^2$	5×2	个	10

通过例题8-3可见，在实际工程造价编制中，必须将所编制的各种表格按照本章所介绍的要求排列顺序装订成册。在编制工程量清单时，应按①工程量清单封面；②总说明；③分部分项工程量清单与计价表；④措施项目清单与计价表；⑤其他项目清单与计价表；⑥暂列金额明细表；⑦材料暂估单价表；⑧专业工程暂估价表；⑨计日工表；⑩总承包服务费计价表；⑪规费、税金项目清单与计价表等的顺序装订成册。

在编制工程量清单计价时，则应按①招标控制价/投标报价封面；②总说明；③工程项目招标控制价/投标报价汇总表；④单项工程招标控制价/投标报价汇总表；⑤单位工程招标控制价/投标报价汇总表；⑥分部分项工程量清单与计价表；⑦措施项目清单与计价表；⑧其他项目清单与计价表；⑨暂列金额明细表；⑩材料暂估单价表；⑪专业工程暂估价表；⑫计日工计价表；⑬总承包服务费计价表；⑭规费、税金项目清单与计价表；⑮分部分项工程量清单项目综合单价分析表；⑯主要材料价格表等的顺序装订成册。在编制投标报价的工程量清单计价书时，为了施工企业定额、材料价格等信息资料保密的需要，在招标文件没有特殊要求时，均应将分部分项工程量清单综合单价分析表等单独装订。

【例题8-4】计算工程量，编制某建筑电气安装工程工程量清单。

（1）建筑概况：如图8-19a所示为电气施工平面图，比例为1:100。本工程为单层建筑，层高3.0m，室外标高-0.3m，砖混结构，现浇混凝土楼板。

（2）设计内容：配电系统、接地系统

① 配电系统为220V。本建筑配电箱如图8-19b所示，配电箱内无可调试元件，共有五个回路，其中：一路照明；四路插座。配电箱开关插座和灯具等安装高度见图例表8-64。

② 电源进线采用电缆（入户电缆不计）穿SC50焊接钢管埋地敷设（计算至外墙2.5m处），埋地深度为室外-0.8m，配电箱处利用人工接地装置做重复接地，接地电阻 $R_{jd} \leqslant 4\Omega$。安装位置详见平面图8-19a。

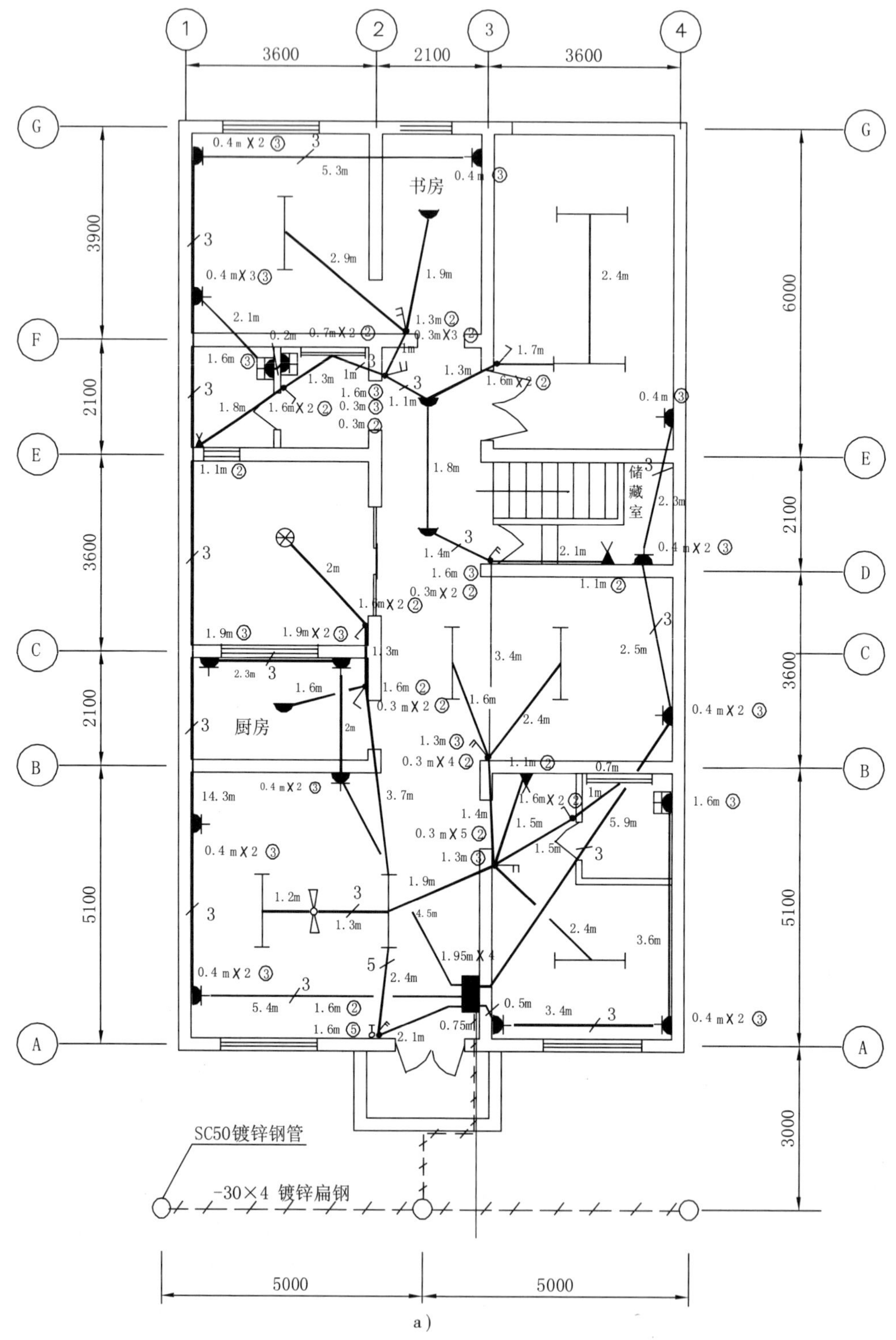

图 8-19 平面图及系统图

a）照明平面图 1:100

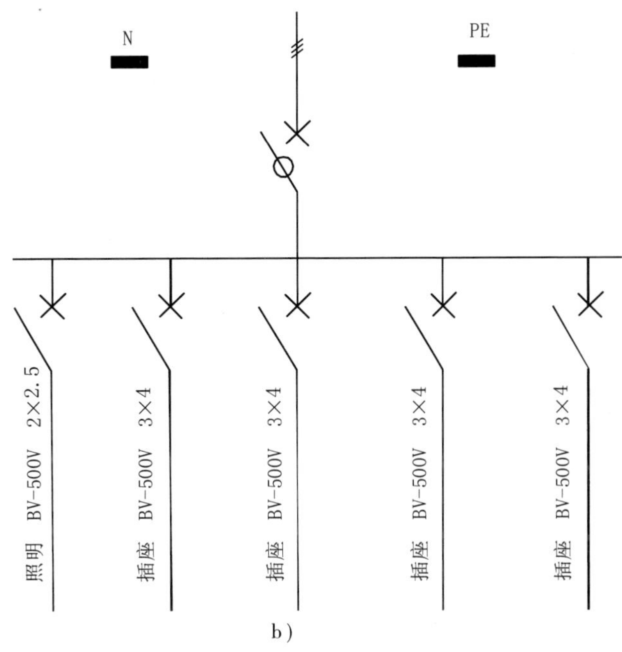

图 8-19　平面图及系统图（续）

b）照明配电箱 HXR-1-07 系统图

表 8-64　图例及设备材料名称及安装高度

序号	图例	设备材料名称	型号规格	安装高度	备注
01		照明配电箱	HXR-1-07　600×400×180	1.8m	
02		单联单控暗装开关	F81/1D　250V10A	1.3m	
03		单联单控暗装开关	F82/1D　250V10A	1.3m	
04		二、三极插座	F8/10US　250V10A	0.3m， 厨房 1.8m	
05		二、三极防溅暗插座	F223Z　250V10A	1.5m	
06		吊装风扇	ϕ1200	2.8m	
07		半圆罩吸顶灯	JXP3-1　1×40W	吸顶	
08		瓷座头灯	1×40W	壁装 1.8m	
09		镜前灯	AKT-B01-220Y1　2×20W	壁装 2.2m	
10		风扇调速控制开关		1.3m	
11		筒式链吊荧光灯	YG_{2-1}　1×40W	2.5m	
12		水晶吸顶花灯	YO011　13×15W　ϕ600　H430	吸顶	

③ 照明支路采用 BV-2.5 导线穿焊接钢管沿墙、顶板暗敷设。导线 2～3 根选用焊接钢管 SC15，4 根及以上导线选用焊接钢管 SC20。插座回路选用 BV-3×4 穿 SC20 沿地面、墙暗敷设（接线盒、灯头盒、开关盒、插座盒均采用 86H60，75×75×60 暗装底盒）。

（3）照明配电箱 HXR-1-07，1200.00 元/台；吊扇，140.00 元/台；镀锌费，1.50 元/kg；其他未计价材料均采用近期主管部门发布的“建设工程造价管理信息（材料信息价）”或通过建材市场询价。

（4）措施项目清单、其他项目清单与例题 8-3 相同。试按上述条件计算分部分项工程量清单项目工程量和编制该工程分项工程量清单。

解：

根据《建设工程工程量清单计价规范》（GB 50500—2013）、《通用安装工程工程量计算规范》（GB 50856—2013）以及由省、自治区、直辖市的工程造价主管部门发布的“建设工程工程量清单计价规则”和“安装工程消耗量定额”，依据电气照明平面图（见图 8-19a），计算编制分部分项工程量清单项目工程量计算表 8-65、分部分项工程量清单项目辅助工程量计算表 8-66。分部分项工程量清单与计价表见表 8-67。所谓分部分项工程量清单项目辅助工程量，是指不计入分部分项工程量清单的工程量部分，在进行分部分项工程量清单项目综合单价分析计算时，则需要计入到该分部分项工程量清单项目的综合单价之内。辅助工程量应根据工程施工图纸和安装工程消耗量定额中所规定的工程量计算规则要求计算。措施项目清单和其他项目清单的编制从略，读者根据工程具体情况和施工组织设计，参考例题8-3编制。

表 8-65 分部分项工程量清单项目工程量计算表

工程名称：××单层住宅电气照明工程　　标段：　　第 1 页共 3 页

序号	项目名称	型号规格	计算式	计量单位	工程数量
01	照明开关—照明配电箱，嵌墙暗装	HXR-1-07 600×400×180		台	1
02	照明开关——单联单控暗装开关	F81/1D　250V 10A	1×5	个	5
03	照明开关——双联单控暗装开关	F82/1D　250V 10A	1×6	个	6
04	插座——单相二、三孔暗装插座	F8/10US　250V 10A	1×13	个	13
05	插座——单相二、三孔暗装防溅插座	F223Z　250V 10A	1×3	个	3
06	风扇——吊风扇，吊装	ϕ1200		台	1
07	普通灯具——半圆罩吸顶灯	$JXD_{3\text{-}1}$ 1×40W 灯罩直径中	1×4	套	4
08	装饰灯——水晶吸顶花灯	T0011　13×15W ϕ600　H430		套	1
09	普通灯具——瓷座灯头	1×40W	1×3	套	3
10	普通灯具——镜前灯，壁装	BKT-B01-220Y1 2×20W	1×2	套	2
11	荧光灯——筒式链吊荧光灯	$YG_{2\text{-}1}$ 1×40W	1×8	套	8
12	配管—焊接钢管砖、混结构暗配	SC50	2.5 + 0.8 + 0.8 + 0.3 + 1.85	m	6

（续）

序号	项目名称	型号规格	计算式	计量单位	工程数量
13	配管—焊接钢管砖、混结构暗配（照明支路）	SC15	(0.75+2.1+1.2②+3.7+1.6+1.3+2+1.9+2.4+1.5+1+1.5+1.4+2.4+1.6+3.4+2.1+1.8+1.3+1.7+2.4+1+1.9+2.9+1.3+1.8+1.6×10+0.3×17+1.1×3+0.7×3)+(1.3+1.4③+1.1+1+1.6×2+1.3×2+0.3)=74.5②+10.9③	m	85.4
14	配管—焊接钢管砖混结构暗配	SC20	(14-1)+(14-2)+(14-3)+(14-4)+(14-5)	m	82.8
14-1	配管—焊接钢管砖混结构暗配（照明支路）	SC20	1.6⑤+2.4	m	4
14-2	配管—焊接钢管砖混结构暗配（第1插座支路）	SC20	5.4+14.3+5.3③+2.1+0.2+0.4×10+1.6+1.95	m	34.9
14-3	配管—焊接钢管砖混结构暗配（第2插座支路）	SC20	4.5+2+2.3③+0.4×2+1.9×3+1.95	m	17.3
14-4	配管—焊接钢管砖混结构暗配（第3插座支路）	SC20	5.9+2.5+2.3③+0.4×5+1.95	m	14.7
14-5	配管—焊接钢管砖混结构暗配（第4插座支路）	SC20	0.5+3.4+3.6③+0.4×2+1.6+1.95	m	11.9
15	配线—铜芯聚氯乙烯绝缘导线BV-2.5，管内穿线，照明线路	BV-2.5	74.5×2+10.9×3+4×5+(0.6+0.4)×2	m	203.7
16	配线—铜芯聚氯乙烯绝缘导线BV-4，管内穿线，照明线路	BV-4	(34.9+17.3+14.7+11.9)×3+(0.6+0.4)×3×4	m	248.4
17	接地装置—接地装置调整试验			组	1
18	接地极—接地制作安装	镀锌钢管SC50，l=2.5m	1×3	根	3
19	接地母线—户外接地母线敷设	镀锌扁钢-30×4	(5×2+1.1+0.7+1.1)×1.039	m	13.4
20	接地母线—户内接地母线敷	镀锌扁钢-30×4	(0.8+0.8+0.3+1.8+0.2)×1.039	m	4.1
21	接线盒—灯头盒、接线盒暗装	86H60 75×75×60	灯头盒=1+4+1+3+2+8=19 接线盒=6	个	25
22	接线盒—开关盒、插座盒暗装	86H60 75×75×60	开关盒=5+6=11 插座盒=13+3+1=17	个	28

注：吊风扇安装包括其调速开关安装，且调速开关的主材费随吊风扇成套购买。

表 8-66 分部分项工程量清单项目辅助工程量计算表

工程名称：××单层住宅电气照明工程 标段： 第 2 页共 3 页

序号	项目名称	型号规格	计算式	计量单位	工程数量
1	照明配电箱				
1-01	端子板外部接线	2.5mm^2，无端子	2×1	个	2
1-02	端子板外部接线	4mm^2，无端子	3×4	个	12
2	接地极				
2-01	接地跨接线安装			处	3
2-02	断接卡子制作、安装			套	1

表 8-67 分部分项工程量清单与计价表

工程名称：××单层住宅照明工程 标段： 第 3 页共 页

<table>
<tr><th rowspan="3">序号</th><th rowspan="3">项目编码</th><th rowspan="3">项目名称</th><th rowspan="3">工作内容及包括范围</th><th rowspan="3">计量单位</th><th rowspan="3">工程数量</th><th colspan="4">金额/元</th></tr>
<tr><th rowspan="2">综合单价</th><th rowspan="2">合价</th><th colspan="2">其中</th></tr>
<tr><th>人工费</th><th>暂估价</th></tr>
<tr><td>01</td><td>030404017001</td><td>配电箱</td><td>照明配电箱 HXR-1-07 600×400×180，嵌墙安装
工作内容：1. 本体安装；2. 端子板外部接线，无端子 2.5mm^2，2 个；4mm^2，12 个</td><td>台</td><td>2</td><td></td><td></td><td></td><td></td></tr>
<tr><td>02</td><td>030404034001</td><td>照明开关</td><td>单联单控照明开关 F81/1D 250V 10A 暗装
工作内容：1. 本体安装；2. 接线</td><td>个</td><td>5</td><td></td><td></td><td></td><td></td></tr>
<tr><td>03</td><td>030404034002</td><td>照明开关</td><td>双联单控照明开关 F82/1D 250V 10A 暗装
工作内容：1. 本体安装；2. 接线</td><td>个</td><td>6</td><td></td><td></td><td></td><td></td></tr>
<tr><td>04</td><td>030404035001</td><td>插座</td><td>单相暗装五孔插座 F81/10US 10A
工作内容：1. 本体安装；2. 接线</td><td>个</td><td>13</td><td></td><td></td><td></td><td></td></tr>
<tr><td>05</td><td>030404035001</td><td>插座</td><td>单相暗装五孔插座 F223 250V 10A
工作内容：1. 本体安装；2. 接线</td><td>个</td><td>3</td><td></td><td></td><td></td><td></td></tr>
<tr><td>06</td><td>030404033001</td><td>风扇</td><td>风扇 ϕ1200，吊装
工作内容：1. 本体安装；2. 调速开关安装</td><td>台</td><td>1</td><td></td><td></td><td></td><td></td></tr>
<tr><td>07</td><td>030412001001</td><td>普通灯具</td><td>半圆球罩吸顶灯，灯罩直径 ϕ260，JXD_{3-1} 1×40W
工作内容：本体安装</td><td>套</td><td>4</td><td></td><td></td><td></td><td></td></tr>
<tr><td>08</td><td>030412001002</td><td>普通灯具</td><td>瓷座灯头 1×40W 吸顶安装
工作内容：本体安装</td><td>套</td><td>3</td><td></td><td></td><td></td><td></td></tr>
</table>

（续）

序号	项目编码	项目名称	工作内容及包括范围	计量单位	工程数量	金额/元			
						综合单价	合价	其中	
								人工费	暂估价
09	030412001003	普通灯具	镜前灯，BKT-B01-220Y1 2 × 40，壁装 工作内容：本体安装	套	2				
10	030412004001	装饰灯	水晶花灯，T0011 13×15 13×15Wϕ600 H430 吸顶安装 工作内容：本体安装	套	1				
11	030412005001	荧光灯	简式单管荧光灯，链吊式，成套型 $YG_{2\text{-}2}$ 1×40W 工作内容：本体安装	套	8				
12	030411001001	配管	焊接钢管 SC50 砖混结构暗配 工作内容：1. 电线管路敷设；2. 接地	m	6.3				
13	030411001002	配管	焊接钢管 SC20 砖混结构暗配 工作内容：1. 电线管路敷设；2. 接地	m	82.8				
14	030411001003	配管	焊接钢管 SC15 砖混结构暗配 工作内容：1. 电线管路敷设；2. 接地	m	85.4				
15	030411004001	配线	铜芯聚绿乙烯绝缘导线 BV-2.5 管内穿线，照明线路 工作内容：配线	m	203.7				
16	030411004002	配线	铜芯聚绿乙烯绝缘导线 BV-4 管内穿线，照明线路 工作内容：配线	m	248.4				
17	030414011001	接地装置	独立接地装置调整试验 工作内容：接地电阻测试	组	1				
18	030409001001	接地极	接地极制作安装，普通土，镀锌钢管 SC50、$L=2.5$m 工作内容：1. 接地极制作安装；2. 补刷（喷）油漆；3. 接地跨接线安装（1处）；4. 断接卡子制作、安装（1套）	根	3				

（续）

工程名称：××单层住宅照明工程　　　标段：　　　第3页共　页

序号	项目编码	项目名称	工作内容及包括范围	计量单位	工程数量	金额/元			
						综合单价	合价	其中	
								人工费	暂估价
19	030409002001	接地母线	户外接地母线敷设，镀锌扁钢-30×4 工作内容：1. 接地母线制作、安装；2. 补刷（喷）油漆	m	13.4				
20	030409002002	接地母线	户内接地母线敷设，镀锌扁钢－30×4 工作内容：1. 接地母线制作、安装；2. 补刷（喷）油漆	m	4.1				
21	030411006001	接线盒	塑料灯头盒、接线盒，暗装 86H60 75×75×60 工作内容：本体安装	个	25				
22	030411006002	接线盒	塑料开关盒、插座盒，暗装 86H60 75×75×60 工作内容：本体安装	个	28				
	本页小计								
	合计								

注：本题对其他措施项目未计。

【例题8-5】计算某综合办公楼室内电气照明工程竣工结算价款

1. 该综合办公楼位于西安市临潼区，框架结构，共计16层，其中地下1层，层高4.5m，地上15层，层高3.5m，建筑面积36500m^2，室外地坪为－0.7m。实行工程量清单计价，合同工期为2019年7月15日开工，2019年12月25日竣工。已知中标价（即合同价款）中的分部分项工程费为458000.00元，其中含人工费66000.00元，但不含人工差价，主材费320600.00元；措施项目清单及计价表见表8-68中列出，其他项目费未计。

表8-68　措施项目清单及计价表

工程名称：×××综合办公楼室内电气照明工程

序号	项 目 编 码	项 目 名 称	计量单位	工程数量	金额/元	
					综合单价	合价
01	031302001001	安全文明施工措施费	项	1		
02	031302002001	冬雨季、夜间施工措施费	项	1		
03	031302004001	二次搬运费	项	1		
04	031301018001	其他措施—测量放线、定位复测、检验试验费	项	1		
05	031301017001	脚手架搭拆综合费	项	1		
06	031302007001	高层施工增加综合费	项	1		
		合计				

注：按陕西省规定，本表将夜间施工费和冬雨季施工费合并为冬雨季、夜间施工措施费。

2. 发、承包双方在建设工程施工合同中约定：

（1）执行建设行政主管部门发布的价格调整文件。

（2）主要材料的价格变化幅度在±10%以内时，其风险由承包人承担，变化幅度在±10%以外时，其风险由发包人承担。

（3）除政策性调整变化外，中标措施项目费不作调整。

（4）养老保险费由发包人替承包人代缴。

（5）将部分材料、设备（包括配电箱及部分灯具等）变更为发包人供应，其保管费按发包人供应材料、设备费用的1%计取。

（6）工程形象进度结算总价款按合同总价款的85%计算；质保金按竣工结算总价款的5%计算扣留，待保修期满后再按无息返还；剩余工程款额待竣工结算审核完成后一次性付清。

3. 该安装工程项目在施工期间发生如下事件：

（1）施工过程中发生各类设计变更，经发、承包双方现场代表签字确认增加变更签证费用合计（含人工费、材料费差价）为18000.00元。

（2）电气工程验收时，应向相关部门缴纳电梯设施检验费5000.00元，并由承包人代为缴纳。

（3）在施工期间，由于非承包方原因停水停电，经发、承包双方现场代表签字确认增加停工损失费合计为9000.00元。

（4）发包人供应材料、设备（包括配电箱及部分灯具等）费用合计96000.00元，竣工结算时应扣回。

4. 该综合办公楼的电气配管选用焊接钢管，砖、混结构暗配。在工程量清单中，焊接钢管SC100的工程数量为160m，合同约定其单价为3920.00元/t；GM-G013F型铝格栅荧光灯的工程数量为185套，合同约定其单价为320.00元/套，经发、承包双方确认两种材料实际采购单价分别为4450.00元/t和350.00元/套。其他规格的电气配管、电缆、电线等，经发、承包双方确认增加竣工结算材料差价合计为10000.00元。

5. 在中标文件中确定：除安全文明施工措施费、规费和税金按规定费率计取外，其他按费率计取的管理费、利润以及措施项目费等，均按规定费率下浮5%计取。人工费单价按40.00元/工日计取。

请按上述相关条件及规定计算以下问题：

（1）计算该安装工程项目分部分项工程费中应结算的人工费差价。

（2）计算该安装工程项目分部分项工程费中应结算的材料费差价。

（3）计算该安装工程项目应结算的分部分项工程费。

（4）计算该安装工程项目应结算的其他项目费。

（5）计算该安装工程项目应结算的措施项目费和安全文明施工措施费。

（6）计算该安装工程项目的竣工结算价款。

（7）根据合同约定，计算应支付给承包人的形象进度工程结算价款。

（8）计算工程质保金，在竣工结算审核完成后，发包人还应支付给承包人多少工程款额？

【解】

（1）计算分部分项工程费中应结算的人工费差价

本工程于 2019 年 7 月 15 日开工，2019 年 12 月 25 日竣工。故应执行陕建发［2018］2019 号调价文件，并按式（6-5）计算人工差价为：

$$\Delta R_1 = (66000.00/40.00) \times (120.00 - 42.00) \text{元} = 128700.00 \text{元}$$

（2）计算分部分项工程费中应结算的材料费差价

① 经发、承包双方确认电缆、电线和其他线管等应增加的主材差价 ΔC_{11} = 10000.00 元。

② 焊接钢管 SC100 合同约定单价 3920.00 元/t，发、承包双方确认采购单价 4450.00 元/t，其材料涨价幅度为 f = （4450.00 − 3920.00）/3920.00 = 13.52% > 10%，则应根据合同约定，材料价格超出涨价幅度部分的风险应由发包人承担，按式（6-6）计算焊接钢管 SC100 的主材差价：

$\Delta C_{12} = 10.85 \times 103 \times 1.6 \times [4.45 - 3.92 \times (1 + 10\%)]$ 元 = 246.76 元

③ GM-G013F 型铝格栅荧光灯合同约定单价 320.00 元/套，发、承包双方确认采购单价 350.00 元/套，其材料涨价幅度为 f = （350.00 − 320.00）/320.00 = 9.38% < 10%，则根据合同约定，其风险应由承包人承担，即该项主材差价 ΔC_{13} = 0 元。则分部分项工程费中应结算的主材费差价合计为：

$$\Delta C_1 = \Delta C_{11} + \Delta C_{12} + \Delta C_{13} = 10000.00 + 246.76 + 0 \text{元} = 10246.76 \text{元}$$

（3）计算应结算的分部分项工程费

$$\sum Q_1 = Q_1 + \Delta R_1 + \Delta C_1 = 458000.00 + 128700.00 + 10246.76 \text{元} = 596946.76 \text{元}$$

（4）计算应结算的其他项目费

在结算的其他项目费的费用项目中，暂列金额项目内容的费用有：①在施工过程中发生的各类设计变更，经发、承包双方现场代表签字确认增加变更签证费用 18000.00 元；②电气工程验收时，应向相关部门缴纳电梯设施检验费 5000.00 元；③在施工期间，非承包方原因停水停电，经发、承包双方现场代表签字确认增加停工损失（或称作窝工）费 9000.00 元，属于工程索赔款。总承包服务费项目内容的费用有：部分材料、设备（包括配电箱及部分灯具等）变更为发包人供应，该部分材料、设备费用合计 96000.00 元，合同约定其保管费按发包人供应材料、设备费的 1% 计取，即总承包服务费 = 96000.00 × 1% = 960.00 元。据此编制其他项目清单及计价表 8-69，应结算的其他项目费 $\sum Q_3$ = 32960.00 元。

表 8-69 其他项目清单及计价表

工程名称：×××综合办公楼室内电气照明工程 标段： 第 页共 页

序号	项 目 名 称	计量单位	工程数量	金额/元	
				综合单价	合价
一	暂列金额				
01	停工损失费	项	1	9000.00	9000.00
02	设计变更签证费	项	1	18000.00	18000.00
03	缴纳电梯设施检验费	项	1	5000.00	5000.00
二	总承包服务费—对发包人供应材料、设备的保管费	项	1	960.00	960.00
	合 计				32960.00

（5）计算应结算的措施项目费和安全文明施工措施费

合同约定，除政策性调整变化外，中标措施项目费不作调整。根据措施项目清单及计价表8-68、部分措施项目费费率表8-22计算除安全文明施工措施费以外的各项措施费用。

① 冬雨季夜间施工措施费 Q_{22}：

$$Q_{22}=66000.00\times3.28\%\times(1-5\%)\text{ 元}=2056.56\text{ 元}$$

② 二次搬运费 Q_{23}：

$$Q_{23}=66000.00\times1.64\%\times(1-5\%)\text{ 元}=1028.28\text{ 元}$$

③ 测量放线、定位复测、检验试验费 Q_{24}：

$$Q_{24}=66000.00\times1.45\%\times(1-5\%)\text{ 元}=909.15\text{ 元}$$

④ 脚手架搭拆综合费 Q_{25}：

脚手架搭拆费　　$m_j=66000.00\times7\%\text{ 元}=4620.00\text{ 元}$

其中含人工费　　$R_j=m_j\times25\%=4620.00\times25\%\text{ 元}=1155.00\text{ 元}$

项目管理费　　$m_{jg}=1155.00\times20.54\%\times(1-5\%)\text{ 元}=225.38\text{ 元}$

项目利润　　$m_{j1}=1155.00\times22.11\%\times(1-5\%)\text{ 元}=242.60\text{ 元}$

则脚手架费 Q_{25} 为：　$Q_{25}=m_j+m_{jg}+m_{j1}=4620.00+225.38+242.60\text{ 元}=5087.98\text{ 元}$

⑤ 高层施工增加综合费 Q_{26}：

根据《通用安装工程工程量计算规范》（GB50865—2013）的规定：凸出主体建筑物顶的电梯机房、楼梯出口间、水箱间、瞭望塔、排烟机房等不计入檐口高度。计算层数时，地下室不计入层数。所以本综合办公楼地上15层，层高3.5m，其檐口高度为：$H=(3.5\times15+0.7)\text{ m}=53.2\text{m}$。查表8-26，应以檐口高度作为确定高层施工增加规定系数的条件，取 $\eta_h=43\%$，其中人工费占 $\xi_1=17\%$。

高层施工增加费　　$m_h=R_1\eta_h=66000.00\times43\%\text{ 元}=28380.00\text{ 元}$

其中含人工费　　$R_h=m_h\xi_1=28380.00\times17\%\text{ 元}=4824.60\text{ 元}$

项目管理费　　$m_{hg}=R_hk_{hg}=4824.60\times20.54\%\times(1-5\%)\text{ 元}=941.42\text{ 元}$

项目利润　　$m_{hl}=R_hk_{hl}=4824.60\times22.11\%\times(1-5\%)\text{ 元}=1013.38\text{ 元}$

则高层施工增加综合费 Q_{26} 为：$Q_{26}=m_h+m_{hg}+m_{hl}=(28380.00+941.42+1013.38)\text{ 元}=30334.80\text{ 元}$

如前所述，本工程于2019年7月15日开工，应同时执行陕建发（2018）2019号调价文件，按式（6-5）计算措施项目费的人工差价为：

$$\Delta R_2=(1155.00+4824.60)/40.00\times(120.00-42.00)\text{ 元}=11660.22\text{ 元}$$

竣工结算的措施项目费（不含安全文明施工措施费）$Q_{2\Sigma}$ 为：

$$Q_{2\Sigma}=Q_{22}+Q_{23}+Q_{24}+Q_{25}+Q_{26}+\Delta R_2$$
$$=(2056.56+1028.28+909.15+5087.98+30334.80+11660.22)\text{ 元}$$
$$=51076.99\text{ 元}$$

已计算得到竣工结算的分部分项工程费596946.76元，竣工结算的其他项目费32960.00元。则根据式（8-15）计算竣工结算安全文明施工措施费：

$$Q_{21}=(596946.76+51076.99+32960.00)\times4.0\%=686983.75\times4.0\%\text{ 元}$$
$$=27479.35\text{ 元}$$

据此编制措施项目清单及计价表8-70，应结算的措施项目费 $\sum Q_2=78316.34$ 元。

表 8-70　措施项目清单及计价表

工程名称：×××综合办公楼室内电气照明工程　　标段：　　　　　　第　页共　页

序号	项目编码	项目名称	计量单位	工程数量	金额/元	
					综合单价	合价
01	031302001001	安全文明施工措施费	项	1	27479.35	27479.35
02	031302002001	冬雨季、夜间施工措施费	项	1	2056.56	2056.56
03	031302004001	二次搬运费	项	1	1028.28	1028.28
04	031301018001	其他措施—测量放线、定位复测、检验试验费	项	1	909.15	909.15
05	031301017001	脚手架搭拆综合费	项	1	5087.98	5087.98
06	031302007001	高层施工增加综合费	项	1	30334.80	30334.80
07		增加人工差价				11660.22
08		措施项目费（不含安全文明施工措施费）=（02）+（03）+（04）+（05）+（06）+（07）				51076.99
		合计　（01）+（08）				78556.34

（6）计算该单位工程项目竣工结算价款

经计算该单位工程项目竣工结算的分部分项工程费$\sum Q_1=596946.76$元，措施项目费$\sum Q_2=78556.34$元，其他项目费$\sum Q_3=32960.00$元，则按表 8-12 或表 8-17 之规定计算应结算的规费为：

$$\sum Q_4=(\sum Q_1+\sum Q_2+\sum Q_3)k_4=(596946.76+78556.34+32960.00)\times 4.67\%\text{ 元}$$
$$=708463.10\times 4.67\%\text{ 元}=33085.23\text{ 元}$$

其中含养老保险费按式（8-8）计算：

$$\sum Q_{41}=(\sum Q_1+\sum Q_2+\sum Q_3)k_{41}=708463.10\times 3.55\%\text{ 元}=25150.44\text{ 元}$$

由于养老保险费是由发包人代缴，故在竣工结算时应将养老保险费从竣工结算价款中扣回。

根据建办标［2016］4 号、财税［2016］36 号等文件通知，建筑业自 2016 年 5 月 1 日起纳入“营改增”试点范围。本工程项目位于西安市临潼区（临潼区按县、镇计税），于 2019 年 7 月 15 日开工，2019 年 12 月 25 日竣工，故竣工结算工程价款时应按该省 2019 年 4 月 1 日起施行的陕建发［2019］45 号调价文件计取增值税。其综合系数$\zeta=94.37\%$，增值税税率$\eta_{jz}=9\%$，附加税税率$\eta_{jf}=0.41\%$。据此按式（8-2）计算税前工程造价为：

$$Z_{P\sum}=Z_{S\sum}\zeta=(\sum Q_1+\sum Q_2+\sum Q_3+\sum Q_4)\zeta$$
$$=(596946.76+78556.34+32960.00+33085.23)$$
$$\times 94.37\%\text{ 元}=741548.33\times 94.37\%\text{ 元}=699799.16\text{ 元}$$

应结算的增值税销项税额为：

$$S_{jz\sum}=Z_{P\sum}\eta_{jz}=699799.16\times 9\%\text{ 元}=62981.92\text{ 元}$$

应结算的附加税为：

$$S_{jf\sum}=\sum Z_{S\sum}\eta_{jz}=(\sum Q_1+\sum Q_2+\sum Q_3+\sum Q_4)\eta_{jz}=741548.33\times 0.41\%\text{ 元}=3040.35\text{ 元}$$

则税金为：

$$S_{j\sum} = S_{jz\sum} + S_{jf\sum} = (62981.92 + 3040.35)\text{元} = 66022.27\text{元}$$

从而计算竣工结算价款为：

$$\sum Z = Z_{P\sum} + S_{j\sum} = (699799.16 + 66022.27)\text{元} = 765821.43\text{元}$$

（7）计算应支付给承包人的工程形象进度结算款

合同约定：在施工过程中，工程形象进度结算总价款为合同总价款（即中标价）的 85%，故应先计算出合同总价款，再计算在施工过程中已经结算过的工程价款。

已知合同价款中的分部分项工程费为 $Q_1 = 458000.00$ 元（未计人工差价及材料差价），其中含人工费为 66000.00 元。由措施项目清单表 8-68 及表 8-70 中措施项目（02）～（06）的计算结果，合同约定的措施项目费（不含安全文明施工措施费）为：

$$Q_{\sum 2} = (2056.56 + 1028.28 + 909.15 + 5087.98 + 30334.80)\text{元} = 39416.77\text{元},$$

其他项目费 $Q_3 = 0$，则安全文明施工措施费为：

$$Q_{21} = (Q_1 + Q_{\sum 2} + Q_3)k_{21} = (458000.00 + 39416.77 + 0) \times 4.0\%\text{元} = 19896.67\text{元}$$

措施项目费为：

$$Q_2 = Q_{\sum 2} + Q_{21} = (39416.77 + 19896.67)\text{元} = 59313.44\text{元}$$

规费为：

$$Q_4 = (Q_1 + Q_2 + Q_3)k_4 = (458000.00 + 59313.44 + 0) \times 4.67\%\text{元} = 24158.54\text{元}$$

同样，于 2019 年 7 月 15 日开工，且本工程项目位于西安市临潼区，故工程招标及甲乙双方签署合同时，还应按该省 2019 年 4 月 1 日起施行的陕建发［2019］45 号调价文件计取增值税。即其综合系数 $\zeta = 94.37\%$，增值税税率 $\eta_{jz} = 9\%$，附加税税率 $\eta_{jf} = 0.41\%$。据此按式（8-2）计算税前工程造价为：

$$Z_P = Z_S\zeta = (Q_1 + Q_2 + Q_3 + Q_4)\zeta = (458000.00 + 59313.44 + 0 + 24158.54) \times 94.37\%\text{元}$$
$$= 541471.98 \times 94.37\%\text{元} = 510987.11\text{元}$$

增值税销项税额为：

$$S_{jz} = Z_P\eta_{jz} = 510987.11 \times 9\%\text{元} = 45988.84\text{元}$$

附加税为：

$$S_{jf} = Z_S\eta_{jf} = (Q_1 + Q_2 + Q_3 + Q_4)\eta_{jf} = 541471.98 \times 0.41\%\text{元}$$
$$= 540430.69 \times 0.41\%\text{元} = 2220.04\text{元}$$

则税金为：

$$S_j = S_{jz} + S_{jf} = (45988.84 + 2220.04)\text{元} = 48208.88\text{元}$$

合同总工程价款为：

$$Z = Z_P + S_j = (510987.11 + 48208.88)\text{元} = 559195.99\text{元}$$

这样，按照合同约定，发包人在施工阶段已经支付给承包人的工程形象进度结算价款为：

$$Z_{jd} = Z \times 85\% = 559195.99 \times 85\%\text{元} = 475316.59\text{元}$$

（8）计算工程项目质保金及发包人还应一次付清承包人的工程结算价款

根据合同约定，工程项目质保金按竣工结算价款的 5% 计算，工程项目质保期一般为 3 年，质保期满后，如在质保期内未发生因工程质量问题而产生的维护费，则按无息款额全额将质保金返还给承包人。工程项目质保金为：

$$Z_{zbj} = \sum Z \times 5\% = 765821.43 \times 5\% \text{ 元} = 38291.07 \text{ 元}$$

另外，由发包人供应的设备、材料（包括配电箱及部分灯具等）费用合计 C_{ZC} = 96000.00 元；由发包人代缴养老保险金 $\sum Q_{41}$ = 25141.92 元；代缴税金 $S_{j\sum}$ = 66022.27 元，均应从竣工结算款额中扣回。

单位工程竣工结算汇总表见表8-71，待竣工结算审核通过后，发包人应一次性付清给承包人的工程结算款为：

$$\begin{aligned} Z_{end} &= \sum Z - \sum Q_{41} - S_{j\sum} - C_0 - Z_{jd} - Z_{zbj} \\ &= (765821.43 - 25141.92 - 66022.27 - 96000.00 - 475316.59 - 38291.07) \text{ 元} \\ &= 65049.58 \text{ 元} \end{aligned}$$

表 8-71 单位工程竣工结算汇总表

工程名称：长安大学××住宅楼照明工程 第 页共 页

序号	项 目 名 称	金额/元	备 注
01	分部分项工程费	596946.76	
02	措施项目费	78316.34	
03	措施项目费中含安全文明施工措施费 = ｛(01 + [(02) − (03)] + (04)｝ ×4.0%	27479.35	
04	其他项目费	32960.00	
05	规费 = [(01) + (02) + (04)] ×4.67%	33085.23	
06	规费中含养老保险费 = [(01) + (02) + (04)] ×3.55%	25150.44	由发包人代缴
07	税前工程造价 = [(01) + (02) + (04) + (05)] ×ζ	699799.16	综合系数 ζ = 0.9437
08	税金 = (09) + (10)	66022.27	由发包人代缴
09	税金中含：增值税销项税额 = (07) ×η_{jz}	62981.92	η_{jz} = 9%
10	附加税 = [(01) + (02) + (04) + (05)] ×η_{jf}	3040.35	η_{jf} = 0.41%
11	竣工结算价款 $\sum Z$ = (07) + (08) = (07) + (09) + (10)	765821.43	
12	发包人供应的设备、材料价款	96000.00	
13	已支付承包人的工程形象进度价款	475316.59	
14	工程项目质保金 = (11) ×5%	38291.07	
15	竣工结算还应一次性支付承包人的竣工价款款额 = (11) − (06) − (08) − (12) − (13) − (14)	65049.58	

通过以上不同类型的例题可见，在进行工程造价计价时，应特别注意当地省、自治区、直辖市的建设工程造价主管部门发布的各种调价文件，重点要了解文件的施行时间、调价项目、调价内容、调价标准和调价的计算办法，如表8-72列出陕西省部分调价政策规定，以供参考。在招投标阶段，主要是编制工程招标最高限价和投标报价。施行“营改增”计税后，应注意增值税和附加税的有关政策规定、计价程序、计税基础、税率标准、计税的调整时间及计税方法。另外，国家及省级政府主管部门根据社会经济的发展、人民生活水平提高的需求以及物价浮动等现实情况，不定期发布有关人工综合单价宏观调控等文件。由于多数招、投标人均采用几年前编制的安装工程消耗量定额及其配套价目表、企业定额等进行计

价，尤其是人工费与现在人工的日工资水平相比，人工综合单价普遍偏低，因此一般要根据有关调价文件计算人工差价。在编制工程竣工结算或竣工结算审核时，则应依据合同约定、在施工期间，国家或省级有关主管部门发布了新的调价政策文件、现场签证、设计变更、工程索赔事件、设备材料价格浮动超过合同约定幅度等，一般要计算现场签证、设计变更、工程索赔事件、设备材料差价等各项费用；根据国家或省级有关主管部门发布新的调价政策文件计算增加人工差价；计算调整增加安全文明施工措施费、规费和税金（包括增值税销项税额和附加税）等不可竞争费用。

表 8-72 关于人工费调整的政策规定

序号	文件号	文件名称	施行时间	人工费标准/（元/工日）	备注
1	陕建发［2011］277号	关于调整房屋建筑和市政基础设施工程工程量清单计价综合单价的通知	2011.12.1	从原42.00调整为：55.00	2011.12.1以前未办理竣工结算的工程，合同约定执行国家调价政策的，2011.12.1以后完成的工作量，执行调整后的标准。合同未约定的，是否调整及调整幅度由双方商定
2	陕建发［2013］181号		2013.8.1	从原55.00调整为：72.50	2017.7.30以前未办理竣工结算的工程，合同约定执行国家调价政策的，2013.8.1以后完成的工作量，执行调整后的标准。合同未约定的，是否调整及调整幅度由双方商定
3	陕建发［2015］319号		2016.1.1	从原72.50调整为：82.00	2015.12.31以前未办理竣工结算的工程，合同约定执行国家调价政策的，2016.1.1以后完成的工作量，执行调整后的标准。合同未约定或约定不明确的，是否调整及调整幅度由双方商定
4	陕建发［2017］270号		2017.7.1	从原82.00调整为：90.00	2017.7.1以后新开工的项目执行调整后标准。截止2017.6.30前未完成的项目，2017.7.1以后完成的工作量执行调整后标准。规定安全文明施工措施费税率为4.0%（安全文明施工费2.6%，环境保护费（含排污费）0.4%，临时设施费0.8%，扬尘污染治理费0.2%）
5	陕建发［2018］2019号		2018.12.1	从原90.00调整为：120.00	2018.12.1以后新开工的项目执行调整后标准。截止2018.11.30前未完成的项目，2018.12.1以后完成的工作量执行调整后标准

8.5 电气安装工程计价软件的应用

建筑工程造价要求工程量清单计价电算化、网络化、规范化和专业化，尤其是我国加入WTO以后，国家积极推行与国际惯例接轨，建筑工程市场进一步对外开放，从而使建筑市场的竞争将越来越激烈，也使在工程量清单计价规范的推广更加深入。只有及时掌握行业动态信息和科学的工程计价方法才能提升企业的竞争力。由于采用国际通用的建设工程工程量清单计价模式，在工程量清单计价模式下公开招投标，其招投标方式、评标办法等都发生了较大变化，因此要实现中标并获得预期利润空间的目的，就必须深入理解评标办法，并适当采用投标技巧。目前随着我国计算机技术和网络信息技术的飞速发展，研发推出了一大批工程计价软件，从而实现了招标管理、投标管理、工程量清单计价等三大模块于一体的电子计价业务，使工程计价和工程招投标工作更高效、更便捷、更安全。工程计价软件可分为定额计价软件和工程量清单计价软件两大类，定额计价软件一般采用数据库管理技术，主要由数据库管理软件平台、定额数据库、材料价格数据库、费用定额计算数据库和编制程序等部分组成。在数据库管理软件平台上选择不同的定额数据和材料数据，即可完成定额工程计价的编制工作。而工程量清单计价软件是在定额计价软件的基础上，根据《建设工程工程量清单计价规范》（GB 50500—2013）和本省、自治区或直辖市的有关规定要求，将某一分部分项工程量清单项目所包括的工作内容及其相应的定额子目综合在一起，使用时则根据实际发生的工作内容选项进行计价。另外所选用的定额子目数据可根据工程招标、投标竞标的需要方便地修改，修改后的定额子目还可补充到定额库之中，而形成企业计价定额。

利用工程计价软件进行建设工程工程量清单计价书的编制，尤其是对施工企业投标工作提供了极大的方便。施工企业要在投标活动中取胜，提高建设工程造价测算的速度和质量，就必须在工程造价测算和管理工作中推广应用计算机技术，开展造价软件的研究与应用，以适应市场竞争的需要。企业的计价定额是社会主义市场经济条件下建设工程造价管理体制改革的必然产物，应充分认识编制企业计价定额的重要性和迫切性。在第7章中已对企业计价定额进行了简单介绍，企业计价定额是只限于本企业使用的定额，其编制应遵循的原则是：①先进性原则；企业为了在建筑市场竞争中取胜，就必须使本企业的各种因素比竞争对手先进科学，定额更具有竞争力；②简明实用性原则；要求定额的内容和形式便于贯彻执行，容易掌握、查阅和计算；应达到定额字模齐全，粗细恰当，定额编号、项目名称和计量单位正确；③以专家为主的原则；编制企业计价定额时应组织一支经验丰富、技术与管理知识全面和有一定政策水平的专家队伍；④树立市场竞争意识和独立自主定价、市场形成价格的原则；企业应根据市场竞争及其自身的实际状况，按照国家统一划分工程项目的要求，树立市场竞争意识和独立自主定价的原则，进行深入细致的市场调查，编制出适用于工程招投标、适用于企业管理和发展的企业定额，以保持企业在建设市场中的竞争优势。下面简单介绍工程计价软件系统的操作步骤。

在应用工程计价软件时，应首先设定编制“招标最高限价”或编制“工程投标报价”。以编制投标最高限价为例说明工程量清单计价软件的应用与操作。

1. 建立单位工程文件

在编制工程量清单或进行工程量清单计价时，应首先双击软件运行图标打开软件，单击【按向导新建】按钮，通过“按向导新建”对话框建立一份工程造价书。

（1）选择【计价方式】：计价方式有清单计价和定额计价两种，对于使用清单编制工程造价文件的用户，应选择“清单计价”方式，如图8-20所示。

（2）选择“清单库”：根据工程所在地，通过“按向导新建”对话框中的“清单库”选择适用的“××省建设工程工程量清单计价规则”。若本工程在陕西省，则应选择“陕西

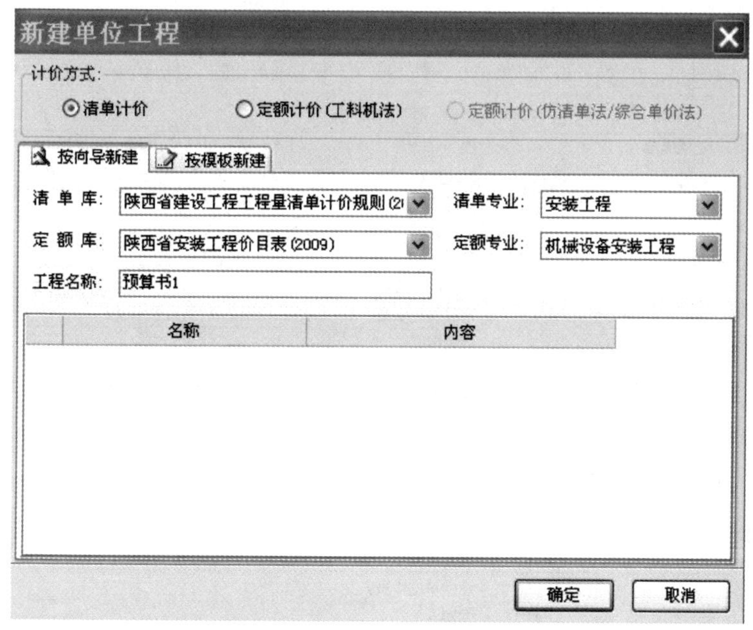

图 8-20 建立单位工程文件

省建设工程工程量清单计价规则”。

（3）选择“清单专业”:《建设工程工程量清单计价规范》GB 50500—2013 将建设工程分为建筑工程、装饰装修工程、安装工程、市政工程、园林绿化工程和矿山工程六类，所以要根据工程性质选择相应的专业。如电气设备安装工程、消防设备安装工程、自动化控制仪表安装工程、建筑智能化系统设备安装工程等均属于“安装工程”，应在“清单专业”栏目中选择“安装工程”。

（4）选择“定额库”：根据《全国统一安装工程预算定额》，各省、自治区、直辖市都编制了适合本地区的电气安装工程消耗量及其配套价目表，可根据实际安装工程的专业类型和工程所在地区选择适用的“定额专业”。本工程选择了《陕西省安装工程价目表》(2009)，并选择确定相应的“定额专业”。如图 8-20 所示

（5）输入“工程名称”：定额选定后再输入“工程名称”，即在输入工程名称对话框内填入该单位工程的工程名称及工程内容。经检查无误后，单击窗口下方的【确定】按钮，即可进入报表界面，填写工程概况。

2. 填写工程概况及基本信息

如图 8-21 所示，“工程概况”是由“工程信息、工程特征、指标信息”三部分组成。单击【工程信息】按钮，即可将“预算书设置”为工程量清单计价（招标最高限价）或工程量清单计价（投标报价）类型，并在“招标信息”栏内输入招标人或投标人。在基本信息栏目中，工程名称、定额专业、清单及定额编制依据等均按“建立单位工程文件”的信息内容自动生成，而建设单位、设计单位、施工单位、监理单位、工程地址、质量标准、开工与竣工日期、以及编制人、审核人等则均须按栏目要求填写。

在此基础上再单击【分部分项】、【措施项目】或【其他项目】按钮，即可进入相应的界面。例如要进入分部分项工程量清单界面，单击【分部分项】按钮即可。

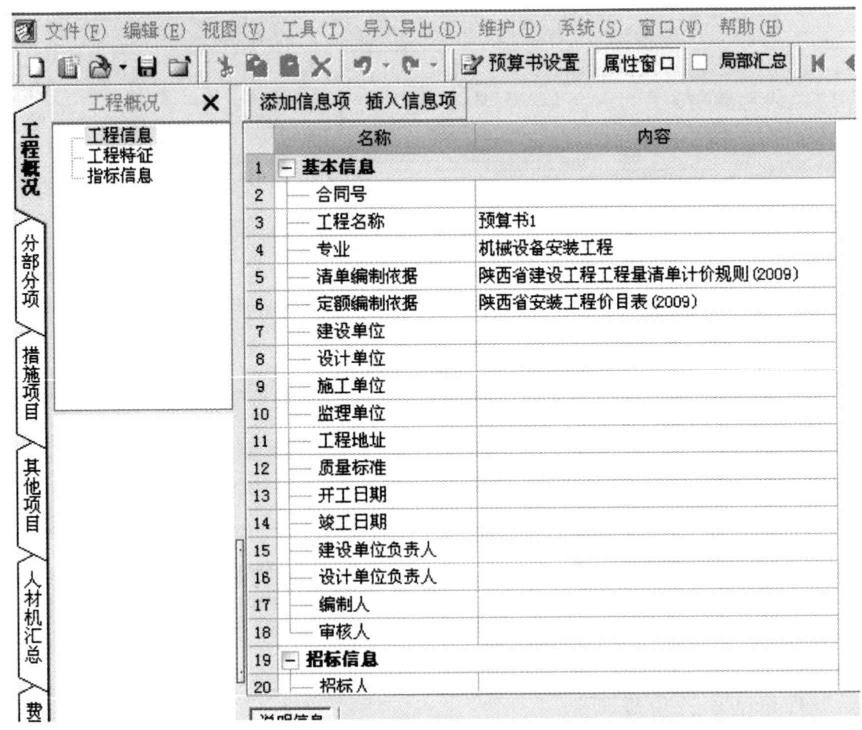

图 8-21 工程概况及基本信息界面

3. 选择并填写工程量清单

进入分部分项工程量清单界面后，即可填写“分部分项工程量清单”，如图 8-22a 所示。如点【插入】“清单项”，然后点击“查询窗口”，通过对话框左侧的“章节查询”，点击【条件查询】按钮，再点击选择工程类别和适用的章节，在右侧即可找到与实际工程项目相符的清单项目（其中包括项目编码、项目名称、计量单位等），双击“清单项目”，这条清单就被输入到当前预算书中，然后输入所计算的工程量，如图 8-22b 所示。

4. 项目特征及工程内容的选择及修改

如点击图 8-23 所示的“查询用户清单”和“工程量明细”，还可以随时查询工程量清单中所需的项目编码、项目名称、计量单位及工程数量，进行有关内容的修改。“项目特征”是构成分部分项工程量清单项目、措施项目自身价值的本质特征，所以在编制工程量清单过程中应结合分部分项工程量清单项目、措施项目实际情况进行编制。也就是说，应根据“计价规则”附录对某分项工程项目特征描述的内容要求，结合实际工程项目进行详细填写，并选择修改或补充该项目施工所需要的工程内容，不得对“建设工程工程量清单计价规则”附录中给出的各项“工程内容”不加选择地照搬。在编制工程量清单时，要对某分项工程的“项目特征”进行描述、需要对“工程内容”进行修改或补充时，先点击功能区中的“特征”和“工程内容”按钮，在属性窗口中显示出项目特征和工程内容，再结合工程项目实际对项目特征和工程内容等进行修改或补充，如图 8-23 所示。但如果根据工程量清单编制招标最高限价或投标报价时，则不能对工程量清单中已设定的项目特征和工程内容实现修改或补充。

图8-22 工程量清单的选择与填写

图8-23 项目特征及工程内容的选择设定

5. 工程量清单计价（招标最高限价）

从“工程量清单”切换到“工程量清单计价-招标最高限价”，如图8-24所示。单击【确定】按钮后即可进入到工程量清单计价数据输入和计算工程造价界面，如图8-25所示。

6. 根据分部分项工程量清单项目的工程内容插入其“子项”

在8.2.2节中已经介绍了分部分项工程量清单的组成，分部分项工程量清单项目中的项目编码、项目名称、项目特征、计量单位和工程量计算规则均应符合《建设工程工程量清单计价规范》GB 50500—2013或本地区省级政府职能部门编制的“建设工程工程量清单计价规则”的规定要求，即做到“五个统一”。其中在对项目特征描述中，根据项目施工工序要求还确定了若干项工程内容，也可称之为清单项目的“子工程项目”，简称“子项”，它是分部分项工程清单项目组价的主要依据。因此在分部分项工程清单项目综合单价分析计算中，应根据清单项目的工程内容（即子项），点击套用相应的安装工程定额“价目表”子

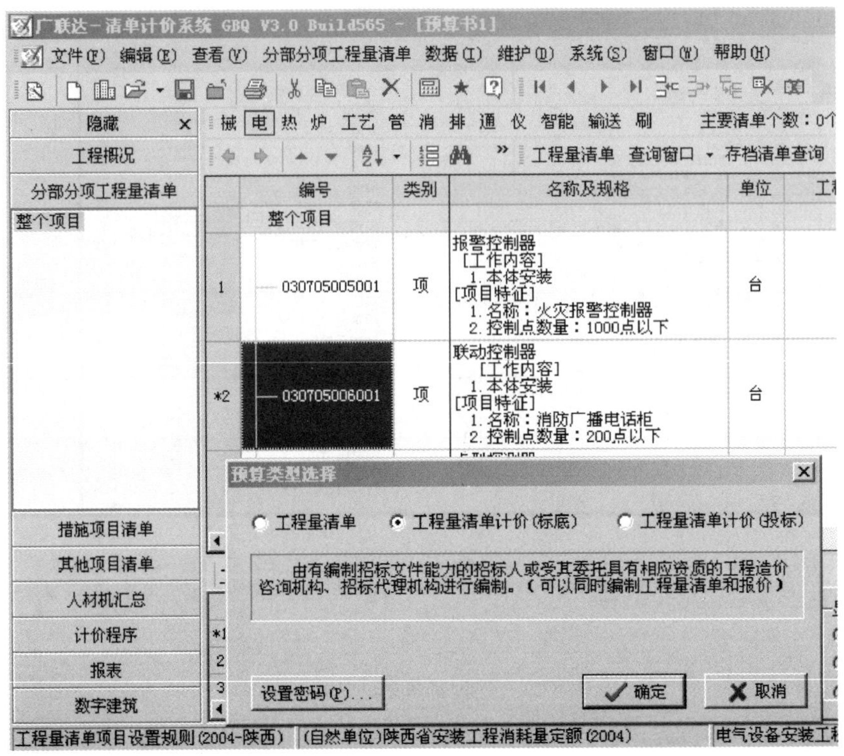

图 8-24　工程量清单计价对话框界面

目，并填写定额编号、工程数量和主材单价，分别设定项目管理费、项目利润的取费基础和费率，回车后即可求取该分部分项工程量清单项目的综合单价，如图 8-25 所示。按照相同的方法逐项进行即可求出所有分部分项工程量清单项目的综合单价。

	编号	类别	名称及规格	单位	锁定	含量	工程量	单价
	整个项目				□		1	3,122.03
1	030705005001	项	报警控制器 [工作内容] 1.本体安装 [项目特征] 1.名称：火灾报警控制器 2.控制点数量：1000点以下	台	□	1	1	1,375.14
	7-156	定	报警控制器安装 总线制1000点以下落地式	台		1	1	1,375.14
2	030705006001	项	联动控制器 [工作内容] 1.本体安装 [项目特征] 1.名称：消防广播电话柜 2.控制点数量：200点以下	台	□	1	1	997.53
	7-163	定	联动控制器安装 总线制200点以下壁挂式	台		1	1	997.53
3	030705001001	项	点型探测器 [项目特征] 1.名称： 2.多线制： 3.总线制： 4.类型： [工作内容] 1.探头安装 2.底座安装	只	□	38	38	19.72

图 8-25　分部分项工程量清单项目综合单价及其“子项”费用计算

在综合单价分析计算中，编制招标最高限价时，一般应严格执行省级工程造价管理机构编制、建设主管部门颁发的建设工程消耗量定额及其配套的“定额价目表”、《建设工程工程量清单计价费率》和《建设工程造价管理信息——材料信息价》等文件资料，计算分部分项工程量清单项目的综合单价。在编制投标报价时，则上述文件资料只作参考，按照本企业定额及市场询价，由投标人通过自主报价计算分部分项工程量清单项目的综合单价。如图 8-26 所示，可采用分项综合单价费用构成文件来调整分项人工费、材料费（指辅材费、主材费、建筑安装工程的设备费）、机械费、分项管理费、分项利润和风险费等。

	序号	费用代号	名称	计算基数	基数说明	费率(%)	费用类别	备注	是否输出
1	一	A	分项直接工程费	A1+A2+A3+A4+A5+A6	人工费+材料费+机械费+主材费+设备费+风险费		直接费		☑
2	1	A1	人工费	RGF	人工费		人工费		☑
3	2	A2	材料费	CLF	材料费		材料费		☑
4	3	A3	机械费	JXF	机械费		机械费		☑
5	4	A4	主材费	ZCF	主材费		主材费		☑
6	5	A5	设备费	SBF	设备费		设备费		☑
7	6	A6	风险费				风险费		☑
8	二	B	分项管理费	A1	人工费	20.54	管理费		☑
9	三	C	分项利润	A1	人工费	22.11	利润		☑
10		D	分项综合单价	A+B+C	分项直接工程费+分项管理费+分项利润		单位工程造价		☑

图 8-26 分项综合单价费用构成文件

7. 安装费用的设置

如果工程项目符合高层建筑增加费、安装与生产同时进行增加费、有害身体健康环境施工降效增加费等的计算条件时，或某一清单项目符合超高增加费的计算条件时，应按安装专业分别选择设置取费项目。统一设置安装费用对话框如图 8-27 所示，可点击对话框中的【增加费用项】，依据有关计算条件规定，在“选择”栏目内选取“高层增加费”、“有害增加费”、“同时进行费”、“超高增加费”以及“脚手架搭拆”等项目，即“☑”。在“类

统一设置安装费用

增加费用项 删除费用项 恢复系统设置 高级选项

	选择	费用项	状态	类型	记取位置
1	⊟	陕西省安装工程价目表(2009)			
2	☐	高层增加费	OK	子目费用	
3	☐	钢模调整	OK	子目费用	
4	☐	系统调试费	未指定清单项	清单费用	
5	☐	有害增加费	OK	子目费用	
6	☐	同时进行费	OK	子目费用	
7	☐	脚手架搭拆	OK	措施费用	15脚手架
8	☐	超高增加费	OK	子目费用	
9	☐	厂区外施工	OK	子目费用	
10	☐	车间内整体封闭	OK	子目费用	
11	☐	超低碳不锈钢管	OK	子目费用	
12	☐	高合金钢管	OK	子目费用	

图 8-27 安装费的设置

型”栏目内分别确定该机费项目的计费类型，是属于子目费用、清单费用还是措施费用，最后点击对话框下面的【确定】。如果需要修改已设置的安装费用项目，可点击【恢复系统设置】按钮，即可更新设置。

8. 措施项目清单的编制与计价

按图 8-28 措施项目清单界面对话框选择措施项目，并填写各措施项目的计算公式（包括取费基础和计费费率），在费率栏目内填入相应的费率等，注意安全文明施工措施费（包括环境保护费、安全文明施工费、临时设施费）为不可竞争的费用，故应按照省级工程造价管理机构编制、建设主管部门颁发的“建设工程工程量清单计价规则”、“建设工程工程量清单计价费率”所规定的计价程序和费率标准计取。

−	措施项目							3.15		
− 一	通用项目							3.15		
− 1	安全文明施工（含环境保护、文明施工、安全施工、临时设施）	项	子措施组价			1	1.57	1.57		
1.1	安全文明施工费	项	计算公式组价	FBFXHJ+CSXMHJ_CCAQWMSG+QTXMHJ	2.6	1	1.07	1.07		缺省

图 8-28 措施项目清单的编制与计价

9. 其他项目费的编制与计价

按图 8-29 其他项目清单界面对话框填写其他项目内容，其他项目费主要包括招标人部分的项目费用（暂列金额、专业工程暂估价）和投标人部分的项目费用（计日工、总承包服务费）。其中暂列金额和专业工程暂估价两项费用，招标人已在招标文件——工程量清单中的“暂列金额明细表”和“专业工程暂估价明细表”中分别给出，故该项目费用在对话框内的“金额”栏目内分别填入项目款额即可。计日工和总承包服务费则应结合招标文件——工程量清单中的“计日工表”、“总承包服务项目表”，点击进入相应的“计日工计价表”、“总承包服务费计价表”计取相应的费用（略），该项目费用在对话框的“金额”栏目内可自动导出相应的计算结果。

	序号	名称	单位	单价/计算基数	数量/费率(%)	金额	费用类别	是否导出金额
1	−	其他项目				0		
2	1	暂列金额	项	暂列金额		0	暂列金额	☑
3	2	专业工程暂估价	项	专业工程暂估价		0	专业工程暂估价	☑
4	3	计日工	项	计日工		0	计日工	☐
5	4	总承包服务费	项	总承包服务费		0	总承包服务费	☐

图 8-29 其他项目清单的编制与计价

10. 规费、税金项目清单计价及计价程序

点击图 8-24 对话框中的“计价程序”，即可进入规费、税金项目清单计价及计价程序界面。对话框中的【费用代号】、【名称】、【计算基数】、【技术说明】及【费率】等栏目，软件系统均按地区“建设工程工程量清单计价规则”、“建设工程工程量清单计价费率”及有关政策文件所规定的计价程序、计价办法和计价费率标准给出，因此为用户使用提供了极大方便，如图 8-30 所示。我们知道，安全文明施工措施费、规费和税金等均属于不可竞争的费用项目，所以不管是编制招标控制价（或称为招标最高限价）还是投标报价，其计算基数（或称取费基础）和费率标准均不得随意变动。但注意税金的税率应按 8.3.4 节或表8-35 所介绍的规定标准选择填写。

11. 打印出所需报表

工程数据输入完毕，即可按需要打印出报表表格，形成招标文件所需的工程量清单文件

	序号	费用代号	名称	计算基数	基数说明	费率(%)
1	1	A	分部分项工程费	FBFXHJ	分部分项合计	
2	2	B	措施项目费	CSXMHJ	措施项目合计	
3	2.1	E	其中：安全文明施工措施费	AQWMSGF	安全及文明施工措施费	
4	3	C	其他项目费	QTXMHJ	其他项目合计	
5	4	D	规费	D1+D2+D3+D4+D5+D6+D7+D8	养老保险+失业保险+医疗保险+工伤保险+残疾人就业保险+女工生育保险+住房公积金+危险作业意外伤害保险	
6	4.1		社会保障费	D1+D2+D3+D4+D5+D6	养老保险+失业保险+医疗保险+工伤保险+残疾人就业保险+女工生育保险	
7	4.1.1	D1	养老保险	A+B+C	分部分项工程费+措施项目费+其他项目费	3.55
8	4.1.2	D2	失业保险	A+B+C	分部分项工程费+措施项目费+其他项目费	0.15
9	4.1.3	D3	医疗保险	A+B+C	分部分项工程费+措施项目费+其他项目费	0.45
10	4.1.4	D4	工伤保险	A+B+C	分部分项工程费+措施项目费+其他项目费	0.07
11	4.1.5	D5	残疾人就业保险	A+B+C	分部分项工程费+措施项目费+其他项目费	0.04
12	4.1.6	D6	女工生育保险	A+B+C	分部分项工程费+措施项目费+其他项目费	0.04
13	4.2	D7	住房公积金	A+B+C	分部分项工程费+措施项目费+其他项目费	0.3
14	4.3	D8	危险作业意外伤害保险	A+B+C	分部分项工程费+措施项目费+其他项目费	0.07
15	5	F	不含税单位工程造价	A+B+C+D	分部分项工程费+措施项目费+其他项目费+规费	
16	6	G	税金	A+B+C+D	分部分项工程费+措施项目费+其他项目费+规费	3.41
17	7	H	含税单位工程造价	F+G	不含税单位工程造价+税金	
18	8	I	扣除养老保险后含税单位工程造价	H-D1	含税单位工程造价-养老保险	

图 8-30　规费、税金项目清单计价及计价程序的填写

和标底计价书。

对于施工单位参加工程投标活动，拿到建设单位发给的工程量清单，编制投标报价工程量清单计价书，需将“工程量清单”切换到“工程量清单计价（投标）”。与“工程量清单计价（标底）”编制基本相同，在各个项目中插入子项。如图 8-31 所示为调整综合单价构成对话框，按“安装消耗量定额子目”，填写企业定额和主材材料费。调整单价构成的“分项管理费费率”和“分项利润费率”，进行分部分项工程量综合单价分析。再填写相应“措施项目清单”、“其他项目清单”和“计价程序”等各表即可。

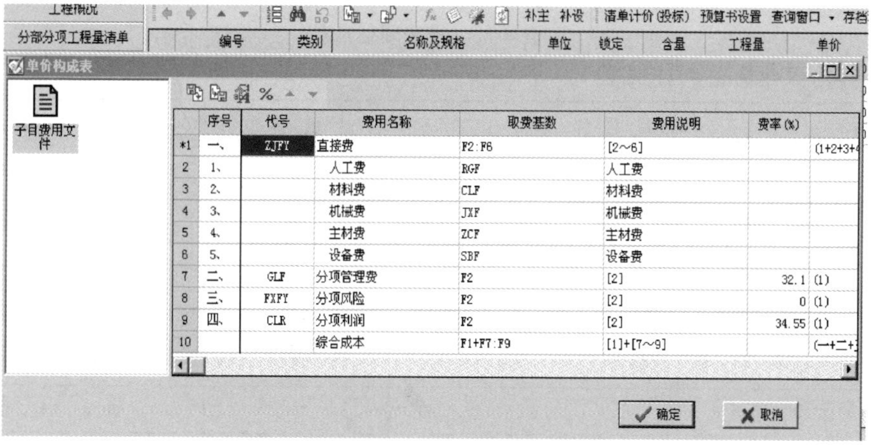

	序号	代号	费用名称	取费基数	费用说明	费率(%)	
*1	一、	ZJFY	直接费	F2:F6	[2~6]		(1+2+3+4
2	1、		人工费	RGF	人工费		
3	2、		材料费	CLF	材料费		
4	3、		机械费	JXF	机械费		
5	4、		主材费	ZCF	主材费		
6	5、		设备费	SBF	设备费		
7	二、	GLF	分项管理费	F2	[2]	32.1	(1)
8	三、	FXFY	分项风险	F2	[2]	0	(1)
9	四、	CLR	分项利润	F2	[2]	34.55	(1)
10			综合成本	F1+F7:F9	[1]+[7~9]		(一+二+

图 8-31　调整综合单价构成对话框

练习思考题 8

1. 建设工程工程量清单的概念是什么?

2. 工程量清单主要由什么组成，其项目设置依据是什么? 有什么基本要求?

3. 其他项目清单主要由哪些项目构成，各项目内容的含义是什么?

4. 编制工程量清单的主要依据是什么?

5. 工程量投标报价的标准格式由哪些内容组成?

6. 什么叫措施项目，常用的措施项目有哪些?

7. 什么是直接费和直接工程费? 什么是间接费?

8. 什么叫规费? 招、投标双方应遵守什么取费原则?

9. 什么是安全文明施工费和四项保险费，在工程结算时应分别执行什么规定要求?

10. 神木市某教学楼电气照明工程，于2019年7月5日招标，照明配电箱2台，型号规格为：PXTR-2-3/1，650mm×420mm×150mm。从每台照明配电箱引出照明配线2.5mm^2，16根，引出插座配线4mm^2，18根。电气配管SC15砖混结构暗配250m，SC20砖混结构暗配180m。配管回路上装有半圆球吸顶灯DWX3-1 1×40W共计120套，灯罩直径ϕ280；75套成套型管吊式荧光灯YG2-2 2×40W。扳把式暗装开关A86K21-10共计64套；扳把式暗装开关A86K11-10共计67套。单相暗装插座A86Z223-10共55套。管内配线BV-2.5mm^2，750m；BV-4，620m。试编制工程量清单，并采用招标最高限价对本教学楼进行电气照明工程计价。(本工程给定SC15、SC20，4500元/t，照明配电箱850元/台，其他材料由读者自己到建材市场询价)

11. 计算某建筑楼宇自控工程的措施项目费。

(1) 某建筑楼宇自控工程，经过计算得知，分部分项工程费合计，其中人工费为20190.00元；材料费为130590.50元；机械费为19365.00元。

(2) 该项自控工程的措施项目清单见表8-72。

(3) 设其他项目费中暂列金额为6000元，计日工中人工工日为50工日，每个工日按200.00元计，另外两项费用不计。按上述条件及招标控制价编制原则，编制该单位工程总造价。要求列出计算式并计算结果。

表8-72 措施项目清单

工程名称：某建筑楼宇自控工程　　　　第 页 共 页

序 号	项 目 名 称	计 量 单 位	工 程 数 量
1	环境保护费	项	1
2	安全及文明施工费	项	1
3	检验试验及放线定位费	项	1
4	临时设施费	项	1
5	冬雨季、夜间施工措施费	项	1
6	二次搬运费	项	1
7	脚手架费	项	1

12. 其电气照明工程设计说明及相关要求如下：

（1）如图8-32所示，本工程为单体住宅楼，共两层，层高3.0m，砖混结构，现浇混凝土楼板。施工平面图比例为1:100，室内外高差0.3m，并于2020年元月20日开工。

（2）照明系统施工设计要求：

1）配电系统为220V。电能（度）表由管理部门集中放置，照明箱内无调试元件，共有8个支路，其中一路照明，四路插座，三路空调。

2）电源进线采用VV_{22}-3×16SC40埋地敷设，埋地深度为室外-0.8m。进户处利用人工接地装置做重复接地，接地电阻≤4Ω。安装位置详见平面图。

3）照明支线采用BV-2.5导线穿刚性阻燃塑料管UPVC沿墙、顶板暗敷设，导线2~3根，选用UPVC16；导线4根及以上，选用UPVC20。空调插座支线采用BV-3×4穿焊接钢管SC20沿地、墙敷设，其余插座支线采用BV-3×2.5穿焊接钢管SC15沿地、墙暗敷设。

4）设备安装高度详见表8-73。

5）进户电缆不计。进户预埋管计至外墙3.5m处。

（3）未计价材料均采用当地近期最新工程造价管理信息——材料信息价或进行市场调查询价计取。

（4）试根据以上给出的条件要求，利用电气安装计价软件编制完成该工程分部分项工程量清单计价和主要材料价格表。

13. 实行工程量清单计价的招标项目，在招标方与中标方签订的施工承包合同中规定：工程量清单中的工程数量与工程实际数量有差异时，幅度差在±5%以内时不作调整，±5%以上时可作调整。你认为此施工承包合同文件是否符合规定？并简要说明其理由。

14. 实行工程量清单计价的招标项目，在编制分部分项工程量清单项目的名称时，是否应完全按照《建设工程工程量清单计价规范》GB 50500—2013或省级颁布的“建设工程工程量清单计价规则”所附的各专业分部分项工程量清单项目中实体名称来列项？项目特征的描述和工程内容条款的选择或补充的原则是什么？

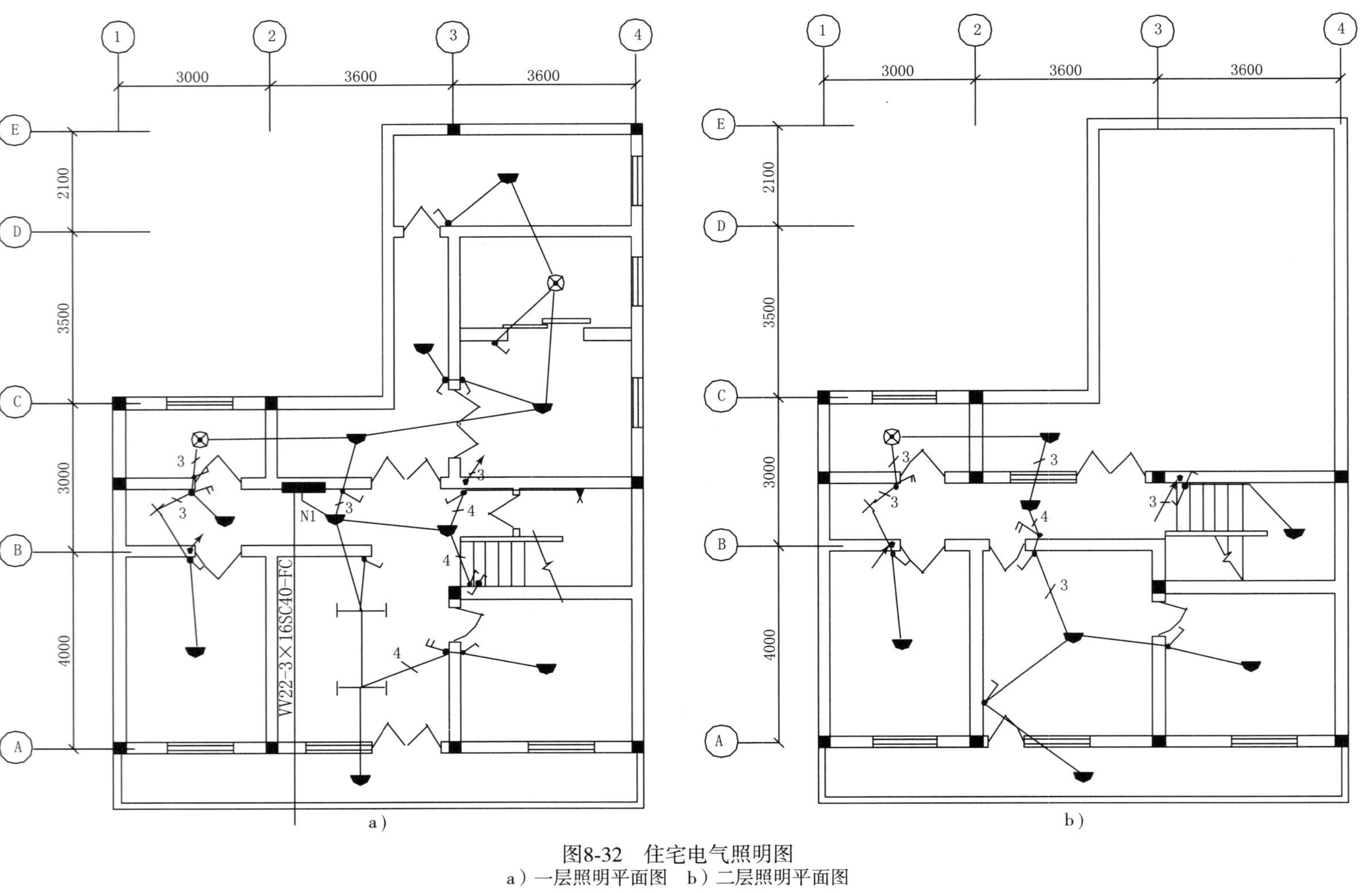

图8-32 住宅电气照明图
a）一层照明平面图 b）二层照明平面图

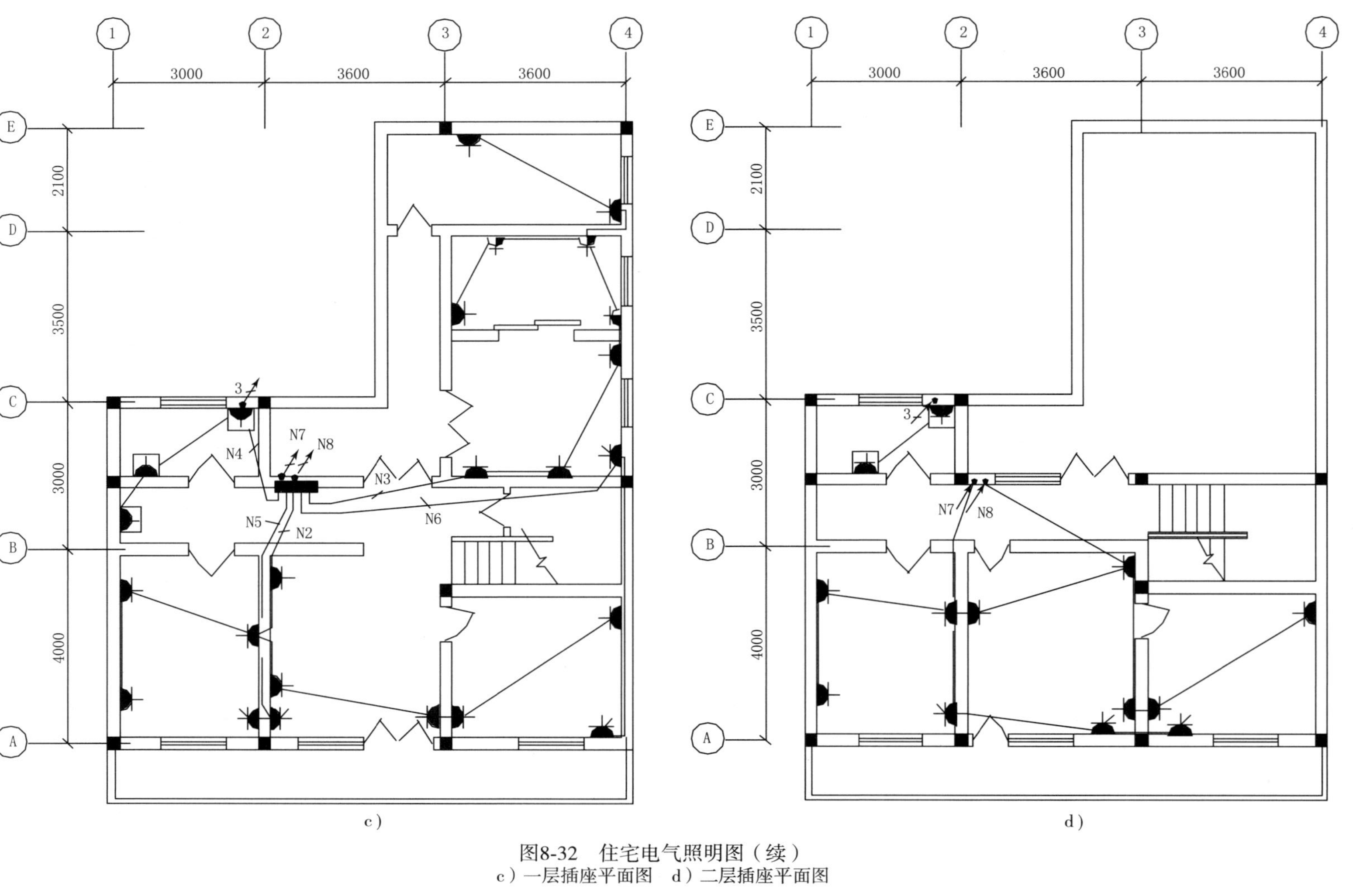

图8-32 住宅电气照明图（续）
c）一层插座平面图 d）二层插座平面图

表 8-73 主要设备材料及图例符号、安装高度表

序号	图例	设备材料名称	型号规格	单位	数量	安装高度
01		照明配电箱	HXR-1-07 600×400	台		1.8m
02		单联单控暗装开关	F81/1D 250V10A	套		1.4m
03		双联单控暗装开关	F82/1D 250V10A	套		1.4m
04		单联双控暗装开关	F81/2D 250V10A	套		1.4m
05		简式链吊荧光灯	YG_{2-1} 1×40W	套		2.5m
06		半圆罩吸顶灯	JXP_{3-1} 1×40W	套		
07		防水防尘吸顶灯	$JXPF_{3-1}$ 1×40W	套		
08		壁装瓷质座灯头	40W	套		1.8m
09		吸顶瓷质座灯头	40W	套		
10		单相五孔插座	F8/10US 250V10A	套		0.3m
11		单相五孔防水暗插座	F223Z 250V10A	套		1.8m 厨房
12		单相三孔插座	F8/10S 250V10A	套		1.8m 空调
13		单相三孔防水暗插座	F13Z 250V10A	套		1.5m 厕所
14		焊接钢管	SC15	m		
15		焊接钢管	SC20	m		
16		焊接钢管	SC32	m		
17		刚性阻燃塑料管	UPVC16	m		
18		刚性阻燃塑料管	UPVC20	m		
19		灯头盒	DHS75	个		
20		开关盒	86HS60	个		
21		插座盒	86H60	个		
22		铜芯塑料绝缘导线	BV-2.5	m		
23		铜芯塑料绝缘导线	BV-4	m		
24		镀锌钢管接地极	SC50×2500	根		
25		镀锌扁钢	-40×4	m		

15. 对于实行工程量清单计价的招标项目，在其他项目清单中的“计日工”的含义是什么？请说明理由是否需要列项。假如需要列项，通常应列出那些项目？在编制最高限价和投标报价时，计日工费应分别按什么原则计价？

16. 什么是暂列金额？设置暂列金额有何实际意义？哪些费用可以在暂列金额中开支？在工程结算时，对工程价款中的暂列金额应如何处理？

17. “营改增”具有什么优点？“营改增”的调整原则是什么？

18. 什么是“营改增”，执行“营改增”征税后，如何计算税金？

附　　录

附录 A　部分常用电气图例符号和文字标注

表 A-1　常用电气图例及标注符号

图例符号	含　　义	图例符号	含　　义
	单极单控开关（明装）		单极节能延时开关（明装）
	单极单控开关（暗装）		单极节能延时开关（暗装）
	单极单控密闭（防水）开关		带指示灯的开关
	单极单控防爆开关		单相插座（明装）
	双极单控开关（明装）		单相插座（暗装）
	双极单控开关（暗装）		单相密闭（防水）插座
	双极单控密闭（防水）开关		单相防爆插座
	双极单控防爆开关		单相带接地插孔插座（明装）
	三极单控开关（明装）		单相带接地插孔插座（暗装）
	三极单控开关（暗装）		单相带接地密闭（防水）插座
	三极单控密闭（防水）开关		单相带接地密闭（防水）插座
	三极单控防爆开关		三相带接地插孔插座（明装）
	单极单控拉线开关（明装）		三相带接地插孔插座（暗装）
	单极单控拉线开关（暗装）		三相带接地密闭（防水）插座
	单极双控开关（明装）		三相带接地防爆插座
	单极双控开关（暗装）		插座箱

（续）

图例符号	含　义	图例符号	含　义
	电铃		荧光灯一般符号（单管）
	常开按钮开关（不闭锁）		三管荧光灯
	常闭按钮开关（不闭锁）	A	电流表
	限位开关（动合触点限制开关）	V	电压表
	限位开关（动断触点限制开关）	cos φ	功率因数表
	热继电器常闭触点	wh	电能（度）表
	多极开关一般符号（单线表示）		信号灯 灯的一般符号
	接触器动合常开触点（带灭弧罩）		投光灯一般符号
	接触器动断常闭触点（带灭弧罩）		聚光灯
	隔离开关		泛光灯
	负荷开关		照明配线的引出位置（天篷灯座）
	断路器		墙上照明引出线位置（墙上灯座）
	操作器（线圈）一般符号（如接触器、继电器线圈）		在专用线路上的事故照明灯
	热继电器的驱动器件（如采用双金属片）		自带电源的事故照明灯（应急灯）
	动力或照明配电箱		深照型灯
	屏、箱、柜一般符号		广照型灯
	事故照明配电箱		防水防尘灯
	多种电源配电箱		球型灯（圆球吸顶灯）

（续）

图例符号	含　义	图例符号	含　义
	天篷灯（半圆球或半扁罩吸顶灯）		避雷针
	防爆荧光灯		接地一般符号
	局部照明灯		中性线 保护线
	矿山灯		具有保护线和中性线的三相配线
	花灯		保护线和中性线共用
	壁灯		向上配线 向下配线
	安全灯		柱上安装封闭母线 吊钩安装封闭母线
	防爆灯		架空线路
	弯灯		线路末端放大器 分配器（二分配器）
	半导体二极管一般符号稳压管		混合器、混合网络（三路混合器）
	PNP 型半导体管 NPN 型半导体管		用户分支器（一分支器）
	放大器一般符号	a） b） c）	分线盒：(a) 一般符号；(b) 户内；(c) 户外
	电缆连接盒、分线盒（单线表示）		电话交换机
	电缆直通接线盒（单线表示）		对讲机内部电话设备
	带撑杆的电杆		传真机一般符号
形式1 形式2	拉线一般符号		电磁阀
	垂直通过配线		电动阀
	接地装置、有接地极 接地装置、无接地极		电流互感器

表 A-2 部分常用电气图例符号和文字标注

文字标注	含　义	文字标注	含　义	文字标注	含　义
F	避雷器	QL	负荷开关	W	母线
CC	屋面或顶板内暗敷设	GB	蓄电池	WV	电压小母线
ACE	在能进入人的吊顶内敷设（明设）	SB	按钮（含闸按钮）	WCL	控制母线、合闸母线
AC	在不能进入人的吊顶内敷设	X	接线柱	WS	信号母线
CP	吊线式安装灯具	XB	连接片	WFS	事故音响母线
Ch	链吊式安装灯具	XS	插座	WPS	预告音响母线
P	管吊式安装灯具	XT	端子板	WF	闪光小母线
S	吸顶安装或直附式	PA	电流表	WPM	电力干线
R	嵌入式安装灯具	PV	电压表	WLM	照明干线
CR	可进入的顶棚内嵌入式安装灯具	PW	有功功率表	WL	照明分支线
WR	墙壁内安装灯具	PR	无功功率表	WP	电力分支线
T	台上安装灯具	PJ	有功电能表	WEM	应急照明干线
SP	支架上安装灯具	PJR	无功电能表	WE	应急照明分支线
W	壁装式安装灯具	PPF	功率因数表	WIM	插接式母线
CL	柱上安装灯具	KA	电流继电器	G	发电机电源、发电机
HM	座装灯具	KV	电压继电器	TM	电力变压器
FU	熔断器	KT	时间继电器	M	电动机
QF	断路器	KB	瓦斯继电器	TA	电流互感器
KM	接触器	KM	中间继电器	TV	电压互感器
K	继电器	KS	信号继电器	TC	自耦变压器、电流变压器
R	电阻器	KFR	闪光继电器	Rp	电位器
L	电感器、电抗器	KH	热继电器	AL	低压配电屏、照明配电箱
C	电容器	KTE	温度继电器	AE	应急电源箱
U	整流器	KCZ	零序电流继电器	AS	动力配电箱
SBS	停止按钮	H	信号器件（声或光指示器）	AT	抽屉式配电屏
SBT	试验按钮	HL	指示灯	AW	接线箱
YC	合闸线圈	HR	红色指示灯	AX	插座箱
YT	跳闸线圈	HG	绿色指示灯	AR	支架盘
Q	开关	HB	兰色指示灯	GB	蓄电池
QS	隔离开关	HY	黄色指示灯	AD	晶体管放大器
SA	控制开关	HW	白色指示灯	AJ	集成电路放大器

附录 B　部分型钢单位长度重量表

表 B-1　部分型钢单位长度重量

钢管（型钢）名　称	型　号 规　格	单位长度重　量/（kg/m）	钢管（型钢）名　称	型　号 规　格	单位长度重　量/（kg/m）
焊接钢管 SC	15	1. 26	镀锌钢管 SC	15	1. 34
	20	1. 63		20	1. 73
	25	2. 42		25	2. 57
	32	3. 13		32	3. 32
	40	3. 84		40	4. 07
	50	4. 88		50	5. 17
	70	6. 64		70	7. 04
	80	8. 34		80	8. 84
	100	10. 85		100	11. 50
电线管 TC	12	0. 261	扁　钢	−20×4	0. 63
	15	0. 562		−25×4	0. 79
	20	0. 765		−30×4	0. 94
	25	1. 035		−40×4	1. 26
	32	1. 335		−45×4	1. 41
	40	1. 611		−50×4	1. 57
	50	2. 400	槽　钢	[5#	5. 44（4. 84）
角　钢	∟40×40×4	2. 422		[6. 3#	6. 63
	∟40×40×5	2. 976		[8#	8. 04（7. 05）
	∟50×50×4	3. 059		[10#	10. 00（8. 59）
	∟50×50×5	3. 77		[12	12. 37
	∟63×63×4	3. 907	圆　钢	Φ12	0. 888
	∟63×63×5	4. 822		Φ13	1. 040
圆　钢	Φ4	0. 099		Φ14	1. 210
	Φ5	0. 154		Φ15	1. 390
	Φ6	0. 222		Φ16	1. 580
	Φ7	0. 302		Φ17	1. 780
	Φ8	0. 395		Φ18	2. 000
	Φ9	0. 499		Φ19	2. 230
	Φ10	0. 617		Φ20	2. 470
	Φ11	0. 746		Φ21	2. 720

注：镀锌钢管单位长度重量 = 焊接钢管单位长度重量 ×1. 06。

附录C 部分安装工程分部分项工程量清单项目表

D.4 控制设备及低压电器安装（编码：030404）

<table>
<tr><th>项目编码</th><th>项目名称</th><th>项目特征</th><th>计量单位</th><th>工程量计算规则</th><th>工作内容</th></tr>
<tr><td>030404001</td><td>控制屏</td><td rowspan="4">1. 名称；2. 型号；3. 规格；4. 种类；5. 基础型钢形式、规格；6. 接线端子材质、规格；7. 端子板外部接线材质、规格；8. 小母线材质、规格；9. 屏边规格</td><td rowspan="4">台</td><td rowspan="15">按设计图示数量计算</td><td rowspan="2">1. 本体安装；2. 基础型钢制作、安装；3. 端子板安装；4. 焊、压接线端子；5. 盘柜配线、端子接线；6. 小母线安装；7. 屏边安装；8. 补刷（喷）油漆；9. 接地</td></tr>
<tr><td>030404002</td><td>继电、信号屏</td></tr>
<tr><td>030404003</td><td>模拟屏</td><td rowspan="2">1. 本体安装；2. 基础型钢制作、安装；3. 端子板安装；4. 焊、压接线端子；5. 盘柜配线、端子接线；6. 屏边安装；7. 补刷（喷）油漆；8. 接地</td></tr>
<tr><td>030404004</td><td>低压开关柜（屏）</td></tr>
<tr><td>030404006</td><td>箱式配电室</td><td>1. 名称；2. 型号；3. 规格；4. 质量；5. 基础规格、浇筑材质；6. 基础型钢形式、规格</td><td>套</td><td>1. 本体安装；2. 基础型钢制作、安装；3. 基础浇筑；4. 补刷（喷）油漆；5. 接地</td></tr>
<tr><td>030404015</td><td>控制台</td><td>1. 名称；2. 型号；3. 规格；4. 基础型钢形式、规格；5. 接线端子材质、规格；6. 端子板外部接线材质、规格；7. 小母线材质、规格</td><td rowspan="4">台</td><td>1. 本体安装；2. 基础型钢制作、安装；3. 端子板安装；4. 焊、压接线端子；5. 盘柜配线、端子接线；6. 小母线安装；7. 补刷（喷）油漆；8. 接地</td></tr>
<tr><td>030404016</td><td>控制箱</td><td rowspan="2">1. 名称；2. 型号；3. 规格；4. 基础形式、材质、规格；5. 接线端子材质、规格；6. 端子板外部接线材质、规格；7. 安装方式</td><td rowspan="2">1. 本体安装；2. 基础型钢制作、安装；3. 焊、压接线端子；4. 补刷（喷）油漆；5. 接地</td></tr>
<tr><td>030404017</td><td>配电箱</td></tr>
<tr><td>030404018</td><td>插座箱</td><td>1. 名称；2. 型号；3. 规格；4. 安装方式</td><td>1. 本体安装；2. 接地</td></tr>
<tr><td>030404031</td><td>小电器</td><td>1. 名称；2. 型号；3. 规格；4. 接线端子材质、规格</td><td>个（套、台）</td><td>1. 本体安装；2. 焊、压接线端子；3. 接线</td></tr>
<tr><td>030404032</td><td>端子箱</td><td>1. 名称；2. 型号；3. 规格；4. 安装部位</td><td rowspan="2">台</td><td>1. 本体安装；2. 接线</td></tr>
<tr><td>030404033</td><td>风扇</td><td>1. 名称；2. 型号；3. 规格；4. 安装方式</td><td>1. 本体安装；2. 调速开关安装</td></tr>
<tr><td>030404034</td><td>照明开关</td><td rowspan="2">1. 名称；2. 材质；3. 规格 4. 安装方式</td><td rowspan="2">个</td><td rowspan="2">1. 本体安装；2. 接线</td></tr>
<tr><td>030404035</td><td>插座</td></tr>
<tr><td>030404036</td><td>其他电器</td><td>1. 名称；2. 规格；3. 安装方式</td><td>个（套、台）</td><td>1. 安装；2. 接线</td></tr>
</table>

注：①控制开关包括自动空气开关、刀型开关、铁壳开关、胶盖刀闸开关、组合控制开关、万能转换开关、风机盘管三速开关、漏电保护开关等。②小电器包括按钮、电笛、电铃、水位电气信号装置、测量表计、继电器、电磁锁、屏上辅助设备、辅助电压 互感器、小型安全变压器等。③其他电器安装是指本节未列的电器项目。④其他电器必须根据电器实际名称确定项目名称，明确描述工作内容、项目特征、计量单位、计算规则。⑤盘、箱、柜及低压电器的外部进出电线预留长度见表2-5。

D.6 电机检查接线及调试（编码：030406）

项目编码	项目名称	项目特征	计量单位	工程量计算规则	工作内容
030406001	发电机	1. 名称；2. 型号；3. 容量（kW）；4. 接线端子材质、规格；5. 干燥要求	台	按设计图示数量计算	1. 检查接线；2. 接地；3. 干燥；4. 调试
030406002	调相机				
030406003	普通小型直流电动机				
030406004	可控硅调速直流电动机	1. 名称；2. 型号；3. 容量（kW）；4. 类型；5. 接线端子材质、规格；6. 干燥要求			
030406005	普通交流同步电动机	1. 名称；2. 型号；3. 容量（kW）；4. 启动方式；5. 电压等级（kV）；6. 接线端子材质、规格；7. 干燥要求			
030406006	低压交流异步电动机	1. 名称；2. 型号；3. 容量（kW）；4. 控制保护方式；5. 接线端子材质、规格；6. 干燥要求			
030406007	高压交流异步电动机	1. 名称；2. 型号；3. 容量（kW）；4. 保护类别；5. 接线端子材质、规格；6. 干燥要求			
030406008	交流变频调速电动机	1. 名称；2. 型号；3. 容量（kW）；4. 类别；5. 接线端子材质、规格；6. 干燥要求			
030406009	微型电机、电加热器	1. 名称；2. 型号；3. 规格；4. 接线端子材质、规格；5. 干燥要求			
030406010	电动机组	1. 名称；2. 型号；3. 电动机台数；4. 联锁台数；5. 接线端子材质、规格；6. 干燥要求	组		
030406011	备用励磁机组	1. 名称；2. 型号；3. 接线端子材质、规格；4. 干燥要求			
030406012	励磁电阻器	1. 名称；2. 型号；3. 规格；4. 接线端子材质、规格；5. 干燥要求	台		1. 本体安装；2. 检查接线；3. 干燥

注：①可控硅调速直流电动机类型是指一般可控硅调速直流电动机、全数字式控制可控硅调速直流电动机。②交流变频调速电动机类型是指交流同步变频电动机、交流异步变频电动机。③电动机按其质量划分为大、中、小型：3t以下为小型，3～30t为中型，30t以上为大型。

D.8 电缆安装（编码：030408）

项目编码	项目名称	项目特征	计量单位	工程量计算规则	工作内容
030408001	电力电缆	1. 名称；2. 型号；3. 规格；4. 材质；5. 敷设方式、部位；6. 电压等级（kV）；7. 地形	m	按设计图示尺寸以长度计算（含预留长度及附加长度）	1. 电缆敷设；2. 揭（盖）盖板
030408002	控制电缆				
030408003	电缆 保护管	1. 名称；2. 材质；3. 规格；4. 敷设方式		按设计图示尺寸以长度计算	保护管敷设
030408004	电缆槽盒	1. 名称；2. 材质；3. 规格；4. 型号			槽盒安装
030408005	铺砂、盖保护板（砖）	1. 种类；2. 规格			1. 铺砂；2. 盖板（砖）
030408006	电力电缆头	1. 名称；2. 型号；3. 规格；4. 材质、类型；5. 安装部位；6. 电压等级（kV）	个	按设计图示数量计算	1. 电力电缆头制作；2. 电力电缆头安装；3. 接地
030408007	控制电缆头	1. 名称；2. 型号；3. 规格；4. 材质、类型；5. 安装方式			
030408008	防火堵洞	1. 名称；2. 材质；3. 方式；4. 部位	处		安装
030408009	防火隔板		m^2	按设计图示尺寸以面积计算	
030408010	防火涂料	1. 名称；2. 材质；3. 方式；4. 部位	kg	按设计图示尺寸以质量计算	安装
030408011	电缆分支箱	1. 名称；2. 型号；3. 规格；4. 基础形式、材质、规格	台	按设计图示数量计算	1. 本体安装；2. 基础制作、安装

注：电缆穿刺线夹按电缆头编码列项；电缆井、电缆排管、顶管，应按现行国家标准《市政工程工程量计算规范》（GB 50857—2013）相关项目编码列项；电缆敷设预留长度及附加长度见表2-13。

D.9 防雷及接地装置（编码：030409）

项目编码	项目名称	项目特征	计量单位	工程量计算规则	工作内容
030409001	接地极	1. 名称；2. 材质；3. 规格；4. 土质；5. 基础接地形式	根（块）	按设计图示数量计算	1. 接地极（板、桩）制作安装；2. 基础接地网安装；3. 补刷（喷）油漆
030409002	接地母线	1. 名称；2. 材质；3. 规格；4. 安装部位；5. 安装形式	m	按设计图示尺寸以长度计算（含附加长度）	1. 接地母线制作、安装；2. 补刷（喷）油漆
030409003	避雷引下线	1. 名称；2. 材质；3. 规格；4. 安装部位；5. 安装形式；6. 断接卡子、箱材质、规格			1. 避雷引下线制作、安装；2. 断接卡子、箱制作、安装；3. 利用主钢筋焊接；4. 补刷（喷）油漆
030409004	均压环	1. 名称；2. 材质；3. 规格；4. 安装形式			1. 均压环敷设；2. 钢铝窗接地；3. 柱主筋与圈梁焊接；4. 利用圈梁钢筋焊接；5. 补刷（喷）油漆

（续）

项目编码	项目名称	项目特征	计量单位	工程量计算规则	工作内容
030409005	避雷网	1. 名称；2. 材质；3. 规格；4. 安装形式；5. 混凝土块标号	m	按设计图示尺寸以长度计算（含附加长度）	1. 避雷网制作、安装；2. 跨接线安装；3. 混凝土块制作；4. 补刷（喷）油漆
030409006	避雷针	1. 名称；2. 材质；3. 规格；4. 安装形式、高度	根	按设计图示数量计算	1. 避雷针制作、安装；2. 跨接 3. 补刷（喷）油漆
030409007	半导体少长针消雷装置	1. 型号；2. 高度	套		本体安装
030409008	等电位端子箱、测试板	1. 名称、2. 材质、3. 规格	台（块）		
030408009	绝缘垫		m^2	按设计图示尺寸以展开面积计算	制作、安装
030409010	浪涌保护器	1. 名称；2. 规格；3. 安装形式；4. 防雷等级	个	按设计图示数量计算	1. 本体安装；2. 接线；3. 接地
030409011	降阻剂	1. 名称；2. 类型	kg	按设计图示以质量计算	1. 挖土；2. 施放降阻剂；3. 回填土；4. 运输

注：①利用桩基础作接地极，应描述桩台下桩的根数，每桩台下需焊接柱筋根数，其工程量按柱引下线计算；利用基础钢筋作接地极按均压环项目编码列项。②利用柱筋作引下线的，需描述柱筋焊接根数。③利用圈梁筋作均压环的，需描述圈梁筋焊接根数。④使用电缆、电线作接地线，应按本规范附录 D. 8、D. 12 相关项目编码列项。⑤接地母线、引下线、避雷网附加长度应分别按其全长的 3. 9% 计算。

D. 11　配管、配线（编码：030411）

项目编码	项目名称	项目特征	计量单位	工程量计算规则	工作内容
030411001	配管	1. 名称；2. 材质；3. 规格；4. 配置形式；5. 接地要求 6. 钢索材质、规格	m	按设计图示尺寸以长度计算。	1. 电线管路敷设；2. 钢索架设（拉紧装置安装）；3. 预留沟 槽；4. 接地
030411002	线槽	1. 名称；2. 材质；3. 规格			1. 本体安装；2. 补刷（喷）油漆
030411003	桥架	1. 名称；2. 型号；3. 规格；4. 材质；5. 类型；6. 接地方式			1. 本体安装；2. 接地
030411004	配线	1. 名称；2. 配线形式；3. 型号；4. 规格；5. 材质；6. 配线部位、配线线制、钢索材质、规格		按设计图示尺寸以单线长度计算（含预留长度）	1. 配线；2. 钢索架设（拉紧装置安 装）；3. 支持体（夹板、绝缘子、槽板等）安装
030411005	接线箱	1. 名称；2. 材质；3. 规格；4. 安装形式	个	按设计图示数量计 算	本体安装
030411006	接线盒				

注：①配管、线槽安装不扣除管路中间的接线箱（盒）、灯头盒、开关盒所占长度。②配管名称是指电线管、钢管、防爆管、塑料管、软管、波纹管等。③配管配置形式是指明配、暗配、吊顶内、钢结构支架、钢索配管、埋地敷设、水下敷设、砌筑沟内敷设等。④配线名称是指管内穿线吊顶、瓷夹板配线、塑料夹板配线、绝缘子配线、槽板配线、塑料护套配线、线槽配线、车间带形母线等。⑤配线形式是指照明线路，动力线路，木结构，吊顶内、砖、混凝土结构，沿支架、钢索、屋架、梁、柱、墙以及跨屋架、梁、柱。⑥配线保护管遇到下列情况之一时，应增设管路接线盒和拉线盒：管长度每超过 30m，无弯曲；管长度每 超过 20m，有 1 个弯曲；管长度每超过 15m，有 2 个弯曲；管长度每超过 8m，有 3 个弯曲。垂直敷设的电线保护管遇到下列情况之一时，应增设固定导线用的拉线盒：管内导线截面为 $50mm^2$ 及以下，长度每超过 30m；管内导线截面积为 $70 \sim 95mm^2$，长度每超过 20m；管内导线截面积为 $120 \sim 240mm^2$，长度每超过 18m。在配管清单项目计量时，设计无要求时上述规定可以作为计量接线盒、拉线盒的依据。⑦配管安装中不包括凿槽、刨沟，应按本附录 D. 13 相关项目编码列项。⑧配线进入箱、柜、板的预留长度见表 2-29。

D.12 照明器具安装（编码：030412）

项目编码	项目名称	项目特征	计量单位	工程量计算规则	工作内容
030412001	普通灯具	1. 名称；2. 型号；3. 规格；4. 类型	套	按设计图示数量计算	本体安装
030412002	工厂灯	1. 名称；2. 型号；3. 规格；4. 安装形式			
030412003	高度标志（障碍）灯	1. 名称；2. 型号；3. 规格；4. 安装部位；5. 安装高度			
030412004	装饰灯	1. 名称；2. 型号；3. 规格；4. 安装形式			
030412005	荧光灯				
030412006	医疗专用灯	1. 名称；2. 型号；3. 规格			
030412007	一般路灯	1. 名称；2. 型号；3. 规格；4. 灯杆材质、规格；5. 灯架形式及臂长；6. 附件配置要求；7. 灯杆形式（单、双）；8. 基础形式、砂浆配合比；9. 杆座材质、规格；10. 接线端子材质、规格；11. 编号；12. 接地要求			1. 基础制作、安装；2. 立灯杆；3. 杆座安装；4. 灯架及灯具附件安装；5. 焊、压接线端子；6. 补刷（喷）油漆；7. 灯杆编号；8. 接地
030412008	中杆灯	1. 名称；2. 灯杆的材质及高度；3. 灯架的型号、规格；4. 附件配置；5. 光源数量；6. 基础形式、浇筑材质；7. 杆座材质、规格；8. 接线端子材质、规格；9. 铁构件规格；10. 编号；11. 灌浆配合比；12. 接地要求			1. 基础浇筑；2. 立灯杆；3. 杆座安装；4. 灯架及灯具附件安装；5. 焊、压接线端子；6. 铁构件安装；7. 补刷（喷）油漆；8. 灯杆编号；9. 接地
030412009	高杆灯	1. 名称；2. 灯杆高度；3. 灯架型式（成套或组装、固定或升降）；4. 附件配置；5. 光源数量；6. 基础形式、浇筑材质；7. 杆座材质、规格；8. 接线端子材质、规格；9. 铁构件规格；10. 编号；11. 灌浆配合比；12. 接地要求	套	按设计图示数量计算	1. 基础浇筑；2. 立灯杆；3. 杆座安装；4. 灯架及灯具附件安装；5. 焊、压接线端子；6. 铁构件安装；7. 补刷（喷）油漆；8. 灯杆编号；9. 升降机构接线调试；10. 接地
030412010	桥栏杆灯	1. 名称；2. 型号；3. 规格；4. 安装形式			1. 灯具安装；2. 补刷（喷）油漆
030412011	地道涵洞灯				

注：①普通灯具包括圆球吸顶灯、半圆球吸顶灯、方形吸顶灯、软线吊灯、座灯头、吊链灯、防水吊灯、壁灯等。②工厂灯包括工厂罩灯、防水灯、防尘灯、碘钨灯、投光灯、泛光灯、混光灯、密闭灯等。③高度标志（障碍）灯包括烟囱标志灯、高塔标志灯、高层建筑屋顶障碍指示灯等。④装饰灯包括吊式艺术装饰灯、吸顶式艺术装饰灯、荧光艺术装饰灯、几何型组合艺术装饰灯、标志灯、诱导装饰灯、水下（上）艺术装饰灯、点光源艺术灯、歌舞厅灯具、草坪灯具等。⑤医疗专用灯包括病房指示灯、病房暗脚灯、紫外线杀菌灯、无影灯等。⑥中杆灯是指安装在高度小于或等于19m的灯杆上的照明器具。⑦高杆灯是指安装在高度大于19m的灯杆上的照明器具。

D.13 附属工程（编码：030413）

项目编码	项目名称	项目特征	计量单位	工程量计算规则	工作内容
030413001	铁构件	1. 名称；2. 材质；3. 规格	kg	按设计图示尺寸以质量计算	1. 制作；2. 安装；3. 补刷（喷）油漆
030413002	凿（压）槽	1. 名称；2. 规格；3. 类型；4. 填充（恢复）方式；5. 混凝土标准	m	按设计图示尺寸以长度计算	1. 开槽；2. 恢复处理
030413003	打洞（孔）	1. 名称；2. 规格；3. 类型；4. 填充（恢复）方式；5. 混凝土标准	个	按设计图示数量计算	1. 开孔、洞；2. 恢复处理
030413004	管道包封	1. 名称；2. 规格；3. 混凝土强度等级	m	按设计图示长度计算	1. 灌注；2. 养护
030413005	人（手）孔砌筑	1. 名称；2. 规格；3. 类型	个	按设计图示数量计算	砌筑
030413006	人（手）孔防水	1. 名称；2. 类型；3. 规格 4. 防水材质及做法	m^2	按设计图示防面积计算	防水

注：铁构件适用于电气工程的各种支架、铁构件的制作安装。

D.14 电气调整试验（编码：030414）

项目编码	项目名称	项目特征	计量单位	工程量计算规则	工作内容
030414001	电力变压器系统	1. 名称；2. 型号；3. 容量（kV·A）	系统	按设计图示系统计算	系统调试
030414002	送配电装置系统	1. 名称；2. 型号；3. 电压等级（kV）；4. 类型			
030414003	特殊保护装置	1. 名称；2. 类型	台(套)	按设计图示数量计算	调试
030414004	自动投入装置		系（台/套）		
030414005	中央信号装置		系统（台）	按设计图示数量计算	
030414006	事故照明切换装置		系统	按设计图示系统计算	
030414007	不间断电源	1. 名称；2. 类型；3. 容量	系统	按设计图示系统计算	调试
030414008	母线	1. 名称；2. 电压等级（kV）	段	按设计图示数量计算	
030414009	避雷器		组		
030414010	电容器				

（续）

项目编码	项目名称	项目特征	计量单位	工程量计算规则	工作内容
030414011	接地装置	1. 名称；2. 类别	1. 系统 2. 组	1. 以系统计量，按设计图示系统计算；2. 以组计量，按设计图示数量计算	接地电阻测试
030414012	电抗器、消弧线圈		台	按设计图示数量计算	调试
030414013	电除尘器	1. 名称；2. 型号；3. 规格	组		试验
030414014	硅整流设备、可控硅整流装置	1. 名称；2. 类别；3. 电压（V）；4. 电流（A）	系统		
030414015	电缆试验	1. 名称；2. 电压等级（kV）	次（根、点）		

注：①功率大于 10kW 电动机及发电机的启动调试用的蒸汽、电力和其他动力能源消耗及变压器空载试运转的电力消耗及设备需烘干处理应说明。②配合机械设备及其他工艺的单体试车，应按本规范附录 N 措施项目相关项目编码列项。③计算机系统调试应按本规范附录 F 自动化控制仪表安装工程相关项目编码列项。

J.4 火灾自动报警系统（编码：030904）

项目编码	项目名称	项目特征	计量单位	工程量计算规则	工作内容
030904001	点型探测器	1. 名称；2. 规格；3. 线制；4. 类型	个	按设计图示数量计算	1. 底座安装；2. 探头安装；3. 校接线；4. 编码；5. 探测器调试
030904002	线型探测器	1. 名称；2. 规格；3. 安装方式	m	按设计图示长度计算	1. 探测器安装；2. 接口模块安装；3. 报警终端安装；4. 校接线
030904003	按钮	1. 名称；2. 规格	个	按设计图示数量计算	1. 安装；2. 校接线；3. 编码；4. 调试
030904004	消防警铃				
030904005	声光报警器				
030904006	消防报警电话插孔（电话）	1. 名称；2. 规格；3. 安装方式	个（部）		
030904007	消防广播（扬声器）	1. 名称；2. 功率；3. 安装方式	个		
030904008	模块（模块箱）	1. 名称；2. 规格；3. 类型；4. 输出形式	个（台）		
030904009	区域报警控制箱	1. 多线制；2. 总线制；3. 安装方式；4. 控制点数量；5. 显示器类型	台		1. 本体安装；2. 校接线、摇测绝缘电阻；3. 排线、绑扎、导线标识；4. 显示器安装；5. 调试
030904010	联动控制箱				
030904011	远程控制箱（柜）	1. 规格；2. 控制回路			
030904012	火灾报警系统控制主机	1. 规格、线制；2. 控制回路；3. 安装方式			1. 安装；2. 校接线；3. 调试

（续）

项目编码	项目名称	项目特征	计量单位	工程量计算规则	工作内容
030904013	联动控制主机	1. 规格、线制；2. 控制回路；3. 安装方式	按设计图示数量计算	按设计图示数量计算	1. 安装；2. 校接线；3. 调试
030904014	消防广播及对讲电话主机（柜）				
030904015	火灾报警控制微机（CRT）	1. 规格；2. 安装方式			1. 安装；2. 调试
030904016	备用电源及电池主机（柜）	1. 名称；2. 容量；3. 安装方式	套		
030904017	报警联动一体机	1. 规格、线制；2. 控制回路；3. 安装方式	台		1. 安装；2. 校接线；3. 调试

注：①消防报警系统配管、配线、接线盒均应按本规范附录 D 电气设备安装工程相关项目编码列项。②消防广播及对讲电话主机包括功放、录音机、分配器、控制柜等设备。③点型探测器包括火焰、烟感、温感、红外光束、可燃气体探测器等。

J.5 消防系统调试（编码：030905）

项目编码	项目名称	项目特征	计量单位	工程量计算规则	工作内容
030905001	自动报警系统调试	1. 点数；2. 线制	系统	按系统计算	系统调试
030905002	水灭火控制装置调试	系统形式	点	按控制装置的点数计算	调试
030905003	防火控制装置调试	1. 名称；2. 类型	个（部）	按设计图示数量计算	
030905004	气体灭火系统装置调试	1. 试验容器规格；2. 气体试喷	点	按调试、检验和验收所消耗的试验容器 总数计算	1. 模拟喷气试验；2. 备用灭火器贮存容器切换操作试验；3. 气体试喷

注：①自动报警系统包括各种探测器、报警器、报警按钮、报警控制器、消防广播、消防电话等组成的报警系统；按不同点数以系统计算。②水灭火控制装置，自动喷洒系统按水流指示器数量以点（支路）计算，消火栓系统按消火栓启泵按钮数量以点计算，消防水炮系统按水炮数量以点为计量单位计算。③防火控制装置，包括电动防火门、防火卷帘门、正压送风阀、排烟阀、防火控制阀、消防电梯等防火控制装置；电动防火门、防火卷帘门、正压送风阀、排烟阀、防火控制阀等调试以个计算，消防电梯以部计算。④气体灭火系统调试，是由七氟丙烷、IG541、二氧化碳等组成的灭火系统；按气体灭火系统装置的瓶头阀以点为计量单位计算。

参 考 文 献

［1］郎禄平．建筑电气设备安装调试技术［M］．北京：中国建材工业出版社，2003.

［2］全国造价工程师执业资格考试培训教材编审委员会．建设工程技术与计量（安装部分）［M］．北京：中国计划出版社，2012.

［3］郎禄平．建筑自动消防工程［M］．北京：中国建材工业出版社，2006.

［4］中华人民共和国住房和城乡建设部．GB 50500—2013 建设工程工程量清单计价规范［S］．北京：中国计划出版社，2013.

［5］杨绍胤，等．智能建筑实用技术［M］．北京：机械工业出版社，2003.

［6］朱林根．现代住宅建筑电气设计［M］．北京：中国建筑工业出版社，2004.

［7］花铁森．建筑弱电工程安装施工手册［M］．北京：中国建筑工业出版社，2003.

［8］陕西省住房和城乡建设厅．陕西省建设工程工程量清单计价规则（2009）［M］．西安：陕西出版集团，陕西人民出版社，2009.

［9］刘国林．综合布线系统工程设计［M］．北京：电子工业出版社，1998.

［10］中国建设工程造价管理协会．建设工程造管理基础知识［M］．2 版．北京：中国计划出版社，2010.

［11］中华人民共和国住房和城乡建设部．GB 50856—2013 通用安装工程工程量计算规范［S］．北京：中国计划出版社，2013.